科学出版社"十四五"普通高等教育本科规划教材

食品科学与工程类系列教材

食品脂类学

主 编 于修烛（西北农林科技大学）

副主编 刘书来（浙江工业大学）

　　　　常 明（江南大学）

　　　　高 媛（西北农林科技大学）

其他编委（按姓氏笔画排序）

　　　　马宇翔（河南工业大学）

　　　　李 杨（东北农业大学）

　　　　宋丽军（塔里木大学）

　　　　张 震（暨南大学）

科 学 出 版 社

北 京

内 容 简 介

　　本教材系统地论述了食品脂类的分类、特性及分析检测技术。全书共6章，内容包括食品脂类的组成与来源、物理化学特性、氧化与抗氧化、制备与加工、营养和分析。本书在保持食品脂类类型、来源及特性的基础知识和内容完整的基础上，力求体现食品脂类学发展的最新动态和未来趋势，使其更具科学性、先进性、实用性，力求理论与实践的密切结合。

　　本教材主要作为高等院校食品类专业的专业课教材，也可作为相近专业的选修教材，同时也可作为从事油脂、医药、化工等领域科研人员、技术人员和管理人员的重要参考书。

图书在版编目（CIP）数据

食品脂类学 / 于修烛主编. —北京：科学出版社，2021.11
科学出版社"十四五"普通高等教育本科规划教材　食品科学与工程类系列教材
ISBN 978-7-03-069079-1

Ⅰ. ①食… Ⅱ. ①于… Ⅲ. ①食品-脂类-教材 Ⅳ. ①TS201.2

中国版本图书馆 CIP 数据核字（2021）第 108458 号

责任编辑：席　慧　韩书云 / 责任校对：杨　赛
责任印制：张　伟 / 封面设计：蓝正设计

科 学 出 版 社 出版
北京东黄城根北街 16 号
邮政编码：100717
http://www.sciencep.com
天津市新科印刷有限公司 印刷
科学出版社发行　各地新华书店经销
*
2021 年 11 月第 一 版　开本：787×1092　1/16
2022 年 12 月第三次印刷　印张：14 3/4
字数：368 000
定价：59.00 元
（如有印装质量问题，我社负责调换）

前　言

　　脂质是一类由脂肪酸与醇作用脱水缩合生成的酯及其衍生物的统称。食品脂类是指食品中的脂肪及一些脂肪伴随物，它是人体重要的营养素之一，供给机体所需能量、提供机体必需脂肪酸，也是人体细胞、组织的组分。日常饮食中的脂肪酸对健康具有举足轻重的影响，包括抑制食欲、降低血脂、抑制脂肪合成、减少炎症反应等。近年来，食品脂类中一些伴随物因其具有不可忽视的生理功效而逐渐引起了人们的关注。

　　本教材力求概念清晰、逻辑鲜明、内容丰富、体系完整、注重前沿、方便实用。先从介绍食品脂类范畴和概念出发；随后对食品脂类的理化特性、氧化与抗氧化、制备与加工进行深入阐述；重点突出食品脂类的营养和分析；书中各章配套思考题，并可扫描二维码获得参考答案。同时，结合最新研究进展对食品脂类的分析部分制作相关视频方便读者学习和参考，形成新形态教材。

　　本教材由西北农林科技大学、江南大学、东北农业大学、暨南大学、浙江工业大学、河南工业大学和塔里木大学等 7 所高等院校的老师联合编写。为了确保教材编写质量和专业性、权威性，特聘请了国内外知名专家和学者对教材的编写大纲与内容进行把关和评审。本教材共 6 章，第 1 章由宋丽军和高媛编写；第 2 章由于修烛和张震编写；第 3 章由李杨和高媛编写；第 4 章由马宇翔和于修烛编写；第 5 章由常明和高媛编写；第 6 章由刘书来和于修烛编写。全书由于修烛统稿并审校。本教材主要作为高等院校食品类专业的专业教材，也可作为相近专业的选修教材，同时也可作为从事油脂、医药、化工等领域科研人员、技术人员和管理人员的重要参考书。

　　本教材涉及食品脂类来源、特性、生产、加工、营养和分析各个环节，内容广泛、体系庞杂。在编写过程中广泛吸收了不同方面专家的观点，参考了有关专家的专著和学术论文，在此表示感谢。在本教材编写过程中，得到了科学出版社、西北农林科技大学教务处和食品科学与工程学院的大力支持，在此也表示最诚挚的感谢。

　　由于编写时间仓促和编者知识所限，书中难免有不足之处，恳请诸位同仁和广大读者批评指正，以便今后进一步修订、补充和完善。

编　者

2021 年 2 月

目　　录

全书思考题参考答案可扫码查看。

《食品脂类学》教学课件索取单

　　凡使用本书作为教材的主讲教师，可获赠教学课件一份。欢迎通过以下两种方式之一与我们联系。本活动解释权在科学出版社。

1. 关注微信公众号"科学 EDU"索取教学课件

　　关注 →"教学服务"→"课件申请"

科学 EDU

2. 填写教学课件索取单拍照发送至联系人邮箱

姓名：		职称：		职务：
学校：		院系：		
电话：		QQ：		
电子邮件（重要）：				
通讯地址及邮编：				
所授课程 1：			学生数：	
课程对象：□研究生 □本科（＿＿年级）□其他＿＿＿＿			授课专业：	
所授课程 2：			学生数：	
课程对象：□研究生 □本科（＿＿年级）□其他＿＿＿＿			授课专业：	
使用教材名称 / 作者 / 出版社：				
贵校（学院）开设的食品专业课程还有哪些？ 使用教材名称 / 作者 / 出版社：				

扫码获取食品专业
教材最新目录

联系人：席 慧　　　咨询电话：010-64000815　　　回执邮箱：xihui@mail.sciencep.com

第 1 章　食品脂类的组成与来源

脂类（lipids）又称脂质，是一类由脂肪酸与醇作用脱水缩合生成的酯及其衍生物的统称，不溶于水而易溶于醇、醚、氯仿（三氯甲烷）、苯等非极性溶剂。食品脂类是指食品中的脂肪及一些脂肪伴随物，其分类见图 1-1。脂类是人体需要的重要营养素之一，供给机体所需能量、提供机体必需脂肪酸，是人体细胞、组织的组分。食品脂类具有一些特殊功能，如烹调时赋予食物特殊的色、香、味，增进食欲；促进维生素 A、维生素 E 等脂溶性维生素的吸收和利用等。适量摄入脂类对满足机体生理需要、维持人体健康发挥着重要作用。食品中脂类的存在形式有游离态的，如动物性脂肪及植物性的油脂；也有结合态的，如天然存在的磷脂、糖脂、脂蛋白中的脂肪及某些加工食品等。以游离态的脂肪为主，结合态的脂肪含量较少。

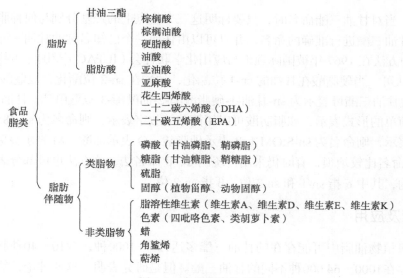

图 1-1　食品脂类的分类

1.1　甘　油　三　酯

甘油三酯（triglyceride）又称三酰甘油、中性脂肪，是由甘油的三个羟基与三个脂肪酸分子酯化生成的酯类物质。植物性甘油三酯多为油，常温下呈液态；动物性甘油三酯多为脂，常温下呈固态，二者统称为油脂。油脂主要是由甘油三酯构成的混合物，其甘油三酯的脂肪酸种类、碳链长度、不饱和度及几何构型对油脂的性质起着重要作用，同时，脂肪的酰基与甘油的三个羟基的结合位置，即脂肪酸在甘油三酯的位置分布对油脂的理化和营养性质也有很大影响。

1.1.1 结构及命名

甘油三酯的结构式如图 1-2 所示。1960 年，赫斯曼（Hirschmann）提出了立体专一编号命名法（stereospecific numbering，sn）；1950 年，Cahn 等提出了 R/S 系统命名法。但后者不适用于甘油骨架 1 位和 3 位上脂肪酸相同的情况，应用有一定的限制。sn 命名法首先将甘油骨架按 Fisher 平面投影形式在平面上写成与 L-甘油醛的 Fisher 平面投影形式一致的平面结构，如图 1-3 所示，中间的羟基位于中心碳原子的左边，另外两个位于其他碳原子的右边，习惯上将碳原子从顶部到底部的次序编号为 1～3，并规定将该式中从上到下的三个羟基在甘油碳架上的连接位点分别标记为 sn-1、sn-2 和 sn-3。

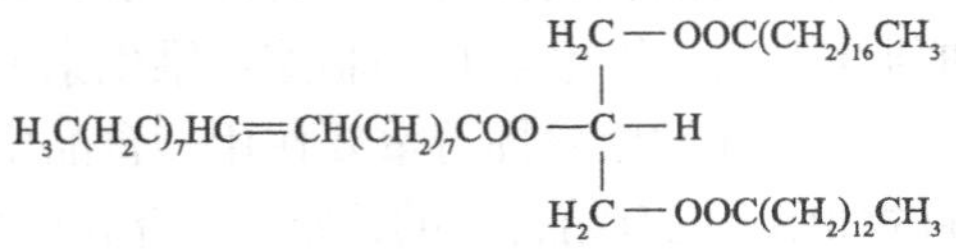

$$H_2C - OOC(CH_2)_{16}CH_3$$
$$H_3C(H_2C)_7HC = CH(CH_2)_7COO - C - H$$
$$H_2C - OOC(CH_2)_{12}CH_3$$

$$H_2C - OH \quad sn\text{-}1$$
$$HO \blacktriangleright C \blacktriangleleft H \quad sn\text{-}2$$
$$H_2C - OH \quad sn\text{-}3$$

图 1-2　甘油三酯的结构式 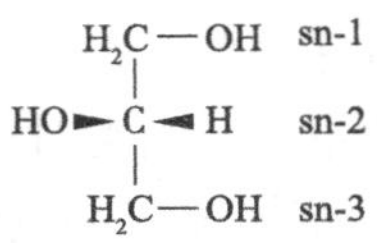　　　　　图 1-3　甘油的 Fisher 平面投影形式

基于此，当对甘油三酯命名时，只要标明这三个位点上的羟基分别与何种脂肪酸成酯，就可对任何甘油三酯进行准确的命名，并且可以由任何一个已知名称的甘油三酯写出其平面结构式。这种方法在 1967 年被国际理论与应用化学联合会（IUPAC）及国际生物化学联合会（IUB）共同认可。当硬脂酸在甘油的 sn-1 位酯化，油酸在 sn-2 位酯化，豆蔻酸在 sn-3 位酯化时，形成的甘油三酯可表示为 sn-甘油-1-硬脂酰酯-2-油酰酯-3-豆蔻酰酯。甘油三酯的 sn 命名也可用更简单的形式表示，如脂肪酸可以用简单的数字表示，则命名为 sn-18:0-18:1-14:0。用英文缩写表示，则命名为 sn-StOM（St 表示硬脂酸，O 表示油酸，M 表示豆蔻酸）。

由于 sn 命名比较烦琐，有时仍采用传统的 α、β 命名法，该方法也可部分表示出甘油三酯的立体结构，其中 α 指 sn-1 和 sn-3 位，β 指 sn-2 位。

1.1.2 功能及应用

一般高级植物油脂中可能存在的甘油三酯多达125～1000种，含10～40种脂肪酸的部分油脂则可能存在1000～64 000种不同的甘油三酯。但是研究表明，这些理论计算所得的甘油三酯实际只有50%～80%存在于天然油脂中。尽管如此，天然油脂的甘油三酯组成依旧十分复杂，这为甘油三酯的分离和同分异构体的鉴定工作带来了极大的困难。通常，一种天然油脂中的不同脂肪酸碳链之间的长度相差2～6个碳，双键仅相差1～3个。因而它们之间的物理化学性质彼此接近，尤其是脂肪酸交叉形成的混合甘油三酯的性质更为接近。所以，许多天然油脂的甘油三酯的种类并未得到完全确定。

食物中的脂肪都是甘油三酯，是人体不可缺少的三大营养素之一，摄入后 90%由肠道吸收，甘油三酯的主要生理功能是为机体提供能量和必需脂肪酸。1 g 甘油三酯在体内完全氧化所产生的能量约为 37.6 kJ（9 kcal），比等量糖类和蛋白质产生的能量多出 1 倍以上。脂肪乳剂在肠外营养制剂中占有一定地位，因为脂肪在代谢时可产生能量，满足成人每日能量需要的 20%～50%。甘油三酯还可协助脂溶性维生素和类胡萝卜素的吸收。患有肝、胆系统疾病的患者发生脂肪消化吸收功能障碍时，会伴有脂溶性维生素吸收障碍而造成的缺乏症。脂肪在胃中停留时间较长，因此富含脂肪的食物具有较强的饱腹感。

　　甘油三酯可以被合成制备或来源于天然产品。在天然产品中，酰基通常是不同脂肪酸残基的混合物。一些天然产生的甘油三酯是有价值的商业产品。例如，来源于棕榈的甘油三酯油在食品工业中被广泛地应用；来源于鱼的甘油三酯油在健康补充品中被应用。甘油三酯广泛应用于多种食品的配制和加工，既可用于溶解并赋予食品以特有的滋气味及颜色、促进食欲、降低微生物和卵磷脂之类的亲油性食品配料的黏性，还可作为混浊剂用于饮料中或者用作香肠压膜的润滑剂和脱模剂。

1.2　脂　肪　酸

　　脂肪酸是由碳氢组成的烃类基团连接羧基所构成的一类羧酸化合物，是中性脂肪、磷脂和糖脂的主要成分。脂肪酸最初是油脂水解得到的，具有酸性，因此而得名。在 IUPAC-IUB 于 1976 年修改公布的命名法中，脂肪酸被定义为天然油脂加水分解生成的脂肪酸羧酸化合物的总称，属于脂肪族的一元羧酸（只有一个羧基和一个羟基）。天然油脂中含有 800 种以上的脂肪酸，已经得到鉴定的有 500 种。

1.2.1　分类

　　根据碳链长度的不同，可将脂肪酸分为：短链脂肪酸（short-chain fatty acid，SCFA），其碳链上的碳原子数小于 6；中链脂肪酸（medium-chain fatty acid，MCFA），其碳链上碳原子数为 6～12 的脂肪酸，主要成分是辛酸（C_8）和癸酸（C_{10}）；长链脂肪酸（long-chain fatty acid，LCFA），其碳链上碳原子数大于 12。一般食物所含的大多是长链脂肪酸。

　　根据碳氢链饱和与不饱和，可将脂肪酸分为三类，即饱和脂肪酸（saturated fatty acid，SFA），其烃类基团全由单键构成；单不饱和脂肪酸（monounsaturated fatty acid，MUFA），其烃类基团包含一个碳碳双键；多不饱和脂肪酸（polyunsaturated fatty acid，PUFA），其烃类基团包含两个或两个以上碳碳双键。富含单不饱和脂肪酸和多不饱和脂肪酸的脂肪在室温下呈液态，大多为植物油，如花生油、玉米油、大豆油、坚果油、菜籽油等。而富含饱和脂肪酸的脂肪在室温下呈固态，多为动物脂，如牛油、羊油、猪油等。但也有例外，如深海鱼油是动物脂，因它富含多不饱和脂肪酸，如二十碳五烯酸（EPA）和二十二碳六烯酸（DHA），室温下呈液态。

1.2.2　命名

　　天然脂肪酸绝大多数为偶数碳链直链的酸，极少数为奇数碳链和具有支链的酸。不饱和脂肪酸根据碳链中所含双键的多少，分为一烯酸、二烯酸和二烯以上的多烯脂肪酸。二烯以上的不饱和酸有共轭酸和非共轭酸之分。非共轭酸是指碳链的双键被一个亚甲基隔开的脂肪酸（1,4-不饱和系统），而共轭酸是指在某些碳原子间交替出现单键与双键的脂肪酸（1,3-不饱和系统），结构式如图 1-4 所示。

　　不饱和脂肪酸除少数为共轭酸和反式酸外，大部分是

—CH=CHCH₂CH=CH—
非共轭酸（1,4-不饱和系统）

—CH=CHCH=CH—
共轭酸（1,3-不饱和系统）

图 1-4　非共轭酸和共轭酸的结构

顺式结构的非共轭酸。不饱和脂肪酸的顺、反式几何异构体是指双键两边碳原子上相连的原子或原子团在空间排列上不同，氢原子在双键同侧为顺式，异侧为反式。

天然脂肪酸中，脂肪酸碳链上的氢原子被其他原子或原子团取代的酸为取代酸，其种类不是很多，主要是甲基取代、环取代、含氢酸、环氧酸、炔酸等，存在于少数几种油脂中，含量也很少。

1. IUPAC 命名法

1）饱和脂肪酸　　饱和脂肪酸常用 IUPAC 命名法命名，以含同一数量的碳原子的烃而命名。例如，相应烷烃为正十二烷，则称为正十二烷酸，有时"正"字可以省略，称为十二烷酸。十碳以下的饱和脂肪酸一般用天干命名法表示，如 $CH_3(CH_2)_2COOH$ 称为丁酸；$CH_3(CH_2)_6COOH$ 称为辛酸等。另外也可以用速记写法表示饱和脂肪酸，原则是在碳原子数后面加冒号，冒号后面再写一个 0（表示无双键），如十四烷酸的速记写法为 $C_{14:0}$ 或 14:0。普通脂肪酸一般都用俗名相称，如月桂酸（$C_{12:0}$）、棕榈酸（$C_{16:0}$）、硬脂酸（$C_{18:0}$）、花生酸（$C_{20:0}$）等。

2）不饱和脂肪酸　　不饱和脂肪酸含有双键，其命名比较复杂。命名时需写出双键的数目、位置及几何构型。将脂肪酸羧基上的碳原子编号为 1，然后依次编排至碳链末端，顺式酸以 cis 或 c 表示，反式酸以 trans 或 t 表示。例如，$CH_3(CH_2)_7CH \stackrel{c}{=\!=} CH(CH_2)_{11}COOH$ 称为顺-13-二十二碳一烯酸，速记表示为 13c-22:1；$CH_3(CH_2)_7CH \stackrel{t}{=\!=} CH(CH_2)_7COOH$ 称为反-9-十八碳一烯酸，速记为 $^{9t}C18:1$ 或 9t-18:1。

另外，不饱和脂肪酸也常用能表明脂肪酸中双键离甲基的位置的 n、ω 速记法表示，以离甲基端最近的双键第一个碳原子的位置表示双键的位置：$CH_3(CH_2)_4CH \stackrel{c}{=\!=} CHCH_2CH \stackrel{c}{=\!=} CH(CH_2)_7COOH$ 可表示为 18:2(n-6)或 18:2ω6。因此，油酸则表示为 18:1(n-9)或 18:1ω-6。

n、ω 速记法仅限于：双键为顺式；若有多个双键，应为五碳双烯型（—CH=CHCH₂CH=CH—）直链的不饱和脂肪酸。由于脂肪酸的生理活性和合成过程与分子中双键距离末端甲基碳原子的远近有关，因此 n、ω 速记法是生物化学领域中常用的表示方法。

其他类型的不饱和脂肪酸一般采用系统命名法命名。例如，$CH_3(CH_2)_6CH \stackrel{c}{=\!=} CH(CH_2)_6 \equiv CCH_2COOH$ 称为 3α,8c-十六碳烯炔酸或 8c-十六碳一烯-3-炔酸等。

2. 习惯命名法

许多常见的脂肪酸都具有俗名，其命名一般根据其首先发现时的来源物名称而定。英文俗名的缩写常为第一个字母，俗名和其缩写至今仍然在科学界广为应用。例如，乙酸称为醋酸，十二烷酸称为月桂酸，顺-9,顺-12-十八碳二烯酸称为亚油酸。

1.2.3 常见的脂肪酸

常见的脂肪酸包括棕榈酸、棕榈油酸、硬脂酸、油酸、亚油酸、亚麻酸、花生四烯酸、EPA 和 DHA 等。为了便于学习，下面就常见脂肪酸的结构和来源进行介绍。

1. 棕榈酸

棕榈酸（palmitic acid，PA），又称软脂酸，学名为"十六烷酸"，分子式是 $C_{16}H_{32}O_2$，相

对分子质量为 256.42，结构式如图 1-5 所示。棕榈酸熔点为 61～62.5℃，沸点为 351.5℃，密度为 0.85 g/mL。常温下是白色晶体，不溶于水，溶于醚、氯仿、丙酮等有机溶剂。它是一种长链饱和的高级脂肪酸，是人体内含量最多的游离脂肪酸，占血液中游离脂肪酸的 20%～30%。棕榈酸以甘油酯的形式广泛存在于各种油脂，如柏脂、棕榈油、漆蜡、棉籽油、大豆油、花生油、玉米胚芽油、鱼油、乳脂、牛脂肪、羊脂肪、猪脂肪等中。

棕榈酸的生产工艺有三种，一是直接从棕榈果中提取；二是以牛油（含 50%棕榈酸）、木蜡（含 77%棕榈酸）为原料，在高温（250℃）、高压（50.67×10⁵ Pa）下水解，可制得多种脂肪酸的混合物，再进行水解及碱性处理；三是以油酸为原料，在 350℃碱熔，双键发生异构，与羧基处于共轭位置，进一步催化氧化，可分解为棕榈酸。

2. 棕榈油酸

棕榈油酸（palmitoleic acid，PMA）是由 16 个碳原子组成且含有一个双键的单不饱和脂肪酸，是自然界中常见的 ω-7 脂肪酸之一。分子式为 $C_{16}H_{30}O_2$，相对分子质量为 254.41，结构式如图 1-6 所示。棕榈油酸熔点为 0.5℃，沸点为 162℃，密度为 0.89 g/mL。在常温下难溶于水，易溶于碱溶液和乙醚、氯仿、正己烷、乙酸乙酯等有机溶剂，为无色透明液体。

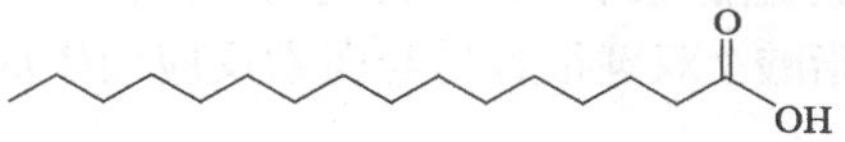

图 1-5　棕榈酸的结构 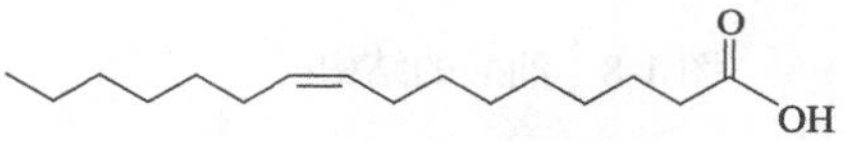　　　　　　图 1-6　棕榈油酸的结构

棕榈油酸在大多数动植物中均有分布，但含量较高的物种稀少。现主要来源为鱼油和一些海洋浮游生物。在鱼油中，棕榈油酸的含量为 15%～20%，海洋浮游生物中蓝藻的棕榈油酸含量也较高，大多鱼油中的棕榈油酸来源于食物蓝藻。棕榈油酸在鱼肝油中的含量约为 7.1%，但是在其他食品中的含量（大豆油 0.08%，巧克力 0.2%，鸡蛋 0.3%，橄榄油 1.4%）并不高。

虽然棕榈油酸在一般油料作物中含量较低，但在一些特殊植物中有很高的含量。原产于亚马孙雨林、南美洲和中美洲热带地区的木质藤本植物——猫爪草籽油中含有 64%的棕榈油酸。我国沙棘果油中棕榈油酸含量因产地、品种而变化，如产自内蒙古、甘肃地区的沙棘果油，其中棕榈油酸含量可达 32%，而产自山西的沙棘果油仅含 13%的棕榈油酸。

目前棕榈油酸的制备方法主要为超临界 CO_2 萃取法和分子蒸馏法。超临界 CO_2 萃取法是利用 CO_2 在一定压力和温度下形成超临界流体来萃取分离相应组分的方法。在超临界状态下，将 CO_2 超临界流体与待分离的物质接触，可以有选择性地把极性大小、沸点高低和相对分子质量大小不同的成分萃取分离。

3. 硬脂酸

硬脂酸（stearic acid，SA），即十八烷酸，分子式为 $C_{18}H_{36}O_2$，相对分子质量为 284.48，结构式如图 1-7 所示。硬脂酸熔点为 67～72℃，沸点为 361℃，密度为 0.84 g/mL。在常温下微溶于水，

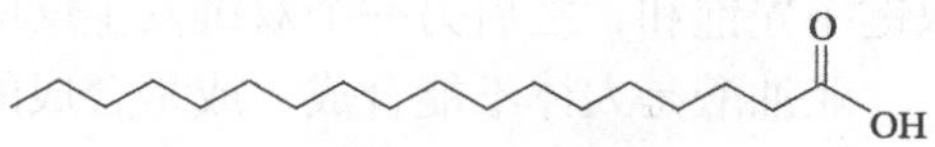

图 1-7　硬脂酸的结构

溶于乙醇、丙酮，易溶于苯、氯仿、乙醚、四氯化碳、二硫化碳、乙酸戊酯和甲苯等。其性状为白色蜡状透明固体或微黄色蜡状固体，能分散成粉末，微带牛油气味。

硬脂酸是自然界广泛存在的一种脂肪酸，具有一般羧酸的化学性质，几乎所有油脂中都有含量不等的硬脂酸，在动物脂肪中的含量较高，如牛油中含量可达 24%，植物油中含量较少，油茶籽油为 0.8%，棕榈油为 6%，但也有例外，在可可脂中的含量高达 34%。工业硬脂酸的生产方法主要有分馏法和压榨法两种。在硬化油中加入分解剂，然后水解得粗脂肪酸，再经水洗、蒸馏、脱色即得成品，同时得副产物甘油。

4. 油酸

油酸（oleic acid）是一种单不饱和 ω-9 脂肪酸，又称顺-9-十八碳烯酸。分子式为 $C_{18}H_{34}O_2$，相对分子质量为 282.46，结构式如图 1-8 所示。油酸熔点为 13～14℃，沸点为 360℃，密度为 0.89 g/mL。在常温下不溶于水，溶于苯、氯仿，与甲醇、乙醇、乙醚和四氯化碳可混溶。油酸有稳定型（α 型）和不稳定型（β 型）两种。低温下为晶体，高温下为无色透明油状液体，有猪油气味。因含有双键，易被空气氧化，而产生不良气味，颜色变黄。用氮氧化物、硝酸、硝酸亚汞和亚硫酸处理时，可转变为反式油酸。氢化时变成硬脂酸。双键很容易与卤素反应而生成卤代硬脂酸。

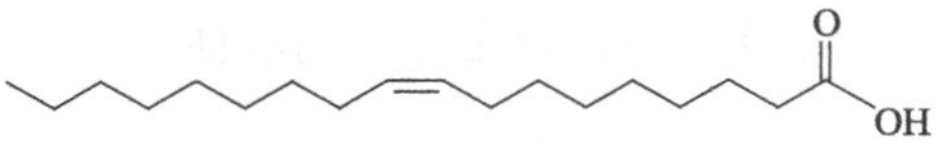

图 1-8   油酸的结构

油酸广泛存在于动植物油脂中，如橄榄油中约含 82.6%、花生油约含 60.0%、芝麻油约含 47.4%、大豆油约含 35.5%、葵花籽油约含 34.0%、棉籽油约含 33.0%、菜籽油约含 23.9%、红花籽油约含 18.7%、茶油可高达 83%；在动物油中，猪油约含 51.5%、牛油约含 46.5%、鲸油约含 34.0%、奶油约含 18.7%。

其制备方法如下：①直接从植物油中提取油酸，即利用皂化法提取。②以植物油或动物油为原料，采用常压催化水解法制备油酸。③人工合成油酸，以乙酰乙酸乙酯为原料，合成油酸。随着石油化学工业的发展，合成油酸的工艺也得以发展，目前可采用石油烯烃制备油酸。

5. 亚油酸

亚油酸（linoleic acid，LA），系统命名为顺-9,顺-12-十八碳二烯酸，速记法命名为 18:2ω-6，是一种含有两个双键的 ω-6 脂肪酸，其顺式双键位于 9 号与 12 号碳原子上，分子式为 $C_{18}H_{32}O_2$，相对分子质量为 280.44，结构式如图 1-9 所示。亚油酸由于含有两个双键，因此熔点较低，为-5℃，沸点为 230℃，密度为 0.90 g/mL。在常温下不溶于水，易溶于大多数有机溶剂，纯品为无色液体，工业品为淡黄色液体，暴露在空气中容易氧化变硬，是组成干性油的脂肪酸之一。亚油酸氢化时其中的一个双键率先饱和，之后另一个双键发生反应。

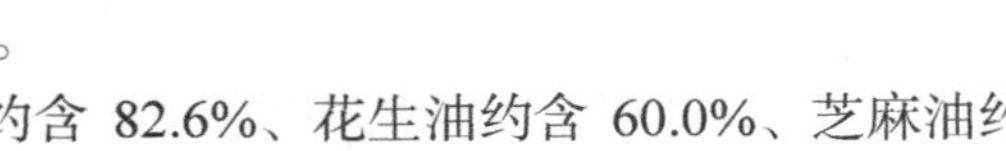

图 1-9   亚油酸的结构

亚油酸是人体不能合成，或是合成的量远不能满足需要的脂肪酸，称为必需脂肪酸。亚油酸与其他脂肪酸一起，以甘油酯的形式存在于动植物油脂中，为亚麻籽油、棉籽油之类的干性油、半干性油的主要成分。动物脂肪中的含量一般较低，牛油中亚油酸约占总脂肪酸组成的 2%，猪油约为 6%；一些植物油中含量较高，花生油中亚油酸约占总脂肪酸组成的 26%，菜籽油约为 16%，大豆油约为 52%，玉米油约为 56%，葵花籽油约为 63%，红花籽油中亚油酸含量高达 76%～83%。

工业生产亚油酸主要以玉米油和大豆油油脚为原料，大豆油在精炼过程中有 5%～10% 的油脚和皂脚。大豆油皂脚中有一半是有用的脂肪酸，而皂脚中的脂肪酸又与大豆油所含脂肪酸的组成基本上是一致的。因此，利用大豆油皂脚提取亚油酸是大豆油综合利用的重要途径。大豆油/玉米油经过皂化后再进行酸化，除去水之后加入无水硫酸钠静置或直接进行分馏即可得亚油酸成品。

6. 亚麻酸

狭义上的亚麻酸仅指 α-亚麻酸，而广义上的亚麻酸还包括 γ-亚麻酸，为必需脂肪酸。α-亚麻酸（α-linolenic acid，ALA），系统命名为顺-9,顺-12,顺-15-十八碳三烯酸，速记法命名为 18:3ω-3，是一种含有三个双键的 ω-3 脂肪酸，其顺式双键位于 9、12、15 号碳原子上，分子式为 $C_{18}H_{30}O_2$，相对分子质量为 278.43，结构式如图 1-10 所示。亚麻酸比亚油酸在 15 号碳原子上多一个顺式双键，因此其熔点比亚油酸更低，为 $-11℃$，沸点为 230～232℃，密度为 0.91 g/mL。在常温下不溶于水，溶于乙醇和乙醚，为无色至浅黄色无味的油状液体。在空气中极易氧化，加热易聚合固化，因此干性较强。

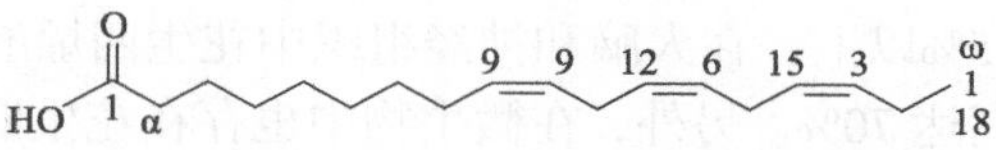

图 1-10 α-亚麻酸的结构

α-亚麻酸主要来源于陆地植物，其中黑加仑含 α-亚麻酸 14%，狼紫草中含量约为 26%，薄荷中 α-亚麻酸约占总脂肪酸的 43%，黄杞约为 50%，α-亚麻酸在常见的植物油中含量较低，最高的为菜籽油，含量约为 9%，而亚麻籽油含量约为 55%，紫苏籽油是目前已知 α-亚麻酸含量最高的油，其含量为 60%～70%。此外，一些细菌、真菌和微藻类生物中也含有 α-亚麻酸，占总脂肪酸的 9%～24%。

α-亚麻酸的提纯方法有尿素包合法、分子蒸馏法、亚油酸去饱和法、发酵法等。尿素包合法可以紫苏籽油或亚麻籽油为原料进行生产；分子蒸馏法利用不同脂肪酸之间分子质量大小差异进行分离；亚油酸去饱和法是采用催化剂将亚油酸 15 号与 16 号碳原子上的氢脱去；发酵法是从螺旋藻等真菌中经发酵后分离提纯 α-亚麻酸的一种方法。

γ-亚麻酸（γ-linolenic acid，GLA），系统命名为顺-6,顺-9,顺-12-十八碳三烯酸，速记法命名为 18:3ω-6，是一种含有三个双键的 ω-6 脂肪酸，其顺式双键位于 6、9、12 号碳原子上，结构如图 1-11 所示。γ-亚麻酸是 α-亚麻酸的双键位置异构体，与 α-亚麻酸一样，其在空气中不稳定，极易氧化，在碱性条件下易发生双键位置构型的异构化反应，形成共轭多烯酸。

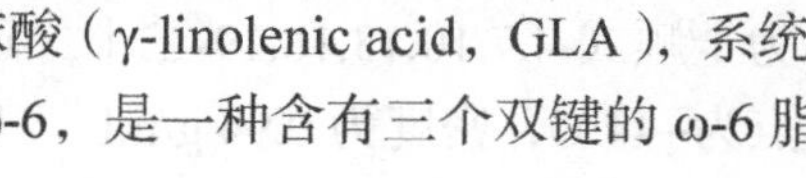

图 1-11 γ-亚麻酸的结构

γ-亚麻酸在自然界中主要分布于一些植物和微生物中，月见草油含 γ-亚麻酸 7%～10%，琉璃苣油中含量为 17%～25%，黑加仑籽油中含量为 15%～19%；此外，一些微生物中也含有丰富的 γ-亚麻酸，其中鲁氏毛霉中 γ-亚麻酸占其总脂肪酸含量的 14%～15%，卷枝毛霉为 15%～18%，山茶小克银汉霉约为 21%，雅致枝霉为 20%～30%。

亚麻酸的生产方法大体有两种：一种是化学合成法，人们早在 1959 年就进行了 γ-亚麻酸的全合成，合成路线主要包括炔类化合物与格氏试剂反应及催化加氢等过程。另一种生产方法是从富含 γ-亚麻酸的天然资源中提取，分为直接提取法和微生物发酵法。直接提取法是以月见草油或琉璃苣油为原料，采用如结晶纯化法、尿素包合法等进行提取纯化；微生物发酵法是以 γ-亚麻酸产量高、易培养的微生物为菌种进行发酵生产，并从最终获得的发酵液中提取 γ-亚麻酸。

7. 花生四烯酸

花生四烯酸（arachidonic acid，ARA），系统命名为全顺式-5,8,11,14-二十碳四烯酸，速记法命名为 20:4ω-6，是一种具有 4 个顺式双键的 ω-6 脂肪酸，分别位于 5 号、8 号、11 号、14 号碳原子上，分子式为 $C_{20}H_{32}O_2$，相对分子质量为 304.47，结构式如图 1-12 所示。熔点为-49℃，沸点为 169～171℃，密度为 0.92 g/mL。常温下溶于乙醇、丙酮、苯等有机溶剂，为淡黄色油状液体。分子中有 4 个活泼的次甲基，易与氧作用生成自由基。

花生四烯酸有时与亚油酸、亚麻酸一起被称为必需脂肪酸。在陆地动物油脂如猪脂、牛脂中普遍存在，但含量不高，一般小于 1%，在植物油脂中含量很少，仅在苔藓及蕨类种子油中发现有微量存在，而在陆地动物（猪、牛）肾上腺磷脂脂肪酸中，花生四烯酸含量高达 15% 以上，在人脑和神经组织中花生四烯酸占总多不饱和脂肪酸的 40%，在神经末梢中甚至高达 70%。另外，在微生物中也存在花生四烯酸，高山被孢霉（*Mortierella alpina*）中花生四烯酸占总脂肪酸的 11%～79%，长孢被孢霉约为 15%，终极腐霉约为 16%，而紫球藻中则高达 60% 左右。

花生四烯酸的生产方法主要有化学半合成法与发酵法。化学半合成法是以猪肾上腺为原料，经过皂化、溴化、脱溴、甲酯化、水解、提纯制得的；发酵法是高山被孢霉经发酵培养所得菌丝体，经过滤、压榨后得约 3% 干菌体，用超临界 CO_2 萃取后精制得约 45% 花生四烯酸、约 20% 亚麻酸等不饱和脂肪酸的油脂，再经过尿素包合法等纯化手段得到纯品。

8. EPA 和 DHA

EPA 和 DHA 是两个重要的 ω-3 系列脂肪酸，结构分别如图 1-13 所示。EPA 是二十碳五烯酸（eicosapentaenoic acid）的缩写，系统命名为全顺式-5,8,11,14,17-二十碳五烯酸，分子式为 $C_{20}H_{30}O_2$，相对分子质量为 302.45，熔点为-54℃，密度为 0.94 g/mL。DHA 是二十二碳六烯酸（docosahexaenoic acid）的缩写，系统命名为全顺式-4,7,10,13,16,19-二十二碳六烯酸，分子式为 $C_{22}H_{32}O_2$，相对分子质量为 328.49，熔点为-44℃，密度为 0.94 g/mL。天然的 EPA 和 DHA 分子均是全顺式构型，但在异构酶的作用下可变成反式，与其他多不饱和脂肪酸一样，这两种脂肪酸对空气很敏感，易被氧化。

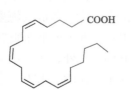

图 1-12 花生四烯酸的结构

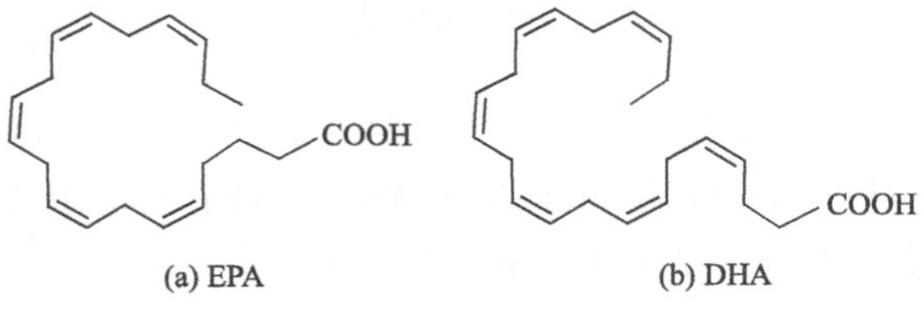

(a) EPA (b) DHA

图 1-13 EPA 和 DHA 的结构

目前 EPA 和 DHA 的来源主要有鱼类、微藻类及其他微生物。鱼类中沙丁鱼、金枪鱼等青背鱼中 EPA 和 DHA 含量较高；微藻类中金藻类、甲藻类、硅藻类、红藻类中 EPA 与 DHA 含量丰富，最高可达 34%；微生物中能产生 EPA 与 DHA 的主要有藻状菌纲、水霉目破囊壶菌与裂殖壶菌、虫霉目与毛霉目微生物，少数酵母如产油酵母以及从鱼类肠道中分离出的细菌中也含有一定量的 EPA 与 DHA。

目前工业上生产 EPA 与 DHA 的方法是先将鱼干或碎鱼制成鱼油，将鱼油经尿素包合法预浓缩后，采用超临界 CO_2 萃取，将 EPA+DHA 提纯至 90%后进行精馏，使 EPA 提纯至 67%，DHA 提纯至 90%以上。其他生产方法有微生物发酵法与花生四烯酸去饱和法等，但是成本较高且工艺复杂。

1.3 甘油三酯组分和脂肪酸分布的关系

在人们没有认识到油脂的本质之前，一直错误地认为油脂中的甘油三酯是同酸甘油三酯。直到 19 世纪初，人们认识到油脂是混甘油三酯的混合物后，这种由同一种脂肪酸组成油脂甘油三酯的学说即被否定。油脂中甘油三酯组成复杂，分离与分析工作在早期十分艰巨，即便目前的分析技术已十分完善，但要取得准确的分离分析数据仍然相当困难。油脂的性质与脂肪酸的种类及脂肪酸在甘油的三个羟基位置上的分布有关，为此早期科技工作者对甘油三酯中的脂肪酸分布进行探索，并提出了一些脂肪酸分布和甘油三酯组分关系的假说。

1.3.1 全随机分布学说

全随机分布学说的主要内容是不管脂肪酸的类型和甘油的羟基位置如何，各种脂肪酸的分布均符合机遇率（或然率）法则，即各脂肪酸在 sn-1、sn-2、sn-3 位的分布是其在样品中总含量的 1/3 作等量分布，也可以说 sn-1、sn-2、sn-3 位的脂肪酸组成（%）与全油脂的脂肪酸组成（%）是一样的。

这个假说显然不合理，实践证明各脂肪酸的类型不同，在甘油的不同羟基位置上具有选择性，理论上的全随机在天然油脂中是不存在的。

1.3.2 1-随机-2-随机-3-随机分布学说

1962 年，日本学者津田滋（S. Tsuda）提出 1-随机-2-随机-3-随机分布学说，学说有两点假设：①天然油脂中的脂肪酸在甘油三酯的 sn-1、sn-2 和 sn-3 位上的分布互相独立，没有联系；②分布于单一位置上的所有脂肪酸在该位置上进行随机分布。根据这两点假设，单一甘油三酯组分含量可由下式计算：

% sn-XYZ= (X 酸在 sn-1 位的摩尔分数) (Y 酸在 sn-2 位的摩尔分数) (Z 酸在 sn-3 位的摩尔分数) $\times 10^{-4}$ (1-1)

式中，X、Y、Z 可以是单一脂肪酸，如软脂酸、硬脂酸、油酸等，也可以是一组脂肪酸，如饱和酸、不饱和酸，或饱和酸、一烯酸、二烯酸等。

很明显，以 1-随机-2-随机-3-随机分布学说计算甘油三酯组成必须有甘油三酯的立体专一分析数据，即必须有 sn-1、sn-2 和 sn-3 位的脂肪酸组成，对于脂肪酸组成复杂的油脂，可以采用计算机计算出详尽的甘油三酯组分。

1.3.3 1,3-随机-2-随机分布学说

该假说是在胰脂酶定向水解 sn-1 和 sn-3 位脂肪酰基的研究基础上于 1960～1961 年分别由范德瓦尔（van der Waal）、科尔曼（Coleman）和富尔顿（Fulton）提出的。该假说认为：①脂肪酸在 sn-1,3 位和 sn-2 位的分布是独立的，互相没有联系。②分布于 sn-1,3 位和 sn-2 位的脂肪酸在该位置的分布是随机的。因为 sn-1,3 位的脂肪酸在 sn-1 和 sn-3 位上随机分布，所以 sn-1 与 sn-3 位的脂肪酸是相同的。显然，1,3-随机-2-随机分布学说无法计算旋光异构体的差异。

1.3.4 油脂甘油三酯分布学说的可靠性

甘油三酯生物合成是各分布学说可靠性的基础，20 世纪 50 年代以前的假设均缺少生物化学基础，失去了使用意义。1,3-随机-2-随机分布学说虽然产生于立体专一分析方法出现之前，但后来的研究表明含有普通脂肪酸的种子油脂 sn-1 位和 sn-3 位分布相差很小，使得这一学说对于普通种子油脂具有普遍意义，计算结果也非常准确，具有很强的实用价值。动物油脂 sn-1 位和 sn-3 位分布相差较大，用 1-随机-2-随机-3-随机分布学说预测效果更好。

归纳起来，1,3-随机-2-随机分布学说应用于含常规脂肪酸的种子油脂十分准确（不考虑对映体的差异）；而 1-随机-2-随机-3-随机分布学说除变化极大的动物油脂外，对一般动物脂肪和乳脂等均应用效果良好。

1.4 脂肪伴随物

1.4.1 类脂物

类脂物是广泛存在于生物组织中的天然大分子有机化合物。这些化合物的共同特点是都具有很长的碳链，但结构中其他部分的差异较大，它们均可溶于乙醚、氯仿、石油醚、苯等非极性溶剂，不溶于水。常见的类脂物包括磷脂（phospholipid）、糖脂（glycolipid）、硫脂（sulfolipid）、固醇（sterol）等，由于它们在物理特性方面与油脂类似，因此称为类脂化合物。

1. 磷脂

含有磷酸的脂类称为磷脂。磷脂是磷酸甘油酯的简称，也称磷脂类、磷脂质。动植物体内磷脂以游离状态存在的很少，磷脂为两性分子，一端为亲水的含氮或磷的头，另一端为疏水的长烃基链。因此，磷脂分子亲水端相互靠近，疏水端相互靠近，常与蛋白质、糖、胆固醇等其他分子以结合状态存在，共同构成脂质双分子层，即细胞膜的结构。作为构成细胞的成分及代谢过程中的活性参与物质，磷脂对生命起着非常重要的作用。磷脂根据对水的"亲和力"可分为水化磷脂和非水化磷脂，按其结构可以分为甘油磷脂和鞘磷脂。

1）结构与分类

（1）甘油磷脂（glycerophosphatide）是磷脂酸以及与磷酸相连的取代基团构成的复杂脂类。从结构上甘油磷脂又可分为 L-磷脂酸类和缩醛磷脂两大类。

磷脂酸是最简单的甘油磷脂，它是由 1,2-甘油二酯与磷酸结合而成的化合物，磷酸酯在甘油的 sn-3 位上，磷脂酸在动植物组织中含量极少，但在生物合成中极其重要，它是所有磷酸甘油酯与甘油三酯的前体。其结构如图 1-14（a）所示。主要的 L-磷脂酸衍生物有磷脂酰胆碱（卵磷脂）、磷脂酰乙醇胺（脑磷脂）、磷脂酰丝氨酸（丝氨酸磷脂）等，它们都有一个共同的母核——L-磷脂酸。不同点是磷酸基分别与胆碱[—$OCH_2CH_2N^+(CH_3)_3$]、乙醇胺（—$OCH_2CH_2NH_2$）、丝氨酸[—$OCH_2CH(NH_2)COOH$]的羟基连接而成酯，结构如图 1-14（b）～（d）所示。以上都是含有氨基的 L-磷脂酸衍生物，磷脂酰肌醇和心磷脂则是不含氨基的 L-磷脂酸衍生物。

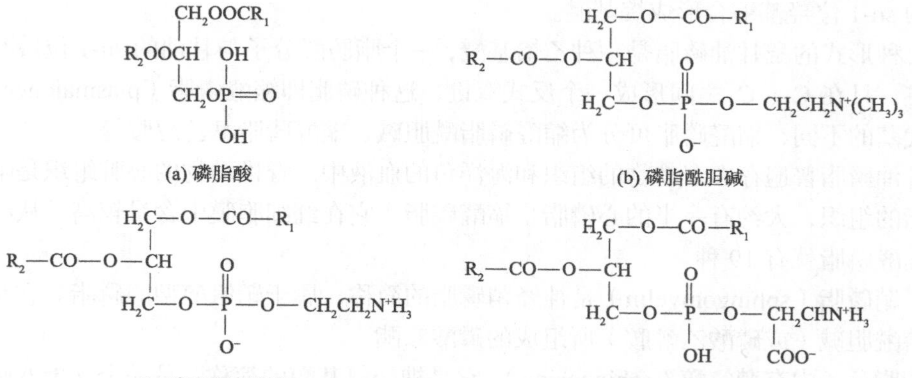

图 1-14　磷脂酸及 L-磷脂酸衍生物的结构

上述磷脂酸衍生物中比较重要的是卵磷脂（lecithin），它几乎存在于一切细胞中。卵磷脂水解后，可分解成胆碱、磷酸、甘油和脂肪酸，其中的脂肪酸比较复杂，如蛋黄中卵磷脂的脂肪酸是油酸、亚油酸、花生四烯酸等；酵母卵磷脂中的脂肪酸是棕榈油酸。根据组成卵磷脂的脂肪酸不同，又可把卵磷脂分成普通卵磷脂、氢化卵磷脂和溶血卵磷脂，如表 1-1 所示。

表 1-1　卵磷脂的分类

分类		物理性质
卵磷脂	普通卵磷脂	分子中脂肪酸都是不饱和脂肪酸，多是蜡状固体，呈白色，有强吸湿性、易氧化，具右旋光性。易溶于乙醇、氯仿、乙醚，无确定的熔点，不易分离出单体
	氢化卵磷脂	由普通卵磷脂氢化而成，分子中都是饱和脂肪酸。只溶于热乙醇，而不溶于冷乙醇和冷乙醚
	溶血卵磷脂	分子中只有 1 分子脂肪酸，常与普通卵磷脂共存，呈左旋光性。易溶于热氯仿和乙醇，而不溶于乙醚，只要通过一般层析法便可与其他卵磷脂分离

醚甘油磷脂是甘油磷脂的另一类型，它与 L-磷脂酸类的区别在于甘油的 sn-1 位上碳连接的不是酰基而是烃氧基。该烃氧基有两种形式，即烷基醚磷脂和 α, β-烯基醚磷脂，其结构通

式如图 1-15 所示。

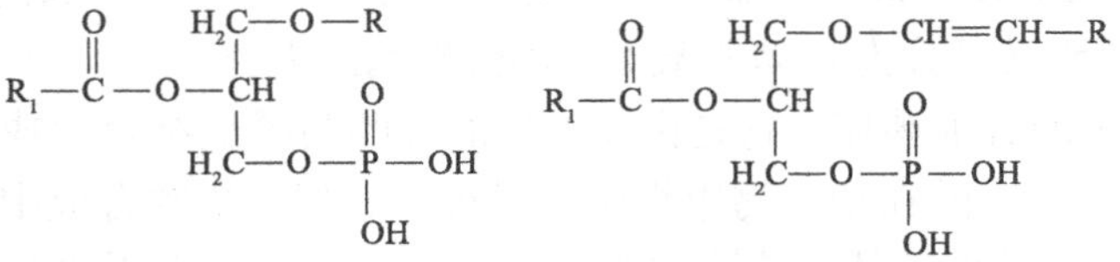

(a) 烷基醚磷脂   (b) α,β-烯基醚磷脂

图 1-15   烷基醚磷脂和烯基醚磷脂的结构通式

第一种形式的烃氧基，其连接的可以是饱和烃，也可以是不饱和烃，不饱和烃的双键位置处于碳链正常中间位置（不在 C_1 与 C_2 之间），这种形式的醚甘油磷脂，如烷酰基甘油磷酸乙醇胺，其甘油分子的 sn-2 和 sn-3 位羟基分别与脂肪酸和磷酸分子以酯键相连，一个脂肪醇与甘油的 sn-1 位羟基缩合形成烷基醚。

第二种形式的醚甘油磷脂是一种乙烯基醚，一个脂肪醛分子与甘油的 sn-1 位羧基缩合形成烯基醚，且在 C_1、C_2 之间形成一个反式双键，这种磷脂即缩醛磷脂（plasmalogen），按照磷酸取代基的不同，缩醛磷脂可分为缩醛磷脂酰胆碱、缩醛磷脂酰乙醇胺等。

醚甘油磷脂普遍存在于动物的组织和海洋鱼的血液中。脊椎动物的心脏组织是唯一富含缩醛磷脂的组织，大约有一半的心磷脂是缩醛磷脂。它在红细胞膜中含量较高，从红细胞中分离的缩醛磷脂就有 19 种。

（2）鞘磷脂（sphingomyelin）是神经鞘磷脂的简称，属于鞘氨醇型的磷脂。它是由神经酰胺与磷酰胆碱（或磷酸乙醇胺）所组成的磷酸二酯。

鞘磷脂分子中有鞘氨醇（sphingosine），它是神经氨基醇的简称，是一个含十八碳反式双键的氨基二醇，烷基长碳链在 C_3 上，即 2-氨基-4-十八烯-1,3-二醇，化学结构如图 1-16（a）所示。鞘氨醇分子中的双键经氢化或羟化得到三种饱和衍生物。其结构如图 1-16（b）～（d）所示。哺乳动物以鞘氨醇和二氢鞘氨醇为主要成分，植物和真菌以植物鞘氨醇为主要成分，海洋无脊椎动物以双不饱和化合物为主要成分。

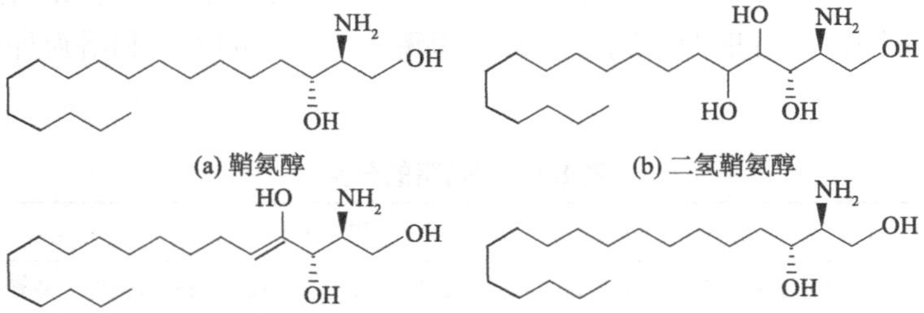

(a) 鞘氨醇   (b) 二氢鞘氨醇

(c) 植物鞘氨醇   (d) 脱氢鞘氨醇

图 1-16   鞘氨醇及其饱和衍生物的结构

神经氨基醇的氨基与脂肪酸作用酰化后生成的酰胺化合物，即神经酰胺（ceramide），也称脂酰鞘氨醇，结构如图 1-17 所示。神经酰胺与磷脂酰胆碱（或磷脂酰乙醇胺）相连而成为鞘磷脂，其结构如图 1-18 所示。

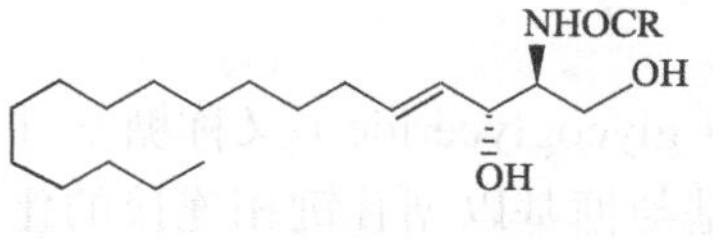

图 1-17　神经酰胺的结构

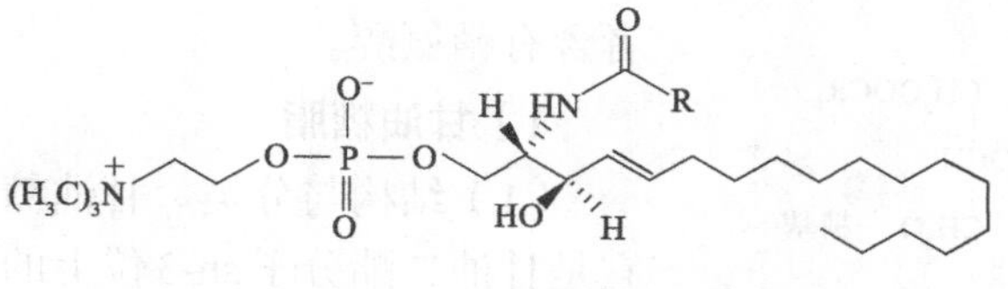

图 1-18　鞘磷脂的结构

鞘磷脂类磷脂分子中没有甘油，水解后可以得到磷酸、鞘氨醇和脂肪酸，常见的脂肪酸是棕榈酸和神经酸。鞘磷脂在植物和微生物组织中较少被发现，主要存在于动物组织中，如细胞膜、脂蛋白和其他富含脂类的组织，特别是脑神经组织、红细胞膜中，鞘磷脂担负着重要的生理功能，如细胞识别及信息传递等。

2）分布与含量　磷脂广泛分布于脑和神经组织，以及动物、微生物、植物的种子和果实中，特别是动物的脑、骨髓、神经组织、卵黄及心脏、肝、肾等器官内。但随着组织的不同，其组成和含量有很大差别。例如，脑脂质中磷脂的含量是肝、肾的 2 倍，为心肌的 3 倍；中枢神经系统干重的 51%～54% 为脂质，而其中半数以上是磷脂。

动物油脂中所含的磷脂较植物油高，植物油中的磷脂多以甘油磷脂为主，其中包括磷脂酰胆碱（phosphatidylcholine，PC）、磷脂酸（phosphatidic acid，PA）、磷脂酰丝氨酸（phosphatidylserine，PS）、磷脂酰乙醇胺（phosphatidylethanolamine，PE）和磷脂酰肌醇（phosphatidylinositol，PI）等。一般 PC 是含量最高的组分，其次是 PI 和 PE。不同动植物组织中磷脂的含量如表 1-2 所示。一般含蛋白质越丰富的油料磷脂含量越高。

表 1-2　动植物组织中磷脂的含量（谷克仁和周丽凤，2007）

名称	磷脂含量（%）	名称	磷脂含量（%）
牛脑	6.00～6.10	棉籽	1.70～1.80
猪肝	3.30～3.40	油菜籽	1.02～1.20
牛肝	3.50～3.60	向日葵籽	0.60～0.84
牛油	0.30～0.40	亚麻籽	0.44～0.73
牛脾	2.20～2.30	花生	0.44～0.62
牛肺	1.60～1.70	小麦	0.40～0.50
牛心	2.00～2.10	玉米	0.20～0.30
牛头	1.80～1.90	羽扇豆	1.60～2.20
牛奶	0.05	燕麦	0.80～0.90
大豆	1.20～3.20	豇豆	1.00～1.10

2. 糖脂

糖脂（glycolipid）是指含有糖基的脂质，在生物化学中称为糖苷脂，定义为糖通过其半缩醛羟基以糖苷键与脂质连接的化合物。一般由糖、脂肪酸与鞘氨醇结合而成的脂酰鞘氨醇等部分组成。糖脂可分为甘油糖脂和鞘糖脂两大类，前者在分子结构中含有甘油，后者含有鞘氨醇。

图 1-19　甘油糖脂

1）甘油糖脂

（1）结构与分类。甘油糖脂（glycoglyceride）又称糖基甘油酯，它是甘油二酯分子 sn-3 位上的羟基与糖基以糖苷键相连接的化合物，结构如图 1-19 所示。天然的甘油糖脂的分类如表 1-3 所示。

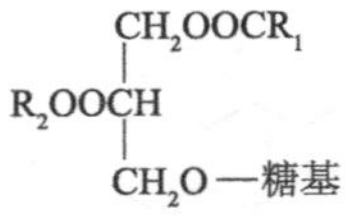

表 1-3　天然的甘油糖脂的分类

分类	结构差异	结构式
酯型	甘油的羟基被脂肪酸所酯化	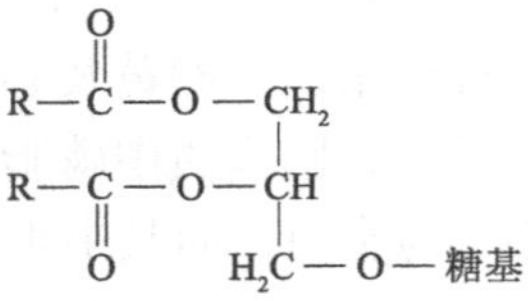
醚型	甘油的羟基被烷基化，形成醚键	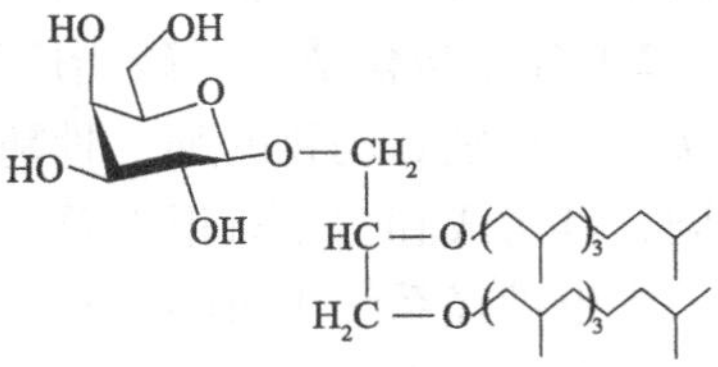
酯酰化型	糖基上羟基发生酯酰化	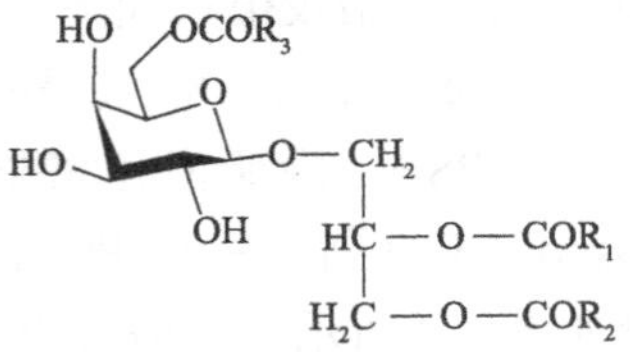
糖醛酸型	糖基上羟基氧化为酸	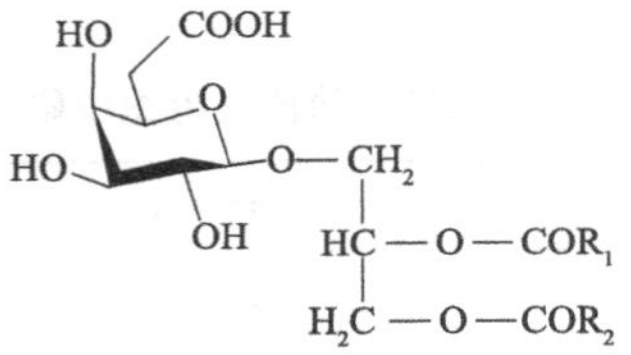
氨基化型	糖基上 6-位氨基化	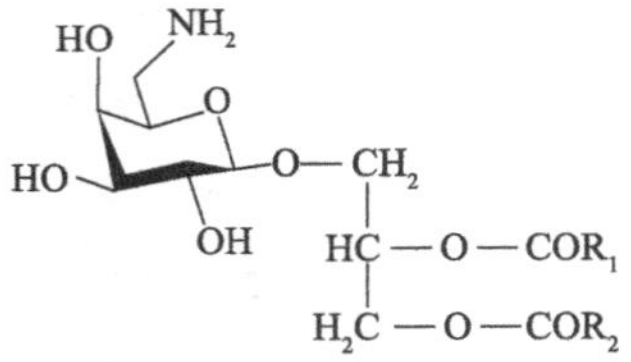
磺酸化型	糖基上 6-位磺酸化	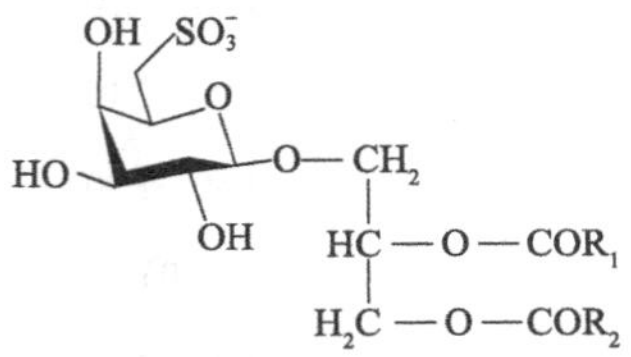

（2）分布与作用。甘油糖脂主要存在于高等植物和微生物中。植物的叶绿体和微生物的细胞膜含有大量的甘油糖脂，哺乳类动物虽然含有甘油糖脂，但分布并不普遍，仅少量存在于睾丸精子的细胞膜和大脑中枢神经系统的髓磷脂中。

2）鞘糖脂

（1）结构与分类。鞘糖脂（glycosphingolipid）分子的母体结构是神经酰胺，神经酰胺是脂肪酸以酯键连接在神经氨基醇的 C_2 氨基上的缩合物。神经酰胺以糖苷键与糖基相连，即鞘糖脂，结构如图 1-20 所示。

自然界已经发现很多鞘糖脂，它们不仅糖结构单元的类别、数目和连接的方式不同，烷基链也随着链长、不饱和度以及羟基化和甲基化程度而不同。不同糖链的鞘糖脂已达 400 余种，还有多种鞘糖脂尚未发现。鞘糖脂按其所含的单糖的性质又可分为两大类，即中性鞘糖脂和酸性鞘糖脂。

中性鞘糖脂的糖链中只含中性糖类，有仅含一个糖基的脑苷脂，也有结构复杂的由多个单糖组成糖链的中性鞘糖脂。第一个被发现的鞘糖脂是半乳糖苷神经酰胺（GalCer），因其从人脑中获得，故称为脑苷脂，结构如图 1-21 所示。不同脑苷脂的区别主要在于所含脂肪酸的结构不同。哺乳动物、高等植物、真菌和海洋无脊椎动物组织中脑苷脂的鞘氨醇结构也存在各种变化。

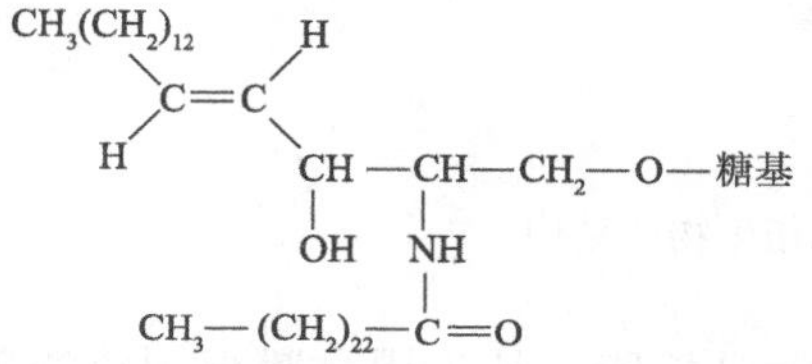

图 1-20　鞘糖脂的结构 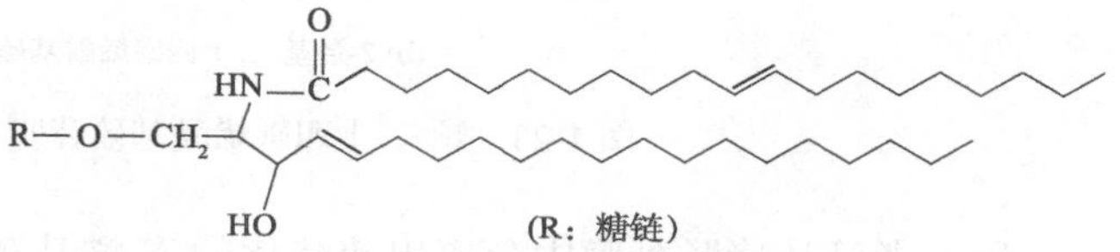　　　　图 1-21　脑苷脂的结构

酸性鞘糖脂的糖链中除含有中性糖以外，还含有唾液酸或硫酸化的单糖。硫苷脂即硫酸鞘糖脂，是含硫酸化单糖的鞘糖脂，脑苷脂可被硫酸化成硫苷脂。神经节苷脂（ganglioside）是指含一个或多个唾液酸的鞘糖脂，是酸性鞘糖脂中的重要成员，它主要存在于神经组织、脾与胸腺中，在神经系统中尤为丰富。

（2）分布与作用。鞘糖脂的组成结构和分布具有专属和组织专一性，它们大多数作为细胞膜的组分存在于动物组织、海绵和真菌中。鞘糖脂广泛分布于各组织尤其是神经和脑组织，是生物膜的重要组分。某些植物中也含有一些鞘糖脂，但是总的来讲，鞘糖脂在植物界中的分布不普遍。

3. 硫脂

硫脂（sulfolipid）是指分子中含硫原子的脂质。目前，硫脂主要是指一类含有硫酸基的酸性糖脂，除硫酸基外，还含有糖基、脂肪酸、鞘氨醇、甘油醇或胆固醇。哺乳动物的硫脂有三种主要类型：硫酸鞘脂类、硫酸半乳糖甘油酯类和类固醇硫酸酯类。主要分布在脑、肾、视网膜、胃肠黏膜和睾丸中。糖基部分含硫酸酯的鞘糖脂称为硫苷脂（sulfatide），硫苷脂分子结构中与鞘氨醇相连的糖苷键常是 β 构型，且一个反式双键处在鞘氨醇的 C_4 位，结构如图 1-22 所示。

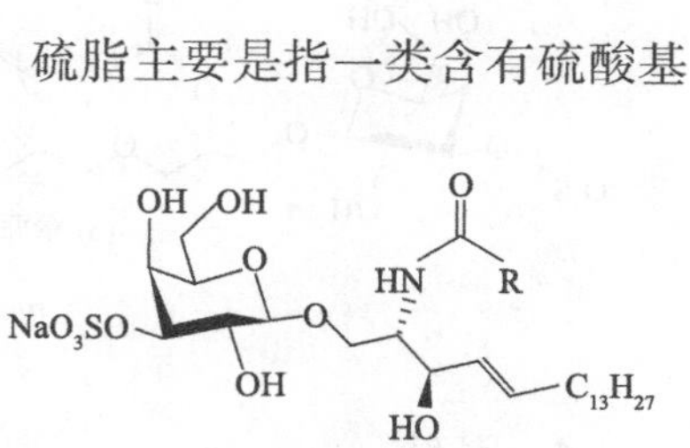

图 1-22　硫苷脂的结构

硫苷脂（图 1-23）在哺乳动物的组织中广泛存在，特别是中枢神经系统的髓磷脂（myelin）中。硫苷脂是一个庞大的化合物家族，依照糖基和脂肪酸链的不同有很多种，顺-二十四碳烯

酰基硫苷脂（*cis*-tetracosenoyl-sulfatide）是其中较为常见的一种，其脂酰链也可羟基化。十八碳硫苷脂（$C_{18:0}$-sulfatide）是灰质中一种含量丰富的硫苷脂。

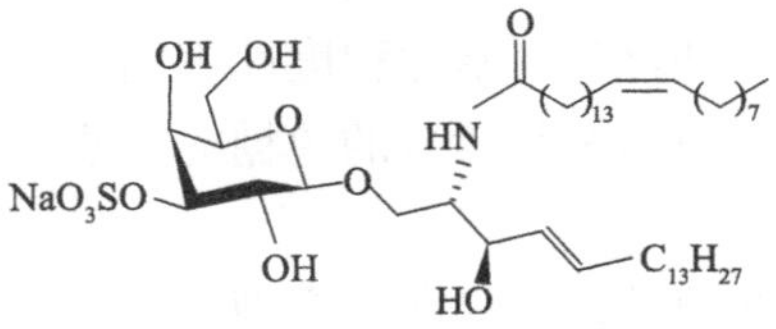

(a) 顺-二十四碳烯酰基硫苷脂

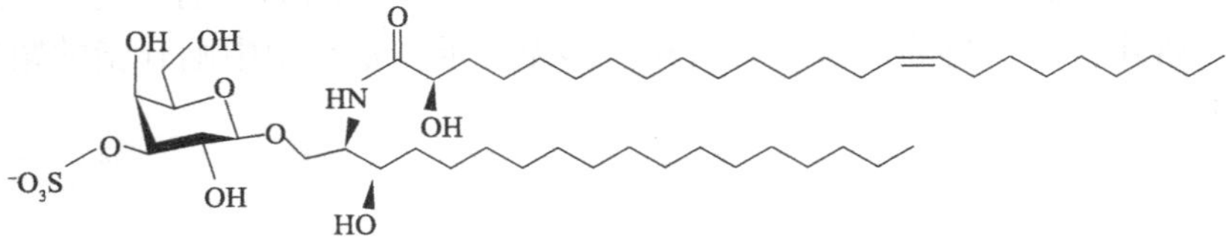

(b) 2-羟基-二十四碳烯酰基硫苷脂

图 1-23 顺-二十四碳烯酰基硫苷脂及其衍生物的结构

　　研究者已从猪肠黏膜中分离出硫酸化的 *N*-酰基鞘氨醇乳糖脂，从牛胃黏膜得到硫酸单唾液酸三糖基酰基鞘氨醇，从鼠肾分离到单硫酸糖脂和二硫酸糖脂，其糖组分都是半乳糖、葡萄糖和 *N*-乙酰半乳糖胺。单硫酸糖脂在半乳糖基 C_3-羟基硫酸化，二硫酸糖脂在半乳糖基和 *N*-乙酰半乳糖胺的 C_3-羟基硫酸化。此外，还从某些动物的脑、肾、睾丸等分离出半乳糖基神经酰胺（GalCer）、乳糖酰基鞘氨醇（LacCer）、甘露糖酰基鞘氨醇（ManCer）的硫酸酯。

　　还有多种重要的硫酸半乳糖甘油酯和类固醇硫酸酯。例如，硫酸半乳糖二酰基甘油是髓磷脂中的微量成分。精原糖脂质（seminolipid）是存在于生殖细胞膜上的一种硫酸半乳糖烷基甘油酯，可能与受精有关。胆固醇硫酸酯是角质层的主要脂质，正常时含量很低，但可稳定角质层，控制角质层细胞脱落。精原糖脂质和胆固醇硫酸酯的结构如图 1-24 所示。

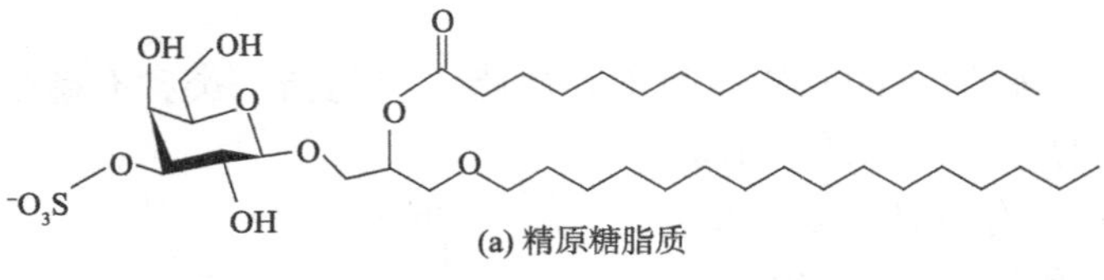

(a) 精原糖脂质

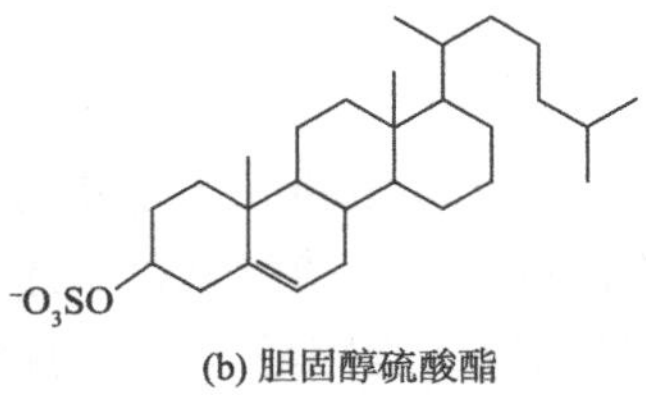

(b) 胆固醇硫酸酯

图 1-24 哺乳动物中存在的两种硫脂

4. 固醇

　　固醇（sterol）又名甾醇，是以环戊烷多氢菲为骨架，环上带有羟基的化合物。其特点是羟基在 C_3 位，C_{10}、C_{13} 位有甲基，C_{17} 位上带有一个支链。不同甾醇的结构类似，相互间区别在于支链的大小及双键的多少不同。图 1-25 和图 1-26 为环戊烷多氢菲和甾醇的结构通式。

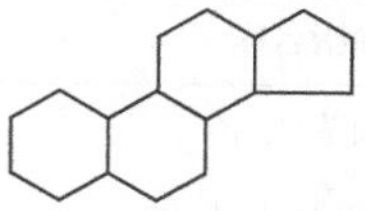

图 1-25　环戊烷多氢菲

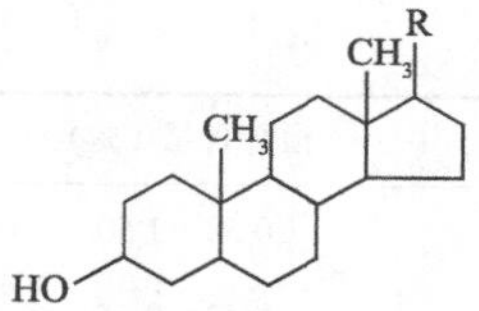

图 1-26　甾醇

　　固醇是天然有机物中的一大类，自然界中固醇种类有近千种，动植物组织中均含有。动物普遍含胆固醇，通常称为动物固醇；植物甾醇是植物体内广泛存在的一种甾醇类化合物，植物的根、茎、叶及籽实的油脂中均含有植物甾醇，它的种类很多，主要有谷甾醇、豆甾醇、菜油甾醇、菜籽甾醇等，存在于菌类中的麦角甾醇也是很重要的一种甾醇。图 1-27 是动植物油脂中常见甾醇的结构，表 1-4 为各种油脂中的甾醇含量。

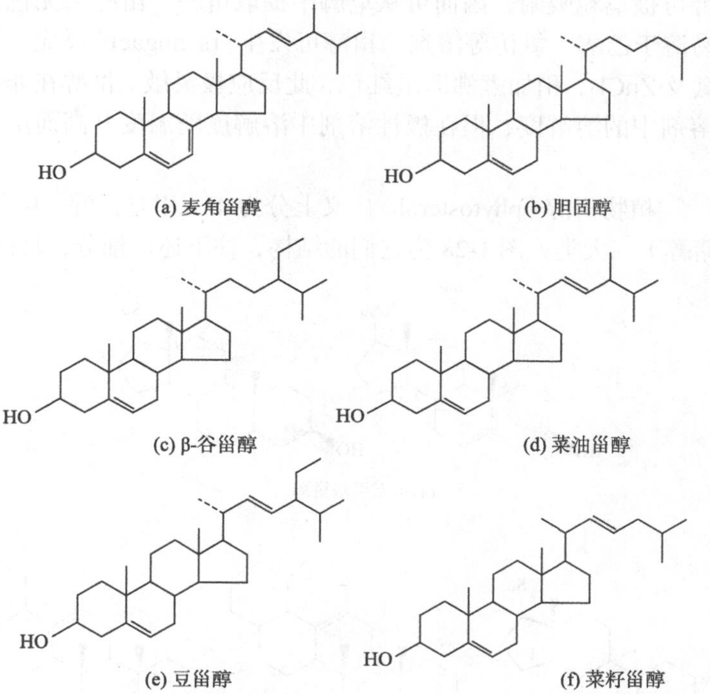

(a) 麦角甾醇

(b) 胆固醇

(c) β-谷甾醇

(d) 菜油甾醇

(e) 豆甾醇

(f) 菜籽甾醇

图 1-27　常见甾醇的结构

表 1-4　各种油脂的甾醇含量（张根旺，1999）

油脂名称	甾醇含量（%）	油脂名称	甾醇含量（%）
菜籽油	0.35～0.50	红花籽油	0.35～0.63
大豆油	0.15～0.38	亚麻籽油	0.37～0.50
棉籽油	0.26～0.51	椰子油	0.06～0.23
花生油	0.19～0.47	棕榈油	0.03～0.26
米糠油	0.75～1.80	橄榄油	0.11～0.31
葵花籽油	0.35～0.75	棕榈仁油	0.06～0.12

续表

油脂名称	甾醇含量（%）	油脂名称	甾醇含量（%）
玉米油	0.58～1.50	油茶籽油	0.10～0.60
芝麻油	0.43～0.55	小麦胚芽油	1.30～2.60
可可脂	0.17～0.30	猪油	0.11～0.12
牛乳脂	0.24～0.50	牛油	0.08～0.14
蓖麻油	0.29～0.50	羊油	0.03～0.10
鳕鱼油	0.42～0.54	比目鱼肝油	7.60

甾醇是油脂中不皂化物的主要成分，一部分甾醇也以脂肪酸酯的形态存在于蜡中，碱炼时，大部分甾醇可被皂粒吸附，因而可从皂脚中提取甾醇。甾醇为无色结晶，具有旋光性，不溶于水，易溶于乙醇、氯仿等溶剂。甾醇可发生 Tschugaeff 反应，将甾醇溶于乙酸酐中，加入乙酰氯及 $ZnCl_2$，稍加煮沸即呈红色，此反应极灵敏。甾醇在非极性溶剂中的溶解度大于在极性溶剂中的溶解度，但在极性溶剂中溶解度随温度升高而增大，以此可用来提纯甾醇。

1）植物甾醇　植物甾醇（phytosterol）广义上分为 4-无甲基甾醇、4-单甲基甾醇和 4,4-双甲基甾醇（三萜醇）三大类，图 1-28 为它们的结构，往下还可细分，具体见表 1-5。

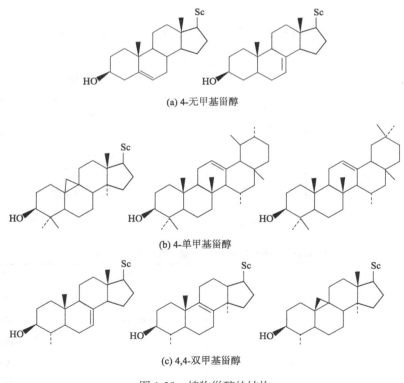

(a) 4-无甲基甾醇

(b) 4-单甲基甾醇

(c) 4,4-双甲基甾醇

图 1-28　植物甾醇的结构

Sc.侧链

表 1-5　植物甾醇的分类

类别	名称
4-无甲基甾醇类	菜籽甾醇
	菜油甾醇
	豆甾醇
	谷甾醇
	Δ^5-燕麦甾醇
	Δ^7-燕麦甾醇
	豆甾烯醇
4-单甲基甾醇类	24-乙基洛飞烯醇
	芦竹甾醇
	柠檬二烯醇
	钝叶醇
	环桉烯醇
4,4-双甲基甾醇类	环阿屯醇
	24-亚甲基环阿屯烷醇
	24-甲基环阿屯醇
	α-香树脂醇
	β-香树脂醇

　　谷甾醇（sitosterol）有 α_1、α_2、α_3、β、γ 和 δ 等数种，含量最多的是 β-谷甾醇，大豆油、菜籽油、椰子油以及中药人参、桑叶、天门冬和八角等植物的脂溶性成分中均含有 β-谷甾醇。β-谷甾醇的分子式是 $C_{29}H_{50}O$，熔点为 137℃，与 D-葡萄糖缩合成胡萝卜苷。γ-谷甾醇是 β-谷甾醇的异构体，大豆油及黄柏、蛇根木中均含有。谷甾醇与胆固醇在分子结构上相似，在肠内有竞争性抑制胆固醇的作用，在临床上用它作为降低胆固醇的药物。

　　豆甾醇（stigmasterol）是一种有两个双键的化合物，分子式是 $C_{29}H_{48}O$。熔点为 168～170℃，大豆油、毒扁豆及中药防己、款冬花、柴胡等均含有。豆甾醇常与豆甾烯醇共存。此外，从黄柏中分离出的 7-去氢豆甾醇，从南瓜子分离出的 Δ^7-燕麦甾醇均是豆甾醇衍生物。

　　菠菜甾醇（spinasterol 或 spinaterol）有 α、β、γ、δ 四种异构体，最初是从菠菜和苜蓿中分离出的，很多中草药如柴胡、木鳖子中均含有这种植物甾醇。

　　麦角甾醇（ergosterol）是最重要的植物甾醇，无色晶体，熔点为 166℃，分子式为 $C_{28}H_{43}OH$。存在于酵母和某些植物中，受紫外光照射时，甾核的 β 环开裂转化成维生素 D_2，是制备维生素 D_2 的原料之一。

　　植物甾醇在大宗油品中的质量分数为 0.1%～0.8%。如表 1-6 所示，植物油中含有多种植物甾醇，大部分甾醇属于 4-无甲基甾醇，占 50%～97%。除米糠油、小麦胚芽油等以外，多数植物油中 4-单甲基甾醇和 4,4-双甲基甾醇含量较少。4-无甲基甾醇中以谷甾醇分布最广，其次是豆甾醇和菜油甾醇。

表 1-6　主要植物油中植物甾醇的含量（金俊等，2013）　　（单位：mg/100 g 油）

油脂名称	植物甾醇含量		
	4-无甲基甾醇	4-单甲基甾醇	4,4-双甲基甾醇
大豆油	114～486	17～78	40～84
菜籽油	273～725	19～40	54
葵花籽油	270～1073	60～123	32～70
花生油	135～635	12～18	16～35
玉米油	435～1977	10～68	11～62
米糠油	518～2574	323～521	1164
小麦胚芽油	1092～2928	99～1042	211
椰子油	40～333	6～23	68
棕榈油	24～311	22～37	32
棕榈仁油	53～136	1～5	22～72
红花籽油	228～838	13～37	47～68
橄榄油	89～352	6～86	140～290
棉籽油	235～574	31～50	17～48
芝麻油	297～634	248～536	180
可可脂	153～339	11～19	52

2）动物固醇　　动物固醇（zoosterol）是动物组织中含有的固醇，最常见的为胆固醇。此外，还有羊毛固醇、胆固烷醇、粪固醇及 7-脱氢胆固醇等。

胆固醇（cholesterol）学名为 5-胆烯-3-β-醇，是由三个环己烷及一个环戊烷稠合而成的环戊烷多氢菲衍生物。作为动物油脂的特征性固醇，它是数量最多的一种固醇，其结构如图 1-27（b）所示。胆固醇广泛存在于动物组织中，在脑及神经组织中特别丰富，是细胞膜的重要组分，人体内 90%的胆固醇存在于细胞中。胆固醇也是人体内许多重要活性物质的合成材料，如胆汁、性激素、肾上腺素等。因此，肾上腺皮质中胆固醇含量很高，主要作为激素合成的原料。

胆固醇广泛存在于动物性食品中，主要食物有肉类、蛋类、鱼类、禽类及乳酪等。肝、肾等内脏及蛋黄富含胆固醇。由于机体既可从食物中获得胆固醇，也可利用内源性胆固醇，因此，一般不缺乏胆固醇。相反，由于胆固醇可在胆管内沉积为胆结石，在血管壁上沉积引起高脂血症动脉粥样硬化。因此，人们往往关注体内过多的胆固醇所带来的危害，长期过多摄入动物性食品有可能导致血胆固醇升高。试验证明，饱和脂肪酸可使血液中低密度脂蛋白胆固醇（LDL-C）水平升高，其中，月桂酸、肉豆蔻酸和棕榈酸升高血胆固醇的作用较强。因此，限制饱和脂肪酸的摄入量要比仅限制胆固醇的摄入效果好，而多不饱和脂肪酸和植物甾醇均具有降低血胆固醇的作用。

人体自身可以合成内源性胆固醇。肝和肠壁细胞是体内合成胆固醇最旺盛的组织。大脑虽然含丰富的胆固醇，但合成能力低，主要由血液提供。人体胆固醇合成代谢受能量及胆固醇摄入的多少、膳食脂肪摄入的种类、甲状腺素水平、雌激素水平、胰岛素水平等的影响和调节。糖和脂肪等分解产生的乙酰辅酶 A 是体内各组织合成胆固醇的主要原料。

胆固醇靠人体自身的合成比例为 70%～80%，而食物来源的胆固醇只占 20%～30%。而且来自食物的胆固醇的吸收率只有 30%，随着食物胆固醇含量的增加，吸收率还要下降。2015 年新版《美国居民膳食指南》指出，饮食中的胆固醇和心脏病之间没有明确相关性，而此次膳食指南咨询委员会（DGAC）决定不再视胆固醇为"过度摄入需要注意的营养成分"，撤销了对胆固醇摄入量限制的标准建议。但这项改动并非说明胆固醇完全无害，只是认为其危害性不足以对之加以限制，胆固醇仍然是心血管健康的潜在威胁之一，尽管不再把膳食胆固醇作为危险因素，但仍然强调过量饱和脂肪酸会对 50 岁以上的人构成健康危害。

1.4.2　非类脂物

非类脂物主要包括脂溶性维生素、色素、蜡、角鲨烯和萜烯等。其含量随油料品种、制炼油工艺而变化，在精制油中一般不到总量的 1%。

1. 脂溶性维生素

脂溶性维生素是脂肪伴随物中的一大类物质，它们本身的化学结构具有脂质的特征，在生源上也与类脂有着密切关系，在植物化学分离过程中常与油脂相随而难以分离，故常把这一类维生素称为脂溶性维生素。这一类维生素有维生素 A、维生素 D、维生素 E、维生素 K，它们溶解于油脂中。脂溶性维生素与其他维生素的不同之处在于它们的分子结构中缺少氮元素。

脂溶性维生素在人体内可以产生一定数量的维生素，但这样的生物合成通常不足以满足生理需求。维生素多从食物中摄取，它既不能作为机体活动的能源，也不能作为构成机体的原料。但它是维持生命新陈代谢活动不可缺少的物质，缺少了它便会引起一系列生理、病理变化。它们的生物利用度取决于食物中脂肪的存在，以及它们在胃肠道中释放、吸收和分配到组织和器官的程度。过量补充或者缺乏维生素，都会影响生理活动的平衡，出现副作用，导致急性和慢性毒性症状。因此必须合理摄取维生素，才能维持正常的生理功能。

1）维生素 A

（1）结构与性质。维生素 A（vitamin A）是指含有视黄醇结构，并具有其生物活性的一大类物质，它包括已形成的维生素 A 和维生素 A 原及其代谢产物，其结构如图 1-29 所示。体内的维生素 A 的活性形式有三种：视黄醇、视黄醛、视黄酸。维生素 A 的结构在 1931 年由卡勒（Karrer）确定，在 1946～1947 年由艾斯勒（Isler）进行了人工合成。

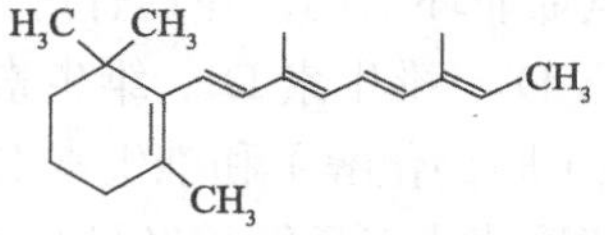

(a) 维生素A 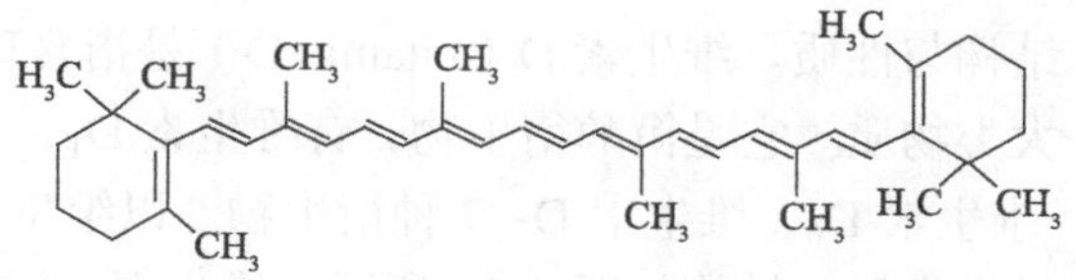　　　　　　　　(b) 维生素A原

图 1-29　维生素 A 和维生素 A 原的结构

维生素 A 原又称为类胡萝卜素，是构成大多数水果和蔬菜黄色素及橙色素的成分，许多植物的叶，果实，黄、橙及红色花中的天然色素，均属于类胡萝卜素，如 α-胡萝卜素、β-胡

萝卜素、β-隐黄素、γ-胡萝卜素等。目前已发现约 600 种类胡萝卜素，而其中只有 1/10 左右
具有维生素 A 原的作用，其中最重要的是 β-胡萝卜素。维生素 A 和胡萝卜素对酸不稳定，
对热和碱较稳定，可以进行真空蒸馏。一般烹调和罐头加工时不易被破坏，但容易氧化变质，
高温及紫外光都可促进氧化作用，油脂酸败时，维生素 A 及维生素 A 原被严重破坏。浓缩维
生素 A 中常加维生素 E、维生素 C（抗坏血酸）等抗氧化剂。

（2）油脂含量。常见动物油脂中维生素 A 的含量见表 1-7。天然植物油中维生素 A 的含
量很少，据《中国居民营养与健康状况调查报告》，维生素 A 营养素缺乏是我国城乡居民普
遍存在的问题，尤其以 3～12 岁儿童最为突出。因此市场上出现了维生素 A 强化食用油，它
是以大豆油、花生油、芝麻油、调和油、人造奶油等食用油为载体，按照一定的生产工艺和
《食品营养强化剂使用标准》的要求添加维生素 A 的一种食用油，旨在改善维生素 A 的缺乏
状况。

表 1-7　常见动物油脂中维生素 A 的含量　　　　　　　　　　（单位：μg/100 g）

油脂名称	含量
鱼肝油	480～600
猪油	59～89
牛油	54～73
奶油	234～297
黄油	90～150

（3）食物来源。人类所需要的维生素 A 大部分来自动物性食物，如鱼肝、牛肝、牛乳、
鸡蛋、黄油、鱼油及鱼肝油等，以鲨鱼、比目鱼、鲑鱼等鱼肝油中最丰富（可达 $0.3×10^5$～
$0.9×10^5\,\mu g/g$）。另外，植物中的维生素 A 原在肠壁内可转化成维生素 A，所以植物性食物中
的胡萝卜素也可作为维生素 A 的食物来源，以绿色、黄色蔬菜的含量高，如菠菜、南苜蓿、
豌豆苗、韭菜、红心甘薯、胡萝卜、青椒和南瓜等。β-胡萝卜素在人体内的平均吸收率为摄
入量的 1/3，在体内转化为维生素 A 的转化率为吸收量的 1/2。因此，β-胡萝卜素在体内的生
物活性系数为 1/6。其计算公式如下：

膳食或食物中总视黄醇当量（μg RE）= 视黄醇（μg）+ β-胡萝卜素（μg）× 0.167 +
其他维生素 A 原（μg）×0.084　　　　　　　　　　　　　　　　　　　　　　（1-2）

2）维生素 D

（1）结构与性质。维生素 D（vitamin D）是指含环戊氢烯菲环结构，并具有钙化醇生物
活性的一大类物质。它是甾醇衍生物，有维生素 D_1、维生素 D_2、维生素 D_3、维生素 D_4、维生素
D_5、维生素 D_6、维生素 D_7 7 种衍生物。以维生素 D_3（胆钙化醇）和维生素 D_2（麦角
钙化醇）最为常见，结构如图 1-30 所示。维生素 D_2 是由酵母菌或麦角甾醇经日光或紫外光
照射后形成的产物，并且能被人体吸收。维生素 D_3 是由贮存于皮下的胆固醇的衍生物 7-脱
氢胆固醇在紫外光照射下转变而成的。

维生素 D_2 和维生素 D_3 皆为白色晶体，溶于脂肪和有机溶剂，其化学性质比较稳定，在
中性和碱性溶液中耐热，不易被氧化，但在酸性溶液中则逐渐分解，故通常的烹调加工不会

引起维生素 D 的损失，但脂肪酸败可引起维生素 D 破坏。过量辐射照射，可形成具有毒性的化合物。维生素 D 族中生理活性最高的是维生素 D_3，其次是维生素 D_2，其他维生素 D 的生理作用很弱。一般人适当接受阳光照射可以获得足够的维生素 D_3。

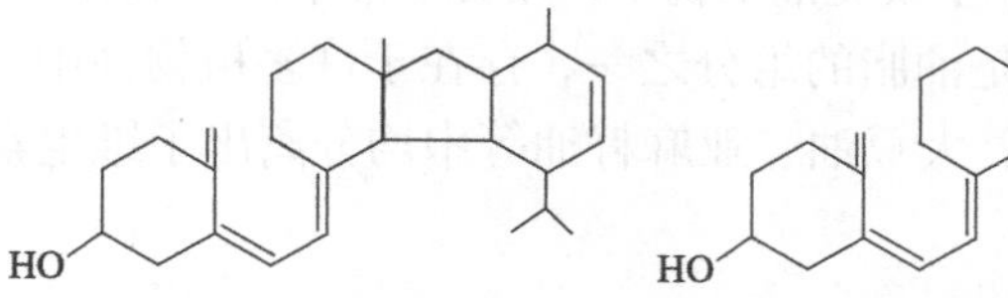

(a) 维生素D_2　　　　(b) 维生素D_3

图 1-30　维生素 D 的结构

（2）油脂来源。植物油脂中维生素 D 的含量极其有限，只有酵母及某些菌类含有的麦角甾醇经过紫外光照射才可形成维生素 D，植物甾醇作为维生素 D 原功效不大。维生素 D 主要存在于动物脂肪中，在鱼肝油中含量极为丰富。例如，金枪鱼肝油的含量可达 5 mg/g，经过浓缩的鱼肝油通常作为补充维生素 A、维生素 D 的药品。

（3）食物来源。人体是从食品如乳酪、蛋、肉、海鱼、黄油、植物油脂等不同途径获取维生素 D，维生素 D 主要存在于海水鱼（如沙丁鱼）、动物肝、禽蛋类等动物性食品及鱼肝油制剂中。奶类也含有少量的维生素 D，每 100 g 奶含维生素 D 在 1 μg 以下。我国不少地区使用维生素 A、维生素 D 强化牛奶，使维生素 D 缺乏症得到了有效的控制。蔬菜、谷类及其制品和水果只含有少量的维生素 D 或几乎没有维生素 D 的活性。6 岁以下的儿童，补充适量的鱼肝油对其生长发育有利，经常接受日照是维生素 D_3 良好的来源。

3）维生素 E

（1）结构与性质。维生素 E（vitamin E）是指含苯并二氢吡喃结构、具有 α-生育酚活性的一类物质。从天然产物中分离出 4 种生育酚（tocopherol）和 4 种三烯生育酚（tocotrienol），按照发现的先后顺序，以希腊字母 α、β、γ、δ 命名，但以 α-生育酚活性最强而抗氧化作用最弱，通常以它作为维生素 E 的代表进行研究。图 1-31 是 4 种生育酚和 4 种三烯生育酚的结构式。

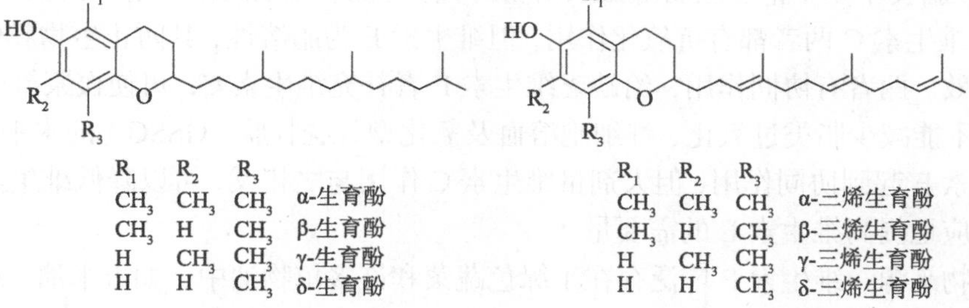

R_1	R_2	R_3	
CH_3	CH_3	CH_3	α-生育酚
CH_3	H	CH_3	β-生育酚
H	CH_3	CH_3	γ-生育酚
H	H	CH_3	δ-生育酚

(a) 生育酚

R_1	R_2	R_3	
CH_3	CH_3	CH_3	α-三烯生育酚
CH_3	H	CH_3	β-三烯生育酚
H	CH_3	CH_3	γ-三烯生育酚
H	H	CH_3	δ-三烯生育酚

(b) 三烯生育酚

图 1-31　维生素 E 的结构式

生育酚均为透明淡黄色的油状液体，不溶于水，易溶于油、石油醚、氯仿等非极性溶剂中，难溶于乙醇及丙酮。α-生育酚对紫外光敏感，与苛性碱反应很慢，对酸比较稳定，即使在 100℃

时也无变化，在 200℃时对氧的反应也较慢。α-生育酚、β-生育酚轻微氧化后，其杂环打开并形成不具抗氧化性的生育醌，γ-生育酚或 δ-生育酚在相同轻微氧化条件下会部分地转变为苯并二氢吡喃-5,6-醌，它是一种深红色物质，可使红黄色的部分氧化植物油明显地加深颜色。生育酚在油脂加工中损失不大，集中于脱臭馏出物中，用分子蒸馏法来制得浓缩生育酚。

（2）油脂来源。维生素 E 是油脂的组分之一，存在于许多植物油中。例如，从小麦胚芽油、玉米油、棉籽油、棕榈油、大豆油、亚麻籽油等中均分离出了维生素 E。表 1-8 为不同植物油中生育酚的含量。

表 1-8　不同植物油中生育酚的含量（张根旺，1999）　　（单位：mg/100 g 油）

油脂名称	生育酚含量				
	α	β	γ	δ	总量
大豆油	4.7～12.3	0.9～1.8	52.5～77.9	15.3～25.8	71.9～116.7
棉籽油	20.9～37.4	Tr～0.7	20.0～33.4	0.3～0.6	41.5～68.6
玉米油	14.0～20.8	0.4～1.0	51.1～73.9	1.7～3.3	68.0～77.0
米糠油	19.0～29.7	1.2～1.9	2.6～4.2	0.2～0.5	23.0～35.4
菜籽油	11.9～18.1	Tr～1.2	18.1～40.0	0.4～1.6	34.4～60.2
花生油	4.0～7.8	0.1～0.4	4.4～6.6	0.4～0.7	9.6～13.9
葵花籽油	29.2～49.1	0.5～1.1	1.1～3.2	0.3～0.5	31.5～52.3
红花籽油	23.7～32.3	0.3～0.7	1.6～2.9	Tr～0.6	27.2～35.3
芝麻油	0.0～1.4	0.0～0.4	37.8～48.6	0.4～2.1	38.8～49.2
橄榄油	7.4～15.7	0.0～0.4	0.7～1.4	0.0～2.1	8.9～17.1
棕榈油	6.1～12.6	0.3～0.5	0.6～1.9	0.1～0.2	8.3～15.1
茶油	6.9	Tr	Tr	nd	6.9
椰子油	0.1～0.7	nd	Tr～0.3	Tr～0.1	0.2～0.9

注：Tr 表示微量；nd 表示未检出

人体对维生素 E 的需要量受膳食中其他成分的影响。多不饱和脂肪酸因含有较多易被氧化的双键，故膳食中多不饱和脂肪酸摄入增多时，作为抗氧化剂的维生素 E 的需要量就增加。维生素 E 与维生素 C 两者都有抗氧化作用，但维生素 E 为脂溶性，其防止生物膜的脂类过氧化作用更有效。两者有协同作用，给缺乏维生素 E 者补充维生素 C，可使血浆维生素 E 的水平升高，但不能减少脂类过氧化、红细胞溶血及氧化型谷胱甘肽（GSSG）的水平。维生素 C 可以与维生素 E 起到协同作用，但大剂量维生素 C 作用与之相反，可以降低维生素 E 的抗氧化能力，相应地提高维生素 E 的需要量。

（3）食物来源。维生素 E 广泛存在于绿色蔬菜和许多植物油中，如玉米油、棉籽油、大豆油、菜籽油和葵花籽油等。某些谷类、坚果类和绿叶菜中也含有一定数量。动物脂肪中也含有维生素 E，如肉、奶油、乳、蛋等，一般含量较少，只有鱼肝油中含量较多。许多因素可影响食物中维生素 E 的含量，因而每一种食物都有相当大的含量变化或差异。例如，奶中的 α-生育酚的含量上下波动可达 5 倍左右，且随着季节的变动而改变。天然的维生素 E 是不稳定的，在储存与烹调加工中会被明显破坏。

4）维生素 K

（1）结构与性质。维生素 K 是 2-甲基-1,4-萘醌及其衍生物的总称。自然形成的维生素 K 具有不饱和的异戊二烯侧链的结构，在 C_3 位与萘醌相连。这个侧链来自植物二萜醇（$C_{20}H_{39}OH$），这些化合物已在紫苜蓿油中被发现。自然界中主要有两种维生素 K，即 K_1 和 K_2，一些在分子中没有异戊二烯侧链的萘醌衍生物也具有维生素 K 的抗出血作用，这是因为它们在体内可转化成维生素 K，故将这些萘醌衍生物简称为 K_3、K_4、K_5。

C_3 位上有一个叶绿醇基侧链的是维生素 K_1，侧链为不饱和长链烷基的是维生素 K_2，维生素 K_2 因异戊二烯单位数不同而有很多种，其侧链双键的反式构型活性最大。维生素 K_2 是由人类和各种动物肠道中的细菌合成的，也可以在腐烂的鱼肉中被找到。维生素 K_3 比较特别，它的结构中 C_2 位的氢被一个含 3 分子结晶水的亚硫酸氢钠所取代。维生素 K_3 是一种可以在胃肠道中转化为维生素 K_2 的合成化合物，与其他通过化学合成获得的脂溶性维生素不同，维生素 K_3 的特点是具有很高的生物活性，就像自然生成的维生素一样。图 1-32 是维生素 K_1、维生素 K_2 和维生素 K_3 的结构。

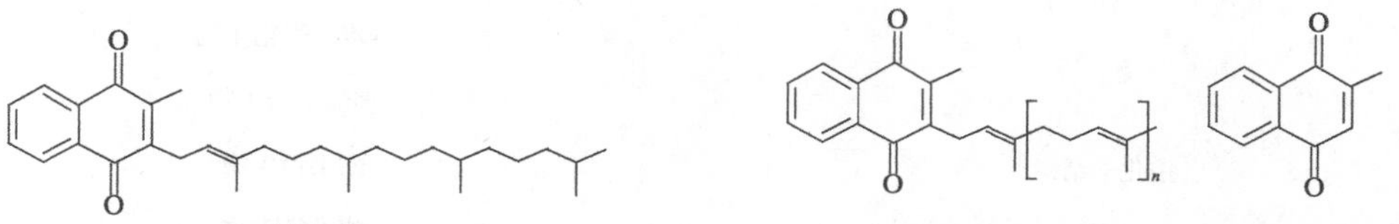

(a) 维生素K_1　　　　　(b) 维生素K_2　　　(c) 维生素K_3

图 1-32　维生素 K 的结构

维生素 K_1 为黄色或橙色透明的黏稠液体，其醇溶液冷却时可呈结晶状析出，相对密度约为 0.967，折射率为 $1.525\sim1.528$，熔点为 $-20\,℃$，易溶于油脂、乙醚、氯仿中，微溶于乙醇，不溶于水。维生素 K_2 是黄色的结晶物质，熔点为 $53\sim55\,℃$，溶解度与维生素 K_1 相似。维生素 K_3 为白色吸湿性结晶性粉末，易溶于水，微溶于乙醇，而不溶于乙醚及苯，其活性比维生素 K_1 和维生素 K_2 高。维生素 K 对热相当稳定，且又不溶于水，故在正常的食品加工和烹调过程中损失很少。维生素 K 易受碱、氧化剂和光（特别是紫外光）的降解破坏，维生素 K 具有还原性，在食品体系中可猝灭自由基，可以保护食品中其他成分（如脂类）不被氧化，并减少肉品腌制过程中亚硝胺的生成。

（2）油脂来源。维生素 K 在绿色植物中含量十分丰富，也存在于肝等动物性食物中，表 1-9 为不同油脂中维生素 K 的含量。

表 1-9　不同油脂中维生素 K 的含量　　　　　　　（单位：$\mu g/100\ g$）

油脂名称	含量
大豆油	$193\sim215$
棉籽油	$60\sim80$
橄榄油	$55\sim78$
黄油	$42\sim70$
奶油	$7\sim12$
玉米油	$3\sim5$

2. 色素

食品的色泽是构成食品感官质量的一个重要因素，符合人们心理要求的食品颜色能增强人的食欲，食品的色泽是由食品色素决定的。把食品中能够吸收和反射可见光进而使食品呈现各种颜色的物质统称为食品色素，包括食品原料中固有的天然色素及食品加工中由原料成分转化产生的有色物质和外加的食品着色剂。食品着色剂则是经严格的安全性评估试验并经准许可以用于食品着色的天然色素或人工合成的色素。色素的分类如表 1-10 所示。

表 1-10 色素的分类

分类依据	分类
按来源	植物色素
	动物色素
	微生物色素
按化学结构	四吡咯衍生物
	异戊二烯衍生物
	多酚类衍生物
	酮类衍生物
	醌类衍生物
	偶氮化合物
	非偶氮化合物
按溶解性	脂溶性色素
	水溶性色素

纯净的甘油三酯在液态时呈无色，在固态时呈白色，但是常见的各种油脂都带有不同的颜色，这是因为油脂中含有数量和品种各不相同的色素。虽然绝大部分色素无毒，但是影响油脂的外观。油脂中的色素可分为天然色素和加工色素。油脂中的天然色素主要是叶绿素、类胡萝卜素（烃类和醇类）及其他色素（如棉籽油中的棉酚）；油料在储运、加工过程中产生的色素统称为加工色素，它们是由霉变及蛋白质与糖类的分解产物发生美拉德反应而产生的色素，或为油脂及其他类脂物（如磷脂、棉酚）氧化、异构化产生的色素。

天然色素以四吡咯色素（血红素和叶绿素）、类胡萝卜素（如胡萝卜素类、叶黄素类）及多酚类色素（如花青素、类黄酮色素、单宁等）等最为常见，其中四吡咯色素和类胡萝卜素为脂溶性色素。

1）四吡咯色素 　　吡咯（pyrrole）又称氮杂环戊二烯，是指含有一个氮原子和两个共轭双键并具有类似于苯环的 6 个 π 电子大共轭体系的五元芳香性杂环。它本身在自然界里不存在，但其衍生物普遍存在，尤其是 4 个吡咯环相互之间通过次甲基桥（—CH=）交替连接起来的卟啉类化合物，其母体是卟吩，卟吩和吡咯的结构如图 1-33 所示。

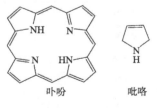

卟吩　　　吡咯

图 1-33　卟吩及吡咯的结构

卟吩重要的衍生物有叶绿素、血红素、细胞色素及维生素 B_{12} 等，当卟吩环带有取代基时，称为卟啉类化合物。

（1）叶绿素（chlorophyll）是中心络合有二价镁离子的四吡咯衍生物。叶绿素是绿色植物、藻类和光合细菌的主要色素，是深绿色光合色素的总称。一般存在于植物细胞的叶绿体中，与类胡萝卜素、类脂物质及蛋白质一起，分布在叶绿体内的类囊体的片层膜上。高等植物和藻类中存在 4 种结构类似的叶绿素，分别为叶绿素 a、叶绿素 b、叶绿素 c 和叶绿素 d，这些叶绿素的区别仅仅是卟吩结构共轭链上的个别取代基有所不同（表 1-11）。叶绿素 a 和叶绿素 b 的结构如图 1-34 所示，两者的区别仅在于 C_3 位上的取代基不同，叶绿素 a 含有一个甲基，而叶绿素 b 则含有一个甲醛基。

表 1-11　叶绿素的分类和分布

分类	分布
叶绿素 a	所有绿色植物
叶绿素 b	高等植物 绿色藻类
叶绿素 c	硅藻 褐藻
叶绿素 d	红藻

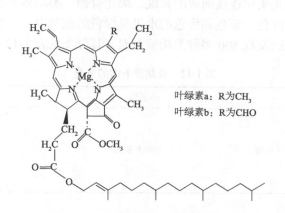

叶绿素a：R为CH₃
叶绿素b：R为CHO

图 1-34　叶绿素 a 和叶绿素 b 的结构

叶绿素 a 是蓝黑色粉末，溶于乙醇而呈蓝绿色，并有深红色荧光。叶绿素 b 为深绿色粉末，其乙醇溶液呈绿色或黄绿色，并有深红色荧光。两者均不溶于水，易溶于乙醚、丙酮、乙酸乙酯等有机溶剂。叶绿素 a 与叶绿素 b 及其衍生物的可见光谱在 600～700 nm（红区）及 400～500 nm（蓝区）有尖锐的吸收峰。因此，叶绿素衍生物可借助可见吸收光谱进行鉴定。

叶绿素在碱性溶剂中水解时可生成水溶性钠盐和钾盐，在酸性溶剂中则脱去镁原子降价为脱镁叶绿素。叶绿素及脱镁叶绿素均为光敏物质，是油脂的光氧化源。一般油脂中叶绿素含量极少，只有橄榄油、青豆油、核桃油、蓖麻油中含有一定量的叶绿素。

叶绿素对于植物至关重要，近些年人们逐步发现了叶绿素的多种生理功能，如叶绿素可抑制金黄色葡萄球菌和化脓链球菌的生长，还可以抑制体内的奇异变形杆菌和普通变形杆菌，故可用来消除肠道臭气，治疗慢性和急性胰腺炎。

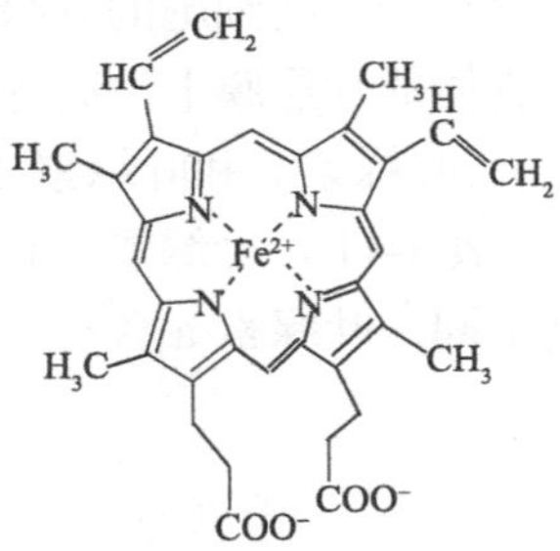

图 1-35　血红素的结构

（2）血红素（heme）是一种卟啉类的 Fe^{2+} 络合物，卟啉环中心的 Fe^{2+} 有 6 个配位部位，其中 4 个分别与 4 个吡咯环上的氮原子配位结合，第 5 个和第 6 个配位键可与各种配基的电负性原子，如 O_2、CO 等小分子配位。血红素的结构如图 1-35 所示。

血红素是动物肌肉和血液中的主要红色色素，在肌肉中主要以肌红蛋白的形式存在，而在血液中主要以血红蛋白的形式存在。肌红蛋白是由单条 153 个氨基酸残基的多肽链组成的一个球状蛋白质。血红素中的铁原子在卟啉环平面的上下方再与配体（如组氨酸残基、电负性原子）进行配位，达到配位数为 6 的化合物。肌红蛋白在肌细胞中接受和储存血红蛋白运送的氧，并分配给组织，以供代谢所需。血红蛋白是由 2 条 α 肽链（141 个残基）及 2 条 β 肽链（146 个残基）组成的四聚体。血红蛋白作为红细胞的一个组分在肺中与氧可逆地结合形成络合物，该络合物经血液输送至动物全身各个组织，起到输送氧的作用。

2）类胡萝卜素　类胡萝卜素（carotenoids）又称多烯色素，是链状或环状的含有 8 个异戊二烯单位、四萜烯类头尾连接而成的异戊二烯化合物。类胡萝卜素是自然界最丰富的天然色素，其广泛分布于红色、黄色和橙色的水果及绿色的蔬菜中，卵黄、虾壳等动物材料中也富含类胡萝卜素。现已发现 500 多种类胡萝卜素，其分类见表 1-12。

表 1-12　类胡萝卜素的分类

化学结构	名称	分类
不含非 C、H 元素（纯碳氢化物）	胡萝卜素类	α-胡萝卜素
		β-胡萝卜素
		γ-胡萝卜素
		番茄红素
含有含氧基团	叶黄素类	叶黄素
		玉米黄素
		辣椒红素
		虾青素
		虾红素
		隐黄素
		柑橘黄素

（1）胡萝卜素有 4 种物质，即 α-胡萝卜素、β-胡萝卜素、γ-胡萝卜素和番茄红素，结构如图 1-36 所示。它们都是含有 40 个碳的多烯四萜，由异戊二烯经头尾或尾尾相连构成。4 种胡萝卜素的化合物结构相近，化学性质也相近，但营养属性不同，如 α-胡萝卜素、β-胡萝卜

素、γ-胡萝卜素是维生素 A 原,而番茄红素不是。所有类型的胡萝卜素都是脂溶性化合物,易溶于石油醚、乙醚而难溶于乙醇和水。胡萝卜素化合物的显色范围为黄色至红色,其检测波长一般为 430～480 nm。

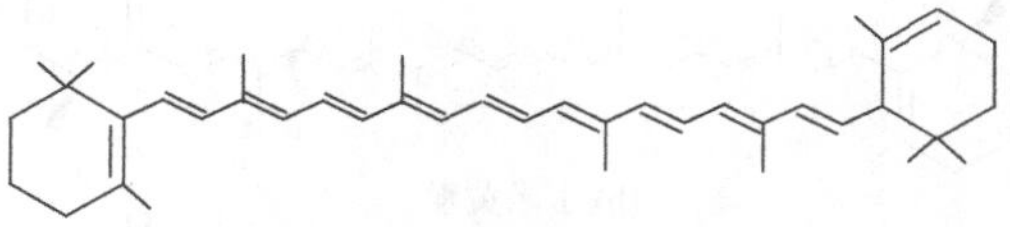

(a) α-胡萝卜素

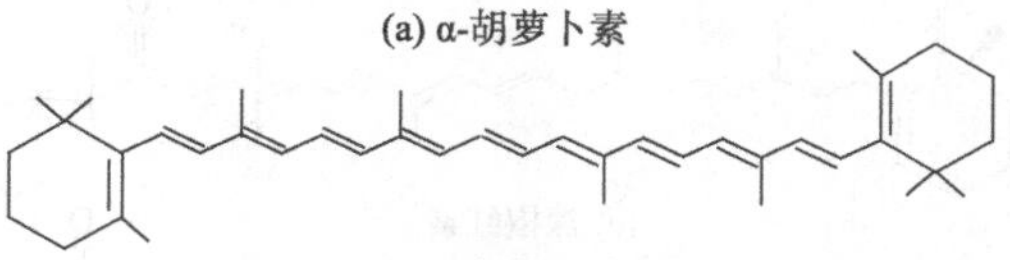

(b) β-胡萝卜素

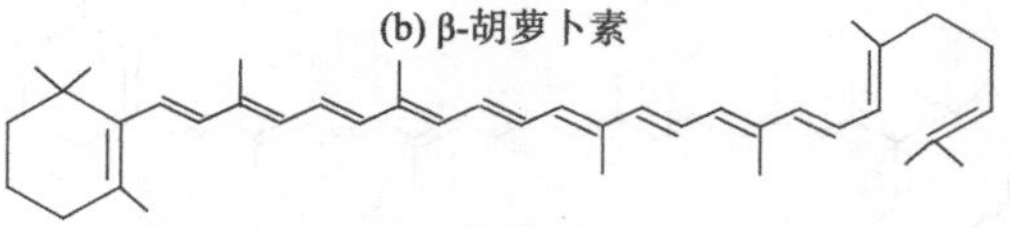

(c) γ-胡萝卜素

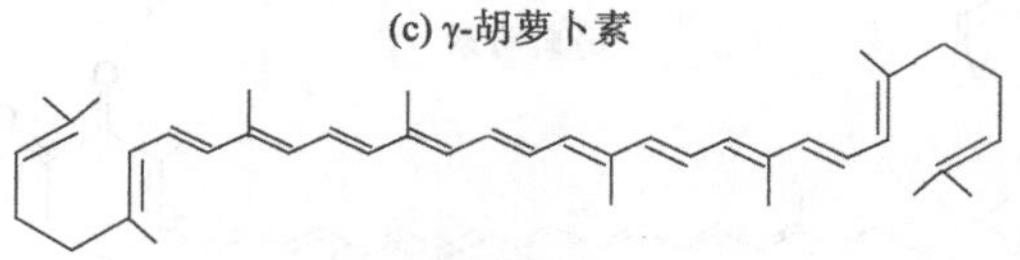

(d) 番茄红素

图 1-36　4 种胡萝卜素的结构

由于胡萝卜素化合物具有高度共轭的双键,因此极易被氧化而变色。胡萝卜素化合物具有较好的抗氧化性能,能够清除单线态氧和自由基。植物或动物组织内的类胡萝卜素与氧气隔离,受到保护,一旦组织破损或被萃取出来直接与氧接触,就会被氧化。亚硫酸盐或金属离子的存在将加速 β-胡萝卜素的氧化,脂加氧酶、多酚氧化酶、过氧化物酶可促进胡萝卜素的氧化降解。天然胡萝卜素的共轭双键多为全反式结构,热、酸或光的作用很容易使其发生异构化,从而使生物活性大大降低。

(2)叶黄素广泛存在于生物体中,含胡萝卜素的组织往往富含叶黄素类。叶黄素是胡萝卜素类的含氧衍生物,随着含氧量的增加,脂溶性降低,易溶于甲醇或乙醇,难溶于乙醚和石油醚。

叶黄素的颜色常为黄色或橙黄色,也有少数红色(如辣椒红素)。叶黄素类若以脂肪酸酯的形式存在,则保持原色,若与蛋白质结合,颜色可能发生改变,叶黄素在热、酸、光的作用下易发生顺反异构化,但引起的颜色变化不明显。叶黄素类易受氧化和光氧化而降解,强热下分解为小分子,这些变化有时会明显改变食品的颜色。叶黄素也有一部分为维生素 A 原,如隐黄素、柑橘黄素等。多数叶黄素类化合物也具有抗氧化作用。图 1-37 为主要叶黄素类化合物的结构。

一些食品着色剂也属于脂溶性色素,食品着色剂是指本来存在于食物或添加剂中的发色物质,分为天然着色剂和人工合成着色剂,国家规定允许使用的人工合成着色剂均属于水溶性色素。天然着色剂是指天然食物中的色素物质,包含焦糖色素、红曲色素、姜黄色素及甜菜红素等,其中红曲色素中包含脂溶性色素,姜黄色素属于脂溶性色素。由于其对光、热、酸、碱等敏感,因此在加工、储存过程中很容易褪色和变色,影响感官性能。从食品安全角度考虑,对每一种天然着色剂也都规定了使用限量。

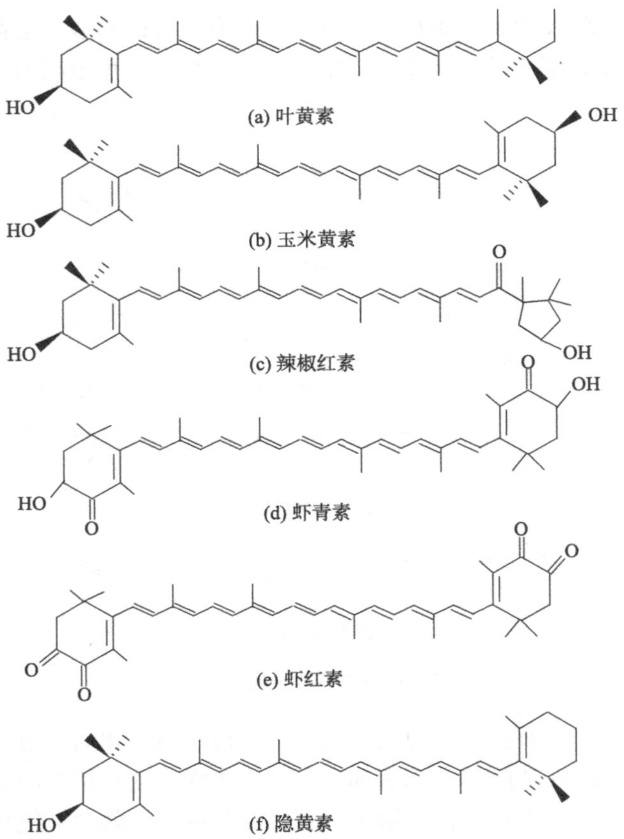

图 1-37 主要叶黄素类化合物的结构

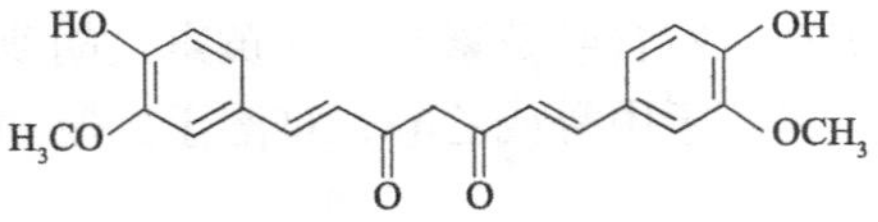

图 1-38 姜黄色素的结构

3）姜黄色素 姜黄色素（curcuminoid）是从姜科姜黄属植物姜黄的地下根茎中提取的黄色色素，是一组酮类色素的混合物，主要成分为姜黄色素、脱甲基姜黄色素和双脱甲基姜黄色素三种，结构见图 1-38。

姜黄色素为橙黄色粉末，几乎不溶于水，溶于乙醇、丙二醇、冰醋酸和碱性溶液或醚中，具有特殊芳香，稍苦，在中性和酸性溶液中呈黄色，在碱性溶液中呈褐红色，对光热、氧化作用及铁离子不稳定，但耐还原性好，且对蛋白质着色力较好，也常用于咖喱粉着色。

3. 蜡

蜡（wax）通常指蜡酯，是由长链的高级脂肪酸和高级脂肪醇形成的酯，简单的蜡是中链脂肪酸（16:0，18:0，18:1ω9）和长链脂肪醇形成的酯，醇的链长为 8~18 个碳。动物、植物表面都有简单的蜡，作为保护涂层起到防止水分流失的作用。由于蜡酯熔点高，人体无法分解及吸收，因此在人体摄入过量的蜡酯后，会由于无法消化吸收而使肠道受刺激，出现腹泻现象。

纯净的动植物蜡在常温下呈结晶固体，因种类不同而有高低不同的熔点。例如，蜂蜡为 60～

70℃，中国虫蜡为 82～86℃，巴西棕榈蜡为 78～84℃。蜡的构成决定了它的化学性质比较稳定，具有抗水性。蜡在酸性溶液中极难水解，只有在碱性介质中可以缓慢地水解，比油脂水解困难得多。蜡虽然水解困难，但可以顺利地进行酯交换反应，多种多元醇包括甘油与蜡进行醇解反应，可以改变蜡的性质。含不饱和醇的液体蜡可以像甘油三酯一样进行催化加氢。

蜡的性质使它具有独特广泛的用途，如用于电器绝缘、照明（蜡烛）、鞣革上光、铸造脱模、磨光剂、蜡漆、鞋油、蜡封、药膏配料及化妆品等。在食品中作为添加剂的重要蜡包括蜂蜡、巴西棕榈蜡和小烛树蜡等。而在高档油脂产品中，蜡的存在会影响其外观，所以需要以脱蜡工艺将蜡脱除。

4. 角鲨烯

角鲨烯（squalene）学名为三十碳六烯，分子式为 $C_{30}H_{50}$，其中 6 个双键全为反式，是一种高度不饱和的烃类化合物。因首先发现存在于鲨鱼肝油中而得名，结构式见图 1-39。角鲨烯是胆固醇生物合成的中间

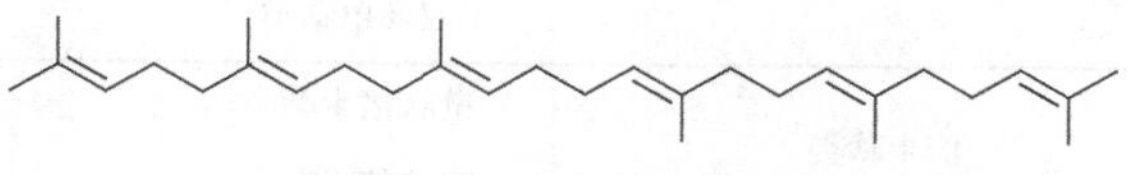

图 1-39　角鲨烯的结构

体之一，是所有类固醇类物质的生物合成前体，纯的角鲨烯极易氧化形成类似于亚麻籽油的干膜。角鲨烯在油中有抗氧化作用，但完全氧化后又成为助氧化剂，氧化角鲨烯聚合物是致癌物。角鲨烯极性较弱，在 Al_2O_3 分离柱中首先被石油醚洗脱出来，常用此法从不皂化物中分离和测定角鲨烯。

海产动物油脂中角鲨烯含量很高，尤其是鲨鱼肝油中含量最高，橄榄油和米糠油中角鲨烯含量也较高，因而不易酸败。主要商品油脂中角鲨烯的含量见表 1-13。

表 1-13　主要商品油脂中角鲨烯的含量（张根旺，1999）　（单位：mg/100 g 油脂）

油脂名称	角鲨烯含量		油脂名称	角鲨烯含量	
	范围	平均值		范围	平均值
橄榄油	136～708	383	棉籽油	3～15	8
米糠油	—	332	芝麻油	3～9	5
玉米胚芽油	16～42	28	亚麻籽油	—	4
花生油	8～49	27	椰子油	—	2
菜籽油	24～28	26	可可脂		0
大豆油	5～22	12	棕榈油	2～5	3
葵花籽油	8～19	12	芥子油	—	7
茶油	8～16	12	杏仁油	—	21

5. 萜烯

萜烯（terpene）简称萜，是所有异戊二烯的聚合物及其衍生物的总称，通式为 $(C_5H_8)_n$。它们除以萜烃的形式存在外，多形成各种含氧衍生物，包括醇、醛、酮、羧酸、酯类及苷

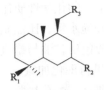

图 1-40　萜烯的结构

等，其次尚有含氮的衍生物、少数含硫的衍生物，萜烯的结构见图 1-40。根据分子中包括异戊二烯单位的数目（2、3、4、5、6、8 及更多）可将萜类分为单萜、倍半萜、二萜、三萜、四萜、多萜（表 1-14）。将一些在生源上由异戊二烯合成而来，但分子中碳原子数不是 5 的整倍数的化合物，称为类萜（terpenoid）。

表 1-14　萜烯的分类

分类	类别	举例
单萜类	链状单萜类	罗勒烯、香叶醇、柠檬醛、香茅醇
	单环单萜类	苎烯、薄荷醇
	双环单萜类	松节油、樟脑、龙脑（冰片）
倍半萜类	链状倍半萜类	金合欢醇
	环状倍半萜类	大牻牛儿酮、愈创木萸
二萜类	链状二萜类	植物醇
	单环二萜类	维生素 A
三萜类	链状三萜类	角鲨烯
	五环三萜类	甘草次酸
四萜类	链状四萜类	α-胡萝卜素、β-胡萝卜素、γ-胡萝卜素

　　萜烯是一类普遍存在于植物体内的天然来源的碳氢化合物。该类物质可从许多植物，特别是针叶树提取得到，是树脂及由树脂而来的松节油的主要成分。除了在植物中大量存在萜类化合物外，在海洋生物体内也提取出了大量的萜类化合物。据统计，已知的萜类化合物的总数超过了 22 000 种。大部分萜类化合物具有重要的生理活性，是研究天然产物和开发新药的重要来源。

1.5　脂质的来源

　　油料按照生物来源可以分成植物源油料与动物源油料。通常，植物源油料的油脂由于不饱和程度高，熔点低，常温下多呈液态，因此称为油；动物源油料的油脂由于饱和程度较高，熔点高，常温下多呈固态，因此称为脂。植物油脂是由油料作物种子经压榨和浸出等工艺制得，包括大豆油、菜籽油、棉籽油、花生油、米糠油、玉米油、葵花籽油、亚麻籽油、棕榈油等。植物油脂产量约占油脂总产量的 70%，其中食用油约占 80%，非食用油约占 20%。动物脂肪是通过提炼或萃取哺乳动物、家禽和鱼等动物获得，主要有猪油、牛油、家禽油和鱼油等。其中，鱼油富含多不饱和脂肪酸，如 DHA、EPA 等，而牛油的脂肪酸饱和程度（45%）最高，猪油（35%）次之。相对来说，动物脂肪的饱和脂肪酸含量较高。

1.5.1　植物油脂

　　植物油脂（vegetable oil）是指来源于单一或多种可食用植物的油脂。按照作物的种类可以分成草本与木本油料，大豆、花生、葵花籽等为草本油料；椰子、核桃、油橄榄等为木本油料。按照种植区域，植物油料又可分为大宗油料、野生油料等。

1. 植物油料

1）草本油料　我国种植的草本油料主要包括油菜、花生和大豆三大作物，以及芝麻、亚麻、向日葵和紫苏等，总产量约占油料作物的90%。目前，我国多种草本油料的种植面积均已达到极限，产量也已基本饱和，大部分消费需求均依靠进口。

2）木本油料　世界四大木本油料作物为油橄榄、油茶、椰子和油棕。我国是世界上木本油料栽培最早的国家之一，有2000多年的栽培历史，其中最有名的为我国四大木本油料：油茶、核桃、油桐和乌桕，此外还有沙棘、油橄榄、文冠果、榛子等。

据国家粮食和物资储备局信息数据显示，我国植物油对外依存度一直维持在60%左右，国民食用油安全问题已成为国家安全的重要隐患。针对这一严峻形势，2010年和2012年的中央一号文件均明确提出了发展木本油料的要求。木本油料植物具有不占用耕地、油脂含量高等特点，大力发展木本油料对农业和社会发展均大有裨益，可以极大地缓解草本油料供不应求的现状。加快木本油料产业发展是提高食用植物油供给能力，维护国家粮油供给安全的有力保障。

我国木本油料资源丰富，分布地域广泛，种植历史悠久。根据木本油料的用途可以将其分为食用木本油料和工业用木本油料等。

（1）食用木本油料是指种子含油量高并以食用为主的树种。目前，我国食用木本油料有50多种，其中亚热带以南有17种，包括油棕、椰子、腰果、油梨、油瓜、大果瓜栗、牛油果、猪油果、澳洲坚果、榄仁树、梭子果、木花生、蝴蝶果和破布木等；亚热带地区有26种，包括油茶类、竹柏类、油橄榄、山核桃类、榧树类和核桃类等；温带地区有14种，包括文冠果、巴旦杏、阿月浑子、榛子类、松子类、油树、翅果油树和刺山柑等。

（2）工业用木本油料是指能够满足特殊工业用脂肪酸需求的树种。例如，桐油酸含量在70%以上的油桐籽油具有易氧化、快干等特性，形成的油膜光亮持久，是理想的油漆原料；阴香、山胡椒、潺槁树和石山樟等油料由于富含癸酸和月桂酸（大于70%），具有较好的起泡和去污能力，是制备香精、牙膏及高端洗涤用品的理想原料。此外，还包括可以用于制备增塑剂和尼龙的腰果油和蒜头果油；可以制备润滑油的竹柏油、山杏油、油松油和山核桃油等。

2. 常见植物油脂

植物油脂主要包括大豆油、花生油、菜籽油、葵花籽油、棕榈油、米糠油、芝麻油、棉籽油、玉米油、核桃油、橄榄油和椰子油，其主要脂肪酸组成见表1-15。

表 1-15　植物油脂的主要脂肪酸组成　　　　　　　　　　　　　　（%）

油脂名称	主要脂肪酸组成				
	棕榈酸	硬脂酸	油酸	亚油酸	亚麻酸
大豆油	8.0～13.5	2.5～5.4	17.7～28.0	50.0～59.0	5.0～11.0
花生油	8.0～14.0	1.0～4.5	35.0～67.0	13.0～43.0	—
菜籽油	4.0～4.8	2.1	8.0～60.0	11.0～23.0	5.0～13.0
葵花籽油	4.6～6.8	1.7～3.9	29.3～60.0	29.9～72.0	0.2～0.5

油脂名称	主要脂肪酸组成				
	棕榈酸	硬脂酸	油酸	亚油酸	亚麻酸
棕榈油	39.3～47.5	3.5～6.0	36.0～44.0	9.0～12.0	—
米糠油	12.0～18.0	1.0～3.0	40.0～52.0	29.0～42.0	0.5～1.8
芝麻油	7.9～12.0	4.5～6.7	34.4～45.5	36.9～47.9	—
棉籽油	21.4～26.4	2.1～3.3	14.7～21.7	46.7～58.2	
玉米油	8.6～16.5	2.2	20.0～42.2	34.0～65.6	1.0
核桃油	5.7～7.4	2.2～3.3	14.4～31.5	50.5～62.8	9.6～14.7
橄榄油	7.5～20.0	0.5～5.0	55.0～83.0	3.5～21.0	≤1.0
椰子油	8.0～10.0	2.0～4.0	5.0～8.0	1.0～2.0	—

1）大豆油　　大豆是最重要的植物油料，美国、巴西等国是最重要的大豆生产国和出口国。从化学组成上来看，大豆油含有丰富的单不饱和脂肪酸和多不饱和脂肪酸，以及较低含量的饱和脂肪酸。其中油酸占 17.7%～28.0%，亚油酸占 50.0%～59.0%，亚麻酸占 5.0%～11.0%，棕榈酸占 8.0%～13.5%，硬脂酸占 2.5%～5.4%，花生酸占 0.1%～1.0%。从功能性上来看，大豆油富含维生素 E、植物甾醇和磷脂等利于人体健康的微量脂质伴随物，是一种营养价值较高的食用植物油。

2）花生油　　我国是花生种植大国，花生仁中含有 40%～50%的油脂和 27%～29%的蛋白质，不仅是主要的油料作物，也是优质的植物蛋白资源。从化学组成上来看，花生油中的脂肪酸主要为不饱和脂肪酸，油酸和亚油酸含量丰富。主要脂肪酸组成为油酸 35.0%～67.0%，亚油酸 13.0%～43.0%，棕榈酸 8.0%～14.0%，硬脂酸 1.0%～4.5%，花生酸 1.0%～3.7%。从功能性上来看，花生油中还含有固醇、磷脂和维生素 E 等对人体有益的物质。花生油相比其他植物油来说，熔点更高，所以花生油在低温时会比较容易凝固。花生油香气独特、稳定性好，在我国居民生活中主要用作烹调用油。

3）菜籽油　　菜籽油又称菜油，由菜籽浸出或压榨而得，色泽呈金黄或棕黄色，菜籽是我国主要的油料作物之一，出油率达 30%～45%。我国是世界上最大的油菜籽消费国，油菜籽进口量也位居世界第一。从化学组成上来看，普通菜籽油中主要脂肪酸组成为油酸 8.0%～60.0%，亚油酸 11.0%～23.0%，芥酸 3.0%～60.0%，亚麻酸 5.0%～13.0%。由于其含有大量芥酸和芥子苷等物质，相关报道认为这些物质对人体的生长发育不利。目前我国“双低”油菜面积已占油菜总面积的 70%，低芥酸菜籽油中主要脂肪酸组成为，油酸 51.0%～70.0%，亚油酸 15.0%～30.0%，芥酸 0.05%～3.0%，亚麻酸 5.0%～14.0%，是一种健康的食用植物油。从功能性上来看，菜籽油富含维生素 E、胡萝卜素、磷脂、甾醇、角鲨烯、环木菠萝烯醇等。

4）葵花籽油　　葵花籽油是从葵花籽中提取的油色金黄、清明透亮、气味清香的食用油。尽管目前葵花籽油在我国还是个小油种，但在全球植物油产销体系中，葵花籽油排在棕榈油、豆油和菜籽油之后，高居第 4 位。从化学组成上来看，葵花籽油含油酸 29.3%～60.0%，亚油酸 29.9%～72.0%，棕榈酸 4.6%～6.8%，硬脂酸 1.7%～3.9%，亚麻酸 0.2%～0.5%，山葡酸 0.3%～1.0%。从功能性上来看，葵花籽油中维生素 E 含量与亚油酸含量的比例比较均衡。葵花籽油成分含量与菜籽油、大豆油、花生油基本相似，但不饱和脂肪酸含量较花生油、大豆油高。尤其是高油酸葵花籽油对改善心血管病、降低血小板凝聚有显著作用。葵花籽油在高温下稳定，有较高烟点，贮存期长。

　　5）棕榈油　　油棕在东南亚一带被广泛种植，是当地人民的主要食用油油料。棕榈油与棕榈仁油都被广泛应用于食品工业。从化学组成上来看，棕榈油中主要脂肪酸组成为棕榈酸 39.3%～47.5%，硬脂酸 3.5%～6.0%，油酸 36.0%～44.0%，亚油酸 9.0%～12.0%。由于固体脂约占 50%，制作的食品保存时间长，酥脆可口，是食品加工首选的原料，我国每年都要从马来西亚和印度尼西亚进口 400 万～600 万 t 棕榈油，进口的棕榈油约有 50%用于生产方便面、薯片薯条和各式糕点等。

　　6）米糠油　　我国是世界上最大的稻米生产国，在稻米加工过程中，米糠是最具利用价值的副产品。从化学组成上来看，米糠油富含不饱和脂肪酸，主要脂肪酸包括油酸 40.0%～52.0%，亚油酸 29.0%～42.0%，亚麻酸 0.5%～1.8%，棕榈酸 12.0%～18.0%和硬脂酸 1.0%～3.0%。从功能性上来看，米糠油含有二十八烷醇及 γ-谷维素、植物甾醇、三烯生育酚、角鲨烯等功能性物质，具有降低血清胆固醇、防止癌细胞发展、调节人体免疫系统、预防人体细胞老化的功效，可预防高脂血症及动脉粥样硬化等。

　　7）芝麻油　　芝麻属于胡麻科草本，芝麻含油量高达 55%，是我国四大油料作物之一。芝麻油有成品芝麻油和芝麻香油（小磨香油），它们都是以芝麻为原料制取的。从化学组成上来看，其主要脂肪酸组成为油酸 34.4%～45.5%，亚油酸 36.9%～47.9%，棕榈酸 7.9%～12.0%，硬脂酸 4.5%～6.7%，花生酸 0.3%～1.0%。从功能性上来看，芝麻油含有丰富的维生素 E、芝麻酚、芝麻素、芝麻林素等，具有优良的抗氧化性能。芝麻油副产物不仅可以食用，还可用于医药、保健等，增加了芝麻油的附加价值。

　　8）棉籽油　　棉籽油是从棉花加工厂副产物棉籽中生产出来的，棉籽油中含有的棉酚，必须经过精炼后才能去除，否则会造成棉酚中毒。从化学组成上来看，棉籽油中主要脂肪酸组成为油酸 14.7%～21.7%，亚油酸 46.7%～58.2%，棕榈酸 21.4%～26.4%，硬脂酸 2.1%～3.3%等。棉籽油的脂肪酸组成和甘油三酯组成使其具有天然的抗氧化能力和较好的起酥性能，是常用的煎炸油之一。

　　9）玉米油　　玉米油是从玉米种子的胚芽中提取的植物油脂。从化学组成上来看，玉米油中不饱和脂肪酸含量比较丰富，主要脂肪酸组成为油酸 20.0%～42.2%，亚油酸 34.0%～65.6%，棕榈酸 8.6%～16.5%等。从功能性上来看，玉米油富含维生素 A、维生素 D、维生素 E，儿童易消化吸收。除此之外，玉米油还含有较为丰富的磷脂、辅酶及植物甾醇等功能成分，长期食用能够有效地预防冠心病及老年动脉硬化的发生。玉米油的口味清淡、爽口，贮存过程中稳定性较好。玉米油含有难以去除的叶黄素和较多的叶红素，因而使得精炼过的玉米油也有较深的颜色。玉米油有较高的烟点和较低的酸价，是优良的煎炸油和凉拌油，具备较高的营养价值与经济价值。

　　10）核桃油　　核桃是四大坚果（杏仁、核桃、栗子和腰果）之一，我国有悠久的核桃种植历史，是世界上最大的核桃生产国。核桃仁中油脂含量高达 60%～70%，具有极高的营养价值。从化学组成上来看，核桃油不仅含有丰富的油酸等单不饱和脂肪酸，还含有极高的亚油酸和亚麻酸等多不饱和脂肪酸。其中棕榈酸含量为 5.7%～7.4%，硬脂酸含量为 2.2%～3.3%，油酸含量为 14.4%～31.5%，亚油酸含量为 50.5%～62.8%，亚麻酸含量为 9.6%～14.7%。

　　11）橄榄油　　橄榄油是由新鲜的油橄榄果实直接冷榨而成的油脂。因不经加热和化学处理，保留了天然营养成分，被认为是迄今所发现的油脂中最适合人体营养的油脂，具有"液体黄金""植物油皇后""地中海甘露"的美称。从化学组成上来看，橄榄油的主要脂肪酸组成为油酸 55.0%～83.0%，亚油酸 3.5%～21.0%，亚麻酸≤1.0%，棕榈油酸 0.3%～3.5%，棕榈酸 7.5%～20.0%，硬脂酸 0.5%～5.0%。从功能性上来看，橄榄油含有维生素 A、维生素 B、维生素 D、维生素 E、维生素 K、β-胡萝卜素和生育酚及酪醇、羟基酪醇等酚类抗氧化剂等。

12）椰子油　　椰子油是由产自热带植物椰子的果实经过加工制取的一种油脂，是日常食物中唯一由中链脂肪酸组成的油脂。其按照加工方式不同，大体可以分为冷椰子油和热椰子油。冷椰子油主要通过低温压榨制得，保留了其中的大部分有益成分，适宜直接食用；热椰子油包括采用高温压榨制得的椰子油，以及通过溶剂萃取后深加工制得的椰子油，通常用作化工原料。从化学组成上来看，椰子油含有高比例的中链脂肪酸，其脂肪酸由 3.4%～15%的辛酸、3.2%～15.0%的癸酸、41.0%～56.0%的月桂酸、8.0%～10.0%的棕榈酸、2.0%～4.0%的硬脂酸、5.0%～8.0%的油酸和 1.0%～2.0%的亚油酸组成。椰子油与其他植物油比较，具有很高的皂化值，这是由其特殊的脂肪酸组成（中短碳链脂肪酸）造成的。

3. 常见特种植物油脂

特种植物油脂是普通食用植物油的一种补充，它是利用特种植物油料（包括草本植物、木本植物和藻类等微生物油料）生产的小品种油脂，其特殊性在于这些油脂脂肪酸组成比较独特，同时富含生物活性物质和多种微量元素，更加突出美味与营养、健康与安全的特性。

特种植物油料包括亚麻籽、油茶籽、红花籽、紫苏籽、可可脂和元宝枫等草本植物油料，主要脂肪酸组成见表 1-16。

1）亚麻籽油　　亚麻籽油是亚麻籽榨取的油脂，亚麻籽又称胡麻籽，是亚麻科、亚麻属的一年生或多年生草本植物亚麻的种子。亚麻是世界上最古老的纤维作物之一，品种较多，但大致可分为三类：油用亚麻、纤维用亚麻和油纤两用亚麻。其种子均可榨油，为世界十大油料作物之一，其产量居第 7 位。从化学组成上来看，亚麻籽油的主要脂肪酸组成为油酸 20.0%～30.0%，亚油酸 15.0%～25.0%和亚麻酸 35.0%～53.0%。从功能性上来看，亚麻籽油含有木酚素、水溶性植物胶、环肽等功能因子。许多研究表明亚麻籽油对高血压、冠心病、高血脂、糖尿病、肥胖等具有良好的防治作用，是公认的功能（保健）食品原料。

2）油茶籽油　　油菜籽油是从油茶的种子中提取的植物油脂，它是我国特产油脂之一。从化学组成上来看，油茶籽油主要含油酸、亚油酸等不饱和脂肪酸，包括油酸 78.0%～86.0%，亚油酸 8.6%，亚麻酸 0.8%～1.6%，棕榈酸 8.8%和硬脂酸 2.0%，其脂肪酸含量、比例与橄榄油极为相似。精炼后的油茶籽油是良好的食用油脂，色泽为浅黄色，澄清透明，气味清香。油茶籽油的熔点较低（−15～−10℃），故冬天仍为很好的液体状。从功能性上来看，油茶籽油的油酸含量在 80%以上，而亚油酸含量相对较少，可作为炒、煎、炸、烤等菜肴的烹调用油，也可做汤和凉拌菜肴。

3）红花籽油　　红花籽油是从红花的种子中提取的植物油脂。红花籽油色泽为草黄色至金黄色，澄清透明，是一种良好的食用油脂。从化学组成上来看，红花籽油不饱和脂肪酸含量较高，标准型红花籽油的脂肪酸组成为棕榈酸 5.0%～9.0%，硬脂酸 1.0%～4.9%，油酸 11.0%～15.0%，亚油酸 69.0%～79.0%。油酸型红花籽油以油酸为主，约占 60.0%，亚油酸占 25.0%。红花籽油具有特别高的抗冻性、稳定的香味和清亮的色泽等特性，可用来调制的食品有调味酱汁、调味料、冰冻甜点心、加脂牛奶（撇去奶油加入植物油的牛奶）等，并特别适用于低温下需保持稳定和风味的食品，如人造奶油、乳化蛋糕及面包起酥油等。在多组分复合型食品中，红花籽油有利于成品在较宽的温度范围内保持成型。

4）紫苏籽油 紫苏籽油是从唇形科药用植物紫苏的种子中提取的油脂。紫苏含油量为 45.0%～55.0%，色浅淡似油茶籽油，透明，芳香宜口。从化学组成上来看，紫苏籽油的不饱和脂肪酸含量达 90%，其中含 58.5%～76.2%的亚麻酸、8.5%～13.0%的亚油酸、11.4%～23.1%的油酸，以及 4.9%～9.0%的棕榈酸、1.0%～4.9%的硬脂酸等，是目前所发现的所有天然植物油中 α-亚麻酸含量最高的。从功能性上来看，紫苏籽油中还含有丰富的多酚、黄酮、维生素 E 及植物甾醇，具有一定的抗氧化性。紫苏籽油是良好的营养保健油，具有保肝、抗血栓、降血脂、降血压、保护视力、提高智力的作用，并对过敏反应及炎症有抑制作用。

5）可可脂 可可脂是从可可的果实中提取出来的植物油脂。可可脂是一种淡黄色的硬性天然植物脂肪，具有可可特有的香气，可可脂主要由棕榈酸（≥25.0%）、硬脂酸（≥36.0%）、油酸（≥34.0%）组成，但是其甘油三酯组成较为特殊，油酸主要分布于 sn-2 位，而棕榈酸和硬脂酸则主要分布于 sn-1、sn-3 位，形成 SUS 型对称甘油三酯，该类型甘油三酯占据了所有甘油三酯组成的 80%以上，SUS 型甘油三酯特殊的熔融特性决定了可可脂的化口性，在室温下坚硬易碎，当温度达到 35℃时，基本全部熔化，因此，可可脂是巧克力糖果油脂的最佳原料。

6）元宝枫油 元宝枫油是从槭树科植物元宝枫的种仁中提取的油脂，主要含油酸、亚油酸、神经酸（15-二十四碳烯酸）及维生素 E，其所含有的维生素 E 是橄榄油、棕榈油的 3 倍，花生油的 2 倍。从化学组成上来看，含硬脂酸 2.0%～2.4%，棕榈酸 3.7%～4.2%，油酸 23.1%～25.2%，亚油酸 29.2%～36.4%，亚麻酸 1.1%～1.9%。精制元宝枫油为透明金黄色，为半干性油，其理化特性与大豆油、花生油、核桃油相似，是一种营养保健油。元宝枫油特别耐储藏，在常温下避光保存 3 年都不会酸败变质，烹调中一般用于拌制菜肴。

随着社会经济的发展、时代的进步及人民物质生活水平的提高，消费者对食用油的需求呈现出多样化的趋势，传统的色拉油和调和油在一定程度上已经难以满足特定消费者对营养、健康的需求，安全、优质、营养的新型食用油脂产品的开发与应用已呈现出巨大的市场空间，对新型食用油脂的开发和运用已是发展的必然趋势。

表 1-16 特种植物油脂的主要脂肪酸组成 （%）

油脂名称	主要脂肪酸组成				
	棕榈酸	硬脂酸	油酸	亚油酸	亚麻酸
亚麻籽油	5.6～6.2	4.8～5.5	20.0～30.0	15.0～25.0	35.0～53.0
油茶籽油	8.8	2.0	78.0～86.0	8.6	0.8～1.6
亚麻籽油	5.6～6.2	4.8～5.5	20.0～30.0	15.0～25.0	35.0～53.0
油茶籽油	8.8	2.0	78.0～86.0	8.6	0.8～1.6
红花籽油	5.0～9.0	1.0～4.9	11.0～15.0	69.0～79.0	—
紫苏籽油	4.9～9.0	1.0～4.9	11.4～23.1	8.5～13.0	58.5～76.2
可可脂	≥25.0	≥36.0	≥34.0	—	—
元宝枫油	3.7～4.2	2.0～2.4	23.1～25.2	29.2～36.4	1.1～1.9

1.5.2 动物油脂

动物油脂（animal fat）是指从动物的脂肪组织中提炼的油脂，它具有熔点高、可塑性强、流动性差、风味独特等特点，大量用于食品加工业，如糕点起酥、速冻食品、日化行业肥皂、甘油提取等。动物油脂主要包括猪油、牛油、羊油、其他陆地动物脂肪、以鱼油为代表的水产动物脂肪和昆虫油脂等。其中，陆生动物油主要来自牛、羊、猪、马的皮下脂肪组织、肌肉脂肪、附着于内脏器官的纯脂肪组织；而鱼油主要来源于海洋哺乳动物、鱼类以及淡水鱼类的脂肪组织。

1. 陆生温血动物和禽类油脂

陆生温血动物和禽类油脂主要包括猪油、牛油、羊脂油和鸡油，其主要脂肪酸组成见表 1-17。

1）猪油　　猪油的颜色为乳白色，熔化时微黄透明色，熔点为 8～48℃。根据脂肪组织不同，可以分为猪板油（腹背部皮下组织）和猪杂油（猪内脏），一般猪板油熔点低，猪杂油的熔点较高。猪油根据使用目的，可以分为工业猪油和食用猪油。从化学组成上来看，猪油的脂肪酸组成为硬脂酸 6.3%～17.8%，棕榈酸 19.9%～27.7%，油酸 31.9%～50.5%，亚油酸 11.7%～23.8%，棕榈油酸 1.1%～3.1%。

猪油脂肪酸种类复杂，主要受到组织位置、饲料的影响。猪油的甘油三酯组成造成了猪油结晶倾向于 β 晶型，起酥性较差，食品工业上采用酯交换工艺对猪油进行甘油三酯类型转换，从而改性猪油，改性猪油会含有较多的 β′晶型，提高猪油的起酥性和酪化性。猪油的加工制备主要有湿法和干法两种，湿法温度较低，提取的猪油质量较好。猪油的抗氧化性能比较差，本身的天然抗氧化物质含量很低，是一种研究抗氧化剂作用效果的基质油脂。猪油在我国以烹调为主，具有特有香味，易于消化，能量高，一直受到大型餐饮行业的欢迎。在西方国家，猪油则主要用于生产起酥油。

2）牛油　　牛油是指在牛的表皮下、肌肉间、腹腔内等部位聚集的脂肪块经适当精炼后得到的可供食用的油脂。牛油的色泽较浅，熔点较高，通常呈固态，熔点高于 43℃，碘值低于 50 g/100 g。牛油的脂肪酸受到牛的品种、喂养的饲料等很多因素影响。从化学组成上来看，牛油的主要脂肪酸组成为棕榈酸 17.0%～37.0%，硬脂酸 6.0%～40.0% 和油酸 26.0%～50.0%。与植物来源的植物油不同，牛的胃部会受到还原酶和移位酶的影响，同时含有可以氢化油酸和亚油酸的酶，该过程会使得牛油产生较多的饱和脂肪酸，以及部分反式脂肪酸。食用牛油主要由牛体腔中新鲜的脂肪经湿法熬制得到，这种工艺中，直接将蒸汽喷射到脂肪组织密封罐中，加压熬制。牛油气味较淡，色泽呈现浅黄色，凝固后呈现白色固体状，熔点在 48℃左右，是制作人造奶油和起酥油等食品专用油脂的原料。

3）羊脂油　　羊脂油来源于牛科动物山羊或绵羊的脂肪油，味甘、性温，具有补虚、润燥、祛风、解毒的功效，可用于治疗虚劳羸瘦、久痢、口干便秘、肌肤皲裂等症状。从化学组成上来看，羊脂油的硬脂酸≥13.5%，棕榈酸≥21.6%，油酸≥34.5%，亚油酸≥1.4%。羊脂油不仅是人们经常食用的一种动物油脂，也是一种常用的中药炮制辅料，用于中药炮制的油炙法，以达到"增效"目的。

4）鸡油　　鸡油的主要提取部位有鸡皮、鸡骨、鸡肉及鸡内脏等。鸡油富含人类生长发育所必需的营养物质，如脂肪酸、蛋白质、脂溶性维生素、固醇类等多种成分。从化学组成上来看，鸡油的主要脂肪酸组成为硬脂酸5.8%～7.9%，棕榈酸19.0%～26.8%，油酸33.8%～44.9%，亚油酸14.1%～21.0%，棕榈油酸3.4%～7.1%。与其他富含饱和脂肪酸的动物脂肪不同，精制鸡油的不饱和脂肪酸含量高达88.07%，远高于牛、羊、猪等其他动物油脂。鸡油因具有天然纯正的品质、香味，且富含营养因子，被广泛应用于餐饮、烘焙、肉制品、调味等行业，已成为鸡精（粉）、鸡汁等调味品行业的核心基料。

表 1-17　陆生温血动物和禽类油脂的主要脂肪酸组成　　（%）

油脂名称	主要脂肪酸组成				
	棕榈酸	硬脂酸	油酸	亚油酸	棕榈油酸
猪油	19.9～27.7	6.3～17.8	31.9～50.5	11.7～23.8	1.1～3.1
牛油	17.0～37.0	6.0～40.0	26.0～50.0	—	—
羊脂油	≥21.6	≥13.5	≥34.5	≥1.4	—
鸡油	19.0～26.8	5.8～7.9	33.8～44.9	14.1～21.0	3.4～7.1

2. 海生哺乳动物和鱼类油脂

鱼油包括海洋鱼油和淡水鱼油，前者如金枪鱼油、鳀鱼油，后者如巴沙鱼油和罗非鱼油。鱼油与海洋哺乳动物油脂的加工工艺异于普通的陆地动物油脂，其质量指标、卫生指标与普通动物油脂差异很大，且种类多。海洋鱼油与淡水鱼油之间也各有特点。

1）淡水鱼油　我国淡水渔业资源十分丰富，其产量居世界首位，淡水鱼肌肉可食部分仅占30%～50%，副产物却占50%～70%，据相关资料报道，每加工10 000 t鱼就可产生2000 t鱼骨、内脏等废弃物，从中可提取出200 t鱼油。常见的淡水鱼油有鲫鱼油、草鱼油、黑鱼油、黄颡鱼油、鲈鱼油、鲤鱼油、鳊鱼油、白鲢鱼油和三文鱼油等，资源十分丰富。因此，进行淡水鱼油的开发一方面能有效解决鱼副产品的资源浪费问题，另一方面还能为人类提供丰富的油脂资源。

2）海豹油　海豹油是从海豹脂肪组织提取的一种富含 ω-3 不饱和脂肪酸的珍贵营养滋补品。海豹油中含有 20%～25% 的 ω-3 不饱和脂肪酸，其含量为自然界中动物之最。同时，在海豹油中含有一定量的角鲨烯和维生素 E。

长期以来，世界医学界就发现生活在加拿大纽芬兰省的因纽特人很少患心脑血管、高血压、癌症等疾病。加拿大的一些医学博士经研究得出结论，因纽特人的饮食主要是海豚油、海豹油及鱼类等，由于这些食物中含有丰富的 ω-3 不饱和脂肪酸，因此才未导致他们患上现代人的这些"文明病"。随着人们对 ω-3 不饱和脂肪酸的研究开始逐步深入，超过 1.5 万份研究报告指出，ω-3 不饱和脂肪酸具有抗炎症、抗血栓形成、抗心律失常、降低血脂、舒张血管等功能。提取自加拿大北极竖琴海豹的海豹油，主要成分为 ω-3 不饱和脂肪酸、角鲨烯及维生素 E。ω-3 不饱和脂肪酸的功效早已被医学界所肯定，其具有净化血液、平衡血压、修补血管、增强身体抵抗力等保健作用。而海豹油中含有的 ω-3 不饱和脂肪酸远远超出一般鱼油的含量。此外，海豹油还含有 2%～3% 的角鲨烯，能有效保护肌肤，同时能有效抑制人体吸收食物释放的不良胆固醇以及加速其新陈代谢。

3. 昆虫油脂

昆虫是地球上种类最多、生物量巨大、繁殖速度快、食物转化率高、产业化率最低的生物类群，是尚未充分开发的可再生生物资源。昆虫本身或其分泌物中活性脂肪酸的种类和数量较丰富，并在人体保健中显示出功效。昆虫体内含有丰富的不饱和脂肪酸和必需脂肪酸，如亚油酸。幼虫和蛹内亚油酸含量为 10%～40%；蜂乳酸，即 10-羟基-2-癸烯酸（10-HDA）为蜂王浆所独有，有极强的杀菌、抑菌作用，并有较高的抗癌功能，对动物移植性肿瘤也有较强的抑制作用；昆虫卵如蚁卵等含有较丰富的磷脂，磷脂参与人体脂肪代谢，具有健脑、降血脂、清除胆固醇、治疗脂肪肝和肝硬化、防衰老等功效。昆虫的脂肪含量丰富，昆虫干体的脂肪含量一般在 10% 以上，许多昆虫的脂肪比例达 30%，甚至 40% 以上，蝙蝠蛾幼虫的粗脂肪含量甚至高达 77.16%。昆虫脂肪中含有丰富的不饱和脂肪酸，其饱和脂肪酸与不饱和脂肪酸的比值小于 0.4，部分接近于鱼油的脂肪酸组成，不饱和脂肪酸中含有高比例的多不饱和脂肪酸，总体来说，昆虫脂肪具有较合理的脂肪酸组成，对人体有良好的保健作用。

1.5.3 微生物油脂

微生物油脂是由微生物制取的食用油脂。目前已批准为食品营养强化剂、新食品原料（新资源食品）的微生物油脂包括 DHA 藻油、花生四烯酸藻油等，主要应用于婴幼儿食品和保健食品等方面，也是未来油脂的主要来源。

1.5.4 乳脂

乳脂主要来源于牛乳的无水或者含水油脂产品。牛乳脂的脂肪酸种类也很复杂，已经检出的脂肪酸就有数百种，但是主要脂肪酸为 20 种左右，其中以亚油酸为主。研究者发现，乳脂脂肪酸含量受季节影响明显，同时脂肪酸种类也受到牛品种和饲料条件等因素的影响。乳脂产品主要有无水乳脂和黄油等。黄油的特性是在 10℃左右具有涂抹性，20℃左右具有延展性，25℃左右具有保型性，30℃左右具有可塑性，35℃左右具有口融性。黄油天然风味良好，可用于加工焙烤食品、煎烤肉类等。

思 考 题

1. 甘油三酯主要采用哪种命名方法？
2. 甘油三酯在食品领域有哪些功能和应用？
3. 食品中常见的脂肪酸有哪些？脂肪酸的命名主要有哪些？并举例。
4. 棕榈酸的主要来源是什么？是通过怎样的工艺生产出来的？
5. 油脂甘油三酯的分布学说有哪些？可靠性如何？
6. 常见的类脂化合物和非类脂化合物有哪些？
7. 有哪些植物油料？常见的植物油脂又有哪些？
8. 列举生活中几种常见的特种植物油脂和动物油脂。

第 2 章　食品脂类的物理化学特性

脂质的理化性质对脂肪酸和油脂的产品特性及工业应用都有重要影响。结构决定性质，性质决定用途。油脂的物理性质则由脂肪酸和甘油酯的结构共同决定。脂肪酸的基本特征是具有长链亲油性烃基和亲水性羧基或部分亲水酯基，其烃基碳链长度、不饱和度、双键构型、酰基数目和立体分布等，均会对油脂的熔点、密度、黏度、溶解度、晶态结构、热学及光学性质等产生不同程度的影响。脂肪酸和油脂的化学组成和结构决定了其物理性质，测定物理性质是研究脂肪酸和油脂化学结构与化学性质的重要手段。分析仪器的日新月异、分析手段不断发展，更有利于彻底探明脂类的物理特性和化学本质，为食品脂类分析和加工利用奠定良好的基础。

2.1　油脂的理化性质

2.1.1　同质多晶现象

同质多晶是指同样的分子（或原子）以不同方式堆积成不同晶体，即一种物质能以一种以上晶体形式存在的现象。脂肪晶体有同质多晶现象，同一种脂肪由于结晶条件不同可形成不同晶型，即 α 型、β′型、β 型。不同晶型对于油脂产品的质量及其应用都有重要影响。研究脂肪同质多晶现象的方法有 X 射线衍射法、差示扫描量热法（DSC）、红外光谱法和偏振光等。脂肪晶型的研究是非常有意义的。例如，棕榈油和猪油等通过结晶分提可改善其性质。不同产品对晶型的要求不同，如可可脂需要 β 晶型来满足它的特殊要求，起酥油需要 β′晶型以增强其持气性、酪化性等加工特性。

1. 研究历史及现状

1934 年，Malkin 等用 X 射线衍射来描述同质多晶现象，且鉴别出甘油三酯 4 种固体形式，即 γ 型、α 型、β′型、β 型。以 γ 型熔点最低，是一种非晶型玻璃态，熔点为 54℃，加热转化为 α 型；α 型熔点为 65℃，短距离为 0.415 nm，加热可转化为 β′型；β′型熔点为 70℃，短距离为 0.38 nm 和 0.42 nm，加热转化为 β 型；β 型熔点最高，为 72℃，短距离为 0.46 nm。

1945 年，Lutton 提出甘油三酯只有三种晶型，即 α 型、β′型、β 型，不存在 γ 型这种玻璃态，同时对这三种晶型进行了鉴别分析。α 晶型短距离为 0.415 nm，β′晶型相当于 Malkin 的 α 晶型，β 晶型特征与 Malkin 的相同。Malkin 和 Lutton 观点的区别包括甘油三酯晶型数目、命名及鉴别标准。现在认为甘油三酯晶体一般存在 α、β′、β 三种晶型。

2. 三种晶型的性质

1）宏观结构　　α 晶型稳定性最差，熔点最低，熔解潜热和熔解膨胀最小，不易过滤；β′晶型具有亚稳定性，易过滤，其他性质介于 α 型和 β 型之间；β 晶型最稳定，熔点最高，熔解潜热和熔解膨胀最大，晶粒粗大，容易过滤。

各种油脂最稳定的晶型与其甘油三酯结构有关。分子结构整齐的（如经极度氢化的大豆油）、对称性极强的（如可可脂），稳定型为 β 型；分子结构不整齐的，如棉籽油中脂肪酸链长度不同，有些油脂中部分脂肪酸链中有双键，分子形状不同，则亚稳定型为 β′型。

这三种晶型之间是可以转化的，但只能从 α 转化为 β′，或从 β′ 转化为 β，且这种转化是不可逆的。若要获得 α 或 β′，只能把样品重新加热熔化，再次冷却结晶。

几种极度氢化油最稳定晶型见表 2-1。

表 2-1　几种极度氢化油最稳定晶型

晶型	油品
β′型	棉籽油、棕榈油、鲸鱼油、牛脂、奶油、高芥酸菜籽油
β 型	大豆油、红花籽油、葵花籽油、芝麻油、玉米胚芽油、橄榄油、花生油、椰子油、棕榈仁油、猪脂、可可脂、低芥酸菜籽油

2）微观结构　在固态脂中，甘油三酯分子是并列排列的分隔层状物，以头尾相接方式聚集在一起。可能存在两种聚集方式，以两个或三个脂肪酸链长度排列；分子在椅形结构中，脂肪酸以 2 对 2 排列、头与尾排列在甘油 C$_2$ 位上，形成椅子背部。

晶胞（unit cell）是按照晶体内部结构周期性划分出一个个大小和形状完全一样的平行六面体，以代表晶体结构基本单元，由亚晶胞（subcell）和链长结构展现。

亚晶胞结构，即长链脂肪酸链分子横截面排列方式，将亚晶胞以横向面重复排列就可以获得晶体中碳氢链部位的全部结构模式。通常用字母表示亚晶胞所属晶系名称。例如，单斜晶系(monoclinic system)用 M 表示，三斜晶系(triclinic system)用 T 表示，正交晶系(orthorhombic system) 用 O 表示，六方晶系（hexagonal system）用 H 表示。字母后的符号表示碳氢链层中碳氢链平面之间的相互位置。例如，Z 平面相互平行用"∥"表示，Z 平面相互垂直用"⊥"表示。其中 α 晶型为六方晶系，β′晶型为正交晶系，β 晶型为三斜晶系。

链长结构产生酯链重复序列，包括长链轴的晶胞层。当三个脂肪酸分子的化学特性相同或相似时产生双倍链（double chain length，DCL）结构；当三个脂肪酸链中一个或两个与其他化学特性差别较大时产生三倍链（triple chain length，TCL）结构；非对称脂肪酸部分甘油三酯具有四层（quarto-layer）和六层（hexa-layer）链长结构。

2.1.2　熔点

1. 脂肪酸的熔点

物质从固态转变为液态时的温度称为该物质的熔点，不纯物质或混合物没有明确的熔点。脂肪酸的熔点与其烃链长度和不饱和程度有关。脂肪酸的熔点随着碳链增长而升高，饱和脂肪酸的熔点高于同碳数的不饱和脂肪酸的熔点，同碳数的不饱和脂肪酸（非共轭）的熔点随不饱和度的增加而下降。共轭酸的熔点高于同碳数的非共轭酸的熔点，全反式的共轭酸的熔点接近于同碳数的饱和酸，反式酸的熔点远远高于同碳数的顺式酸。无论顺式酸或反式酸，其双键越靠近羧基或末端甲基，熔点越高，如 4c-18:1、9c-18:1、12c-18:1 的熔点分别是 52℃、15℃和 27℃左右。氢化、反式化和共轭化等都可以使脂肪酸的熔点升高。

　　饱和脂肪酸熔点的高低主要取决于碳链的
长度，但是偶数碳饱和脂肪酸和奇数碳饱和脂肪
酸之间存在着交变现象，即奇数碳饱和酸的熔点
低于其相邻的偶数碳饱和酸，但其熔点差随着碳
链数的增加而减小（图 2-1）。

　　此现象的产生主要与碳链的对称性和形成
晶体时碳链的堆积方式有关。脂肪酸碳链上引入
羟基会使熔点升高，引入甲基会使熔点下降；取
代基越多，熔点变化越大。不饱和脂肪酸的熔点
通常低于饱和脂肪酸，但也与双键的数目、位置
及构象有关。双键数目越多，熔点越低，如硬脂
酸、油酸、亚油酸和亚麻酸的熔点分别为 69.6℃、

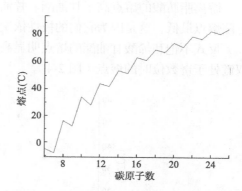

图 2-1　脂肪酸熔点随碳链长度的变化
（王兴国和金青哲，2012）

13.5℃、−5℃和−11℃。双键位置越靠近碳链的两端，熔点越高。双键的数目和位置相同时，
反式酸的熔点通常高于对应的顺式酸（图 2-2）。

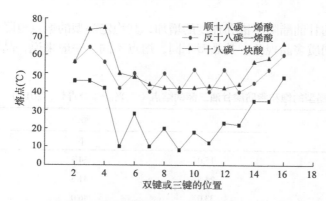

图 2-2　不饱和键的位置和构象对脂肪酸熔点的影响（王兴国和金青哲，2012）

　　当三键（炔键）处于两端时，炔酸的熔点高于反式一烯酸；当三键处于碳链中间时，炔
酸的熔点低于偶碳反式一烯酸而高于奇碳反式一烯酸（图 2-2）。支链脂肪酸不利于碳链的堆
积和晶体的形成，其熔点低于同碳数的直链酸。羟基酸则由于氢键的形成，熔点升高。脂肪
酸甲酯的熔点低于相应的脂肪酸，混合脂肪酸的熔点理论上低于其组成脂肪酸的任一组分的
熔点。

2. 甘油酯和油脂的熔点

　　甘油酯的熔点与其酰基性质和晶型有关。同酸或对称性好的甘油酯可以形成三种不同的晶型。熔点较低的 α 和 β' 晶型无奇偶碳熔点交变现象，而稳定的 β 晶型不但有明显的熔点交变现象，而且其熔点与其对应的脂肪酸接近（图 2-3）。

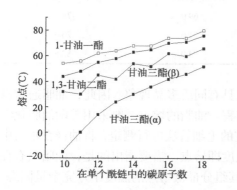

图 2-3　甘油酯熔点随碳链长度的变化

游离脂肪酸的熔点高于甘油酯。甘油酯中，以甘油单酯熔点最高，甘油二酯次之，甘油三酯熔点最低，这是因为它们的极性依次降低，分子间的作用力依次减小。

反式不饱和烯酸甘油酯的熔点明显高于对应的顺式酸，且双键处于偶数位时的熔点高于双键处于奇数位时的熔点（图 2-4）。

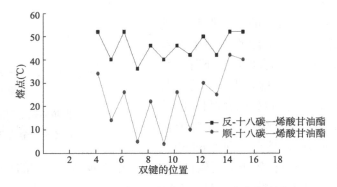

图 2-4　双键的位置及构象对甘油三酯熔点的影响

不饱和脂肪酸的甘油酯随不饱和程度的增加，其稳定晶型的熔点也降低。

甘油三酯具有同质多晶现象，其晶型不同，熔点不同。一般来说，晶型越稳定，熔点也越高（表 2-2）。

表 2-2　不同晶型的饱和脂肪酸甘油三酯的熔点（王兴国和金青哲，2012）　　（单位：℃）

脂肪酸	熔点		
	α	β′	β
$C_{12:0}$	15.0	34.5	46.5
$C_{13:0}$	24.5	41.5	44.5
$C_{14:0}$	33.0	46.0	58.0
$C_{15:0}$	39.0	51.5	55.0
$C_{16:0}$	45.0	56.5	66.0
$C_{17:0}$	50.0	60.5	64.0
$C_{18:0}$	54.7	64.0	73.3
$C_{19:0}$	59.0	65.6	71.0
$C_{20:0}$	62.0	69.0	78.0
$C_{21:0}$	65.0	71.0	76.0
$C_{22:0}$	68.0	74.0	82.5

天然油脂是多种甘油三酯的混合物，而且油脂又具有同质多晶现象。因此，油脂通常没有明确的熔点，只有一个大概的熔点范围，又称为熔程。油脂的熔点一般采用美国油脂化学家学会（American Oil Chemists'Society，AOCS）规定的毛细管法进行测定，将油样在水浴中以 0.5℃/min 加热，使油样完全变为澄清液态时的温度即熔点。需要指出的是，油脂只有在高于其组分最高熔点的温度下才完全呈液态，在低于其组分最低熔点的温度下才完全呈固态。在室温下，多数油脂是固体脂肪和液体油的混合物，并不是完全的固体脂和液体油。

2.1.3 膨胀特性

1. 密度、比容

单位体积物质的质量,即体积质量称为该物质的绝对密度,简称密度,单位为 kg/m^3 或 g/cm^3。一种物质的绝对密度与水的绝对密度（4℃水的密度）的比值,即相对体积质量称为该物质的相对密度,单位为 1。相对密度又称为比重,其大小与物态、晶型,尤其是测定温度密切相关。

脂肪酸的密度小于 1,其值通常随着碳链的增长而减小。总的来说,饱和脂肪酸的密度小于同碳数不饱和脂肪酸的密度;碳数相同时,不饱和脂肪酸的密度随着不饱和度的增加而稍微增大;共轭酸的密度大于同碳数的非共轭酸,含有羟基和酮基的氧化取代酸密度最大。

甘油三酯具有同质多晶现象,导致甘油三酯的密度变化比较复杂。一般来说,晶型越稳定,分子排列越紧密,密度就越大。例如,硬脂酸甘油酯具有的 a、β′、β 三种晶型的密度分别为 1.014 g/cm^3（−38.6℃）、1.017 g/cm^3（−38.0℃）和 1.043 g/cm^3（−38.6℃）。液体油的密度随温度的升高而缓慢降低。大多数脂肪在常温下表现为"固体",而实际是固、液两相的混合物,其密度取决于该温度下固相和液相的比例。在加热条件下,脂肪由固态完全变成液态的过程中,其密度呈阶段性变化。甘油三酯从固体熔化为液体,密度大约降低 10%。

油脂和脂肪酸的密度可采用比重计测定,也可由 X 射线衍射等技术获得的晶胞数据计算得到。油脂和脂肪酸的密度均与温度成反比,对于油脂而言,其平均调整系数为 0.000 64℃。单位质量的物质所占有的容积称为比容或比体积,其数值是密度的倒数。

2. 膨胀

与其他物质一样,油脂受热即膨胀,引起比体积增加。油脂的膨胀分为两种状况:仅由温度升高而非相变引起的膨胀称为热膨胀（thermal expansion）,单位质量的固体脂或液体油每升高 1℃而发生热膨胀时的体积变化称为热膨胀系数（thermal expansion coefficient）;由发生相变引起的油脂膨胀称为熔化膨胀（melting dilation）,简称熔胀。热膨胀是随温度变化而发生的体积变化,而熔胀在相变时发生,温度恒定。表 2-3 列出了部分甘油三酯的熔化膨胀值和热膨胀系数,尽管不同甘油三酯的热膨胀系数不尽相同,但液体油和固体脂的热膨胀系数分别约为 0.000 30 cm^3/(g · ℃) 和 0.000 90 cm^3/(g · ℃),说明液体油的热膨胀引起比体积增加的程度是固体脂的 3 倍,而熔化膨胀引起比体积增加的程度则是热膨胀的千余倍以上。

表 2-3 部分甘油三酯的熔化膨胀值和热膨胀系数（王兴国和金青哲,2012）

甘油三酯	熔化膨胀值		热膨胀系数[cm^3/(g·℃)]	
	cm^3/g	cm^3/mol	固体	液体
三月桂酸	0.142 8	91.24	0.000 19	0.000 90
三豆蔻酸	0.152 3	110.13	0.000 21	0.000 91
三软脂酸	0.161 9	130.70	0.000 22	0.000 92
三硬脂酸（α）	0.161 0	143.53	0.000 26	0.000 95
三硬脂酸（β′）	0.131 6	117.32	0.000 29	—
三硬脂酸（β）	0.119 2	106.26	0.000 32	—

续表

甘油三酯	熔化膨胀值		热膨胀系数[cm³/(g·℃)]	
	cm³/g	cm³/mol	固体	液体
三反油酸	0.118 0	104.48	0.000 18	0.000 87
三油酸	0.079 6	69.06	0.000 30	0.000 99
一硬脂酸二油酸	0.117 8	101.78	0.000 30	0.000 95
一油酸二软脂酸	0.124 0	100.32	0.000 30	0.000 91
一软脂酸二硬脂酸	0.155 3	134.09	0.000 26	0.000 93
一硬脂酸二软脂酸	0.152 7	127.55	0.000 27	0.000 97

注:"—"表示未测定

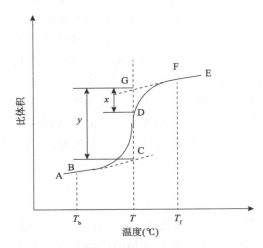

图 2-5　典型的脂肪理论膨胀曲线

脂肪的比体积随温度变化的曲线称为膨胀曲线。典型的脂肪理论膨胀曲线如图 2-5 所示。

AB 为固相线,表示固体脂肪随着温度的升高而缓慢膨胀,至 B 点(T_b)时发生相变,即熔化;F 点(T_f)时固体脂肪完全转变为液体油;EF 为液相线,表示液体油随着温度的升高而缓慢膨胀;而 BF 为固液两相共存线,在 B 点至 F 点之间的任一温度点,部分固体脂肪转变成为液体油,此时比体积的增加是熔胀、固脂热膨胀和液油热膨胀三者之和。设 AB//EF,延长 AB 至 C,延长 EF 至 G,在任意温度 T 时得到 x 和 y。x 为该温度下的固体脂肪的膨胀数值,y 为该温度下全融化膨胀值,G、D、C 分别为温度线和液相延长线、两相共存线及固相延长线的交点。从开始熔化(T_b)到完全熔化(T_f)为固液两相并存的相变区。由于固相与液相具有不同的热膨胀系数,因此事实上固相线和液相线是不平行的。

利用图 2-5 所示的膨胀曲线,可以估算 T_b 和 T_f 之间任意温度下的固体脂肪的百分含量,其值为 $100x/y$。

根据膨胀曲线可以了解脂肪塑性的大小。如果 B 与 F 间曲线平缓,说明脂肪的塑性范围较宽;相反,若 B 与 F 间曲线陡峭,表示塑性范围窄。

2.1.4　溶解度与黏度

1. 脂肪酸和油脂在水中的溶解度

油脂和脂肪酸在水中的溶解度随着碳链的增长而降低,随着不饱和度的增加而增加。甲酸、乙酸、丙酸和丁酸能与水以任意比例互溶。$C_6 \sim C_9$ 饱和脂肪酸在水中有一定的溶解度,$C_{10} \sim C_{18}$ 饱和脂肪酸在水中的溶解度很小,且其溶解度随碳链数目的增加而呈线性递减。

一般情况下,无论是油脂在水中的溶解度还是水在油脂中的溶解度都比相应的脂肪酸小得多，但是油脂溶于水的能力大于水溶于油脂的能力。

含中碳链脂肪酸较多的椰子油和富含羟基酸的蓖麻油能溶解较多的水。随着温度的升高，脂肪酸、油脂与水的相互溶解能力均有所提高。水在油脂中溶解度的增加与温度的升高近乎成正比，温度越高，溶解度越大，当温度达到 200℃以上时，油脂迅速水解。

2. 脂肪酸和油脂在有机溶剂中的溶解度

脂肪酸和甘油酯均有非极性的长链烃基，且甘油酯的酯基极性较弱，故它们容易溶解于非极性有机溶剂中。但脂肪酸具有极性羧基，也可溶于一定极性的有机溶剂中。在有机溶剂中，油脂和脂肪酸的溶解度一般都随温度和不饱和度的增加而升高，随碳链的增加而降低。

油脂与有机溶剂的溶解有以下两种情况：一种是弱极性和非极性溶剂，它与油脂完全混溶，当降温至一定程度时，油脂以晶体形式析出，这一类溶剂称为脂肪溶剂，如己烷、苯、正丁醇、异丙醇、无水乙醇、乙醚、乙酸甲酯、丙酮、四氯化碳、二硫化碳、三氯甲烷等；另一种是某些极性较强的有机溶剂，它们在高温时可以和油脂完全混溶，当降低至某一温度时，溶液变浑浊而分为两相，一相是溶剂中含有少量油脂，另一相是油脂中含有少量溶剂，这一类溶剂称为部分混溶剂，如甲醇、含水乙醇、含水丙酮、甲酸乙酯等。利用油脂在不同溶剂中溶解性的差异，可以有效地分离和提纯油脂。

3. 脂肪酸和油脂的黏度

黏度是衡量液体分子间内摩擦力大小的参数，常用黏度系数 η 表示。其物理意义为单位距离两个平行层之间维持单位速度差时，每单位面积上所需的力，也称动力黏度或绝对黏度。用 Pa·s 表示，最常用的单位是 mPa·s。绝对黏度与液体密度之比称为运动黏度。

由于长烃基链之间的相互作用，油脂和脂肪酸都具有较高的黏度。不饱和脂肪酸或油脂的烃基链之间的作用力较饱和脂肪酸或油脂小，黏度相应有所降低。甲酯等低级醇脂肪酸酯中能够形成分子间氢键的羧基被屏蔽，其黏度比相应的脂肪酸低。饱和脂肪酸的黏度随着碳原子数增加而增高，并大于同碳数不饱和脂肪酸的黏度；同碳数不饱和脂肪酸随着不饱和度的增加，其黏度降低；共轭酸的黏度大于非共轭酸；羟基酸的黏度最大。蓖麻油中蓖麻酸的羟基可形成分子间氢键，故蓖麻油的黏度较高。

油脂或脂肪酸的黏度通常随温度增加而降低，但变化幅度不大（特别是蓖麻油），所以植物油脂或经过加工后的油脂可作为润滑剂使用。

2.1.5　热性质与光学性质

1. 沸点和蒸气压

沸点和蒸气压是脂肪酸和油脂的重要物理性质。脂肪酸及其酯类沸点的大小为：甘油三酯>甘油二酯>甘油单酯>脂肪酸>脂肪酸的低级一元醇酯（如甲醇、乙醇、异丙醇等形成的酯）。它们的蒸气压大小顺序正好相反，甘油酯的蒸气压远低于脂肪酸的蒸气压。

同系列脂肪酸的沸点随着碳链的增长而升高；相同碳数的饱和脂肪酸的沸点和不饱和脂肪酸的沸点相差很小。理论上采用分馏的方法可以分离相差两个或两个以上碳原子的脂肪酸。但是，由于脂肪酸混合物通常不是一个理想体系（其性质偏离拉乌尔定律）。因此，采用分馏操作很难达到完全分离。

脂肪酸甲酯的性质更接近理想状态，沸点比相应的脂肪酸要低，热稳定性也比相应的酸要好，为此，常采用脂肪酸甲酯或乙酯、丙酯的形式进行分馏。表 2-4 和表 2-5 分别列举了部分脂肪酸和脂肪酸甲酯的沸点，可作为脂肪酸分馏的依据。

表 2-4　脂肪酸的沸点（王兴国和金青哲，2012）

压力（kPa）	癸酸（℃）	月桂酸（℃）	豆蔻酸（℃）	棕榈酸（℃）	硬脂酸（℃）
0.134	110.3	130.2	149.2	167.4	183.6
0.536	132.7	154.1	173.9	192.2	209.2
1.072	145.5	167.4	187.6	206.1	224.1
2.144	159.4	181.8	202.4	221.5	240.0
101.840	270.0	298.9	362.2[①]	351.5[①]	376.1[①]

注：①表示数值由外推法求得

表 2-5　脂肪酸甲酯的沸点（王兴国和金青哲，2012）

压力（kPa）	癸酸甲酯（℃）	月桂酸甲酯（℃）	豆蔻酸甲酯（℃）	棕榈酸甲酯（℃）	硬脂酸甲酯（℃）	油酸甲酯（℃）	亚油酸甲酯（℃）
0.134	—	—	114	136	156	153	150
0.268	77	100	126	148	168	166	163
0.536	89	113	141	162	181	182	182
1.340	108	134	160	182	204	203	202
2.680	123	149	175	202	223	218	220
5.360	139	166	197	—	—	—	—

由于甘油三酯的蒸气压很低，甘油单酯的蒸气压较高，因此一般采用高真空短程蒸馏即可将二者有效地分离。甘油三酯分子在 200℃以上易发生分解、氧化或聚合。

2. 比热容

1 g 物质升温 1℃所需要的热量称为该物质的比热容。脂肪酸和甘油三酯的比热容都随着温度的升高而逐渐增大。固体饱和脂肪酸及其同酸甘油三酯的比热容受碳链长度的影响很小，而比热容则随着不饱和度的增加而增大。液态的饱和脂肪酸或甘油三酯的比热容随碳链长度的增加而增大，随着不饱和度的增加而减小。熔化潜热为固态转变到液态的过程中吸收的能量。

另外，不同晶型甘油三酯的比热容不同，稳定的晶型具有相对大的比热容。较低温度时油脂和脂肪酸的比热容一般为 0.4～0.6，高温时其值则为 0.6～0.8。表 2-6 和表 2-7 分别列举了几种常见脂肪酸和植物油脂的熔化潜热和比热容（王兴国和金青哲，2012）。

表 2-6　常见脂肪酸的熔化潜热和比热容

脂肪酸	熔化潜热（kJ/kg）	比热容 [kJ/（kg·℃）]	
		固态	液态
月桂酸	182.7	2.138（19～39）	2.151（48～78）
豆蔻酸	196.9	2.177（24～43）	2.156（84 以下）

续表

脂肪酸	熔化潜热（kJ/kg）	比热容 [kJ/（kg·℃）]	
		固态	液态
棕榈酸	211.5	2.049（22~53）	2.264（68 以下）
花生酸	226.6	1.922（20~56）	2.367（100 以下）

注：括号内为测定比热容时的温度（℃）

表 2-7　植物油脂的比热容

油脂名称	温度（℃）	比热容 [kJ/（kg·℃）]	油脂名称	温度（℃）	比热容 [kJ/（kg·℃）]
部分氢化棉籽油	79.6	2.174	桐油	37.3	1.935
	160.4	2.383		120.5	2.153
	270.3	2.688		190.6	2.295
蓖麻油	29.9	2.069	亚麻籽油	30.2	1.935
	172.4	2.458		150.2	2.245
	271.2	2.746		270.5	2.658
紫苏籽油	36.9	1.822	豆油	38.6	1.960
	151.5	2.011		172.3	2.332
	270.4	2.403		271.3	2.784

3. 烟点、闪点、燃烧点

油脂的烟点（smoke point）、闪点（flash point）和燃烧点（fire point）是油脂在接触空气的条件下加热时的热稳定性指标。

油脂的烟点是指油脂试样在不通风的情况下加热，当出现稀薄连续的蓝烟时的温度，烟点是评价精炼油脂品质的一个重要指标。油脂烟点的高低与构成油脂的脂肪酸组分密切相关。一般由短碳链的脂肪酸组成的油脂比长碳链组成的油脂烟点低得多，而不饱和度大的脂肪酸组成的油脂比饱和脂肪酸组成的油脂烟点低得多。游离脂肪酸、甘油单酯、磷脂和其他受热易挥发的类脂物含量多的油脂，其烟点相对较低。

油脂的闪点是指在规定的加热条件下，按一定的间隔，用火焰在加热油品所逸出的蒸气和空气混合物上划过，能使油面发生闪火现象的最低温度。

油脂的燃烧点是指在严格规定的条件下加热油脂，直到将一火焰移近时油脂燃烧，且燃烧时间不少于 5 s 时的温度。

精炼后的油脂烟点在 240℃左右。未精炼的油脂，特别是游离脂肪酸含量高的油脂，其烟点、闪点和燃烧点都大大下降。一般植物油的闪点为 225~240℃，脂肪酸的闪点要比相应油脂的闪点低 100~150℃。但是，当油脂中有溶剂存在时，油脂的闪点就大大降低。植物油脂的燃烧点通常比闪点高 20~60℃。

4. 折光指数

光在真空中的速度和在某介质中的速度之比称为该介质的折光指数（refraction index）。由于光在空气中的速度与光在真空中的速度相近，因此，一般用在空气中测定的折光指数替代在真空中的折光指数。

折光指数与所用光线的波长有关，波长越长，折光指数越小。通常以波长为589.3 Å 钠黄光为标准。另外，折光指数与温度成反比。一般油脂折光指数的平均调节系数为 0.000 38/℃。因此，表示折光指数时应表明测定温度和所用波长。

折光指数是油脂和脂肪酸的特征之一，由于折光指数与结构存在一定联系，可用其来鉴别油脂的纯度，观测油脂的反应过程等。

通过测定脂肪酸和甘油酯折光指数的大小，可以预测其分子构成情况，了解其部分性质。另外，折光指数的测定也可以作为油脂掺假鉴别的一种辅助手段。

5. 紫外吸收光谱

在 200～300 nm 的紫外区，含有共轭双键的不饱和脂肪酸有明显的特征吸收，而饱和脂肪酸和非共轭脂肪酸则没有显著吸收。

紫外光对反式和顺式共轭双键的吸收差别很小。一般反式构型的脂肪酸吸光系数大于顺式，但反式构型的脂肪酸最大吸收在较短的波长范围。例如，α-酮酸的最大吸收峰分别在261 nm、272 nm、282 nm 处，而 β-酮酸的最大吸收峰分别在 260 nm、269 nm、281 nm 处。

一般来说，共轭双键越多，其最大吸收峰越向长波方向移动。例如，9t-18:2、11t-18:2 的最大吸收峰在 230 nm 处，9t-18:3、11t-18-3、13t-18:3 的最大吸收峰分别在 260 nm、269 nm、281 nm 处，而 9t-18:4、11t-18:4、13t-18:4、15t-18:4 的最大吸收峰分别在 288 nm、302 nm、320 nm 处。

除此之外，天然油脂中存在的维生素 A 和维生素 D 分别在 328 nm 和 265 nm 处有最大吸收，可用紫外光谱法进行定量分析。

6. 红外吸收光谱

常用的红外分光光度计的波长为 2.5～25 μm（或波数 400～4000 cm^{-1}）。脂肪酸的顺式双键在红外光谱区有较小吸收，而反式双键则在 970 cm^{-1}（10.3 μm）处有很明显的吸收，并且多烯酸的吸收峰强度与所含反式双键的数目成正比。因此，红外光谱法可以用于测定反式脂肪酸的含量。

红外光谱对反式双键结构的吸收明显，但是对顺式双键特别是对称分子内所具有的顺式双键无特征吸收。而拉曼（Raman）光谱对顺式不饱和双键有特征吸收带，顺式双键在 1656 cm^{-1}、反式双键在 1670 cm^{-1}，以及炔键在 2332 cm^{-1} 和 2297 cm^{-1} 处均有显著吸收，可用于不饱和键结构的测定。

对甘油三酯而言，无论所含脂肪酸的碳链长度及不饱和度如何，各甘油三酯的吸收峰位置一致，并与其浓度成正比。甘油三酯中的 C=O 的拉伸振动在 1745 cm^{-1} 处有明显的吸收峰，在此处的吸收峰可用于测定甘油三酯的总量。

2.1.6 核磁共振波谱与质谱

1. 核磁共振波谱

^{1}H、^{13}C、^{19}F 等原子核具有磁性，可在外磁场的作用下吸收一定波长的无线电波而产生

共振吸收。各种磁性核在不同的条件下共振，由于它在分子中所处的化学环境不同，同一种磁性核的共振位置也稍有差异。因此，在不同的频率处会有不同强度的吸收构成共振吸收光谱，这是利用核磁共振波谱（NMR）进行分子结构分析的基础。再者，谱峰的精细裂分又能说明邻近磁核的数目与性质，谱峰面积也与共振核的数目成正比，这是进行核磁共振定量分析的基础。

脂肪酸和甘油酯分子中均含有氢原子（^1H），分子中各个氢核由于所处的化学环境不同，即与氢原子连接的基团不同，其化学位移值（δ）就有差别。因此，可以根据 ^1H-NMR 波谱中化学位移的大小，来推测脂肪酸或甘油酯的结构。以亚油酸为例，不同质子的化学位移值如表 2-8 所示。

表 2-8 不同质子的化学位移值（王兴国和金青哲，2012）

位置	δ	位置	δ
末端 CH_3	0.89	α 位 CH_2	2.21
一般 CH_2	1.26	两个双键中的 CH_2	2.72
β 位 CH_2	1.58	酯的甲氧基 OCH_3	3.65
烯丙基的 CH_2	1.99	双键上的 CH	5.28

在高精度的 ^{13}C-NMR 中，δ 为 $0\sim222\times10^{-6}$，不同的碳原子可以分离得很好，没有重叠，不发生耦合，由此可以了解更多的分子信息。因此，通常联合使用 ^1H-NMR 与 ^{13}C-NMR，以更有效地分析脂肪酸和甘油酯的分子结构。

NMR 可以测定分子的结构，而低分辨率 NMR 可用于测定塑性脂肪中固体脂肪的含量。另外，^1H-NMR 可以快速准确地测定油料种子中粗脂肪的含量。

2. 质谱

气体、液体或固体的蒸气在极低的压力下，经高能量电子轰击裂解产生离子，穿过电场或磁场后，按照质荷比（m/e）分成若干离子片段而形成特定的质谱信息。用电流计记录离子片段的仪器称为质谱计，用气相色谱作为质谱的进样系统的仪器，称为气相色谱质谱联用仪。

脂肪酸在裂解中都有特征的麦氏重排反应，即酰基旁的 γ 位氢向缺电子的原子转移，并脱离一个中性分子，最终在 α 碳与 β 碳原子间断裂。以饱和脂肪酸甲酯为例，用图 2-6 说明麦氏重排。

所以，含氧峰 $m/e=74$ 是饱和脂肪酸甲酯的特征质谱峰。

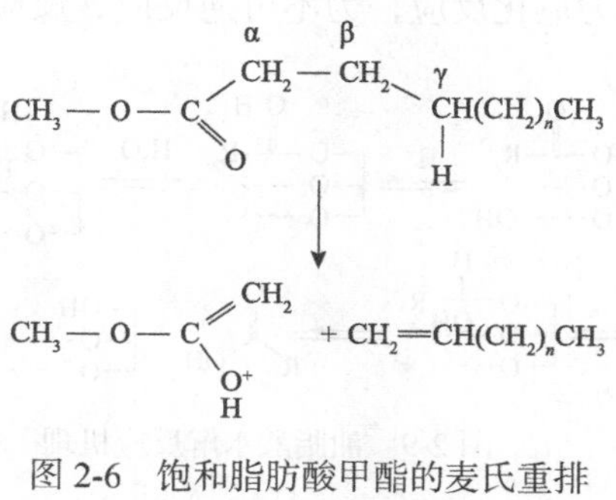

2.1.7 水解、皂化与成盐反应

脂肪酸一般是由 C、H、O 三种元素组成的具有长链末端羧酸结构的有机酸，其结构式中的 R_1、R_2、R_3，碳数一般为 4～24，且绝大多数为偶数（图 2-7）。除碳数外还有饱和与不饱和及顺反式的区别，不饱和的脂肪酸根据不饱和度分为一烯、二烯及多烯，

图 2-6 饱和脂肪酸甲酯的麦氏重排

二烯以上的又有共轭与非共轭的区分，极个别的还含有炔酸、羟基等。此外，油脂脂肪酸的组成还会因植物种类、产地不同及动物饲料的变化等而表现出很大的差异。脂肪酸含有多种基团（如甘油酯、脂肪酸、双键等），几乎可以发生酯、羧酸、烯烃的一切反应（图 2-8）。所以油脂体系庞大，化学反应非常复杂。以下主要阐述油脂的水解、皂化及成盐反应。

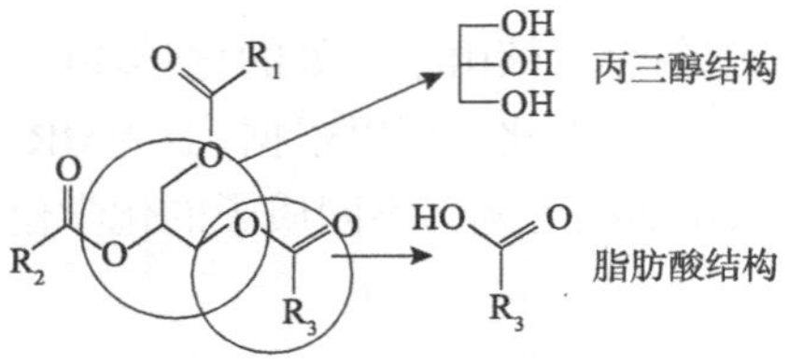

图 2-7　油脂结构示意图

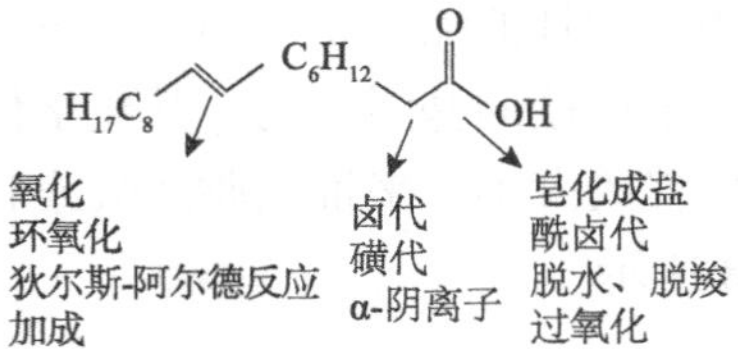

图 2-8　脂肪酸基团反应示意图

1. 水解反应

油脂的水解是指油脂与水反应分解为甘油及脂肪酸（盐）的过程。油脂在酸性、碱性、中性环境中都可以发生水解，在中性或酸性条件下的水解一般是可逆反应。油脂在碱性条件下的水解往往是不可逆反应，称为皂化反应。

1）油脂酸水解机理　　油脂在酸性条件下水解为脂肪酸和甘油，此反应可逆，平衡取决于油水比例及油脂的理化性质等因素，其反应机理如图 2-9 所示。

此反应遵循"亲核加成-消去反应"的四面体过渡态理论，甘油酯键在 H^+ 或 OH^- 的进攻下断裂，亲核试剂再进攻碳离子。油脂的水解分三步进行，甘油三酯经甘油二酯、甘油单酯逐步转化为相应的脂肪酸和丙三醇（甘油）。

2）油脂水解工艺　　根据反应体系的压力，油脂的酸性水解可分为常压水解与加压水解。常压水解的催化剂通常是烷基苯磺酸、石油磺酸等 Twitchell 类型酸与浓 H_2SO_4。

这些催化剂在结构上都具有亲油的脂肪链，在油脂中具有良好的相容性与乳化性，从而可促进油脂的水解，且对油品的要求不高。例如，浓 H_2SO_4 与十二烷基苯磺酸钠可有效催化废弃油脂水解制备脂肪酸。除了 Twitchell 类型酸外，也有研究固体酸或酸性树脂等的报道，但此类反应时间长且产品一般具有较深的色泽。

2. 皂化反应

1）油脂碱水解机理　　皂化多指油脂与苛性碱的反应，油脂在碱性条件下的水解通常称为皂化反应，为不可逆反应，反应机理如图 2-10 所示。

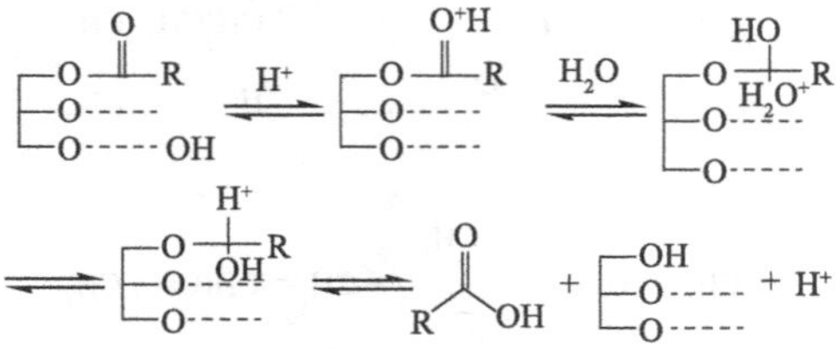

图 2-9　油脂酸水解反应机理

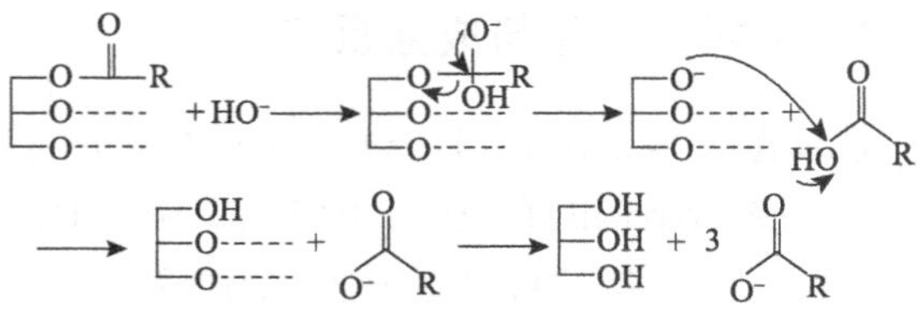

图 2-10　油脂碱水解反应机理

皂化反应的产物通常为碱溶液阳离子的脂肪酸盐及甘油。由于其发展早，应用广，与其相关的专利较多。有关其动力学的研究可参考大豆油的皂化动力学。

2）油脂皂化工艺　最为常见的皂化反应就是肥皂（硬脂酸钠）的制备反应，其反应式如下：

$$
\begin{array}{l}
CH_2OCOR \\
| \\
CHOCOR_1 \\
| \\
CH_2OCOR_2
\end{array}
+ 3NaOH \longrightarrow
\begin{array}{l}
NaO\underset{O}{\overset{O}{\parallel}}R \\
NaO\underset{O}{\overset{O}{\parallel}}R_1 \\
NaO\underset{}{\overset{O}{\parallel}}R_2
\end{array}
+
\begin{array}{l}
OH \\
OH \\
OH
\end{array}
$$

皂化反应会使反应体系的黏度迅速增加，在实验操作时通常加入乙醇等溶剂加以稀释，为提高水解效果，也可进行分次水解。其速率与碱液浓度有关，而工业上的皂化一般是在15%～25%的氢氧化钠（NaOH）水溶液中进行的，反应速度较为缓慢。为提高皂化速度，可采用微波等加热方式，可使反应在数分钟内完成，但在工业上的应用尚未见报道。除直接皂化外，也可先制备出脂肪酸，再进行中和制备相应的皂基。此外，随着油脂的大量应用，木本油脂的开发及废弃油脂的再利用也越来越受到重视，不仅体现在生物质能源的应用上，也体现在废弃油脂皂化制皂的工艺研究。

3）浓氨水皂化　除此之外，油脂在浓氨水中也能发生皂化反应，所生成的盐称为铵盐，其反应式如下：

$$
\begin{array}{l}
CH_2OCOR \\
| \\
CHOCOR_1 \\
| \\
CH_2OCOR_2
\end{array}
+ 3NH_3 \cdot H_2O \longrightarrow
\begin{array}{l}
H_4NO\underset{O}{\overset{O}{\parallel}}R \\
H_4NO\underset{O}{\overset{O}{\parallel}}R_1 \\
H_4NO\underset{}{\overset{O}{\parallel}}R_2
\end{array}
+
\begin{array}{l}
OH \\
OH \\
OH
\end{array}
$$

铵盐除可由油脂浓氨水皂化外，还可由脂肪酸与氨或胺的反应制备。

3. 成盐反应

油脂除了可以形成钠盐、钾盐、铵盐外，还可以与钙、镁、铝、锌、铁、锰、钴、镍等形成相应的脂肪酸盐，但其制法与皂化不同，且用途较之也有较大区别，故将其称为成盐反应。

除钠、钾等的一价脂肪酸盐外的脂肪酸金属盐往往统称为金属皂，一般为硬脂酸盐，其制备一般有4种方法。

（1）皂化法，此法为脂肪酸与微溶金属氢氧化物直接皂化制备相应的金属皂，反应机理（以三价为例）如下：

$$MCl_3 + 3NaOH \longrightarrow M(OH)_3 + 3NaCl$$

$$M(OH)_3 + 3RCOOH \longrightarrow M(RCOO)_3 + 3H_2O$$

（2）熔融法，用金属相应的氧化物、氢氧化物、碳酸盐或乙酸盐等与脂肪酸加热熔融制备其皂盐，此法往往需要过氧化氢作为催化剂并抽真空。

（3）沉淀法，也称复分解法或置换法。此工艺分为两步：第一步，制备硬脂酸的钠盐稀溶液，再加入金属的可溶性盐，便可得到金属皂盐沉淀；第二步，经过滤、清洗、干燥等步骤即可得到相应的金属皂。此法应用最广，可用于大多数金属皂的制备。熔融法与沉淀法的反应机理（以二价为例）如下：

$$2RCOONa + MCl_2 \longrightarrow M(OCOR)_2 + 2NaCl$$

$$2RCOOH + M(OH)_2 \longrightarrow M(OCOR)_2 + 2H_2O$$

（4）水相分散法，将相应的金属氧化物、氢氧化物与硬脂酸加入与硬脂酸等量的水中，加入表面活性剂使其分散，在一定温度下反应后再经湿磨等操作即可得到产品。

此外，还可以通过脂肪酸与格氏试剂作用，或通过金属直接反应法、金属皂水分散法等新工艺制备。

油脂的水解皂化反应是油脂最基本的反应，也是油脂开发利用最早的反应之一。但关于其工艺改进及新催化手段的研究从未停止，尤其是对特殊油脂的研究。将来我们可以用更环保安全的方法得到最为需要的脂肪酸及其皂盐等产品，其新产品研发仍待挖掘。因为其自身的特殊结构，注定其还会存在更为广泛且具更高附加值的应用，且越是特殊的金属皂就越是需要特殊的制备方法，有关其制备方法的研究也是未来的一项重要领域。

2.1.8　取代、消除与氢化反应

取代和消除在油脂行业中称为酰卤化、酯化。此外，氢化反应也是氢解和催化加氢的统称，氢解反应通常是指在还原反应中碳-杂键（或碳-碳键）断裂，由氢取代离去的杂原子（碳原子）或基团而生成相应烃的反应。不饱和键的催化加氢（双键的氢化）具有一定的复杂性，不但同种油脂有多种产物，而且不同催化剂及催化工艺下的产物也极为复杂，尤其是涉及单烯、双烯、多烯的反应历程各不相同。

1. 取代反应

油脂具有烷链、双键、羧基等基团，是非常容易发生取代反应的，习惯性地把这些反应称为酰卤化、卤代等。

1）酰卤化　　酰卤化是羧酸中的羟基被卤素原子取代的现象。脂肪酸的酰卤化具有重要的工业价值，但由于成本高，应用受到一定限制。例如，用酰氯与醇反应制备较难合成的酯；酰氯与重氮甲烷反应，再经氧化银催化与水共热制备脂肪酸；酰氯与叠氮钠反应后，再经加热分解可制备异氰酸酯（可进一步水解）；酰氯和芳烃在三氯化铝（$AlCl_3$）催化下制备芳香酮的反应等，酰氯的部分反应如图 2-11 所示。

2）卤代　　卤代是指有机化合物中的氢或其他基团被卤素取代生成含卤有机化合物的反应。烷烃的卤代反应是最为常见的取代反应，但对于脂肪酸而言，其羧基的 α-H 更易被卤素取代而生成 α-卤代酸（Hell-Volhard-Zelinski 反应）。若卤素过量也可生成 α-二卤代酸。但 α-溴代酸非常活泼，可被 OH—、CN—、NH_3 等亲核试剂取代，反应过程如图 2-12 所示。

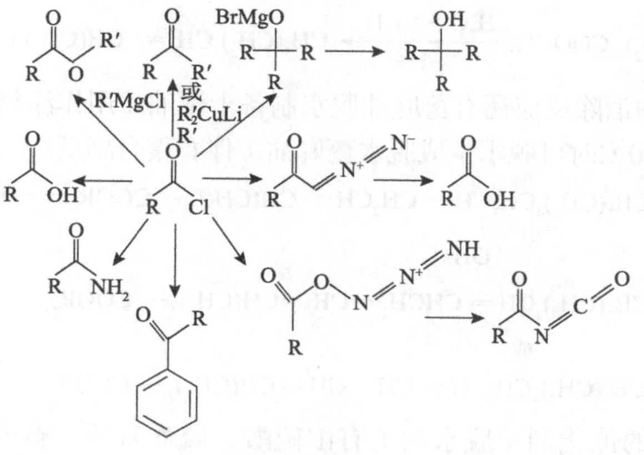

图 2-11　酰氯的部分反应

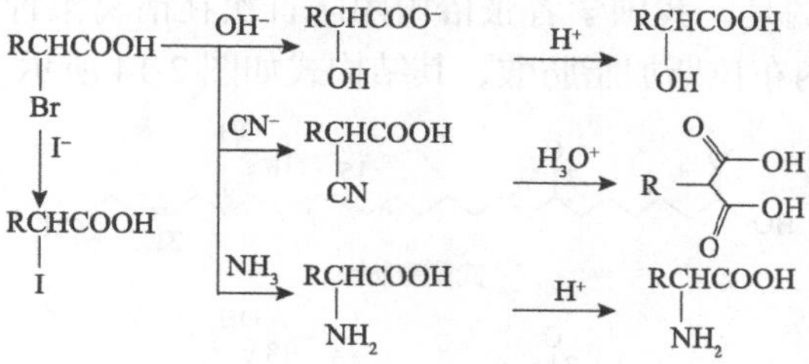

图 2-12　α-溴代酸的部分取代反应

此外，脂肪酸酯的其他氢也会被卤素取代，如采用油脂制备塑料增塑剂产品氯化脂肪酸甲酯，其制备的反应如下：

$$C_{17}H_{35}COOCH_3 + nCl_2 \xrightarrow{催化剂} C_{17}H_{35-n}Cl_n COOCH_3 + nHCl$$

3）酯缩合反应　　对于含有 α-H 的脂肪酸酯，可发生克莱森酯缩合反应生成 β-酮酸酯，此反应从形式上来看如同 α-H 被羰基取代（或烷氧基被碳负离子基团取代，即酯与含活泼亚甲基化合物的反应）。

$$\underset{H}{\overset{}{R\underset{|}{C}HCOOCH_3}} + (COOC_2H_5)_2 \xrightarrow[H^+]{NaOCH_3} \underset{COCOOC_2H_5}{\overset{}{R\underset{|}{C}HCOOCH_3}} + HO—C_2H_5 \uparrow$$

以脂肪酸为例（其他可以类推），简单归纳数种重要的反应，见图 2-13。

2. 消除反应

最为常见的消除反应是烷或卤代烃制烯、醇脱水制烯等反应。其中，硬脂酸甲酯制备油酸甲酯的脱氢反应为直接反应（硬脂酸甲酯蒸气与乙烯混合通过 200℃ 的镍催化剂）；当然，间接地制备卤化物再脱除卤化氢也可制备不饱和脂肪酸。

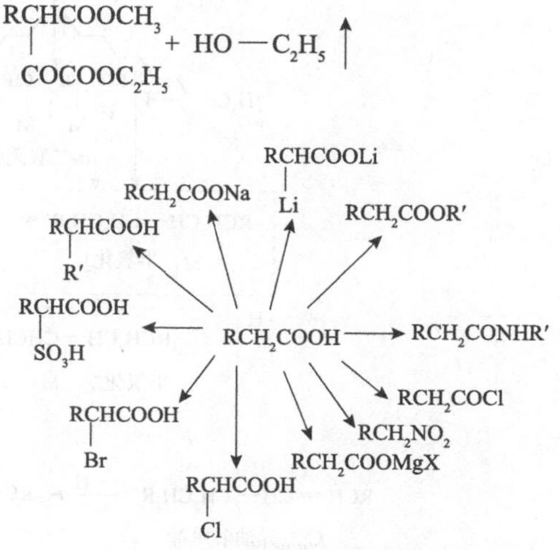

图 2-13　脂肪酸的部分取代反应

$$CH_3(CH_2)_{16}COOCH_3 \xrightarrow[-H]{H_2C=CH_2} CH_3(CH_2)_7CH=CH(CH_2)_7COOCH_3$$

此外，较为常见的消除反应还有蓖麻油脱水制备干性油（用作涂料）。在真空条件下，将蓖麻油加热至230～280℃时可脱水生成脱水蓖麻油（伴有聚合副反应），主反应方程式如下：

$$CH_3(CH_2)_4CH\underset{\overset{|}{OH}}{CH}—CH_2CH=CH(CH_2)_7—COOR \longrightarrow$$

$$CH_3(CH_2)_4CH=CHCH_2—CH=CH(CH_2)_7—COOR$$

或

$$CH_3(CH_2)_4CH_2CH=CH—CH=CH(CH_2)_7—COOR$$

蓖麻油脱水常用的催化剂（脱水剂）有浓硫酸、硫酸氢钠、磷酸等，产物不仅具有顺反两种结构，还可生成共轭二烯结构，但非共轭结构较多（为共轭结构的 3～4 倍）。提及羟基脂肪酸，值得一提的是，我国学者张椿雨团队首次在诸葛菜种子中发现了新型羟基脂肪酸——武汉脂肪酸和内布拉斯加脂肪酸，其结构式如图 2-14 所示。

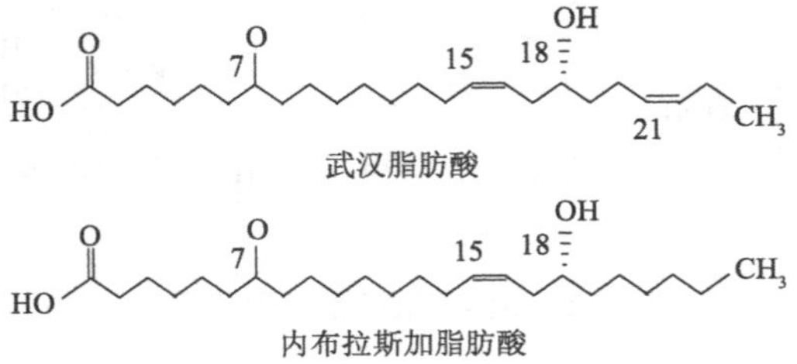

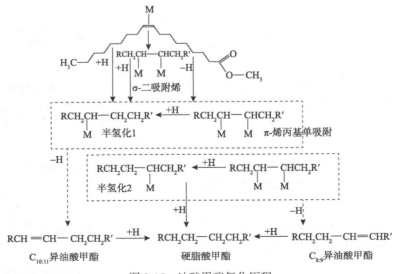

图 2-14　两种新型羟基脂肪酸的结构

3. 氢化反应

1）单烯的氢化　　单不饱和脂肪酸酯催化加氢的过程主要包括两步：第一步是催化剂与氢及双键分别吸附并形成络合物；第二步是双键加一个氢形成半氢化中间体，再加一个氢形成饱和脂肪酸酯。但此过程涉及诸多反应（图 2-15）。

图 2-15　油酸甲酯氢化历程

不饱和脂肪酸酯与催化剂结合后形成多种形式的络合物,有半氢化中间体(σ-单吸附烯)、σ-二吸附烯络合物、π-烯丙基单吸附中间体等。其中,σ-二吸附烯络合物和π-烯丙基单吸附中间体均可再次转变为半氢化中间体;随后半氢化中间体再加一个氢即可形成饱和的硬脂酸甲酯。这是完全氢化的情况,但实际上,其中若半氢化中间体 1 在 C_{11} 上脱氢可得 $C_{10:11}$ 异油酸甲酯;若半氢化中间体 2 在 C_8 上脱氢可得 $C_{8:9}$ 异油酸甲酯。此外,π-烯丙基单吸附中间体也可在 C_{11} 或 C_8 位上脱氢形成 $C_{10:11}$ 异油酸甲酯和 $C_{8:9}$ 异油酸甲酯。当然,在此过程中,由于半氢化中间体中的 C—C 单键可自由旋转,所形成的异油酸甲酯包括顺反两种异构体。

2)双烯的氢化　　多不饱和烯酸酯的氢化速率从大到小依次为亚麻酸酯、亚油酸酯、油酸酯。其中亚油酸酯氢化为油酸的速率约为油酸氢化为硬脂酸酯的 12 倍,所以双烯氢化(如亚油酸酯)往往需要先产生单烯酸酯(如油酸酯),其反应过程见图 2-16。

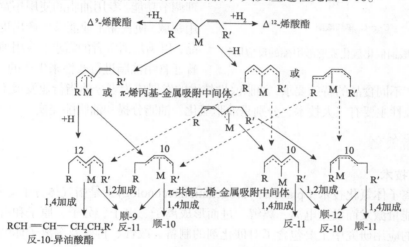

图 2-16　亚油酸酯氢化至单烯酸酯的历程

双烯 Δ^9 位和 Δ^{12} 位双键(从羧基 C 开始计数的双键位置)最易发生 1,2 加成反应,分别形成相应的油酸酯和 Δ^{12}-异油酸酯。此外,11 位碳可脱去一个 α-H 并吸附于金属表面;随后转化为 π-丙烯基-金属吸附中间体,或再脱去一个 H 形成大共振吸附体;然后再加 H 形成 π-共轭二烯-金属吸附中间体;此时碳链与金属吸附位的改变可形成多种构型,再与 H 发生 1,2 或 1,4 加成,形成多种从 C_9 到 C_{12} 的顺反烯酸酯。

3)三烯的氢化　　三烯的氢化较为复杂。在多烯的氢化中,总体上设油酸酯的反应性为 1,则亚油酸为 20,异亚油酸(双键被三个或以上的单键隔开)为 8,亚麻酸为 40。反应过程中的催化剂不同,其产物也是完全不同的。例如,镍作为催化剂氢化亚麻酸可形成多种油酸酯和硬脂酸酯;而铜作为催化剂时往往不产生硬脂酸酯,且产物中有大量不可共轭化的异亚油酸酯,说明了铜催化剂具有更高的选择性。在此以亚铬酸铜催化氢化亚麻酸甲酯为例说明三烯的氢化过程(图 2-17)。

亚麻酸在催化剂的作用下共轭化形成具有共轭结构的三烯,然后其中具有单共轭结构的三烯各自氢化形成相应的三种二烯(非共轭且不可共轭化的异亚油酸酯),而其中的共轭三烯氢化为共轭二烯,共轭二烯再进一步氢化为单烯酸酯。

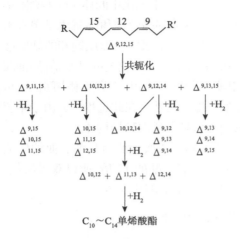

图 2-17　亚铬酸铜催化氢化亚麻酸甲酯的反应历程

2.1.9　油脂改性

随着食品工业的发展，食品专用油脂趋于专用化和多样化。油脂生产者应向食品工业提供合格的油脂，油脂使用者也应正确选择、合理使用食品专用油脂，并对油脂工业不断提出各种质量要求。食用油脂在食品工业中的功用是赋予食品以良好的口感、造型及色泽；在工艺上有润滑、脱模及传热载体等作用；在营养上则有对人体提供热量、免疫及治疗方面的生理调节功能。专用油脂的使用拓宽了油脂的使用领域，使食品工业能够生产出更多样式的食品，以满足消费者的需求。专用油脂是通过对普通食用油脂进行改性来生产的。油脂的改性可以满足生产不同食品的特殊要求，油脂改性技术的发展成为当今油脂行业发展不可阻挡的趋势。油脂的改性主要有三大技术，分别是油脂氢化、油脂分提和油脂酯交换。

1. 油脂氢化

1）氢化技术

（1）等离子体氢化技术（plasma hydrogenation technology）是指气体分子受到外加电场、热和辐射等能量激发而发生电离、离解，进而形成离子、电子、分子、原子和自由基的集合体。在催化的应用研究中主要包含了对催化剂的制备、改性、再生及等离子体的存在下发生的化学反应。

（2）超临界氢化技术。超临界流体（supercritical fluid，SCF）是一种温度和压力均处于其临界点以上的流体，该流体气液两相界面消失，物理性质介于气体和液体之间，兼有液体的溶解性和气体的扩散性。SCF 具有特殊的溶解度、易变的密度、黏度小、表面张力小和扩散系数大等特性，因此超临界催化技术在许多领域有着广泛的应用。在传统的油脂氢化过程中，催化剂表面氢气浓度逐渐下降是反应过程中形成大量反式脂肪酸的主要原因。传统的氢化工艺是一种典型的"固-液-气"三相体系，氢气在加成过程中传质阻力较大，使氢化过程中氢气加成速度减慢，易生成大量的反式脂肪酸。CO_2 的临界温度为 31.4℃，临界压力为 7.38 MPa。超临界 CO_2 流体作为反应介质能有效地将传统氢化三相体系转变成均相，减小氢气的传质阻力，加快氢气加成速度，大大减少了反式脂肪酸的形成。

（3）超声波氢化技术。超声波是频率高于 20 000 Hz 的声波，其方向性好，穿透力强，易于获得较集中的声能，在水中传播距离远，可用于测距、测速、清洗、焊接、碎石、杀菌消毒等。近年来，超声波技术在油脂氢化中的应用也受到广泛关注。Moulton 和 Jwan 等对超声波氢化大豆油脂进行了研究，发现在超声波条件下，油脂氢化反应速率随氢气压力增加而增大，但速率的增加呈波形而非线性。

（4）催化转移法氢化（catalytic transfer hydrogenation，CTH）技术是一种新型的选择性氢化方法，是指在催化剂的作用下，氢由氢的供体转移到有机化合物反应底物的反应。

有研究者采用有机溶剂作为氢供体进行间歇式催化转移法氢化,发现高温明显提高了反应速率。

2）油脂氢化的发展趋势　近年来,油脂加氢特别是选择性加氢技术发展迅速,催化剂研究工作也随之发展得很快,一些以前未重视的问题(如反式脂肪酸对公众健康的影响)开始引起重视,今后要求开发出具有高活性、低反式酸、低消耗的催化剂体系,以不断满足人们对健康食品的要求。为了达到此目的,除了进一步开发研制具有高活性、低成本的贵金属催化剂之外,还需要采用一些新型催化剂和催化手段,如纳米催化剂、离子液及超临界催化等技术。另外,非晶态催化剂是目前研究的热点,也是油脂加氢催化剂的发展趋势。催化剂载体及活性组分的负载技术一直是催化剂研究的重点。

2. 油脂分提

油脂分提是指在一定温度下利用构成油脂中的各种甘油三酯的熔点及溶解度的不同,把油脂分成固、液两部分。根据分离出的组分性质的不同,满足不同用途的需要。油脂分提结晶技术始于 20 世纪初,经近百年的发展,特别是 20 世纪 70 年代棕榈油产量的迅猛增加,有力地推动了分提工艺的发展。目前已有 2000 t/d 的大型工业分提设备,全世界油脂产量的 10%是通过油脂分提得到的。油脂分提工艺有干法分提法、表面活性剂分提法和溶剂分提法。

1）干法分提法　在不添加其他成分的条件下,将液态的油脂缓慢冷却到一定程度,分离析出结晶固体脂的方法称为干法分提。干法分提适用于产品在有机溶剂中溶解度相近的脂肪酸甘油三酯的分离,待分离组分结晶大,可以借助压滤或离心进行分离。干法分提包括冬化、脱蜡、液压及分级等步骤。

2）表面活性剂分提法　表面活性剂分提是指油脂冷却结晶后,添加表面活性剂水溶液,改善液体油与固体脂的界面张力,借助固体脂与表面活性剂间的亲和力,形成固体脂在表面活性剂水溶液中的悬浮液,促进固体晶体离析的分提工艺。

20 世纪初,将表面活性剂添加到油脂中来分离液体油与固体脂的方法取得专利,从此表面活性剂分提法开始得到应用。20 世纪 50 年代,表面活性剂分提工艺已开始小规模地应用于棕榈油、棕榈仁油、脂肪酸等的分提。这种分提可迅速分离工艺液体油与固体脂,容易得到固体脂,但分提工艺成本高,且产品容易受表面活性剂污染。因此,一些国家禁止表面活性剂分提用于食用植物油的生产。

3）溶剂分提法　溶剂分提法是指在油脂中按比例加入某一种溶剂(如稀酸、乙醇、乙醚等)构成黏度较低的混合油体系,然后进行冷却结晶的一种分提工艺。

20 世纪 50 年代,溶剂分提法已应用于工业化生产熔点与可可脂相似的产品。例如,棕榈油用溶剂分提法得到棕榈油中间分提物(palm mid fraction,PMF),PMF 是生产类可可脂(cocoa butter equivalent,CBE)的原料。

溶剂分提的特点是分提效率高、固体脂组分质量好。但其投资成本大、生产费用高,用作溶剂的己烷、丙酮、异丙醇等易燃,要求车间设计、生产时提供额外的安全保障。因此,溶剂分提仅用于生产附加值较高的产品。

4）油脂分提的发展趋势　随着冷却结晶、过滤技术的发展,干法分提工艺被广泛应用于多种油脂的加工。通过选择结晶条件、分离温度,采用不同路线可得到多种不同的分提产品,最为典型的是棕榈油经干法分提可以得到高碘值的油酸甘油酯、高硬度的硬脂和高质量的 PMF。

国内一些大型油脂企业先后从国外引进多条干法分提生产线,用于氢化大豆油、棕榈油、猪脂等的分提。分提产品中的液态油用作烹调油、调和油,中间组分用于制作类可可脂(CBE)、代可可脂(CBS),硬脂用作起酥油、人造奶油等的原料油。

油脂分提是物理改性过程,避免了氢化产生大量反式脂肪酸的缺点,同时干法分提无溶剂、无催化剂污染,在食品安全逐渐受到重视的当今社会,这一油脂改性方法逐渐受到重视,应用前景广阔。

3. 油脂酯交换

油脂酯交换是通过改变甘油三酯中脂肪酸的分布来改变油脂的性质,尤其是使油脂的结晶及熔化特性发生改变的过程。目前酯交换可分为酶法酯交换和化学酯交换两种。

1)酶法酯交换　酶法酯交换是利用酶作为催化剂的酯交换反应。酶按其来源可分为动物酶、植物酶、微生物酶等。酶法酯交换特点如下:①专一性强(包括脂肪酸专一性、底物专一性和位置专一性);②反应条件温和;③环境污染小;④催化活性高,反应速度快;⑤产物与催化剂易分离,且催化剂可重复利用;⑥安全性高。酶法酯交换被广泛用于油脂改性制备结构脂质,如利用相应的酶可制备类可可脂、人乳脂替代品、改性磷脂、脂肪酸烷基酯、低热量油脂和结构甘油酯等。随着细胞工程、蛋白质工程、基因工程等生物技术的发展,利用基因技术来工业化生产微生物酶,该酶比动物酶专一性更强,在酶法酯交换工业中具有更加广阔的发展前景。

2)化学酯交换　化学酯交换是利用碱金属、碱金属氢氧化物、碱金属烷氧化物等作为催化剂的酯交换反应。化学催化剂与酶催化剂相比,具有价格低廉、反应容易控制等优点。目前使用最为广泛的催化剂是钠烷氧基化合物(如甲醇钠),其次是钠、钾、钾-钠合金及氢氧化钠-甘油等。化学酯交换又分为随机酯交换和定向酯交换。一般认为,化学酯交换不具有催化选择性,也称随机酯交换,使甘油三酯分子随机重排,最终按概率规则达到平衡状态。

3)酯交换的发展趋势　化学酯交换经过多年的发展,工艺技术日臻完善;相比于化学酯交换,酶法酯交换具有明显的优势,但酶的价格比较高,限制了酶法酯交换的工业化。随着生物技术的迅猛发展,获得性能优良、价格低的脂肪酶已成为可能,这给油脂酯交换带来了新的契机。酶法酯交换研究至今,无论是在理论上还是在实际应用中都取得了巨大进步。现在研究开发的固定化酶应用范围广、活性高,转化为实际应用的潜力很大。脂肪酶在酯交换中催化机理方面的研究还落后于其他酶。由于酶法酯交换比较复杂,在实际应用中会带来一些问题,如用于酶反应器设计。目前,酶反应器的研究与应用已进入一个新的时期,各种反应器脱颖而出,但各种反应器对于酶的催化性质的影响还有待进一步研究。

2.2　脂肪伴随物的理化性质

2.2.1　类脂物的理化性质

1. 磷脂的理化性质

1)磷脂的组成和性状　磷脂分子所含的脂肪酸与伴随油脂的脂肪酸在种类和数量上

不尽一致，比油脂含有种类更多的不饱和脂肪酸，并且在甘油 β 碳位（仲醇）通常与多烯酸相连。例如，卵磷脂分子中 α 碳位上连接的脂肪酸几乎都是饱和脂肪酸，β 碳位上连接的通常是油酸、亚油酸、亚麻酸等不饱和脂肪酸。来源于动物的磷脂酰肌醇，其 C_1 位脂肪酸大多是（饱和酸）硬脂酸，C_2 位主要是花生四烯酸。几种植物磷脂的脂肪酸组成见表 2-9。由表 2-9 可知，磷脂中富含亚油酸（花生和亚麻籽除外），所含饱和脂肪酸中以软脂酸为主。高级多烯酸在磷脂中的含量比在油脂中的含量高。

表 2-9　几种植物磷脂的脂肪酸组成（何东平，2013）

脂肪酸（%）	大豆	花生	亚麻籽	葵花籽	棉籽	菜籽（脑磷脂）
豆蔻酸（14:0）	—	—	—		—	0.8
软脂酸（16:0）	11.7	10.2	11.3	14.7	17.3	8.3
硬脂酸（18:0）	4.0	2.8	10.6	5.1	7.3	
20～26 碳饱和脂肪酸（20:0～26:0）	—	7.1				1.6
棕榈油酸（Δ^9-16:1）	8.6	—	3.5		1.5	2.1
油酸（18:1）	9.8	47.1	33.6	19.3	20.3	22.4
亚油酸（18:2）	55.0	22.1	20.4	45.9	44.4	42.2
亚麻酸（18:3）	4.0		17.4			
芥酸（22:1）						22.7
20～22 碳多不饱和脂肪酸（20～22PUFA）	5.5	4.1	3.2	5.5	6.4	—

　　磷脂一般呈黄色，纯净的磷脂呈白色。由于含有较多不饱和脂肪酸，磷脂分子易被氧化而色泽加深，直至变为褐色。从大豆中制备的新鲜磷脂为无色或浅黄色物质，暴露于空气中很快变成深黄色或褐色。植物磷脂可制成粉末，动物磷脂则呈蜡状，且性质不如前者稳定，易吸潮而变为液体。纯净的磷脂酸是棕色具有黏性的物质，大部分磷脂酸作为不可水化磷脂存在于水化油中。

　　油料种子中的磷脂大部分存在于油料的胶体相中，且大多与蛋白质、糖等分子以复合物状态存在，以游离状态存在的较少。用压榨（尤其是冷榨）生产的油脂中磷脂含量少，浸出油中的磷脂含量则可高达 1%～2%，其原因是有机溶剂能破坏磷脂与蛋白质（或糖类）不太牢固的结合，尤其是用乙醇浸出的油中磷脂含量更高。

　　2）磷脂的溶解性　　磷脂难溶于水，易溶于多种有机溶剂，如氯仿、乙醚、石油醚、乙醇等，但难溶于丙酮或乙酸甲酯，磷脂又称丙酮不溶物。在油脂中加入适量的丙酮便可沉淀出磷脂，再用乙醇可以提取出其中的卵磷脂。不同的磷脂（卵磷脂、脑磷脂、鞘磷脂、肌醇磷脂）在不同有机溶剂中的溶解度不同，这是溶剂法分离磷脂的理论基础。各种磷脂在不同有机溶剂中的溶解性见表 2-10。

表 2-10 磷脂在不同有机溶剂中的溶解性

磷脂	溶解性	
	乙醇	乙醚
卵磷脂	溶	溶
脑磷脂	不溶	溶
鞘磷脂	（热）溶	不溶
肌醇磷脂	不溶	不溶

　　磷脂酸微溶于水，易溶于有机溶剂，如丙酮及乙醚。磷脂酸在动植物组织中含量极少，但在生物合成中极其重要，是生物合成磷酸甘油酯与脂肪酸甘油三酯的中间体。未成熟大豆中的含量较成熟大豆中的高，并且大豆中磷脂酸含量随温度的升高、湿度的增加而增加。磷脂酸钠盐溶于水，微溶于冷乙醇，不溶于乙醚。磷脂在油脂中的溶解度随温度升高而增大。在制油时，蒸炒温度与毛油中的磷脂含量成正比，但经高水分蒸坯处理所得油脂中含磷脂较少。

　　3）磷脂的热性质　　磷脂没有明确的熔点，温度升高而软化，继而成为液滴而不熔合，直至 200℃时才具有清晰的液面，此时分解反应也急剧发生。磷脂的纯度越高，相转变温度范围越窄。磷脂不耐高温，且易氧化变质。100℃以上便逐渐氧化变色直至分解，280℃时生成黑色沉淀，不再溶于乙醚等溶剂中。借此可检查油脂中磷脂的存在情况，即国标分析中的"加热试验"。

　　4）磷脂及磷脂分子层的水合性质　　磷脂具有亲油性，可溶于油脂；同时磷脂也具有吸湿性，可作润湿剂。它尽管难溶于水，但可吸水膨胀成为胶体，进一步成为乳胶体。在缺水时，磷脂分子中的两个羟基受邻近基团的影响，分别呈酸性和碱性，脱水成为内酯。吸水后便类似胶水状，在油脂中的溶解度大大降低，从而在油脂精炼过程中通过水化脱胶被除去。料坯经高水分蒸炒所得油脂磷脂含量较少的原因也在于此。磷脂的内酯式和游离羟基式转化如下：

　　磷脂吸收的水量可通过重量分析法、X 射线衍射、中子衍射、NMR 和差示扫描量热法

（differential scanning calorimetry，DSC）测定。磷脂头基上的电荷本身并不决定水结合的性质，它会影响结合的水量，水结合量会随着相邻头基之间距离的增加而增加。例如，磷脂酰肌醇（PI）和磷脂酰丝氨酸（PS）会无限制地吸收水，而磷脂酰胆碱（PC，卵磷脂）与大量水直接混合时，吸收多达 34 个水分子。磷脂酰乙醇胺（PE）吸收的水少得多，每个脂质最多吸收约 18 个水分子。但是，样品制备方法会影响吸收水分子的数量。例如，PC 从气相吸收的水量增加；0%相对湿度下，每个 PC 分子吸收 0 个水分子；100%相对湿度下，每个脂质分子仅吸收 14 个和 20 个水分子。而且，每个 PE 分子从饱和气仅吸收 10 个水分子。从大量水和饱和蒸汽中吸收水分子数量的差异归因于难以精确控制相对湿度接近 100%。其他因素也决定水化层中水分子的数量，包括脂质相、酰基链组成、双键的存在和胆固醇的存在。在 PC 膜中包含胆固醇会增加凝胶状态的水分子数量，但对 PS 膜没有影响。

　　流动相中一价和二价阳离子的存在改变了磷脂的水合性质。二棕榈酰 PC 双层之间的部分流体厚度从水中的约 20 Å 增加到 1 mmol/L $CaCl_2$ 中的 90 Å 以上。相反，由于电荷的屏蔽，单价阳离子如 Na^+、K^+ 或 Cs^+ 减少了相邻带电 PS 或磷脂酰甘油（PG）双层之间的流体空间。二价阳离子对甘油磷脂具有脱水作用。例如，Ca^{2+} 是研究最广泛的二价阳离子，与 PS 的磷酸基团结合，在双层之间释放水，并从脂质极性基团中释放水，使脂质烃链结晶，并使二棕榈酰 PS 的凝胶-液晶相转变的熔化温度升高了 100℃还多。另外，Cu^{2+} 和 Zn^{2+} 引起磷酸根和羧基的大量脱水。这些离子的水合改变可能会改变磷脂膜的渗透性。

　　5）多相中磷脂的物理结构　　磷脂在水中的溶解受到极性或亲水性头基和非极性或疏水性脂肪酸的结构限制，临界浓度通常为 $10^{-10} \sim 10^{-5}$ mol/L。在水存在的条件下，达临界浓度以上时，磷脂的两亲特性驱动其组装形成各种大分子结构，主要结构是磷脂双分子层，其极性区域倾向于朝向水相，而非极性区域则与水隔离。膜磷脂中的鞘磷脂和卵磷脂主要以双分子层的形式存在，并且这种聚集状态在较宽范围的温度、pH 和离子强度的悬浮液中普遍存在。

　　磷脂通常采用的另一种与两亲性特点相容的大分子结构是六方相，该结构由碳氢化合物基质构成，这一基质渗透着直径为 20 Å 的六边形水相圆柱体（图 2-18）。

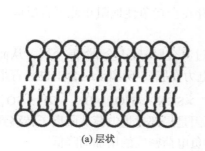
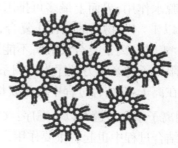

(a) 层状　　　　　　　　　　　　(b) 六方相

图 2-18　磷脂的多相结构（Akoh and Min，2008）

　　6）磷脂的酸度　　磷脂酸、磷脂酰胆碱、磷脂酰乙醇胺、磷脂酰丝氨酸都是甘油二酯与磷酸所形成的酯。不同之处在于磷酸另外的两个羟基，有完全游离的（如磷脂酸）；有的含一个游离羟基，另一个羟基与不同的基团形成酯键。

由于结合的基团的酸性各不相同，各种磷脂显示的酸性也各不相同。磷脂酸中磷酸的两个羟基都是游离的，磷脂酸具有强酸性。磷脂酰胆碱分子中有两个游离的羟基，一个在磷酸根上是强酸性的，另一个在季铵碱上是强碱性的，因此其是中性的。磷脂酰乙醇胺分子中，有磷酸根上的酸性羟基和碱性的第一氨基，磷酸根上解离出来的质子，可与氨基成盐，此氨基碱性较弱。氨基乙醇磷脂有微酸性，从植物油中分离出来的磷脂酰乙醇胺，对酚酞呈酸性。磷脂酰丝氨酸在磷酸的羟基和第一氨基之外，还有一个羧基。由于羧基的酸性不及磷酸的酸性强，由磷酸根释出的质子与氨基成盐，还剩下游离羧基，因而磷脂酰丝氨酸是酸性的。

由于磷脂分子中既有酸性基团，也有碱性基团。因此，磷脂酰胆碱、磷脂酰乙醇胺和磷脂酰丝氨酸的分子，能够以游离羟基式（或称水化式）和内盐式（或称偶极离子式）存在。以卵磷脂为例，结构式如下：

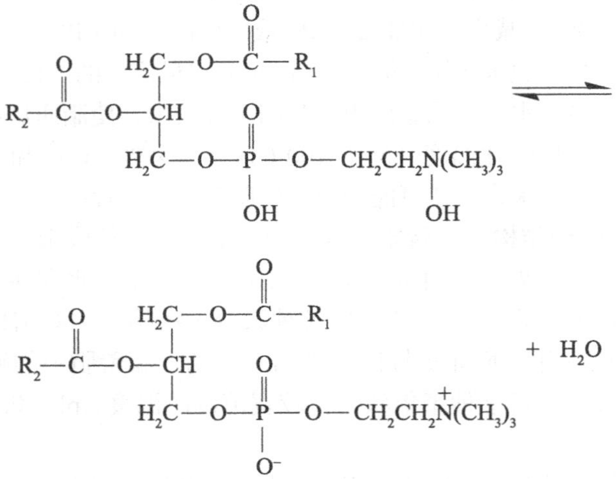

7）磷脂与离子的络合作用　　由于水性介质中的磷脂极性头基通常是水合的，因此，离子-磷脂相互作用是通过结合时的脱水来介导的。例如，当阳离子与酸性磷脂结合时，观察到强烈的脱水作用，界面上最多可排出 8 个水分子。磷脂酰胆碱在甲醇中能很快地与 Ca^{2+}、Mg^{2+} 和 Ce^{3+} 以 1∶1（物质的量比）复合，水的存在会竞争性地阻止此复合反应，水与磷脂的比例达 4∶1 时，离子复合反应将不能进行。

磷脂对阳离子的亲和力顺序为：镧系元素>过渡金属>碱土金属>碱金属，从而证明了静电相互作用在离子-膜结合过程中的重要性。静电力在脂质-阴离子结合中也起着很重要的作用，PC 的阴离子亲和力遵循以下顺序：$ClO_4^- > I^- \geqslant SCN^- > NO_3^- \geqslant Br^- > Cl^- > SO_4^{2-}$。阴离子的大小在此结合过程中也起着重要作用，部分原因是局部过量电荷从阴离子转移到了磷脂的头基上。而阴离子与磷脂膜的结合强度随着膜净负电荷密度的增加而降低。

NMR、红外光谱和中子衍射研究结果表明，无机阳离子主要与磷脂头基的磷酸二酯基发生相互作用，而无机阴离子可以与 PC 头基的三甲基铵残基特异性相互作用。

PC 与氯化镉的复合物不溶于醇，而脑磷脂的复合物则能溶解，利用此特性可精制卵磷脂。氯化钙与磷脂生成的复合物不溶于乙醚，可用来净化磷脂。一些碱性物质，如碳酸铵或碳酸铅等可分解磷脂-氯化镉复合物。1 mol 的磷脂能与 2 mol 的氯化镉复合，并且形成的复合物不溶于乙醇，而溶于乙醚、二硫化碳、氯仿、苯等。少量的氯化钠能显著降低磷脂或磷脂溶液的黏度。商业磷脂中加入一定量的氯化钙、氯化镁、硝酸盐或乙酸盐等能够改善其流动性。

8）磷脂的乳化性　磷脂分子既有亲油的脂肪酸，也有亲水的极性基团磷酸和氨基醇，因此，磷脂是一种天然的生物表面活性剂，也是食品工业中常用的乳化剂。当磷脂添加量达油水混合液的 0.05%～0.1%时便具有显著的乳化效果。磷脂的两亲性质，以亲水亲油平衡值（hydrophile-lipophile balance value，HLBV）作为参考，范围为 4.0～9.7。一般而言，乳化剂在水中的溶解度与 HLBV 呈正相关。HLBV=3～6 者有利于形成油包水（W/O）型乳化液；HLBV=8～18 者有利于形成水包油（O/W）型乳化液。磷脂可用于油包水或水包油型乳状液中。例如，在人造奶油制品中加入 0.3%的浓缩磷脂，能使 16%的水很好地分散在奶油基料油中，形成稳定的油包水型乳化体系。磷脂用于水包油型乳状液中则具有水分散性。例如，牛奶、冰淇淋中加入 0.3%的磷脂，能形成水包油型的乳化体系。作为水包油型的乳化剂有酰基化磷脂、羟基化磷脂、脱油磷脂及富含磷脂酰胆碱的卵磷脂。大豆卵磷脂和蛋黄均在商业上用作乳化剂。蛋黄含有 10%的磷脂，用作形成和稳定蛋黄酱、沙拉酱和蛋糕中的乳剂。含有等量 PC 和肌醇的商品大豆卵磷脂也已被用作冰淇淋、蛋糕、糖果和人造黄油中的乳化剂。

9）磷脂的水解　在磷脂中，成酯的键有三种：脂肪酸与多元醇成酯的键（甘油酯键）、磷酸与多元醇成酯的键（磷酸酯键）和磷酸与有机碱成酯的键（磷酸羟胺键）。这三种键都能被水解，且在酸或碱为催化剂水解时，其水解的难易与水解的酸碱性和水解条件有关。

用弱碱水解甘油磷脂产生脂肪酸盐和甘油-3-磷酰醇。在强碱性介质条件下（如氢氧化钾的乙醇溶液）水解磷脂，甘油酯键很容易水解，磷酸羟胺键水解较慢，而甘油磷酸酯键难水解。磷酸与甘油之间的键对碱稳定，但能被酸水解。在酸性介质条件下（如在盐酸溶液）水解，磷酸与胆碱或乙醇胺成酯的键（磷酸羟胺键）很容易水解，甘油酯键水解较前者慢，而甘油磷酸酯键显得很难水解。

甘油磷脂的酯键和磷酸二酯键能被磷脂酶专一性地水解。磷脂酶 A_1 和 A_2 分别专一地除去甘油磷脂 sn-1 和 sn-2 位上的脂肪酸，生成仅含一个脂肪酸的产物，称为溶血磷酸甘油酯或溶血磷脂。鼠的大脑、肝中含有磷脂酶 A_1；磷脂酶 A_2 可由胰、蛇毒、绵羊的细胞及蜜蜂毒液中提取。磷脂酶 C 催化水解磷酸甘油键，生成甘油二酯及磷酸羟基碱化物。磷脂酶 C 可以从鼠的肝中提取。磷脂酶 D 能水解磷酸羟胺键，释放出磷脂酸、胆碱或乙醇胺。磷脂酶 D 主要来源于胡萝卜、菠菜、甜菜叶的叶绿体、花生仁、甘蓝及鼠的大脑。

甘蓝中的磷脂酶 D 不仅催化磷脂水解，也加速醇解。例如，在乙醇或甘油存在的条件下水解 PC 生成相应的磷脂酰甘油及胆碱，如下所列：

$$\text{R}_2\text{—C—O—CH} \quad\begin{array}{c}\text{O}\\\|\\\text{H}_2\text{C—O—C—R}_1\end{array} \quad + \text{HOCH}_2\text{CH}_2\overset{+}{\text{N}}(\text{CH}_3)_3$$

鞘磷脂酶催化是生物系统中重要的酶水解反应。酸性和中性鞘磷脂酶均靶向鞘磷脂和胆固醇的脂质筏结构域,将鞘磷脂水解为神经酰胺和磷酸胆碱。

10）磷脂的改性　　结构磷脂是在原磷脂的甘油骨架上进行脂肪酸的添加和重组,化学结构改变的磷脂。通过磷脂酶催化改性磷脂,生成结构磷脂。采用的方法有直接酯交换方法和两步酸解法。直接酯交换是在 sn-1,3 特异性脂肪酶、磷脂酶 A_1 或磷脂酶 A_2 的作用下进行脂肪酸重组。两步酸解法步骤如下:卵磷脂水解得到溶血卵磷脂,再酯化得到结构磷脂。据报道,与甘油三酯中的脂质相比,磷脂形式的脂肪酸,如 ω-3 长碳链不饱和脂肪酸的吸收率增大和生物可利用性更高,从而有利于其健康效益。

11）磷脂的抗氧化、促氧化　　磷脂根据金属的存在和浓度而充当抗氧化剂和促氧化剂。在黑暗环境中,25~30℃条件下,磷脂酰胆碱可降低 DHA 的氧化。通过添加 0.03%~0.05%的磷脂酰胆碱、磷脂酰乙醇胺和磷脂酰丝氨酸,可以减少 50℃条件下大豆油自氧化过程中形成的过氧化物含量。0.031%~0.097%的蛋黄磷脂可降低富含 DHA 的油脂和角鲨烯的自氧化作用,并且蛋黄磷脂酰乙醇胺的抗氧化活性高于磷脂酰胆碱。磷脂中的极性基团在抗氧化方面起着重要作用;胆碱和乙醇胺分别是磷脂酰胆碱和磷脂酰乙醇胺的降解产物,40℃条件下,在鲱鱼油的自氧化中起抗氧化剂的作用。含氮磷脂,如磷脂酰胆碱和磷脂酰乙醇胺在大多数情况下都是有效的抗氧化剂。氮部分可将氢或电子提供给抗氧化剂自由基,如生育酚自由基,并再生生育酚抗氧化剂。磷脂也可以作为金属清除剂,它们螯合促氧化金属并减少脂质氧化。

2. 固醇的理化性质

固醇的结构特点是在甾核的 C_3 上有一个 β 取向的羟基,C_{17} 上有一个含 8~10 个碳原子的烃链。大多数真核生物都能从异戊二烯单位合成固醇,并存在于它们的膜系统中。固醇可游离存在,也可与脂肪酸成酯(蜡)存在。根据 IUPAC 命名法,甾醇的 α 构型、β 构型以 C_{10} 角甲基为准,先假定 C_{10} 角甲基在立体平面构型的上方,任何取代基位于平面下与 C_{10} 角甲基相对者为 α 型,以虚线表示,与 C_{10} 角甲基同位于平面上者为 β 型,以实线连接表示。

固醇在非极性溶剂中的溶解度大于在极性溶剂中的溶解度,在极性溶剂中的溶解度随温度升高而增大,以此可提纯固醇。固醇的相对密度略大于水,如胆固醇为 1.03~1.07,麦角甾醇为 1.04。

固醇的化学性质主要表现在活性的羟基和双键上。固醇能被氧化生成酮,在高温下会发生分解和升华,如在 150~170℃氢化成烃,超过 250℃则易树脂化。固醇能与脂肪酸反应生成甾醇脂肪酸酯,与硫酸或其他强酸可产生颜色反应,其原因可能是脱水后在碳的正离子上成盐(但仅限于环上含双键的)。

固醇有一个很重要的化学性质是其络合反应,它可以与尿素、有机酸(如草酸、苹果酸、琥珀酸等）、卤酸、卤素碱土金属盐及毛地黄皂苷发生络合反应。当固醇 C_3 位的羟基为 β 构型时（如 3β-羟基甾醇），才能与毛地黄皂苷络合沉淀。利用固醇的物理特性、显色反应及络合性质等可建立固醇定性鉴定、粗略定量测定乃至分离分析手段，这些性质也是提取植物甾醇的理论基础。

固醇分子上 C_3 位的羟基活性使其在自然界中有酯、苷等形式，进行测定或提取时采用酸解方法处理原始样品的目的在于分离脂肪酸、多糖组分，使固醇从酯、苷形式中释放出来。在化学工业中，可利用它们与环氧乙烷、环氧丙烷、环氧乙烯等的化学反应合成多种表面活性剂。固醇 C_{17} 位的侧链被切断或降解可生成甾体药物半合成的重要中间体——雄甾-4-烯-3,17-二酮（4AD）或雄甾-1,4-二烯-3,17-二酮（ADD），这一性质使其在制药和精细化工工业中发挥了较为独特的作用。

1）植物甾醇

（1）理化性质。植物甾醇通常为无臭无味的粉末状或片状白色固体，具有较高的熔点，均在 100℃以上，最高可达 215℃，如 β-谷甾醇的熔点为 138～140℃，豆甾醇为 167～170℃，菜油甾醇为 157℃，菜籽甾醇为 148℃。植物甾醇在水、碱和酸中均不溶解，常温下微溶于丙酮和乙醇，易溶于乙醚、苯、氯仿、乙酸乙酯、二硫化碳及石油醚等。植物甾醇经有机溶剂处理后易形成结晶体，晶体状态多为白色鳞片状或针状。例如，植物甾醇在乙醇中可形成针状或鳞片状晶体，而在二氯乙烷中则形成针刺状或长棱状晶体。

植物甾醇的理化性质主要表现为疏水性。因其结构上带有羟基基团，因而又具有亲水性，从而具有乳化性。植物甾醇是一种 W/O 型乳化剂，具有温和的皮肤渗透性和促进皮脂分泌的生理特性，能保持皮肤湿润和柔软，延缓皮肤老化，防止皮肤晒伤。因此，在化妆品工业中也得到广泛应用。植物甾醇具有的两性特征使得它具有调节和控制反相膜流动性的能力。植物甾醇的乳化性可通过对羟基基团进行化学改性而得到改善。

植物油精炼过程中，特别是在碱炼和脱臭环节，一半左右的甾醇流入下脚，从油中损失掉。植物油脂中甾醇的利用，实际上就是植物油脂下脚中甾醇的回收。油脂下脚已成为当前一种廉价的、具有工业开发价值的植物甾醇资源。

（2）三萜醇的理化性质。三萜醇，又名 4,4-二甲基甾醇，油脂中含量较多，主要有环阿屯醇、24-亚甲基环阿尔坦醇、β-香树素等，结构如图 2-19 所示。三萜醇是甾醇的前体，可通过脱去 4,4-二甲基和 C_{14} 甲基而得到甾醇。

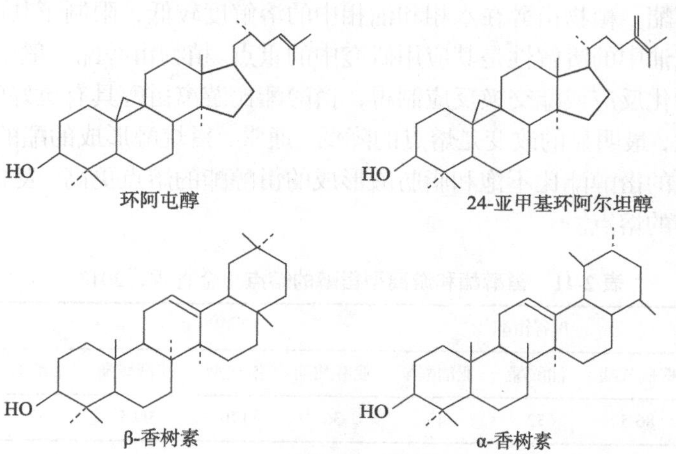

环阿屯醇　　24-亚甲基环阿尔坦醇

β-香树素　　α-香树素

图 2-19　常见的三萜醇结构

三萜醇与糖结合成苷类，尤其是与寡糖结合成皂苷后，由于糖分子的引入，羟基数目增多，极性加大，不易结晶，因此皂苷大多数为无色无定形粉末，可溶于水，易溶于热水、烯醇、热甲醇和热乙醇，几乎不溶或难溶于乙醚、苯等极性小的有机溶剂。含水丁醇或戊醇对皂苷的溶解性较好，因此它们是提取皂苷时常采用的溶剂。

多数植物油中的三萜醇含量为 0.42～0.7 g/kg，米糠油、小麦胚芽油等含量为 1 g/kg 以上，米糠油中的三萜醇最高含量可达 11.78 g/kg。米糠油中三萜醇大部分都不是游离的，其中环阿尔坦醇、环阿屯醇及 24-亚甲基环阿尔坦醇等可与阿魏酸发生酯化反应生成酯，生成的环阿尔坦醇类阿魏酸酯的结构如图 2-20 所示，是谷维素的主要成分。

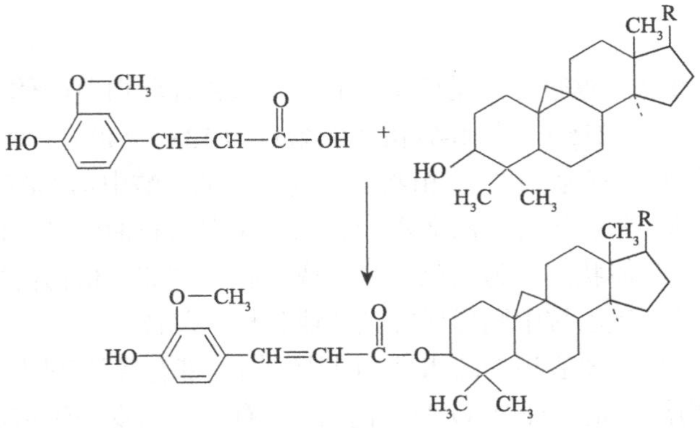

图 2-20　环阿尔坦醇类的三萜醇与阿魏酸酯化生成环阿尔坦醇类阿魏酸酯

米糠甾醇阿魏酸酯是一种良好的天然抗氧化物质。米糠甾醇与生育酚、丁基羟基茴香醚（BHA）或 2,6-二叔丁基-4-甲基苯酚（BHT）并用，可提高其 5～10 倍的抗氧化能力。如与甘氨酸并用，能延长油脂自动氧化的诱导期。

植物甾醇具有良好的抗氧化作用，可以提高食品的抗氧化能力，延长食品的贮存货架期。通常，高脂肪含量的食品，如黄油和食用油类由于其强疏水性特征，是植物甾醇的理想载体。甾醇酯作为功能性成分主要被添加入脂肪涂抹酱、蛋黄酱、色拉酱调料、牛乳和酸乳中。

（3）植物甾醇酯。植物甾醇在水相和油相中的溶解度较低，限制了其应用。因此，改善植物甾醇在水中或油中的溶解性是其应用研究中的重点。植物甾醇酯一般由植物甾醇 C_3 位羟基与脂肪酸通过酯化反应或酯交换反应制得，甾醇酯比游离甾醇具有更好的油溶性。甾醇酯与游离型甾醇相比，最明显的改变是熔点的降低。通常，甾烷醇形成的酯的熔点较甾醇酯高，而饱和脂肪酸形成的甾醇酯比不饱和脂肪酸形成的甾醇酯的熔点更高。表 2-11 列出了一些甾醇酯和游离型甾醇的熔点。

表 2-11　甾醇酯和游离型甾醇的熔点（金青哲，2013）

指标	β-谷甾醇					豆甾醇				
	游离型	棕榈酸酯	油酸酯	亚油酸酯	亚麻酸酯	游离型	棕榈酸酯	油酸酯	亚油酸酯	亚麻酸酯
熔点（℃）	140	86.5	52	43	36	170	99.5	57	38	38

另外一个明显的改变是溶解度，甾烷醇酯在食用油和脂肪中的溶解度高达 35%～40%，游离甾醇仅为 2%。甾醇酯在体内可以被水解为游离甾醇，水解率可达 95% 以上，与植物甾醇相比，甾醇酯具有相同甚至更优的生理功能。

2）胆固醇　　胆固醇（图 2-21）是最常见的一种动物固醇，为无色或微黄色结晶，熔点为 148.5℃，微溶于水，易溶于热乙醇、乙醚、氯仿等有机溶剂。胆固醇主要参与膜的组成，它也是血中脂蛋白复合体的成分之一。胆固醇还是类固醇激素、维生素 D 和胆汁酸的前体。例如，存在于皮肤中的 7-脱氢胆固醇在紫外光作用下转化为维生素 D_3。

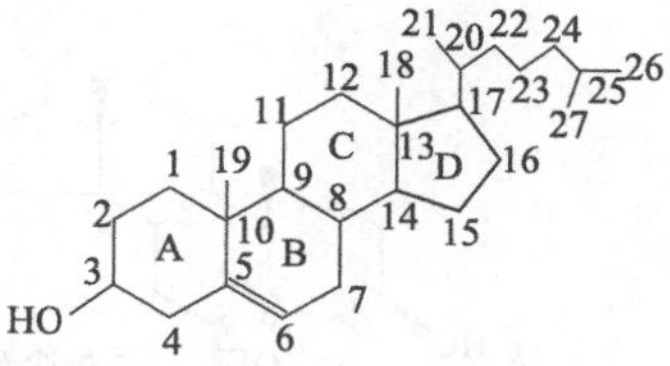

图 2-21　胆固醇结构式及碳原子编号

胆固醇氧化产物（或氧固醇）是指在结构上与胆固醇相似，但在甾醇核上含有一个额外的羟基、酮或环氧基，或分子侧链上含有一个羟基的一组甾醇。胆固醇和植物甾醇在结构上具有相似性，因而形成的氧化产物与植物甾醇的氧化产物类似。

胆固醇自氧化属于自由基反应，与不饱和脂质氧化反应相同。胆固醇在 C_5 位上含有一个双键，因此，其结构的最弱点是在 C_7 和 C_4 位。但是，由于 C_3 位上的羟基和 C_5 位上的叔碳原子的可能影响，C_4 的位置很少受到分子氧的攻击。因此，烯丙基氢的夺取主要发生在 C_7 位上，并产生了一系列的 A 和 B 环氧化产物。在通常由自由基引发的链反应中，形成了胆固醇的差向异构体氢过氧化物和胆固醇环氧化合物。侧链中 C_{20} 和 C_{25} 位上存在叔碳原子会增加中心对氧化的敏感性，从而形成氧固醇（通常称为侧链氧固醇）。胆固醇的氧化途径见图 2-22。

2.2.2　非类脂物的理化性质

1. 脂溶性维生素

1）维生素 A

（1）结构组成。维生素 A 是一组由 20 碳结构构成的、具有一个 β-紫罗兰酮环、由 4 个头尾相连的类异戊二烯单元组成的侧链，以及在 C_{15} 位结合了一个羟基（视黄醇）、醛基（视黄醛）、羧酸基（视黄酸）或酯基（视黄酯）的分子集合，统称为类视黄素。视黄醇常以酯的形式，一般以棕榈酰视黄酯的形式存在。类视黄素的主要膳食来源为动物性食物。另一类具有视黄醇生物活性的化合物为类胡萝卜素，也称维生素 A 原，在体内可以转化生成视黄醇，主要来自植物性食物，如叶菜和彩色水果，含量可达 15 mg/100 g。类胡萝卜素为聚异戊二烯化合物或萜类化合物，已经发现自然界中存在 600 多种形式的类胡萝卜素，其中有 50 多种具有维生素 A 原营养活性。膳食维生素 A 原的主要来源是 β-胡萝卜素，其次是 β-隐黄素和 α-胡萝卜素。

（2）基本理化性质。维生素 A 呈黄色片状晶体或结晶性粉末，不溶于水和甘油，能溶于醇、醚、烃和卤代烃等大多数有机溶剂。

维生素 A 的主体——视黄醇，理论上有 16 个几何异构体，由于立体位阻效应，自然界存在的几何异构体只有无位阻的全反式体、9-顺式体、13-顺式体、9,13-双顺式体和有位阻的 11-顺式体，其中以全反式的生物活性最高。视黄醇为板条状黄色结晶，熔点为 63～64℃。

视黄醇乙酸酯为淡黄色的油状液体，比视黄醇稳定，几乎无臭或有微弱鱼腥味，但无酸败味，极易溶于三氯甲烷或酯中，也溶于无水乙醇和植物油，但不溶于丙三醇和水。在无氧条件下，视黄醛对碱比较稳定，但在酸中不稳定，可发生脱氢或双键的重排。

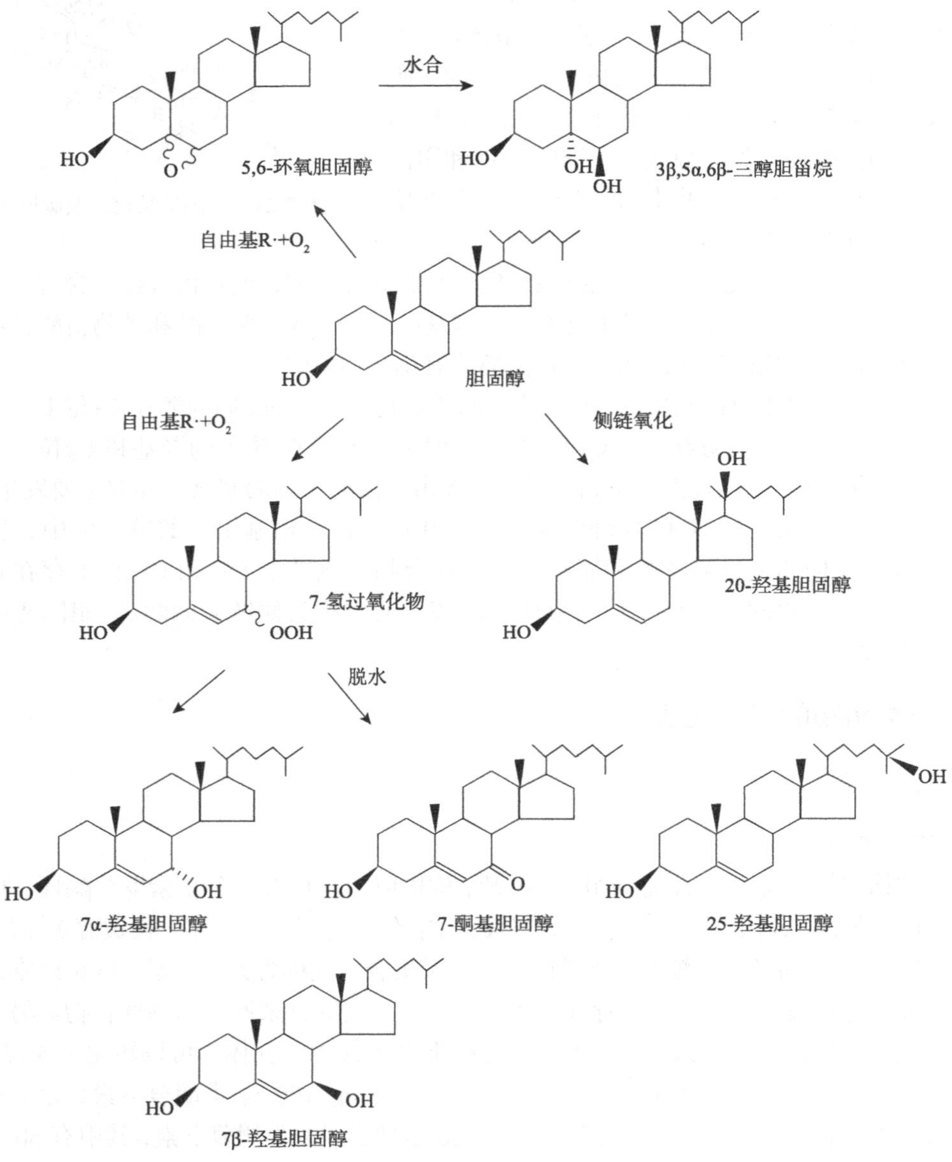

图 2-22 胆固醇的氧化途径（Sikorski and Kolakowska，2003）

类视黄素具有连续共轭双键，它们都能产生特有的紫外光或可见光吸收光谱。在乙醇中的最大吸收波长为：全反式视黄醇 325 nm，全反式视黄醛 381 nm，全反式视黄酸 350 nm。视黄醇在 325 nm 波长的紫外光照射下，可以在 470 nm 处产生荧光。根据上述特性，采用反相高效液相色谱，配合紫外光/荧光检测器可准确检测类视黄醇。

（3）生物活性。具备维生素 A 或维生素 A 原活性的类胡萝卜素具有类似于视黄醇的全反式结构：①至少有一个无氧合的 β-紫罗兰酮环；②在异戊二烯支链的终端有一个羟基、醛基或羧基。

β-胡萝卜素具有最高的维生素 A 原活性。作为维生素 A 原的 β-胡萝卜素在肠黏液中受到酶的氧化后在 $C_{15} \sim C_{15'}$（图 2-23）处断裂，生成两分子视黄醇。若类胡萝卜素的一个环上带有羟基或羰基，其维生素 A 原的活性弱于 β-胡萝卜素，若两个环上都被取代则无维生素 A 原活性。不过需要指出的是，β-胡萝卜素的吸收率约为 1/3，转换为维生素 A 的转化率约为 1/2，所以摄入 6 μg 的 β-胡萝卜素才相当于 1 μg 的维生素 A。α-胡萝卜素与 β-胡萝卜素的分子结构相似，为同分异构体，差别在于一端的 β-紫罗兰酮环中 $C_{5'} \sim C_{6'}$ 处的双键发生变化，而此 β-紫罗兰酮环是维生素 A 活性所必需的结构。因此，α-胡萝卜素转变为维生素 A 的产量只有 β-胡萝卜素的一半。人体对类视黄素的吸收率很高，视黄醇与相应的乙酸酯和棕榈酸酯有相似的生物利用率。

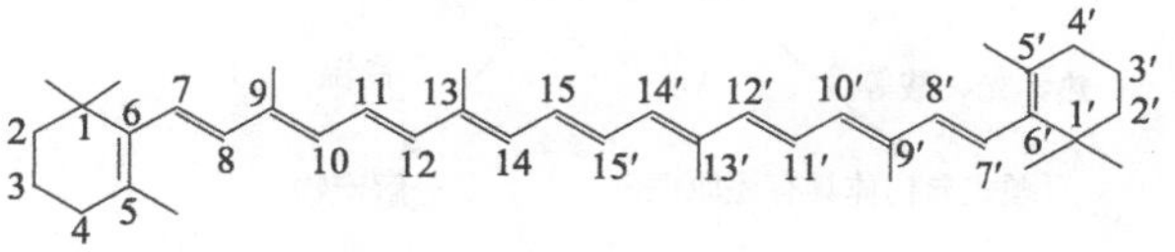

图 2-23 β-胡萝卜素的结构

全反式结构的类胡萝卜素和类视黄素具有很强的维生素 A 活性，天然存在于食品中的类胡萝卜素是以反式构象为主，只有在热加工时才可能转化为顺式构象，也就失去了维生素 A 活性。此外，在 C_3 位上脱氢的视黄醇也有维生素 A 活性，常称为维生素 A_2，其生物效价为维生素 A_1 的 40%，而 13-顺异构式，即新维生素 A，它的生物效价为全反式的 75%。

维生素 A 是光敏化合物，会发生直接或间接的旋光异构化，生成的顺式异构体的比例和数量取决于所采用的光化学异构化方式，同时还伴随着一系列可逆反应及光化学降解。例如，全反式的 β-胡萝卜素可逆地转化生成 9-顺或 13-顺的异构体。在加热、光照、酸化、加次氯酸或稀碘时都可能导致全反式类视黄素和类胡萝卜素变成不同的异构体，部分丧失或彻底丧失维生素 A 活性。

（4）氧化。维生素 A 及其衍生物很容易被氧化和异构化，特别是在暴露于光线（尤其是紫外光）、氧气、性质活泼的金属及高温环境时，可加快这种氧化破坏。油脂在酸败过程中，其所含的维生素 A 和胡萝卜素会受到严重的破坏。食品在与氧接触条件下经受热加工会造成 β-胡萝卜素的损失。食物中的磷脂、维生素 E 或其他抗氧化剂有提高维生素 A 稳定性的作用。在维生素 A 的衍生物中，视黄酸和视黄酯的稳定性最好。

食品中的维生素 A 和类胡萝卜素会发生直接过氧化反应，或由脂肪酸氧化产生的自由基引发间接氧化。在氧分压较低时（<150 mmHg[①]），β-胡萝卜素与其他类胡萝卜素具有抗氧化作用，但当氧分压较高时，它们可作为助氧化剂。作为抗氧化剂，β-胡萝卜素可抑制单线态氧、羟基自由基和超氧阴离子自由基，以及与过氧化自由基（ROO·）反应。过氧化自由基可攻击 β-胡萝卜素的双键，在 C_7 位上生成过氧加成产物（ROO-β-胡萝卜素）。自由基会攻击视黄醇及其酯类的 C_{14} 和 C_{15} 位。β-胡萝卜素在各种条件下的氧化降解见图 2-24。

---

① 1 mmHg = 1.333 22×10² Pa

β-胡萝卜素的氧化会生成 5,6-环氧化物，后者进一步异构化成为 5,8-环氧化物，这是光化学氧化降解的主要产物。高温处理时，β-胡萝卜素会分解成很多小分子挥发性化合物，影响食品的风味。

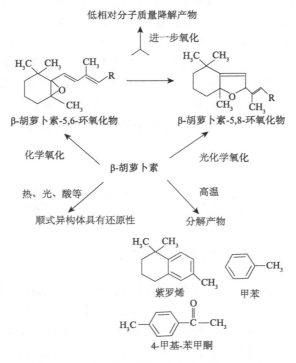

图 2-24　β-胡萝卜素的降解（王璋等，2016）

2）维生素 D　　维生素 D 作为一种低水溶性亲脂化合物，在水中几乎不溶，常溶于乙醇、甲醇、乙醚、氯仿和植物油。维生素 D_3，无色结晶，熔点为 84～85℃。维生素 D_2，主要有白色晶体状粉末和针形无色结晶两种存在形态，熔点为 115～118℃。维生素 D 是一类由固醇类化合物经过光化学键断裂而形成的开环甾类化合物，若暴露在光照（尤其是紫外光）下也极易形成多种异构体。维生素 D 在中性和碱性溶液中耐热，不易被氧化，但在酸性溶液中则易分解。维生素 D 水溶液中由于溶解氧的存在而不稳定，双键还原后使其生物效应明显降低。因此，维生素 D 一般应存于无光、无酸、无氧或氮气、酸碱度呈中性的低温环境中。

维生素 D 原（7-脱氢胆固醇，麦角甾醇）是环戊烷多氢菲类化合物，如图 2-25 所示。自然界的甾体化合物中 B、C 环及 C、D 环之间，绝大多数以反式并联，只有 A、B 两环之间存在顺反两种构型。如图 2-26 甾烷骨架构象式所示，两角甲基位于环面的同侧，C_5 位上氢与角甲基位于环面异侧的则称为 α 系，反之称为 β 系。维生素 D 原 B 环中 C_5、C_7 位为双键，可吸收波长为 270～300 nm 的光量子，从而启动一系列复杂的光化学反应而最终形成维生素 D，如图 2-27 所示。

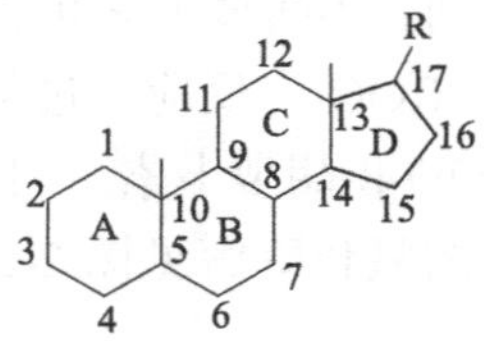

图 2-25　甾烷骨架及编号

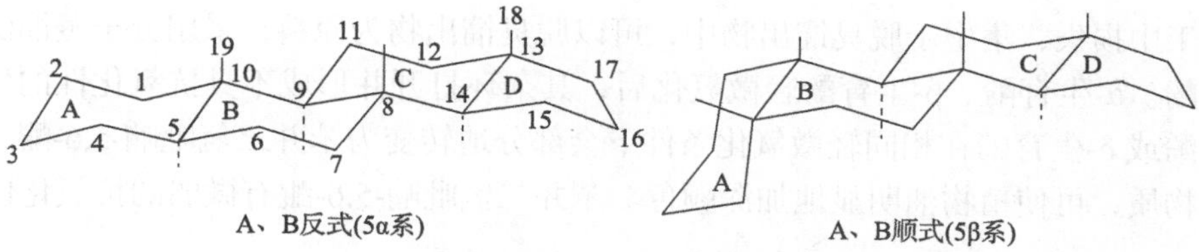

图 2-26 甾烷骨架构象式

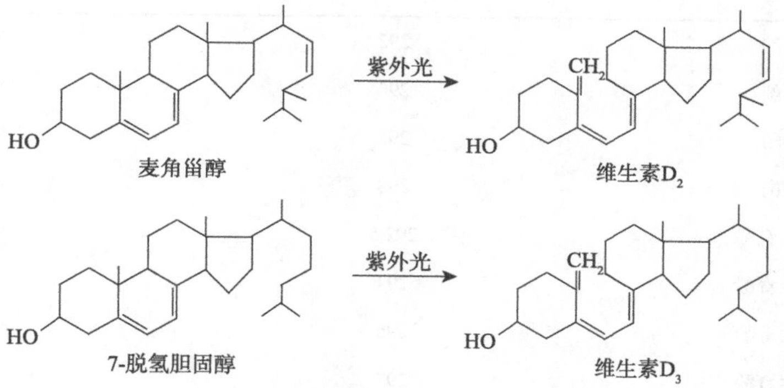

A、B反式(5α系)   A、B顺式(5β系)

图 2-27 固醇转化为维生素 D

维生素 D 族中最重要的是维生素 D_3（胆钙化醇）和 D_2（麦角钙化醇），D_2 和 D_3 的结构仅在侧链部分有差异，D_2、D_3 具有同样的生理作用。D_3 可以通过 7-脱氢胆固醇经日光紫外光激活转变而得到，也可以从膳食中摄取。D_3 经血液循环在肝内转化为 25-羟胆钙化醇，然后在肾内转化为 1,25-二羟维生素 D_3，其是维生素 D_3 的活性形式。1,25-二羟维生素 D_3 在小肠黏膜促进钙和磷的吸收，在肾小管促进钙、磷的重吸收。其总的生理效应是提高血钙和血磷浓度，有利于新骨生成和钙化。使用维生素 D 必须与补钙一起进行，但过多地摄入维生素 D 会引起中毒。

3）维生素 E

（1）基本理化性质。天然生育酚共有 8 种，包括 4 种生育酚和 4 种对应的三烯生育酚。母生育酚的结构是 2-甲基-2（$4'$,$8'$,$12'$-三甲基十三烷基）色满-6-酚，除了在支链上 $C_{3'}$、$C_{7'}$、C_{11} 位有双键外，三烯生育酚与母生育酚具有相同的结构。它们均是色满，即二氢苯并吡喃的衍生物，在生物体内也是由异戊二烯单位合成。

维生素 E 为黄色油状液体，易溶于乙醚、乙醇、丙酮、苯、石油醚、氯仿等弱极性溶剂和油脂。D-α-生育酚的熔点为 2.5～3.5℃，密度为 0.95 g/cm³（25℃），在分子蒸馏条件，如 66.7 Pa 下沸点为 200～220℃。维生素 E 对热及酸稳定，对碱、紫外光照射、空气中的氧比较敏感，对金属离子尤其是铁离子敏感，易于氧化破坏。维生素 E 各异构体的最大吸收光谱和吸收系数见表 2-12。非酯化维生素 E 有强的荧光吸收特征。α-生育酚激发和发射的最大值分别为 295 nm 和 330 nm。生育酚在无氧条件下对热较为稳定，即使在 200℃高温下仍不受破坏，但在碱性条件下易被氧化。油脂在高温皂化时，生育酚部分地丧失本身的活性。高锰酸钾、Fe^{3+}、Cu^{2+}、Pb^{2+}、苯甲酸、臭氧、溴、硝酸银等和其他强氧化剂（如亚硝酸、氢过氧化物、漂白粉）等能使生育酚分子发生深刻的变化，紫外光会促进生育酚氧化分解。生育酚在油脂加工中损失，集中于脱臭馏出物中，可以脱臭馏出物为原料，采用分子蒸馏法来制得浓缩生育酚。α-生育酚、β-生育酚轻微氧化后，其杂环打开并形成不具抗氧化性的生育醌。而 γ-生育酚或 δ-生育酚在相同轻微氧化条件下会部分地转变为苯并二氢吡喃-5,6-醌，它是一种深红色物质，可使植物油明显地加深颜色。苯并二氢吡喃-5,6-醌有微弱的抗氧化性质。

表 2-12   各维生素 E 组分在 96%乙醇（V/V）溶液中的光谱吸收特征（吴时敏，2001）

生育酚	最大吸收波长 λ_{max}（nm）	特定吸收系数（$E_{1cm}^{1\%}$）
α-生育酚	292	70.8
β-生育酚	296	89.4
γ-生育酚	298	91.4
δ-生育酚	298	87.3
α-三烯生育酚	292.5	91.0
β-三烯生育酚	294	87.3
γ-三烯生育酚	296	90.5
δ-三烯生育酚	297	89.1

（2）生物活性。α-生育酚是自然界中分布最广泛、含量最丰富、活性最高的维生素 E 形式。α-生育酚在同一平面类异戊二烯链的 C_2、$C_{4'}$ 和 $C_{8'}$ 位带有三个甲基（图 2-28），因而有三个不对称的中心。天然 α-生育酚的构型为 2R、4′R、8′R，称为 RRR α-生育酚，也称 D-α-生育酚。而合成形式的 α-生育酚，即 DL-α-生育酚，是 RRR、RSS、RRS、RSR、SSS、SSR、SRS 和 SRR 等 8 种立体异构体的混合物。若以天然的 α-生育酚（RRR）的活力以 100%计，其他构型的活力分别为 RRS 90%、RSS 73%、RSR 57%、SSS 60%、SSR 21%、SRS 37%和 SRR 31%。合成的维生素 E 中 D-α-生育酚构型的含量只占 12.5%。天然存在的维生素 E 都是右旋型的，合成维生素 E 则是外消旋型。合成的 α-生育酚乙酸酯被广泛地用于食品强化，它具有较高的稳定性，经水解后才能产生活性。美国食品药品监督管理局（FDA）将 D-α-生育酚与 DL-α-生育酚的生物效价定为 2∶1。天然维生素 E 在生物活性上优于合成维生素 E。

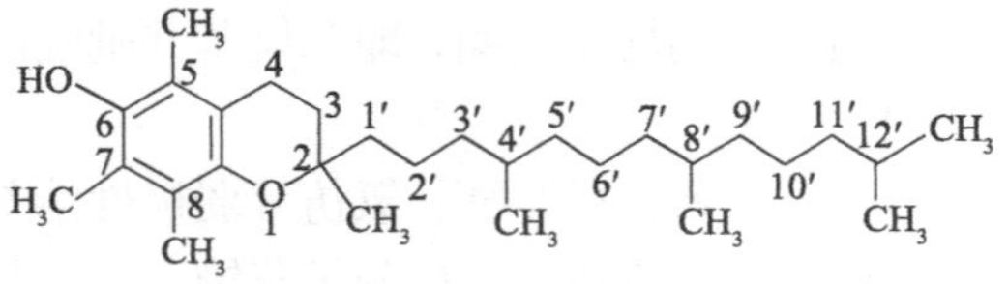

图 2-28   α-生育酚的结构式

α-生育酚活性最强，其活性计为 100%，则生育酚生物活性：β 型为 40%，γ 型为 8%，δ 型几乎无生理活性。三烯生育酚生物活性：α-三烯生育酚为 17%～29%，β-三烯生育酚为 1%～5%。其他三烯生育酚可视为无维生素 E 活性。

（3）抗氧化。在抗氧化性能上，三烯生育酚要较相应的生育酚高很多。例如，棕榈油较稳定，除本身的脂肪酸组成因素外，还与其维生素 E 组成中，三烯生育酚占 83%以上有关。各生育酚和三烯生育酚的抗氧化能力的大小受环境温度的影响，在生物体内（体温）的抗氧化能力相差不大，抗氧化活性顺序为 α>β>γ>δ；而在超过 50℃的高温情况下，则为 δ>γ>β>α，当维生素 E 作为食品加工用抗氧化剂时，这一点作为重要因素而需考虑。

生育酚作为抗氧化剂使用时，有其最佳浓度范围，这取决于生育酚自身的氧化稳定性。

具有较低氧化稳定性的生育酚异构体通常显示出较低的最佳浓度,以获得最大的抗氧化活性。在 55℃时的大豆油自氧化中,最不稳定的 α-生育酚在 100 mg/kg 时显示出最大的抗氧化活性,而更稳定的 γ-生育酚和 δ-生育酚的最佳浓度分别为 250 mg/kg 和 500 mg/kg。

植物油中生育酚的抗氧化活性顺序为 α-生育酚 > β-生育酚或 γ-生育酚 > δ-生育酚。在纯菜籽油中,α-生育酚的降解速度快于 γ-生育酚或 δ-生育酚。在大豆油氧化过程中,α-生育酚被完全破坏,而大多数 γ-生育酚和 δ-生育酚被保留。生育酚是通过将其酚性氢给了脂质自由基而使链断裂的抗氧化剂。由于生育酚的抗氧化活性或给氢能力高,生育酚在植物油中的稳定性低。30℃时,α-生育酚、γ-生育酚、δ-生育酚与脂质过氧自由基的反应速率分别为 2.4×10^6 mol/(L·s)、1.6×10^6 mol/(L·s) 和 0.7×10^6 mol/(L·s)。α-生育酚在植物油中具有最高的抗氧化活性,而在储存过程中具有最低的稳定性。

（4）维生素 E 酯。维生素 E 苯环上带羟基,本身易被氧化为醌,不再具有维生素 E 的生物活性,因此维生素 E 常以酯化的形式进入商业流通。传统的代表性产品是 α-生育酚乙酸酯、α-生育酚琥珀酸酯,它们的结构如图 2-29 所示。α-生育酚乙酸酯是由酚羟基乙酰化得到的,相对分子质量为 472.7。若为 DL 型混合物,则为浅黄色黏稠液体,在 27.5℃时固化,沸点为 184℃,紫外最大吸收波长是 285.5 nm,不溶于水,易溶于丙酮、氯仿、乙醚等,少量溶于乙醇。与 α-生育酚相比,α-生育酚乙酸酯不易受空气、光的作用而氧化,稳定性较好。D-α-生育酚乙酸酯（天然 α-生育酚乙酸酯）熔点为 28℃。天然维生素 E 琥珀酸酯是由石油醚结晶得到的针状晶体,相对分子质量为 530.8,熔点为 76～77℃,在乙醇中的最大紫外吸收波长为 286 nm,不溶于水。同 α-生育酚一样,也有合成和天然两种。

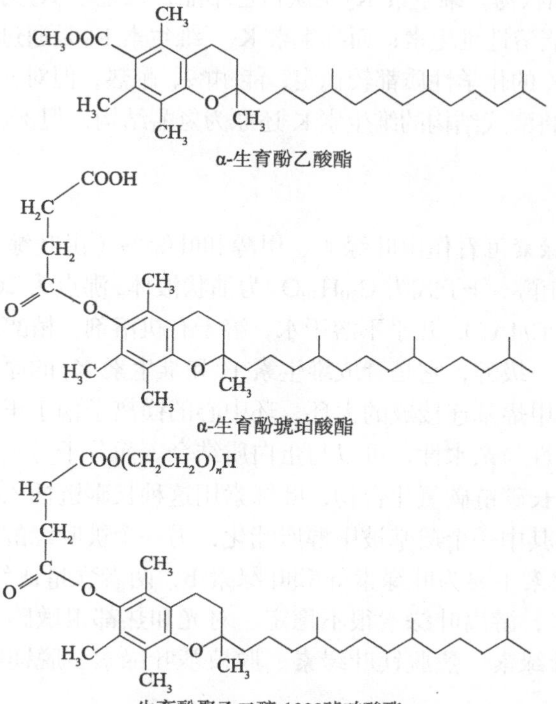

图 2-29　维生素 E 酯的结构

维生素 E 琥珀酸酯可与聚乙二醇酯化产生新的维生素 E 衍生物，如 α-生育酚聚乙二醇-1000 琥珀酸酯（图 2-29）。该化合物可溶于水，称为水溶性维生素 E。该衍生物经过多次熔化-固化处理，热力学性质稳定，热分解温度高达 199.3℃；在加热灭菌条件下，性质稳定，不受破坏；在水中能完全溶解，形成澄清透明的溶液。

传统的维生素 E，如 D-α-生育酚（天然）、DL-α-生育酚（合成）、天然 α-生育酚乙酸酯和 DL-α-生育酚乙酸酯等均为黏性油状物，适宜制作软胶囊，而维生素 E 琥珀酸酯则容易制作片剂和硬胶囊。维生素 E 乙酰水杨酸酯，不仅比维生素 E、阿司匹林单独使用效果更好，还可能具有新的药理作用，如应用于临床治疗心脑血管疾病。维生素 E 酯的化学稳定性、溶解性和表面活性得到提高，生理活性和药理功效得到增强，相对稳定，便于贮存和运输，在医药、化妆品、食品及饲料等领域应用广泛。

4）维生素 K   维生素 K 是 2-甲基-1,4-萘醌的衍生物。自然界存在的维生素 K 有两种：一种是维生素 K_1，主要存在于绿色植物中，也称叶绿醌，即 2-甲基-3-叶绿基-1,4-萘醌；另一种是维生素 K_2，主要存在于动物和细菌中，也称甲基萘醌类，其侧链上含有 6～9 个异戊二烯单位。一般情况下，人体不会缺乏维生素 K。因为它在绿色蔬菜、肝、鱼等食物中含量丰富，另外在肠道中，大肠杆菌、乳酸杆菌能合成维生素 K 并被肠壁吸收。维生素 K_3［2-甲基-1,4萘醌（甲萘醌）］是唯一从金黄色葡萄球菌中分离出来并经化学合成的维生素 K，在胃肠道中可以转化为维生素 K_2。与其他通过化学合成获得的脂溶性维生素不同，维生素 K_3 具有与天然维生素一样的高生物活性。维生素 K_4 是维生素 K_3 的氢醌型，它们的性质较维生素 K_1 和维生素 K_2 稳定。

维生素 K_1 是黄色油状物，维生素 K_2 是淡黄色结晶，维生素 K_3 为黄色或白色晶体。维生素 K_1、维生素 K_2 属于脂溶性维生素；而维生素 K_3、维生素 K_4 是通过人工合成的，是水溶性的维生素。4 种维生素 K 的化学性质都较稳定，能耐酸、耐热，但对光敏感，也易被碱和紫外光分解。某些还原剂可将醌式结构的维生素 K 还原为氢醌结构，但不影响维生素 K 的活性。

2. 色素

1）叶绿素   叶绿素可看作由叶绿醇、甲醇和叶绿酸（由叶绿素母环和镁离子构成）形成的酯。叶绿醇又称植醇，分子式为 $C_{20}H_{40}O$，为油状液体，沸点为 202～204℃（10 mmHg），相对密度为 0.8497（25℃/4℃），几乎不溶于水，溶于有机溶剂。植醇为一链形二萜类含氧化合物，是一个不饱和的一级醇，它是合成维生素 E 和维生素 K_1 的原料。叶绿酸的卟啉环是由 4 个吡咯环通过 4 个甲烯基连接成的大环，环中心的镁离子偏于正电荷，相邻的氮原子偏于负电荷，因而具有极性与亲水性，可以与蛋白质结合。而分子另一端的叶醇基是由 4 个异戊二烯基单位所组成的长碳链碳氢化合物，叶绿素用这种长碳链插入类囊体膜，即具有亲脂性。叶绿酸是二元酸，其中一个羧基被甲醇所酯化，另一个被叶绿醇所酯化。

高等植物中的叶绿素主要为叶绿素 a 和叶绿素 b，两者含量比约为 3:1。植物细胞死亡后，叶绿素游离出来，游离叶绿素很不稳定，对光和热都很敏感，植物性食品加工时叶绿素可降解产生脱镁叶绿素、焦脱镁叶绿素、脱植基叶绿素、脱镁叶绿酸、焦脱镁叶绿酸等（图 2-30）。

（1）基本理化性质。叶绿素易溶于乙醇、乙醚、苯和丙酮等溶剂，不溶于水，极性溶剂（如丙酮、甲醇、乙醇、乙酸乙酯、二甲基甲酰胺）能完全提取叶绿素。

叶绿素 a 纯品是具有金属光泽的黑蓝色粉末状物质，熔点为 117～120℃，在乙醇溶液中呈蓝绿色，并有深红色荧光。叶绿素 b 为深绿色粉末，熔点为 120～130℃，其乙醇溶液呈绿色或黄绿色，并有红色荧光。叶绿素 a 和叶绿素 b 都具有旋光活性。

叶绿素在食品加工中最普遍的变化是生成脱镁叶绿素，在酸性条件下叶绿素分子的中心镁原子被氢原子取代，生成暗橄榄绿色的脱镁叶绿素，加热可加快反应的进行。单用氢原子置换镁原子还不足以解释颜色急剧变化，很可能还包含卟啉共振结构的某些移位。

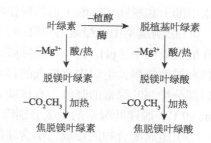

图 2-30 叶绿素形成焦脱镁叶绿素和焦脱镁叶绿酸的途径

叶绿素及其衍生物在极性上存在一定差异，可以采用高效液相色谱（HPLC）进行分离鉴定，也常利用它们的光谱特征进行分析，叶绿素 a、叶绿素 b 及其衍生物的光谱性质见表 2-13。

表 2-13 叶绿素 a、叶绿素 b 及其衍生物的光谱性质（谢笔钧，2011）

化合物	λ_{max}（nm）		吸收比	摩尔吸光数[L/(mol·cm)]
	"红"区	"蓝"区	"蓝"/"红"	（"红"区）
叶绿素 a	660.5	428.5	1.30	86 300
脱植基叶绿素 a 甲酯	660.5	427.5	1.30	83 000
叶绿素 b	642.0	452.5	2.84	56 100
脱植基叶绿素 b 甲酯	641.5	451.0	2.84	—
脱镁叶绿素 a	667.0	409.0	2.09	61 000
脱镁叶绿酸 a 甲酯	667.0	408.5	2.07	59 000
脱镁叶绿素 b	655.0	434.0	—	37 000
焦脱镁叶绿素 a	667.0	409.0	2.09	49 000
脱镁叶绿素 a 锌	653.0	423.0	1.38	90 000
脱镁叶绿素 b 锌	634.0	446.0	2.94	60 200
脱镁叶绿素 a 铜	648.0	421.0	1.36	67 900
脱镁叶绿素 b 铜	627.0	438.0	2.57	49 800

（2）化学变化。叶绿素具有官能侧基，所以能够发生许多其他反应。碳环氧化形成加氧叶绿素，四吡咯环破裂形成无色终产物。食品加工过程中，叶绿素的脱镁反应占主要部分。含镁的叶绿素衍生物显绿色，脱镁叶绿素衍生物为橄榄褐色。后者还是一种螯合剂，在有足够的锌离子或铜离子存在时，四吡咯环中心可与锌离子或铜离子生成绿色配合物，其中叶绿素铜钠的色泽最鲜亮，对光和热较稳定，是一种理想的食品着色剂。

叶绿素酶是一种酯酶，在体外能催化叶绿素和脱镁叶绿素脱植醇，分别生成脱植基叶绿素和脱镁叶绿酸。叶绿素在酶的作用下或稀碱溶液中水解，脱去植醇部分，生成颜色仍为鲜绿色的脱植基叶绿素、植醇和甲醇，加热可使水解反应加快。脱植基叶绿素（也称脱植基叶绿素甲酯）和脱镁叶绿酸（也称脱镁叶绿素甲酯—酸）都不含植醇侧链，因而水溶性增加。

pH 影响蔬菜中叶绿素的热降解，在碱性介质中（pH 为 9.0），叶绿素对热非常稳定，然而在酸性介质中（pH 为 3.0）易降解。植物组织受热后，细胞膜被破坏，增加了氢离子的通透性和扩散速率，组织中有机酸的释放导致 pH 降低，从而加速了叶绿素的降解。盐的加入可以部分抑制叶绿素的降解，有试验表明，在烟叶中添加盐（NaCl、MgCl$_2$ 和 CaCl$_2$）后加热至 90℃，脱镁叶绿素的生成分别降低 47%、70%、77%，这是由于盐的静电屏蔽效果。

（3）金属配合物的形成。不含镁的叶绿素衍生物的四吡咯核的 2 个氢原子容易被锌离子或铜离子置换形成绿色的金属配合物。脱镁叶绿素 a 和脱镁叶绿素 b 由于金属离子的配位，其在"红"区的最大吸收波长向短波方向移动，而在"蓝"区则向长波方向移动，见表 2-13。不含植醇基的金属配合物与其母体化合物的光谱特征相同。

锌和铜的配合物在酸性溶液中比在碱性溶液中稳定。在室温时添加酸，叶绿素中的镁易被脱除，而锌配合物在 pH 为 2 的溶液中则是稳定的。只有在 pH 低至卟啉环开始降解时，铜的脱除才会发生。已知植物组织中，叶绿素 a 的金属配合物的形成速率高于叶绿素 b 的金属配合物。这是因为叶绿素 b 的甲酰基具有拉电子效应。叶绿素的植醇基由于空间位阻降低了金属配合物的形成速率，在乙醇中脱镁叶绿酸盐 a 比脱镁叶绿素 a 和叶绿素铜钠 a 的反应速率快 4 倍。Schanderl 比较了蔬菜泥中铜和锌金属螯合物的形成速率，结果表明，铜比锌更易发生螯合。当铜和锌同时存在时，主要形成叶绿素铜配合物。pH 也影响配合物的形成速率。例如，将豌豆浓汤在 121℃加热 60 min，pH 从 4.0 增加到 8.5 时，焦脱镁叶绿素锌 a 的生成量增加 11 倍。然而在 pH 为 10 时，由于锌产生沉淀而配合物的生成量减少。

在食品加工的大多数条件下，叶绿素铜配合物具有较高的稳定性及安全性，我国和欧盟都批准其作为色素使用。

（4）叶绿素酮的氧化与光降解。叶绿素溶解在乙醇或其他溶剂后并暴露于空气中会发生氧化，将此过程称为叶绿素酮的氧化（allomerization）。当叶绿素吸收等物质的量的氧后，生成的加氧叶绿素呈现蓝绿色。叶绿素加氧作用的产物为 10-羟基叶绿素和 10-甲氧基内酯叶绿素（图 2-31）。

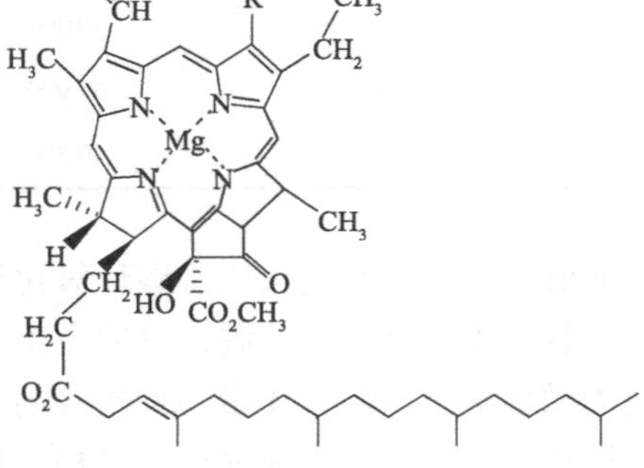

(a) 10-羟基叶绿素 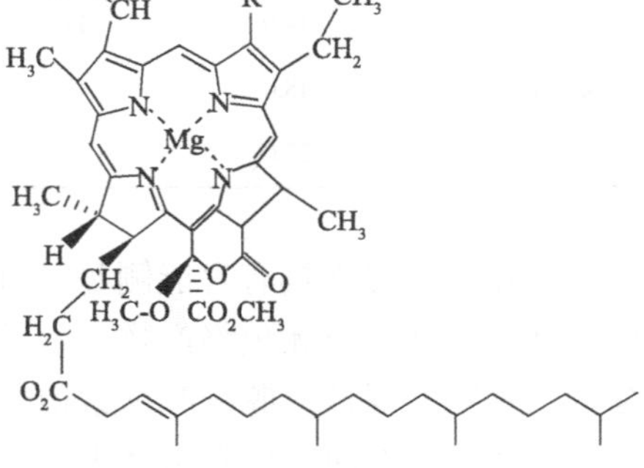　　(b) 10-甲氧基内酯叶绿素

图 2-31　10-羟基叶绿素和 10-甲氧基内酯叶绿素的结构

叶绿素的光降解是四吡咯环开环并降解为低相对分子质量化合物的过程，主要的降解产

物为甲基乙基马来酰亚胺、甘油、乳酸、柠檬酸、琥珀酸、丙二酸和少量的丙氨酸。已知叶绿素及类似的卟啉在光和氧的作用下可产生单线态氧和羟基自由基。一旦单线态氧和羟基自由基形成，即会与四吡咯进一步反应，生成过氧化物及更多的自由基，最终导致卟啉降解及颜色完全消失。

（5）叶绿素与油脂加工及氧化。通常在油脂加工过程中会去除叶绿素，尤其是脱色过程。油菜籽油中的叶绿素含量为 26.23 mg/kg；但是，脱色油中仅剩下 5%的叶绿素（1.34 mg/kg），如表 2-14 所示。

表 2-14　油菜籽油加工过程中叶绿素含量的变化（Suzuki and Nishioka，1993）　（单位：mg/kg）

油	叶绿素	脱镁叶绿素	焦脱镁叶绿素	总量
毛油	1.88	4.65	19.70	26.23
脱胶	0.27	8.23	11.24	19.74
精炼	0.22	7.39	10.92	18.51
脱色	—	0.88	0.46	1.34

橄榄油中的叶绿素含量相对其他油高，橄榄油常呈绿色。含未成熟种子油料制取的油脂，也带有稍多的绿色，其绿色很难消除，用酸性白土吸附脱色效率高于中性白土，氢化后豆油绿色加深，是因为红、黄色素均被饱和破坏，被掩住的绿色又呈现。油脂氢化时叶绿素可被降低 2/3，吸收峰也从 660 nm 变成 640 nm。

叶绿素及其降解产物脱镁叶绿素和脱镁叶绿酸在油脂的自氧化（即避光条件下）中起抗氧化剂的作用。叶绿素可能通过向自由基提供氢而降低油中自由基的含量，这可能会打断脂质氧化的链式反应。卟啉被认为是叶绿素抗氧化活性的必要化学结构。30℃时，叶绿素 a 在菜籽油和豆油的自氧化中显示出比脱镁叶绿素更高的抗氧化活性。在 60℃和 80℃条件下，脱镁叶绿素 a 增加了初榨橄榄油自氧化的诱导期，并且抗氧化作用与浓度有关。焦脱镁叶绿素 a 的共存可提高脱镁叶绿素 a 的抗氧化活性，并且在较高温度下有利于由脱镁叶绿素形成焦脱镁叶绿素。

光照条件下，叶绿素加速油脂氧化。光照、10℃条件下，不含叶绿素的精制豆油顶空无挥发物产生。而添加叶绿素 a 的油中产生了顶空挥发物，且挥发物的生成随叶绿素浓度的增加而增加。日光灯照明下，含有脱镁叶绿素的初榨橄榄油氧化程度增加。叶绿素及其降解产物在有光的情况下充当敏化剂，将能量转移到大气中的三重态氧，产生单线态氧，从而加速脂质的氧化。脱镁叶绿素比叶绿素具有更高的敏化活性，但低于脱镁叶绿酸。

2）类胡萝卜素

（1）基本理化性质。当分子中含有 2 个或多个共轭的生色基时，共轭体系中激发 π 电子所需能量降低，光的吸收移向长波波段。共轭体系越长，则最大吸收峰的波长越长。当被物质所吸收的光的波长移至可见光区域时，该物质便显色。色素分子吸收了自然光中某些波长的光，反射或透过未被吸收的光（互补色）而呈现出颜色。例如，橙黄色的化合物在 400～500 nm 有较大吸收，而此区域的光为蓝绿色，所以化合物显示的颜色是其互补色——橙黄色。分子中含有一个生色基（如—C≡C—、—C≡O—、—CHO 等）的物质，吸收波长为 200～400 nm，是无色的。类胡萝卜素分子中有高度共轭双键的发色团和"—OH"等助色基团，可产生不同的颜色。分子中含有 7 个以上共轭双键时呈现黄色；双键的顺、反几何异构也会影响色素的颜色，如全反式化合物的颜色较深，顺式双键的数目增加，颜色逐渐变淡；类胡萝卜素的颜色在黄色至红色范围，其检测波长一般为 430～480 nm。类胡萝卜素的吸收光谱见表 2-15。

表 2-15　类胡萝卜素的吸收光谱（何东平，2013）

名称	波长（nm）	
	CS$_2$ 溶液中	CHCl$_3$ 溶液中
α-胡萝卜素	477.5	454.5
β-胡萝卜素	450.5	466.5
γ-胡萝卜素	463.5	447.5
番茄红素	477.5	456.5
叶黄素	445.5	428.5
玉米黄素	450.5	429.5

类胡萝卜素室温时是固体，熔点一般为 100～200℃，不溶于水，易溶于二硫化碳、氯仿及加热的苯中，溶解脂肪的溶剂一般都能溶解类胡萝卜素，但烃类与醇类类胡萝卜素，在极性强弱不同的溶剂中的溶解度，却有显著差别。烃类类胡萝卜素，在乙醚与石油醚中很容易溶解，难溶于乙醇和甲醇，而醇类类胡萝卜素正相反。由此，可将烃类类胡萝卜素与醇类类胡萝卜素分开。具体操作是将类胡萝卜素混合物溶于石油醚、乙醚混合物和含水的甲醇所组成的互不相溶的混合溶剂中。烃类类胡萝卜素与叶黄素的脂肪酸酯，几乎全部进入上层石油醚与乙醚的混合溶剂中。而叶黄素即全部进入下层含水甲醇中。类胡萝卜素对光线和氧很敏感，易被氧化失去颜色，遇浓硫酸或硝酸，呈蓝色或蓝绿色。

β-胡萝卜素属于烃类类胡萝卜素，熔点为 183℃，呈深红色至暗红色，固体为有光泽的斜六面体，板状微结晶或结晶性粉末，有轻微异臭或异味，稀溶液呈橙黄色至橙色，浓度增大时带红色。β-胡萝卜素不溶于水、丙二醇、甘油、酸和碱，溶于二硫化碳、苯、三氯甲烷、己烷及植物油，几乎不溶于甲醇和乙醇。

非极性结构的类视黄素与维生素 A 原类胡萝卜素（β-胡萝卜素等）是强亲油性的化合物，会与食品和活细胞中的脂质成分或蛋白质载体结合。在很多食品体系中，类视黄素和类胡萝卜素与脂的颗粒或分散于水相的微胶束结合。例如，两者能存在于牛乳的脂肪球中，而在橙汁中，类胡萝卜素与分散的油相结合。

全反式异构体是每一种类胡萝卜素最常见的和稳定的形式，但是也存在许多顺式异构体。类胡萝卜素的顺式异构体比全反式异构体更具生物利用性。

在食品储存和加工过程中，类胡萝卜素被破坏的主要原因是酶促和非酶氧化。因为它们是高度不饱和的化合物，容易发生异构化和氧化。在热加工过程中，由于光、热和酸的作用，反式类胡萝卜素异构化为顺式，改变了其生物利用度和生物活性。不利的相对湿度和温度会加速新鲜农产品在储藏过程中胡萝卜素的损失，菠菜在萎蔫后损失了大约 63.5%的原始类胡萝卜素。脱水蔬菜在储藏过程中暴露于空气中，由于高度不饱和分子的氧化而失去颜色。采用真空干燥、充氮包装是防止类胡萝卜素氧化褪色的好办法。添加维生素 C、维生素 E 等抗氧化剂可以减少类胡萝卜素的损失。类胡萝卜素的呈色性质受氧化和氢化的影响，所以酸败油和氢化油颜色稍浅。油脂中类胡萝卜素很容易被白土或活性炭吸附，使油脂色泽变浅。

（2）抗氧化和促氧化。类胡萝卜素可以通过捕获自由基而充当初级抗氧化剂，或者可以通过猝灭单线态氧来充当次级抗氧化剂。类胡萝卜素通常是食品中的次级抗氧化剂。但是，在没有单线态氧（低氧分压）的情况下，类胡萝卜素还可以通过捕获自由基并充当链阻断抗氧化剂来防止氧化。单线态氧不稳定，会与脂质反应产生自由基。在 β-胡萝卜素存在的情况下，单线态氧会优先将能量转移至 β-胡萝卜素（β-carotene，β-Car），从而产生三重态 β-胡萝卜素，如下式所列。通过交换电子转移机制，能量从单线态氧转移到类胡萝卜素。三重态 β-胡萝卜素以热的形式释放能量，类胡萝卜素恢复到其正常的能量状态。类胡萝卜素是非常有效的猝灭剂：一个类胡萝卜素分子能够与大量单线态氧相互作用。例如，β-胡萝卜素分子可以猝灭多达 1000 个单线态氧分子。

$$^1O_2 + \beta\text{-Car} \longrightarrow {}^3\beta\text{-Car}^* + {}^3O_2$$
$$^3\beta\text{-Car}^* \longrightarrow \beta\text{-Car} + 热$$

类胡萝卜素猝灭单线态氧的能力与化合物中碳双键的数量直接相关。具有 9 个或更多共轭双键的类胡萝卜素是非常有效的猝灭剂。β-胡萝卜素、异玉米黄素和叶黄素都是有效的单线态氧猝灭剂。β-紫罗兰酮环中的取代基也会影响单线态氧的猝灭活性。氧代、共轭酮基或环戊烷环的存在会增加单线态氧的猝灭能力，而被羟基、环氧基或甲氧基取代的 β-紫罗兰酮环的效果较差。

具有少于 9 个共轭双键的类胡萝卜素不是好的单线态氧猝灭剂；它们充当敏化剂的猝灭剂。类胡萝卜素（carotenoid，Car）通过吸收激发的光敏剂（$^3Sen^*$）使其失活。激发的三线态类胡萝卜素通过将能量转移到周围环境而返回单线态。

$$^1Car + {}^3Sen^* \longrightarrow {}^3Car + Sen$$
$$^3Car \longrightarrow {}^1Car$$

类胡萝卜素的共轭双键非常容易受到过氧自由基的攻击。β-胡萝卜素能够与过氧自由基反应生成共振稳定的胡萝卜素产物，如下式所列。胡萝卜素的共轭多烯体系允许自由基中电子的离域。该胡萝卜素自由基可以参与终止反应，并将破坏性的过氧自由基转移到有害性较小的副反应上。

$$\beta\text{-Car} + ROO\cdot \longrightarrow \beta\text{-Car}\cdot$$
$$\beta\text{-Car}\cdot + ROO\cdot \longrightarrow 终产物$$

尽管类胡萝卜素可以减少脂质氧化，但它们的促氧化活性也得到了证明。在较高的氧气浓度下，如高于 150 mmHg 的氧分压下，β-胡萝卜素（β-Car）可能会与脂质过氧化自由基发生加成反应，并生成胡萝卜素过氧化自由基（ROO-β-Car·）。β-胡萝卜素过氧自由基与三线态氧反应，然后与脂质分子（R′H）反应，产生的脂质自由基加速了脂质氧化的链式反应。

$$\beta\text{-Car} + ROO\cdot \longrightarrow ROO\text{-}\beta\text{-Car}\cdot$$
$$ROO\text{-}\beta\text{-Car}\cdot + {}^3O_2 \longrightarrow ROO\text{-}\beta\text{-Car-OO}\cdot$$
$$ROO\text{-}\beta\text{-Car-OO}\cdot + R'H \longrightarrow ROO\text{-}\beta\text{-Car-OOH} + R'\cdot$$

3）棉酚　　棉酚是含有 6 个羟基的多环醛，分子式为 $C_{30}H_{30}O_8$，相对分子质量为 518，化学名为 2,2'-双-8-甲酰基-1,6,7-三羟基-5-异丙基-3-甲基萘，此外，还存在两种棉酚异构体，在不同条件下可相互转化，它们的结构式如图 2-32 所示。

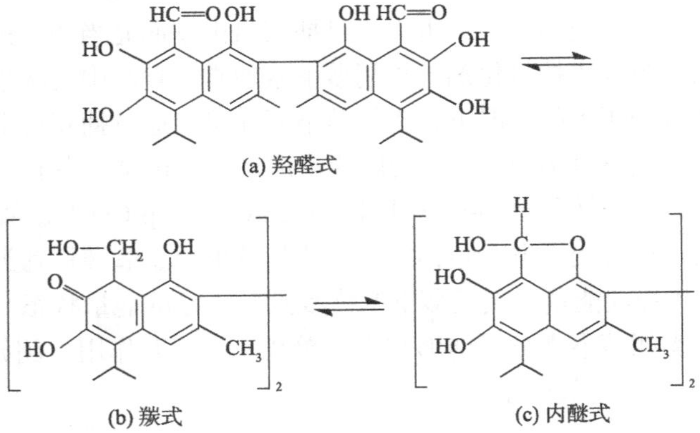

图 2-32　棉酚的结构

（1）物理性质。棉酚为淡黄色至黄色板状或针状结晶，可溶于甘油三酯、硫醚、氯仿、四氯化碳、二氯乙烷、甲醇、乙醇、乙二醇、异丙醇、丁醇、丙酮、丁酮、乙醚、乙酸乙酯、吡啶等有机溶剂，难溶于甘油、环己烷、苯、轻汽油等，不溶于水和低沸点的石油醚。

棉酚的熔点因多晶变体而异，在图 2-29 中，羟醛式的熔点为 214℃，羰式的熔点为 184℃，内醚式的熔点为 199℃。在不同溶剂中获得的棉酚结晶的折光指数也有不同，如甲醇和乙醚中得到的棉酚结晶，折射率为 1.605；在乙醚和乙醇混合溶剂中得到的结晶有 1.784 和 1.635 两个折射率；从乙醇溶液中获得的内醚式棉酚结晶，则有 1.605、1.740、1.830 三个折射率。在氯仿溶液中，棉酚在 254 nm、278 nm、288 nm 和 364 nm 处有最大吸收。在环己烷溶液中，棉酚在 236 nm、286 nm、358 nm 处有最大吸收。

（2）化学性质。棉酚分子中醛邻位的羟基活泼，具有很强的酸性，故棉酚能与碳酸钠、氢氧化钠反应，生成溶于水的棉酚盐，溶液呈黄色，从而在油脂精炼时有助于部分棉酚与油分离。棉酚极具活性的多官能团，使其易与蛋白质、氨基酸、磷脂等物质作用，大大降低了精炼棉籽油的毒性。棉酚含醛基，具有还原性，能发生银镜反应和费林反应，还能与苯胺作用生成不溶于有机溶剂的二苯胺棉酚（该反应是提取测定棉酚的重要依据）。

在热、氢气、氧和水的作用下，棉酚可以生成其他新产物，如氢化棉酚；棉酚极易被氧化，氧化后颜色变深；在 60℃以上连续加热棉酚，会使棉酚发生一系列变化，失去活性基，不易自油中分出，成为变性棉酚。变性棉酚能溶于油脂，不能与苯胺反应生成二苯胺棉酚。棉酚的分解温度在 205℃左右。

棉酚可与许多物质发生颜色反应，如表 2-16 所示，并由此建立分光光度测试法，如与间苯酚的反应，与茴香胺的作用就分别在 550 nm、447 nm 处有最大吸收。

表 2-16　棉酚与物质的颜色反应（吴时敏，2001）

物质	溶剂	呈现颜色
三氯化锑	氯仿	红
三氯化锑	甲醇	紫

续表

物质	溶剂	呈现颜色
三氯化铁	氯仿	暗橄榄绿
四氯化锡	氯仿	紫红
乙酸镍	甲醇	紫
氢氧化钠	乙醇	姜黄
对甲氧基苯胺	丙酮	金黄
浓硫酸	氯仿	深红

3. 蜡

蜡是以天然高级酯为主（占 95%～97%），含有少量游离脂肪酸、蜂蜡醇、烃类和树脂的高分子化合物。自然界中不少昆虫都能分泌蜡，最具经济实用价值的是白蜡及蜂蜡。白蜡主要是由高级一元脂肪酸和高级一元醇形成的大分子量酯类化合物，其中的脂肪酸主要为二十六碳酸、二十七碳酸、二十八碳酸、三十碳酸，以及微量的棕榈酸、硬脂酸；醇类为二十六碳醇、二十七碳醇、二十八碳醇和三十碳醇。酯的典型成分为二十六碳酸二十六酯。无毒无臭的白蜡在巧克力、糖果、药丸外壳中作为包埋衣壳，既可起到防潮、密闭、着光、防止变质的作用，又具有多方面的生理功能。蜡的理化性质较稳定，优质白蜡为白色或微黄色、微透明或不透明，质地坚硬而稍脆，表面平滑或有橘皮状皱纹，触之有滑腻感，手搓捏则变为粉碎状；不溶于水，微溶于乙醇，溶于苯、氯仿、石油醚等有机溶剂。蜡分子中存在的酰氧基使蜡成为一种带有弱亲水性的亲脂性化合物，但当温度降低，特别是低于 30℃时，蜡分子中的酯键极性增强，蜡随温度降低形成结晶并开始凝聚。油蜡界面张力和温度成反比，这也是油脂脱蜡的理论基础。油脂脱蜡均要求温度在 25℃以下，以取得良好的脱蜡效果。

4. 烷醇

1）二十八烷醇　二十八烷醇（图 2-33）又称蒙旦醇（montanyl alcohol）、高粱醇（koranyl alcohol），主要存在于糠蜡、小麦胚芽油、虫蜡、甘蔗蜡及蜂蜡等天然产物中，对人体和动物具有明显的生物活性。

二十八烷醇外观为白色粉末或鳞片状晶体；相对分子质量为 410；熔点为 81～83℃；沸点为 250℃（53.3Pa）；相对密度为 0.783（85℃）；溶于热乙醇、乙醚、苯、甲苯、二氯甲烷、氯仿、石油醚等有机溶剂，不溶于水；对酸、碱、还原剂稳定，对光、热稳定，不吸潮；分解点为 275～280℃。

二十八烷醇的安全性极高，经过急性毒性试验，半数致死剂量（LD_{50}）为 18 000 mg/kg（白鼠口服），属于基本无毒级，其安全性甚至好于食盐（LD_{50}=3000 mg/kg）。

二十八烷醇具有饱和脂肪醇的化学特性，反应主要发生在羟基上，可发生酯化、脱水烃化、硫醇化、卤化及脱水成醚等反应。

游离态的二十八烷醇在自然界存在极少，绝大部分是以脂肪酸酯的形式存在。它广泛分布于动物表皮及内脏、昆虫分泌的蜡质，以及植物根、茎、叶、壳、籽仁的脂质中。糠蜡、羊毛蜡、鲸蜡、虫白蜡、紫胶蜡、蜂蜡都可作为制备二十八烷醇的原料。

2）三十烷醇　三十烷醇（图 2-33）是含有 30 个碳原子的直链伯醇，化学式为 $CH_3(CH_2)_{28}CH_2OH$，又称蜂蜡醇。三十烷醇的相对分子质量为 438，纯品为白色鳞片状晶体，密度为 950.777 kg/m^3。用苯重结晶的熔点为 85.5～86.5℃。几乎不溶于水，也难溶于冷乙醇、苯，溶于乙醚、氯仿和热苯，对光、空气、碱都稳定。三十烷醇与氯磺酸反应得到三十烷醇硫酸酯，经三氯氧磷水解形成酸性磷酸酯。三十烷醇普遍存在于植物的蜡质中，是植物蜡的一种重要成分，苜蓿蜡、糠蜡、甘蔗蜡、棉蜡、玉米蜡、苹果蜡等均含有三十烷醇。蜂蜡和糠蜡中的三十烷醇含量可高达 10%～25%，常作为制取三十烷醇的原料。

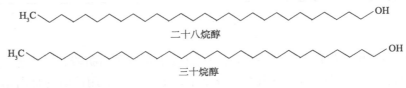

二十八烷醇

三十烷醇

图 2-33　烷醇的结构式

5. 角鲨烯

1）基本理化性质　角鲨烯是一种多不饱和三萜，属于脂质不皂化物，其中包含 6 个异戊二烯单元，6 个双键均为非共轭，但全为反式结构。由于具有高度不饱和的化学结构，它不是很稳定，容易被氧化。纯的角鲨烯极易氧化形成类似亚麻籽油的干膜。室温下，角鲨烯呈无色油状液体，具有愉悦、温和清淡的味道。角鲨烯具有强疏水性，易溶于乙醚、石油醚、丙酮和四氯化碳，微溶于乙醇和冰醋酸，不溶于水。角鲨烯易在镍、铂等金属作用下加氢形成角鲨烷。精制豆油时，脱臭馏出物中的不皂化物，角鲨烯占 50%。常压下，角鲨烯在 330℃时发生分解，其物理性质见表 2-17。

表 2-17　**角鲨烯的物理性质**（Spanova and Daum，2011）

性质	数值
辛醇/水分配系数（$\log P$）	10.67
角鲨烯在水中的溶解度	0.124 mg/L
黏度	约 11 cP
表面张力	约 32 mN/m
密度	0.858 g/mL
凝固点	−75℃

2）角鲨烯与固醇的生源关系　角鲨烯易环化成二环、四环、五环等三萜类化合物。在动物和酵母菌体内，角鲨烯经生化合成 2,3-环氧角鲨烯，最终转变成羊毛固醇，如图 2-34 所示。羊毛固醇经代谢生成胆固醇。由此，建立起萜类化合物和甾体化合物之间的密切生源关系。在高等植物和藻类中，角鲨烯是三萜醇和固醇的生源前体，在环氧合酶作用下环氧化成 2,3-环氧角鲨烯，再在环化酶作用下环合成环阿屯醇，如图 2-35 所示。

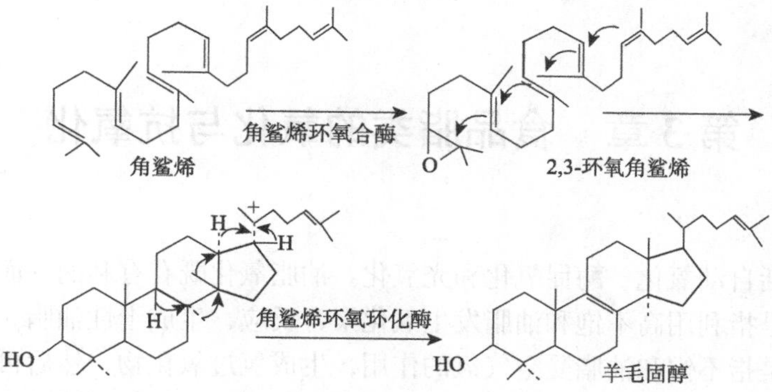

图 2-34　角鲨烯环化生成羊毛固醇（Akoh and Min，2008）

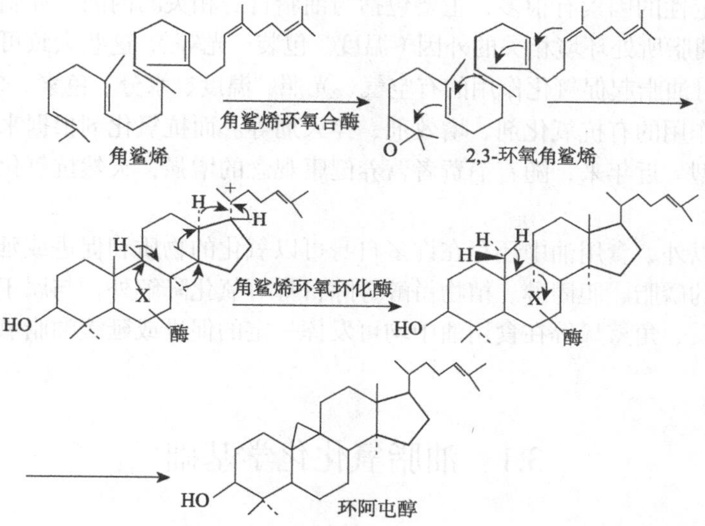

图 2-35　角鲨烯环化形成环阿屯醇（Akoh and Min，2008）

思 考 题

1. 简述油脂和脂肪酸的物理性质及其相关规律。
2. 什么是脂肪酸熔点的交变现象，该现象产生的原因是什么？
3. 什么是脂肪的理论膨胀曲线，测定脂肪理论膨胀曲线的意义是什么？
4. 简述油脂的水解、皂化和成盐反应及其反应机理。
5. 试述油脂改性的三大技术及其原理。
6. 什么是油脂分提，分提方法包括哪些？
7. 试述磷脂有哪些方面的性质？
8. 简述维生素 E 的抗氧化性质。
9. 试述食品储存和加工过程中，类胡萝卜素的变化及预防措施。

第3章 食品脂类的氧化与抗氧化

油脂氧化包括自动氧化、酶促氧化和光氧化。油脂氧化既有有利的一面，也有不利的一面。有利的一面是指利用高不饱和油脂发生氧化聚合反应，生成干性油脂、油漆和涂料等产品；不利的一面是指不饱和油脂受空气氧的作用，生成氢过氧化物，然后再分解成短碳链的醛、酮、酸等小分子的化合物，具有刺激性气味，俗称"哈喇味"，导致油脂酸败。因此，深入研究油脂氧化的机理与过程，对利用其有利方面、防止不利方面具有重要意义。

影响油脂稳定性的因素有很多，主要包括与油脂自身相关的内因（如脂肪酸组成、内源抗氧化剂等）和油脂所处环境相关的外因（温度、包装、光等），这些大致可分为促氧化和抗氧化两大部分。对油脂起促氧化作用的有空气、光照、温度、水分、色素、金属离子及酶等，对油脂起抗氧化作用的有抗氧化剂、增效剂、猝灭剂等。而抗氧化剂根据来源、作用机理等可分为不同的类型。近年来，随着消费者营养健康观念的增强，天然抗氧化剂受到越来越多的关注。

除油脂本身以外，食用油中还存在许多自身可以氧化的物质和促进或延缓油脂氧化的物质。属于类脂物的磷脂、胆固醇、植物甾醇等除自身可氧化降解外，与属于非类脂物的类胡萝卜素、酚类物质、角鲨烯等在食用油中均可发挥一定的促进或延缓油脂氧化的作用，它们的存在不可忽视。

3.1 油脂氧化化学基础

3.1.1 空气氧及油脂氧化的一般过程

油脂在空气中，无论是光照或避光、低温或高温，均会自发而缓慢地氧化，这是由大气体积中大约占 21%的氧气的广泛性和活泼性所决定的。空气氧中的基态氧，即 $^3O_2$ 具有两个未成对电子，容易与其他物质相互作用而获得电子得以配对，或从其他分子中抽取氢，生成稳定的分子。失去氢是有机分子失去电子的一般方式，为氧气提供电子或氢的物质本身就发生了氧化。尽管如此，由于受到自旋限制的影响，具有成对电子结构的油脂和脂肪酸分子不可能与具有两个自旋平行不成对电子的 $^3O_2$ 直接发生氧化反应，即

$$-CH_2-CH=CH- + O_2 \xrightarrow{\quad\times\quad} \begin{array}{c} -CH-CH=CH- \\ | \\ OOH \end{array}$$

因此，$^3O_2$ 与油脂和脂肪酸等脂质分子（RH）发生直接反应的前提，或是在反应物分子发生有效碰撞前，$^3O_2$ 获得电子而解除自旋限制；或是获得能量而被"激活"至更高能态，成为活性氧（如 $^1O_2$）；或是脂质被活化成自由基。

大量研究表明，油脂空气氧化反应具有如下特征：①常温下油脂氧化反应首先产生大量

的氢过氧化物（ROOH）；②当底物为纯净脂质时，反应需要一个相应长的诱导期；③反应速率由缓慢变快，呈现自催化特征；④光和自由基均能催化脂肪氧化，光引发氧化反应的量子产额超过 1，干扰自由基反应的物质也能显著地抑制脂肪氧化的速率。

电子自旋共振光谱仪（ESR）可直接测出油脂氧化过程中自由基的存在。由此可以大致推测，油脂空气氧化反应主要遵循自由基链反应的机制。油脂空气氧化包括自动氧化、酶促氧化和光氧化。其中自动氧化是具有活性的不饱和脂肪酸（含烯底物）与 $^3O_2$ 发生的自由基反应。光氧化是双键与单线态氧（$^1O_2$）直接发生的反应，$^1O_2$ 的分子上具有轨道，能以极快的速度与脂肪酸分子中具有高电子密度的双键部位结合，形成氢过氧化物。酶促氧化则是由脂氧合酶及类似化合物参与的氧化反应。油脂氧化首先产生氢过氧化物；氢过氧化物可以继续氧化（其他双键）生成二级氧化产物，聚合形成聚合物，分解产生醛、酮、酸等一系列小分子。

油脂空气氧化是一个动态平衡过程。氢过氧化物产生的同时还存在着分解和聚合（图 3-1），氢过氧化物的含量增加到一定值，分解和聚合的速度都会增加。反应底物和条件不同，这一动态平衡有很大不同。例如，干性油脂在一定条件下主要以聚合形式发生反应，分解形式不太明显。氧化机理基本上可以通过自由基反应来解释，而光氧化和脂氧合酶途径只是在起始阶段有所不同。因此，它们可以被视为由不同形式的自由基反应引起的。

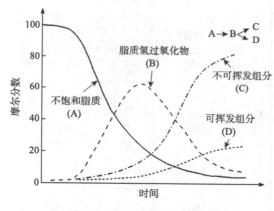

图 3-1　油脂氧化的一般过程

1. 空气氧——三线态氧（$^3O_2$）和单线态氧（$^1O_2$）

氧元素属于第二周期ⅥA 族，原子序数为 8，电子结构为 $1s^2 2s^2 2p^4$。氧分子含有 2 个氧原子、10 个分子轨道（5 个成键轨道，5 个反键轨道）和 12 个价电子。其中有 2 个未成对的电子，分别填充在 $\pi 2^* py$ 和 $\pi 2^* pz$ 的分子轨道中，组成了 2 个自旋平行且不成对的单电子轨道，所以氧分子具有顺磁性。根据光谱线命名规定：没有未成对电子的分子称为单线态（singlet state，S）；有 1 个未成对电子的分子称为双线态（doublet state，D）；有 2 个未成对电子的分子称为三线态（triplet state，T）。

所以，基态的空气氧分子为三线态（T）、激发态的氧分子为单线态（S），自由基为双线态（D）。图 3-2 和图 3-3 为三线态氧和单线态氧的分子轨道和能量水平。

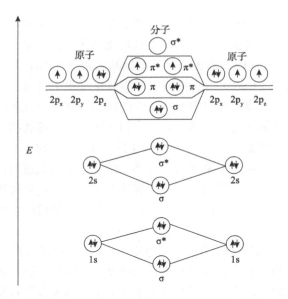

图 3-2　三线态氧的分子轨道和能量水平（E）

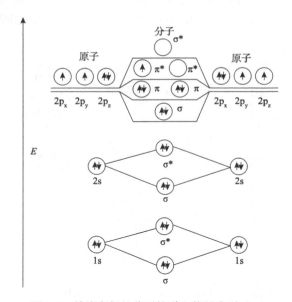

图 3-3　单线态氧的分子轨道和能量水平（E）

2. 不同线态氧分子与油脂分子可能发生的反应

把自旋守恒定律应用于油脂氧化反应，其反应过程如下：

单线态+单线态——→单线态（S）（生成低能量的基态产物，反应容易进行）

单线态+三线态——→三线态（T）（生成高能量的激发态产物，反应无法直接进行）

单线态+双线态——→双线态（D）（生成低能量产物，反应容易进行）

三线态+双线态——→双线态（D）（生成低能量产物，反应容易进行）

根据上述规则，三线态的基态氧分子与单线态的基态有机物分子反应产生一个三线态产物，由于三线态的生成物一般是含能量高的激发态而使反应无法直接进行，只有通过自由基的产生来克服能量障碍，才能使基态氧与有机分子顺利地发生反应（T+D——→D）。这与后面要讲的油脂自动氧化和酶促氧化机理相符合。单线态的氧分子与单线态的基态有机分子直接反应生成单线态产物，此过程很容易进行，这与后面的光氧化机理相符合。因此，氧分子的存在状态不同，参与油脂氧化时其作用机理是不同的。

3. 油脂空气氧化的影响

油脂空气氧化会对食品造成不良的影响，降低食品的感官质量和营养价值，会对人体健康产生危害。油脂氧化受到很多内部和外部因素的影响，如脂肪酸（FA）的组成、抗氧化剂、光照、温度、表面接触氧气和水分活度等。油脂是食品的重要组成部分，因此绝大多数食品的品质都会受到脂质氧化的影响，油脂氧化分解产生的醛、酮、酸等小分子具有强烈的刺激气味（哈喇味），影响口感和食用。氢过氧化物氧化生成的次级氧化产物在人体中很难代谢，会对肝造成损伤。另外，氧化产生的聚合物也很难被动物吸收，常积累于体内对动物造成损伤。因此，了解油脂空气氧化的机理并防止油脂空气氧化有十分重要的意义。

在氧、水、光、热、微生物等的作用下，油脂会逐渐水解或氧化而变质酸败，使中性脂肪分解为甘油和脂肪酸，或使脂肪酸中的不饱和链断开形成过氧化物，再依次分解为低级脂肪酸、醛类、酮类等物质，产生异味，有的酸败产物还具有致癌作用。油脂酸败会使油中所含的维生素被破坏，在接触其他食物时还会破坏其他食物中的维生素，并且对机体的酶系统（如琥珀酸氧化酶、细胞色素氧化酶）也有损坏作用。空气氧化对油脂品质有很大影响，使油脂酸价升高，折光指数增大，同时过氧化值、相对密度、黏度、色泽、气味、滋味等均产生变化。

3.1.2　油脂自动氧化

1. 自动氧化过程

自动氧化是脂类与分子氧的反应，是脂类氧化变质的主要原因，大量研究表明，脂类自动氧化是典型的自由基链反应历程。油脂氧化首先是在易活化不饱和双键 α-亚甲基上取走氢原子而被氧化成脂肪自由基 $R\cdot$，并进一步氧化成过氧化自由基 $ROO\cdot$，后者再与未氧化脂肪形成氢过氧化物 $ROOH$ 和脂肪自由基，如此连续反应使脂肪不断氧化。自动氧化作用是分级自动催化的链反应，一般速率较快。过氧化物作为脂类自动氧化的主要初期产物是不稳定的，它经过许多复杂的分裂反应和相互作用，产生次级氧化产物，最终形成醛、酮、酸、醇、环氧化物等小分子挥发性物质或聚合成聚合物，产生强烈的刺激性气味，同时促进色素和维生素等物质的氧化，导致油脂完全酸败。

油脂的自由基氧化历程包括链引发、链传递和链终止三个阶段。不同阶段的反应速率不同，这取决于底物和反应条件，其基本过程如下。

链引发（initiation）：

$$RH + X\cdot \longrightarrow R\cdot + XH \tag{3-1}$$

链传递（propagation）：

$$R \cdot + O_2 \xrightarrow{k_0} ROO \cdot \tag{3-2}$$

$$ROO \cdot + RH \xrightarrow{k_p} ROOH + R \tag{3-3}$$

链终止（termination）：

$$ROO \cdot + ROO \cdot \xrightarrow{k_t} ROOR + O_2 \tag{3-4}$$

$$ROO \cdot + R \cdot \xrightarrow{k_t'} ROOR \tag{3-5}$$

$$R \cdot + R \cdot \xrightarrow{k_t''} R-R \tag{3-6}$$

其中 RH 表示参加反应的不饱和底物；H 表示双键相邻的亚甲基上最活泼的氢原子。

这一过程是公认的自动氧化反应机理，反应中产生的各种游离基及其他产物均已被证实。但是自动氧化的引发机理目前仍然不是很清楚，通过试验研究和能量分析认为，主要的引发机理有以下三个：

$$RH + M^{3+} \longrightarrow R \cdot + H^+ + M^{2+} \tag{3-7}$$

$$ROOH + M^{2+} \longrightarrow RO \cdot + OH^- + M^{3+} \tag{3-8}$$

$$ROOH + M^{3+} \longrightarrow ROO \cdot + H^+ + M^{2+} \tag{3-9}$$

其中 M 为过渡金属，ROOH 为光氧化产物。

上述过程均有过渡金属参与。当 ROOH 不存在时主要以式（3-7）进行；而 ROOH 存在时，式（3-8）反应最快，式（3-9）次之。一般认为对于油脂的氧化过程，式（3-8）和式（3-9）是主要的作用机理。反应中 ROOH 来源于光氧化产物，油脂在加工储存过程中无法避免光照，而油脂中一般均有微量叶绿素，光氧化速率很快，ROOH 很容易产生。如此看来，式（3-1）中的 X 可能是过渡金属离子，也可能是 ROOH 分解产生的各种自由基。另外，在高能辐射或加入引发剂等特殊情况下可以直接形成游离基。

氧化是由生物体中的自由基（如氢过氧化物 $HO_2 \cdot$、氢氧化物 $\cdot OH$、过氧化物 $ROO \cdot$、烷氧基 $RO \cdot$、烷基 $L \cdot$）或热、光化学均裂 R—H 键引起的。这一阶段的氧化活化能和反应速率取决于引发剂的类型和底物中不饱和键的数目。饱和脂肪酸的 C—H 键的解离能量不依赖于脂肪酸碳链的长度，其在脂肪酸、脂肪酸酯和甘油三酯（TAG）中是相似的。在不饱和脂肪酸中，最弱的 C—H 键位于双烯丙基位置，与烯丙基和亚甲基氢相比，其激活能分别为 75 kcal/mol、88 kcal/mol 和 100 kcal/mol。

不饱和脂质形成的烷基自由基与分子氧非常迅速地发生反应，形成过氧化物。烯丙基过氧自由基与氧原子重新排列，形成顺式和反式异构体的混合物，所生成的异构体取决于脂质底物的类型。多不饱和 FA（PUFA）中位置异构体的数量可由公式 $2n-2$ 确定（其中 n 为 FA 中双键的数量），通过与脂类分子中的氢结合，过氧化物形成氢过氧化物。单氢过氧化物首先在 TAG 分子中形成，随后形成双氢过氧化物和三氢过氧化物。这个阶段的反应以较低的速率进行，它取决于碳氢键的强度，也就是说，取决于双键的存在。反应速率在富含双烯丙基亚甲基的 FA 中较高。

2. 自动氧化的动力学

自动氧化过程中链传递反应式（3-2）速率很快，反应活化能几乎是零。因此，R·浓度远远小于 RO_2·，即 $k_0 \gg k_p$，但因反应物浓度的差异，式（3-2）和式（3-3）基本上速率相同，即

$$k_0[\text{R}\cdot][\text{O}_2]=k_p[\text{RO}_2\cdot][\text{RH}] \tag{3-10}$$

终止阶段各种自由基互相结合使自动氧化反应终止。因式（3-2）反应速率很快，所以式（3-4）是主要的终止反应。在氧化聚合过程中得到产物 ROOR，也有学者认为是首先产生中间体 ROOOOR，然后分解产生醇、酮和氧分子。目前认为终止阶段也有过渡金属离子参与，反应如下：

$$\text{ROO}\cdot + \text{M}^{2+} \longrightarrow \text{ROO—M}^{2+} \tag{3-11}$$

此反应可以解释过渡金属离子在浓度较大时具有抗油脂氧化作用的原因。

假设反应稳定进行，R·和 RO_2·的浓度不随时间变化，而且 $k_t > k_{t'} + k_{t''}$（氧含量足够多），通过一系列代换过程，可得到油脂自动反应动力学方程为

$$\frac{\text{d}[\text{ROOH}]}{\text{d}t} = k_p[\text{RH}]\left(\frac{R_i}{2k_t}\right)^{\frac{1}{2}} \tag{3-12}$$

式中，R_i 为不同的烷基类型。

实际上，式（3-12）方程不完全适合油脂自动氧化过程。结合式（3-10）并考虑油中含氧量较低的情况可得到下式：

$$\frac{\text{d}[\text{ROOH}]}{\text{d}t} = k_p[\text{RH}]\left(\frac{R_i}{2k_t}\right)^{\frac{1}{2}}\frac{k_0[\text{O}_2]}{k_p[\text{RH}]+k_0[\text{O}_2]} \tag{3-13}$$

如自由基的引发主要以式（3-14）进行，

$$\text{ROOH}+\text{M} \xrightarrow{k_i'} \text{X}\cdot \xrightarrow{\text{RH}} \text{R}\cdot \tag{3-14}$$

式中，k_i' 为该反应的反应速率。

即由过渡金属催化产生，可得到式（3-15）：

$$R_i = k_i'[\text{ROOH}][\text{M}] \tag{3-15}$$

将式（3-15）代入式（3-12），得

$$\frac{\text{d}[\text{ROOH}]}{\text{d}t} = k_p[\text{RH}]\left(\frac{k_i'[\text{ROOH}][\text{M}]}{2k_t}\right)^{\frac{1}{2}} \tag{3-16}$$

氢过氧化物产生的同时在金属离子催化下分解，分解速率与式（3-15）相同，当 ROOH 产生速率与分解速率相等时则达到动态平衡，此时的 ROOH 为

$$[\text{ROOH}]_\infty = \frac{k_p^2[\text{RH}]^2}{2k_i'k_t[\text{M}]} \tag{3-17}$$

油脂自动氧化的过程非常复杂，影响因素很多，上述动力学方程仅是几个说明油脂自动氧化过程的特例。

3. 自动氧化产生单氢过氧化物的实例

含有不饱和键的油脂在室温条件下可发生自动氧化反应；饱和酸或酯在室温条件下不易氧化，但不是不发生反应。因此，氧化反应过程非常复杂，研究油脂氧化反应历程首先以单一的脂肪酸酯为对象，比较清楚易懂。

1）油酸酯　　1942 年，E. H. Farmer 首次分离出油酸酯氢过氧化物，奠定了油脂氧化反应的基础。采用各种色谱手段可以从油酸酯的氧化产物中分出 4 种位置异构体，即 8-OOHΔ^9（26%～27%）、9-OOHΔ^{10}（22%～24%）、10-OOHΔ^8（22%～23%）、11-OOHΔ^9（26%～28%）。反应过程如图 3-4 所示。

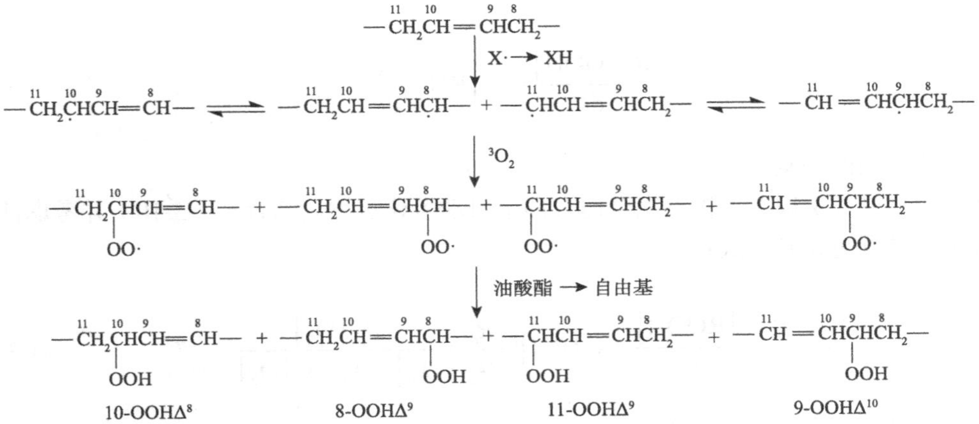

图 3-4　油酸酯的氧化过程

油酸酯在过渡金属离子的作用下，双键两边 C_8、C_{11} 位上的—CH_2—被活化脱去一个质子，产生不对称电子，不对称电子与双键的 π 键进行杂化，形成了不定域的共平面丙烯基，不定域的共平面丙烯基经 1,3-双键电子迁移，产生共振体的丙烯基，共振体与共平面的丙烯基被基态氧氧化，生成过氧化自由基 ROO·，过氧化自由基与另一分子油酸酯反应，则生成各种位置不同的氢过氧化物和自由基。由此可见，油酸酯氧化产生的 4 种异构体含量有略微的差异，其中油酸酯亚甲基直接脱氢产生的 C_8 位和 C_{11} 位异构体要比共振产生的 C_9 位和 C_{11} 位异构体多一些。同时，在这些异构体中，双键的立体构型发生了变化。由于质子的离域化作用，反应中顺式双键更容易转化为稳定的反式构型；而由于空间障碍，形成过氧基时反式双键比顺式双键容易一些。因此反应产物中反式异构体占 70%以上。在反式构型中，离域化产生的 C_9 位和 C_{10} 位异构体含量较多，而顺式构型中，C_9 位和 C_{10} 位异构体含量较少。

2）亚油酸酯　　亚油酸酯的自动氧化速率是油酸酯的 10～40 倍，因为亚油酸酯双键中间 C_{11} 位上含一个—CH_2—，—CH_2—非常活泼，很容易和过渡态金属离子作用脱氢，生成

的 C_{11} 位上的自由基经 1,3-电子迁移产生两个不定域的 1,4-戊二烯自由基，1,4-戊二烯自由基则被基态氧分子氧化，生成两个过氧化自由基，过氧化自由基再与另一分子亚油酸酯反应，生成两个含量相当的氢过氧化亚油酸酯和亚油酸酯自由基。反应如图 3-5 所示。

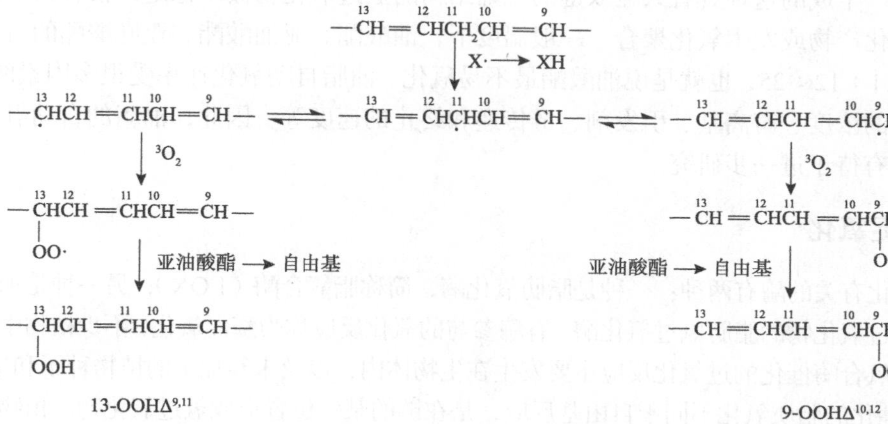

$$—\overset{13}{C}H=\overset{12}{C}H\overset{11}{C}H_2\overset{10}{C}H=\overset{9}{C}H—$$

$$\downarrow\ X\cdot\longrightarrow XH$$

$$—\overset{13}{C}H\overset{12}{C}H=\overset{11}{C}H\overset{10}{C}H=\overset{9}{C}H—\ \rightleftharpoons\ —\overset{13}{C}H=\overset{12}{C}H\overset{11}{C}H\overset{10}{C}H=\overset{9}{C}H—\ \rightleftharpoons\ —\overset{13}{C}H=\overset{12}{C}H\overset{11}{C}H=\overset{10}{C}H\overset{9}{C}H—$$

$$\downarrow\ {}^3O_2\qquad\qquad\qquad\qquad\qquad\qquad\qquad\qquad\qquad\qquad\qquad\qquad\downarrow\ {}^3O_2$$

$$—\underset{OO\cdot}{\overset{13}{C}H}\overset{12}{C}H=\overset{11}{C}H\overset{10}{C}H=\overset{9}{C}H—\qquad\qquad\qquad —\overset{13}{C}H=\overset{12}{C}H\overset{11}{C}H=\underset{OO\cdot}{\overset{10}{C}H}\overset{9}{C}H—$$

$$\downarrow\ \text{亚油酸酯}\longrightarrow\text{自由基}\qquad\qquad\qquad\qquad\text{亚油酸酯}\longrightarrow\text{自由基}\ \downarrow$$

$$—\underset{OOH}{\overset{13}{C}H}\overset{12}{C}H=\overset{11}{C}H\overset{10}{C}H=\overset{9}{C}H—\qquad\qquad\qquad —\overset{13}{C}H=\overset{12}{C}H\overset{11}{C}H=\underset{OOH}{\overset{10}{C}H}\overset{9}{C}H—$$

$$\text{13-OOH}\Delta^{9,11}\qquad\qquad\qquad\qquad\qquad\qquad\qquad\text{9-OOH}\Delta^{10,12}$$

图 3-5　亚油酸酯的氧化过程

　　低温时氧化，顺反异构均有生成。但在较高温度下氧化以反式异构体为主，这是由于温度高时，13-OOH$\Delta^{9,11}$ 与 9-OOH$\Delta^{10,12}$ 可以相互转化，在互变的同时发生构型转变。同时由于反式构型比较稳定，与 O_2 接触受空间障碍的阻力小，因此，在一般情况下，亚油酸酯的氧化产物中反式异构体占多数。

　　3）亚麻酸酯　　亚麻酸酯比亚油酸酯的自动氧化速率高 2～4 倍，因为亚麻酸酯有两个活泼的亚甲基。其氧化过程如图 3-6 所示。

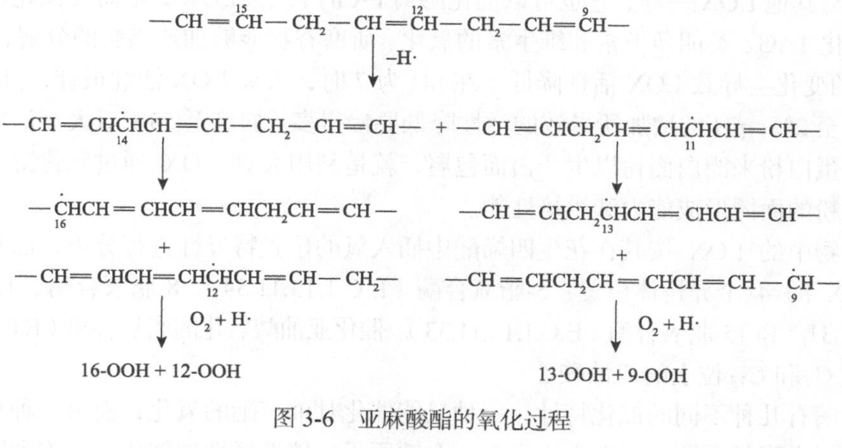

$$—\overset{15}{C}H=\overset{}{C}H—CH_2—\overset{12}{C}H=\overset{}{C}H—CH_2—\overset{9}{C}H=CH—$$

$$\downarrow\ -H\cdot$$

$$—\overset{}{C}H=\underset{14}{\overset{}{C}H}CHCH=CH—CH_2—CH=CH—\ +\ —CH=CHCH_2\overset{}{C}H=\underset{11}{\overset{}{C}H}CHCH=CH—$$

$$\downarrow\qquad\qquad\qquad\qquad\qquad\qquad\qquad\qquad\qquad\downarrow$$

$$—\underset{16}{\overset{}{C}H}CH=CHCH=CHCH_2CH=CH—\qquad —CH=CHCH_2\underset{13}{\overset{}{C}H}CH=CHCH=CH—$$

$$+\qquad\qquad\qquad\qquad\qquad\qquad\qquad\qquad\qquad +$$

$$—CH=CHCH=\underset{12}{\overset{}{C}H}CHCH=CH—CH_2—\qquad —CH=CHCH_2CH=CHCH=CH—\underset{9}{\overset{}{C}H}—$$

$$\downarrow\ O_2+H\cdot\qquad\qquad\qquad\qquad\qquad\qquad\qquad\qquad\downarrow\ O_2+H\cdot$$

$$\text{16-OOH + 12-OOH}\qquad\qquad\qquad\qquad\text{13-OOH + 9-OOH}$$

图 3-6　亚麻酸酯的氧化过程

　　其氧化生成 4 种氢过氧化合物，氧化产物可能的结构是：在 C_{11} 脱氢成为 9-OOH$\Delta^{10t,12c,15c}$ 及 13-OOH$\Delta^{9c,11t,15c}$；在 C_{14} 脱氢成为 12-OOH$\Delta^{9c,13t,15c}$ 及 16-OOH$\Delta^{9c,12c,14t}$。

　　亚麻酸酯的氧化和亚油酸酯类似。首先与过渡金属离子作用，在 C_{11}、C_{14} 位上的亚甲基脱氢，生成自由基，C_{11}、C_{14} 位上的自由基经 1,3-迁移，形成 4 个不定域的 1,4-戊二烯自由基，它们与氧分子作用，生成 4 种过氧化自由基，再与另一分子亚麻酸酯反应，生成 4 种位置不同的氢过氧化物异构体:9-OOH 和 16-OOH 含量相当,占总量的 80%左右;12-OOH 和 13-OOH 含量相当, 占总量的 20%左右。

　　亚麻酸酯的氧化产物中各有三个双键,非共轭的一个双键为顺式,而共轭的两个双键均为顺反结构。生成的这种具有共轭双键的三烯结构的氢过氧化物极不稳定,很容易继续氧化生成次级氧化产物或发生氧化聚合。一般温度下,油酸酯、亚油酸酯和亚麻酸酯的自动氧化速率之比为 1:12:25,也就是说油酸酯最不易氧化。油脂自动氧化速率受很多因素的影响,如反应底物的浓度、游离基、引发剂、链传递和终止的速度等。因此,油脂的自动氧化过程十分复杂,有待于进一步研究。

3.1.3　酶促氧化

　　油脂氧化有关的酶有两种:一种是脂肪氧化酶,简称脂氧合酶(LOX);另一种是加速分解已氧化成氢过氧化物的脂肪氢过氧化酶。有酶参与的氧化反应称为酶促氧化,不少植物中含有脂氧合酶,脂氧合酶催化的过氧化反应主要发生在生物体内,以及未经加工的植物种子和果子中。

　　LOX 催化的脂质氧化不同于自由基反应,是在链的某一位置形成氢过氧化物。植物体中的脂氧合酶具有高度的基团专一性,它只能作用于 1,4-顺,顺-戊二烯基位置,且此基团应处于脂肪酸的 ω-8 位。在脂氧合酶的作用下,脂肪酸的 ω-8 先失去质子形成自由基,而后进一步被氧化。

　　新形成的 FA 过氧自由基从另一个不饱和 FA 分子中去除氢,形成共轭的氢过氧二烯。LOX 与底物形成高能(自由基)中间复合物;该复合物能够引发脂质及其他化合物(如类胡萝卜素、叶绿素、生育酚、硫醇化合物和蛋白质)的氧化,这些化合物本身也能与酶-底物复合物相互作用。这些反应是冷冻蔬菜的脱味,谷物制品、油菜籽、豌豆、鳄梨中的脂质氧化,以及甜和苦味形成的原因。

　　大豆中含有 LOX-1 和 LOX-2,其活性在 pH 分别为 9 和 6.5 时最佳。LOX-1 对亚油酸具有特异性,与其他 LOX 一样,它也可以催化游离 FA 的氧化。LOX-2 不需要预先进行脂质水解,可以催化 TAG、类胡萝卜素和维生素的氧化。研磨谷物能够加速脂肪的分解,提高 LOX 活性。pH 的变化会导致 LOX 活性降低。在 pH 为 7 时,大豆 LOX 活性最佳,pH 为 4 时,其活性下降至 2%;pH 的增加所导致的活性降低要慢得多。加热至 55℃对大豆活性的影响不大。用大豆蛋白粉来漂白面粉以生产白面包屑,就是利用大豆 LOX 通过氧化游离脂质,从而改善小麦粉的面团形成能力和烘焙性能。

　　哺乳动物中的 LOX 按其在花生四烯酸中插入氧的位置特异性进行分类,已鉴定出花生四烯酸 LOX 的 4 个异构体位置:5-脂氧合酶(E.C.1.13.11.34)、8-脂氧合酶、12-脂氧合酶(E.C.1.13.11.31)和 15-脂氧合酶(E.C.1.13.11.33)。催化亚油酸氧化的脂氧合酶(E.C.1.13.11.12)同时攻击在 C_9 和 C_{13} 位上的亚油酸。

　　脂氧合酶有几种不同的催化特性,一种只能催化甘油三酯的氧化,而另一种只能催化脂肪酸的氧化。在脂氧合酶的活性中心含有一个铁原子,能选择性地催化多不饱和脂肪酸的氧化反应。脂氧合酶主要存在于植物体内,有无色酶、黄色酶和紫色酶三种类型,均含有一个铁原子。由于脂氧合酶具有特异性——只能对含有顺式五碳双烯结构的多不饱和脂肪酸进行氧化,对一烯酸(如油酸)和共轭酸的氧化不起作用,所以脂氧合酶具有选择性。酶促氧化油脂所生成的产物常表现出旋光性(一般为外消旋体),这与自动氧化和光氧化不同。例如,从大豆中提取的脂氧合酶-1 氧化亚油酸生成 13S-OOH$\Delta^{9c,11t}$18:2;从马铃薯或番茄中提取的脂氧合酶-1 可氧化亚油酸生成 $9R\text{-}OOH\Delta^{10t,12c}18:2$，有时是这两种旋光物质的混合物。脂氧合酶氧化亚麻酸与自动氧化一样可生成环过氧基氢过氧化物（图 3-7）。

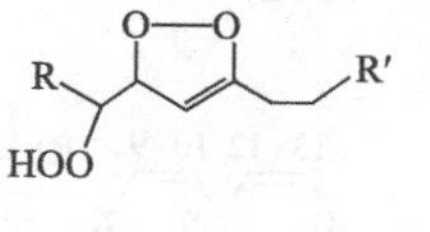

脂氧合酶的氧化能力很强，无论是有氧或缺氧情况下均有氧化作用。在有氧存在的情况下，其氧化历程为游离基型的氧化，与自动氧化的反应机理相似（图 3-8）。缺氧条件下的酶促氧化反应十分复杂。例如，亚油酸的无氧氧化中，未反应的亚油酸与部分氧化的氢过氧化物可能产生下列化合物：戊烷、$13\text{-}\Delta^{9,11}$-十三碳二烯酸、13-羰基-$\Delta^{9,11}$-十八碳二烯酸，以及 $C_{11}\sim C_{13}$ 二聚合物、$C_9\sim C_{13}$ 二聚合物等一系列的双聚体。由于脂氧合酶只存在于某些植物体内，且脂氧合酶的氧化仅发生在亚油酸、亚麻酸等少数脂肪酸中，因此脂氧合酶的氧化不再详细探讨。

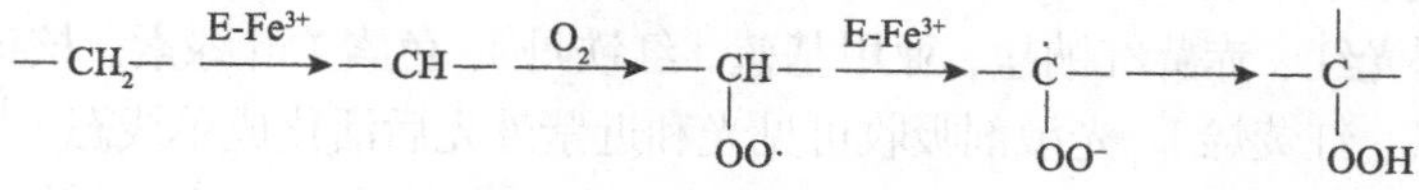

图 3-7 环过氧基氢过氧化物的结构

$R= —CH_2CH_3$，$R'= —(CH_2)_7COOH$，或
$R= —(CH_2)_7COOH$，$R'= —CH_2CH_3$

图 3-8 脂氧合酶的有氧氧化机理

E 表示脂氧合酶；$—CH_2—$表示与双键相邻的活泼亚甲基

3.1.4 油脂光氧化

三线态氧参与油脂的自动氧化反应已经得到广泛的研究，而单线态氧氧化油脂的反应机理与自动氧化有着根本的区别。

1. 单线态氧化学

单线态氧的电子自旋状态使它本身具有亲电性，它与电子密集中心的反应活性很高，这就导致单线态氧与双键上电子云密度高的不饱和脂肪酸很容易发生反应。不饱和脂肪酸与单线态氧反应时，形成六元环过渡态。以亚油酸酯的 C_9、C_{10} 位双键上的碳原子为例（图 3-9），单线态氧攻击双键上的 C_9、C_{10} 位的碳原子，得到烯丙位上的一个质子，双键向邻位转移，形成反式的烯丙基氢过氧化物。过渡态的电子发生离域后，形成共轭和非共轭的二烯化合物，这是单线态氧氧化的特点，其具体过程见图 3-9。

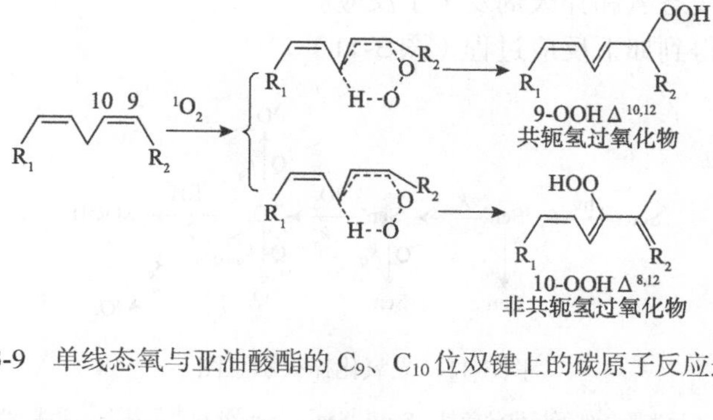

图 3-9 单线态氧与亚油酸酯的 C_9、C_{10} 位双键上的碳原子反应过程

当然，单线态氧也可以攻击 C_{12}、C_{13} 位双键上的碳原子，因此，单线态氧氧化亚油酸酯

的最终产物见图 3-10。

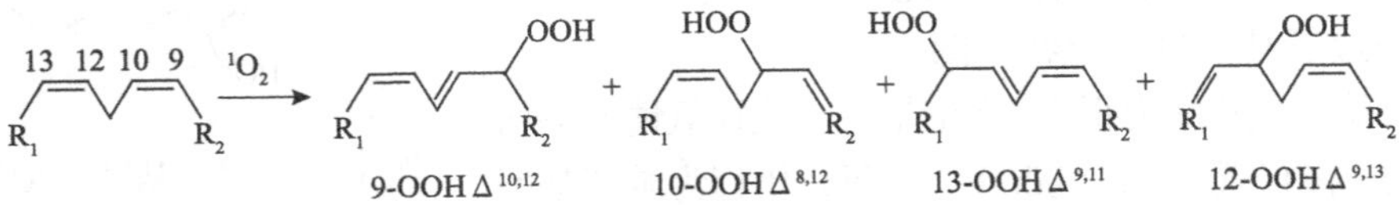

$$R_1 \overset{13\ 12\ 10\ 9}{=\!=} R_2 \xrightarrow{^1O_2}$$ 9-OOH $\Delta^{10,12}$ + 10-OOH $\Delta^{8,12}$ + 13-OOH $\Delta^{9,11}$ + 12-OOH $\Delta^{9,13}$

图 3-10　单线态氧氧化亚油酸酯的产物

与自动氧化一样，空间障碍是单线态氧氧化中反式双键形成的原因。但是，与自动氧化不同的是，油脂的单线态氧氧化生成的产物包含有非共轭二烯键的氢过氧化物（指所有的双键均为非共轭状态）。

2. 光氧化反应过程

光氧化（单线态氧氧化，photo-oxidation）是在光敏剂和三线态氧存在的条件下发生的。光敏剂可以是染料（曙光红、赤藓红钠盐、亚甲基蓝、红铁丹）、色素（叶绿素、核黄素、卟啉）和稠环芳香化合物（蒽、红荧烯）。光敏剂吸收可见光和近紫外光后活化成单线态（$^1Sen^*$），这种单线态光敏剂的寿命极短，它通过释放荧光快速转化为基态，或者通过内部重排转变为激发态的三线态光敏剂（$^3Sen^*$）。$^3Sen^*$比$^1Sen^*$的寿命长很多，$^3Sen^*$通过释放磷光慢慢地转化为基态（Sen）。因此，产生单线态氧的有效光敏剂是量子产率高、生命周期长的激发态的三线态光敏剂（$^3Sen^*$）。

光氧化是指单线态氧与不饱和双键发生的一步协同反应，单线态氧直接攻击双键，双键发生位移后形成氢过氧化物。基态氧分子（三线态氧分子）受紫外光和油脂中光敏剂（叶绿素、脱镁叶绿素）的影响，由基态氧分子（三线态氧分子）变成单线态激发态氧分子。具体反应过程为

$$光敏剂 + 光照 \longrightarrow {}^1光敏剂^* \longrightarrow {}^3光敏剂^*$$
$$^3光敏剂^* + {}^3O_2 \longrightarrow {}^1光敏剂 + {}^1O_2^*$$

式中，光敏剂表示单线态光敏剂分子（油脂中存在的光敏物质有叶绿素、脱镁叶绿素和赤藓红等色素）；^{1}光敏剂*表示激发单线态光敏剂分子；^{3}光敏剂*表示激发三线态光敏剂分子；$^3O_2$表示三线态氧分子；$^1O_2^*$表示激发单线态氧分子。

3. 光氧化反应动力学

油脂中有光敏剂诱导产生$^1O_2$，同时油脂中也有猝灭剂，如类胡萝卜素猝灭$^1O_2$和激发态光敏剂。猝灭过程有两种：物理猝灭和化学猝灭。物理猝灭使激发态氧和光敏剂变为基态；化学猝灭实际上使单线态氧和猝灭剂发生了反应。

考虑上述因素后得到如下反应过程（图 3-11）。

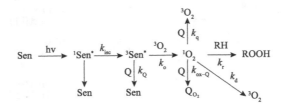

图 3-11　光氧化猝灭示意图

k 表示各阶段的反应速率；hv 表示光照条件下提供的能量；Sen、$^1Sen^*$、$^3Sen^*$分别表示基态、单线激发态和三线激发态光敏剂；Q 表示猝灭剂，k_{ox-Q} 表示化学猝灭反应的速率常数；RH 表示不饱和反应底物，其他以此类推

^{1}Sen*存活期很短，假设不考虑其猝灭过程，可得到如下稳定态动力学方程（steady state kinetic equation）：

$$k_{\mathrm{isc}}[^1\mathrm{Sen}^*] - k_{\mathrm{Q}}[^3\mathrm{Sen}^*][\mathrm{Q}] - k_{\mathrm{o}}[^3\mathrm{O}_2][^3\mathrm{Sen}^*]=0 \quad\quad (3\text{-}18)$$

$$k_{\mathrm{o}}[^3\mathrm{O}_2][^3\mathrm{Sen}^*] - k_{\mathrm{r}}[^1\mathrm{O}_2][\mathrm{RH}] - k_{\mathrm{p}}[^1\mathrm{O}_2][\mathrm{Q}] - k_{\mathrm{ox\text{-}Q}}[^1\mathrm{O}_2][\mathrm{Q}] - k_{\mathrm{d}}[^1\mathrm{O}_2]=0 \quad\quad (3\text{-}19)$$

$$k_{\mathrm{r}}[^1\mathrm{O}_2][\mathrm{RH}]=\mathrm{d}[\mathrm{ROOH}]/\mathrm{d}t \quad\quad (3\text{-}20)$$

式中，t 为时间。

设 $k_{\mathrm{isc}}[^1\mathrm{Sen}^*]=k$，所以

$$\frac{\mathrm{d}[\mathrm{ROOH}]}{\mathrm{d}t} = k\left\{\frac{k_{\mathrm{o}}[^3\mathrm{O}_2]}{k_{\mathrm{o}}[^3\mathrm{O}_2]+k_{\mathrm{Q}}[\mathrm{Q}]}\right\}\left\{\frac{k_{\mathrm{r}}[\mathrm{RH}]}{k_{\mathrm{o}}[\mathrm{RH}]+(k_{\mathrm{ox\text{-}Q}}+k_{\mathrm{q}})[\mathrm{Q}]+k_{\mathrm{d}}}\right\} \quad\quad (3\text{-}21)$$

式中，k 表示 $^1\mathrm{O}_2$ 生成速率，其他见式（3-19）表示。

如只考虑 $^1\mathrm{O}_2$ 猝灭方程，即 $k_{\mathrm{Q}}[\mathrm{Q}]\ll k_{\mathrm{o}}[^3\mathrm{O}_2]$，则速率如下：

$$\frac{\mathrm{d}[\mathrm{ROOH}]}{\mathrm{d}t} = k\left\{\frac{k_{\mathrm{r}}[\mathrm{RH}]}{k_{\mathrm{r}}[\mathrm{RH}]+(k_{\mathrm{ox\text{-}Q}}+k_{\mathrm{q}})[\mathrm{Q}]+k_{\mathrm{d}}}\right\} \quad\quad (3\text{-}22)$$

当 $(k_{\mathrm{ox\text{-}Q}}+k_{\mathrm{q}})[\mathrm{Q}]\ll k_{\mathrm{r}}[\mathrm{RH}]+k_{\mathrm{d}}$ 时，即仅存在三线激发态光敏剂猝灭过程，则有式（3-23）的氧化速率方程：

$$\frac{\mathrm{d}[\mathrm{ROOH}]}{\mathrm{d}t} = k\left\{\frac{k_{\mathrm{o}}[^3\mathrm{O}_2]}{k_{\mathrm{o}}[^3\mathrm{O}_2]+k_{\mathrm{Q}}[\mathrm{Q}]}\right\}\left\{\frac{k_{\mathrm{r}}[\mathrm{RH}]}{k_{\mathrm{r}}[\mathrm{RH}]+k_{\mathrm{d}}}\right\} \quad\quad (3\text{-}23)$$

光氧化反应和自动氧化反应一样十分复杂，影响因素很多，上述方程式仅提供一个线索，在不同状态下会有不同的结果，学习时应当加以注意。

4. 光氧化反应产生氢过氧化物的实例

不饱和度不同的油脂底物，其光氧化的活性及产物也不同。花生四烯酸双键、亚麻酸酯、亚油酸酯和油酸酯的反应活性比为 3.5∶2.9∶1.9∶1.1。因此，单线态氧氧化油脂的速率与双键的多少关系不大。

单线态氧氧化不饱和油脂可以简单地表示为

$$-\overset{4}{\mathrm{C}}\mathrm{H}_2-\overset{3}{\mathrm{C}}\mathrm{H}=\overset{2}{\mathrm{C}}\mathrm{H}-\overset{1}{\mathrm{C}}\mathrm{H}_2+{}^1\mathrm{O}_2^{\bullet} \longrightarrow$$

$$-\overset{4}{\mathrm{C}}\mathrm{H}_2-\underset{|}{\overset{3}{\mathrm{C}}\mathrm{H}}-\overset{2}{\mathrm{C}}\mathrm{H}=\overset{1}{\mathrm{C}}\mathrm{H}-+-\overset{4}{\mathrm{C}}\mathrm{H}=\overset{3}{\mathrm{C}}\mathrm{H}-\underset{|}{\overset{2}{\mathrm{C}}\mathrm{H}}-\overset{1}{\mathrm{C}}\mathrm{H}_2-$$
$$\phantom{-\overset{4}{\mathrm{C}}\mathrm{H}_2-}\mathrm{OOH}\phantom{-\overset{2}{\mathrm{C}}\mathrm{H}=\overset{1}{\mathrm{C}}\mathrm{H}-+-\overset{4}{\mathrm{C}}\mathrm{H}=\overset{3}{\mathrm{C}}\mathrm{H}-}\mathrm{OOH}$$

油酸酯、亚油酸酯和亚麻酸酯经光氧化可以得到下列产物及含量：油酸酯，9-OOHΔ^{10}

（48%～51%）和 10-OOHΔ^8（49%～52%）；亚油酸酯，9-OOH$\Delta^{10,12}$（32%）、10-OOH$\Delta^{8,12}$（16%～17%）、12-OOH$\Delta^{9,13}$（17%）、13-OOH$\Delta^{9,11}$（34%～35%）；亚麻酸酯，9-OOH$\Delta^{10,12,15}$（20%～23%）、10-OOH$\Delta^{8,12,15}$（13%）、12-OOH$\Delta^{9,13,15}$（12%～14%）、13-OOH$\Delta^{9,11,15}$（14%～15%）、15-OOH$\Delta^{9,12,16}$（12%～13%）、16-OOH$\Delta^{9,11,14}$（25%～26%）。

光氧化速率很快，一旦发生，其反应速率是自动氧化的上千倍。因此，光氧化对油脂劣变同样会产生很大的影响。但是对于双键数目不同的底物，光氧化速率区别不大。另外，油脂中的光敏色素大部分已经在加工过程中被去除，并且油脂的储存与加工多在避光条件下进行。所以，油脂的光氧化一般不容易发生。

当然，光氧化所产生的氢过氧化物（ROOH）在过渡金属离子的存在下分解得到游离基（R·及 ROO·），目前被认为是引发自动氧化的关键。

3.1.5 空气氧化对油脂的影响

1. 油脂中多过氧基化合物的产生——二级氧化产物

（1）油脂中单氢过氧化物的产生和形成。见本书 3.1.2 中"3. 自动氧化产生单氢过氧化物的实例"。

（2）油脂中二级氧化产物多过氧基化合物的产生。油脂经过自动氧化、光氧化或酶促氧化产生的单氢过氧化物中若仍然有双键存在，可以继续氧化生成多过氧基化合物。由于参与反应的底物油脂不同以及反应的机理不同，因而产生的二级氧化产物也不同。

2. 油脂氧化分解

油脂氧化分解可以产生小分子挥发物，如醛、酮、酸等。氢过氧化物和环过氧化物都不稳定，在室温下即可裂解产生小分子化合物，温度升高，分解加剧，这是油脂加工中高温真空脱臭可以降低过氧化值的主要原因。

油脂氧化分解产生的小分子挥发物成分非常复杂。通过气相色谱、质谱等仪器的分析鉴定发现，不同油脂的氧化挥发物是由烃、醇、醛、酮、酸、酯及内酯和呋喃类等物质构成的。在这些物质中，有饱和的也有不饱和的，碳数从 2～16 均有，还有少量含有多基团的小分子，如羟基醛、酮基醛、酮基羟基醛、酮基环氧醛等。它们各自产生的好闻或难闻的气味混合体对油脂的风味形成起着重要作用。

油脂的氧化分解过程十分复杂，包括单氢过氧化物的分解和二级氧化产物的分解。

1）单氢过氧化物的分解 单氢过氧化物的分解主要发生在氢过氧基两端的单键（A 键和 B 键）上，由于—OOH 的影响，A 键和 B 键减弱，断裂形成游离基：①RCH$_2$·；② $\underset{\quad\;\;\overset{|}{O\cdot}}{RCH_2CH\cdot}$；③ $\underset{\quad\;\;\overset{|}{O\cdot}}{R'CH_2CH\cdot}$；④R'CH$_2$·。

其分解历程如下：

$$R-CH_2 \overset{A}{+} CH \overset{B}{+} CH_2-R' \quad \xrightarrow{M} \quad R-CH_2 \overset{A}{+} CH \overset{B}{+} CH_2-R' + \cdot OH$$
$$\underset{OOH}{|} \qquad\qquad\qquad\qquad \underset{O\cdot}{|}$$

②和③式发生重排形成 RCH₂CHO 和 R′CH₂CHO（醛）。

$$RCH_2\cdot + R'CH_2\cdot + RH \longrightarrow \begin{matrix} RCH_3 \\ CH_3R' \end{matrix}（烃）+ R\cdot$$

$$RCH_2\cdot + R'CH_2\cdot + {}^3O_2 \longrightarrow \begin{matrix} RCH_2OO\cdot \\ R'CH_2OO\cdot \end{matrix} \xrightarrow{RH \rightarrow R\cdot} \begin{matrix} RCH_2OOH \\ R'CH_2OOH \end{matrix} \xrightarrow[-\dot{O}H]{M} \begin{matrix} RCH_2O\cdot \\ R'CH_2O\cdot \end{matrix}$$

$$\xrightarrow[-H\cdot]{RH \rightarrow R\cdot} \begin{matrix} RCH_2OH 和 R'CH_2OH（醇）\\ RCHO 和 R'CHO（醛）\end{matrix}$$

$$\begin{matrix} RCHO \\ R'CHO \end{matrix} \xrightarrow{氧化} \begin{matrix} RCOOH \\ R'COOH \end{matrix}（酸）$$

由此产生了烃、醇、醛、酸等小分子化合物。如果氢过氧基两端还有双键存在，则可能产生烯烃、烯醇、烯醛、烯酸，双键继续氧化则生成羟基醛及酮基醛等多基团小分子和酮类、酯类化合物等。

以油酸酯为例，它们可能的氧化分解历程如图 3-12 所示。

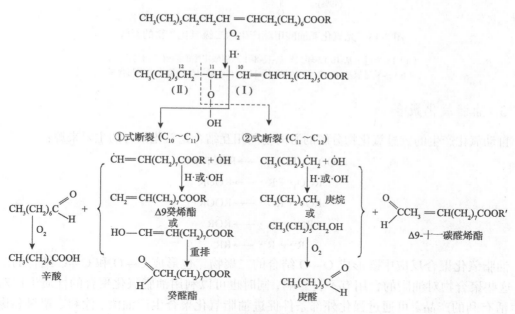

图 3-12　油酸酯氧化分解历程

以上是油酸酯氧化分解的理论推测，而实际测定中还有更多的挥发物。

2）二级氧化产物的分解　　二级氧化产物也可以分解产生小分子，如氢过氧基环二亚油酸甲酯热分解生成戊烷、己醛、2-庚烯醛、9-氧基-壬酸甲酯、10-氧基-8-癸烯酸甲酯、3-烯-2-辛酮、辛酸甲酯等。二级氧化产物的分解情况较为复杂，图 3-13 简单表示出了光氧化亚油酸甲酯产生的二级氧化产物的裂解情况。

因此，油脂的氧化分解是一个很复杂的问题，有待于进一步论证。

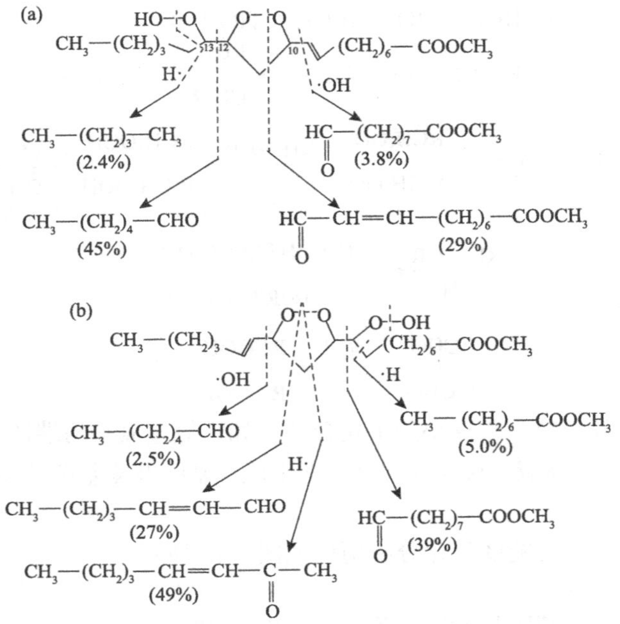

图 3-13   光氧化亚油酸甲酯产生的二级氧化产物的裂解

（a）13-氢过氧基-10,12-环二氧基-反-8-十八碳酸甲酯的裂解产物与含量；
（b）9-氢过氧基-10,12-环二氧基-反-13-十八碳酸甲酯的裂解产物与含量

3. 油脂氧化聚合

自动氧化产生的氢过氧化物分解的游离基间相互结合是氧化聚合的主要来源：

$$ROO \cdot + ROO \cdot \longrightarrow ROOR + O_2$$
$$ROO \cdot + R \cdot \longrightarrow ROOR$$
$$RO \cdot + RO \cdot \longrightarrow ROOR$$
$$RO \cdot + R \cdot \longrightarrow ROR$$
$$R \cdot + R \cdot \longrightarrow RR$$

油脂氧化聚合反应中既形成 O—O 结合的二聚物，也形成 C—O 和 C—C 结合的二聚物。这些聚合物对油脂的食用有不良影响，同时也可以利用油脂氧化聚合的性质生产对人们生活有利的产品。可通过强化外部条件促进油脂氧化聚合生产油漆、涂料、塑料和橡胶等制品。

4. 油脂酸败和回味

1）油脂酸败   油脂经氧化或水解而产生的小分子醛、酮、酸等物质，除极少数具有类似芳香味外，绝大多数都具有刺激性气味，不同的气味混合在一起形成哈喇味，这种现象称为油脂酸败。油脂酸败分为水解酸败和氧化酸败。

水解酸败是脂肪在高温、酸、碱或酶的作用下，水解为脂肪酸分子和甘油分子，水解产生的游离脂肪酸会产生不良气味，影响食品的感官质量。食品中游离脂肪酸含量在 0.75% 以上时，易促使其他脂肪酸分解，当其含量达到 2% 以上时，食品会产生不良气味。水解酸败

在产生游离脂肪酸的同时, 还伴随产生甘油二酯和甘油一酯, 这些副产物有很强的乳化作用, 对食品的性质也有一定影响。氧化酸败是油脂暴露在空气中会自发进行的氧化, 这种氧化反应一旦开始, 就会一直进行到氧气耗尽或自由基与自由基结合产生稳定的化合物为止。它是一种包括引发、传递和终止三个阶段的连锁反应。即使添加抗氧化剂也不能阻止氧化的进行, 只能延缓反应的诱导期和降低反应速度。氧化酸败产生的过氧化物本身无色无味, 对脂类或食品的营养质量影响很小。但是它很不稳定, 容易分解成各种各样的化合物, 其中一些化合物达到一定浓度时对机体有害。常温下氧化的油脂, 在其过氧化值不超过 50 mmol/kg 时, 无毒性; 当其过氧化值大于 400 mmol/kg 时, 已发生深度氧化, 色香味恶劣, 且有毒性。

　　脂肪的双键数目越多, 越易于发生氧化。例如, 由于油酸、亚油酸、亚麻酸、花生四烯酸的双键数不同, 其氧化历程和氧化速率也不同, 其相对氧化速率比约为 1∶10∶20∶40, 即双键数越多, 氧化速率越高, 高温、高热及强光和可变价金属（Fe、Cu、Mn、Cr 等）可显著提高油脂的氧化速率。绝大多数油脂变质是由氧化酸败造成的, 所以对油脂抗氧化的深入研究是非常必要的。

　　经分析发现, 挥发性的醛类物质对油脂酸败气味起着至关重要的作用。人们对醛类很敏感, 特别是己醛和 Δ^4-癸二烯醛。表 3-1 为几种不同醛类在油中的阈值（threshold value）。

表 3-1　几种不同醛类在油中的阈值（张根旺, 1999）　　　　　　　　（单位: μg/kg）

醛	阈值*
己醛	120
庚醛	250
壬醛	1000
己烯醛	880
Δ^2-庚烯醛	1000
Δ^2-辛烯醛	500
Δ^2-壬烯醛	150
Δ^2-癸烯醛	2100
Δ^2-癸二烯醛	135

*不同文献报道结果略有差异, 仅供参考

　　油脂酸败是一个综合现象, 很难准确分析。各种油脂因脂肪酸组成不同, 达到有酸败气味时的过氧化值各不相同, 吸氧量也有差异。例如, 猪油的吸氧量较少, 过氧化值为 10 mmol/kg 左右时就能感觉出酸败味道; 而豆油、棉籽油、葵花籽油、玉米油等吸氧量多而过氧化值达到 60~75 mmol/kg 时才闻到酸败气味。另外, 外部条件对油脂氧化酸败也有影响, 同一种油脂在高温下产生酸败气味时的过氧化值比低温时明显要低。油脂酸败后其过氧化值、碘值、羟值等指标均发生变化, 而且产生了很多对人体健康不利的物质。因此, 氧化酸败的油脂不宜食用。

　　2）油脂回味　　精炼脱臭后的油脂放置很短的一段时间, 在过氧化值很低时就产生一种不好闻的气味, 这种现象称为油脂回味。经研究发现, 含有亚油酸和亚麻酸较多的油脂, 如豆油、亚麻籽油、菜籽油和海产动物油容易产生这种现象。油脂的回味和酸败味略有不同,并且不同的油脂有不同的回味。豆油回味由淡到浓被人称为"豆味""青草味""油漆味"及"鱼腥味"，氢化豆油有"稻草味"。

有认为油脂回味可能的原因是亚麻酸氧化生成戊烯基呋喃类化合物（图 3-14）。

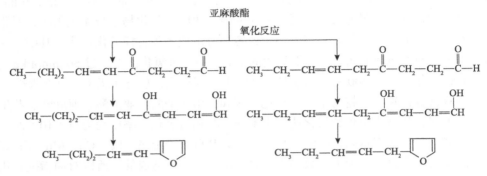

图 3-14　戊烯基呋喃的产生机理

3.2　油脂稳定性与抗氧化

3.2.1　影响因素

1. 油脂的脂肪酸组成

脂肪酸的不饱和度、双键的位置和数量及顺反构型等都会影响油脂的氧化速率。油脂的氧化稳定性受 PUFA 影响较大，PUFA 含量高的油脂稳定性较小，饱和脂肪酸的自动氧化极慢。在室温下，当不饱和脂肪酸产生明显的氧化酸败时，饱和脂肪酸仍然保持不变，但在高温下，饱和脂肪酸产生显著的氧化，其氧化速率随温度而定。花生四烯酸、亚麻酸、亚油酸及油酸氧化的相对速率比约为 40：20：10：1。顺式比反式异构物更易被氧化；共轭双键比非共轭双键活泼得多；游离脂肪酸的氧化速率略大于甘油酯化的脂肪酸，当油脂中游离脂肪酸的含量大于 0.5% 时，自动氧化速率明显加快，而甘油酯中脂肪酸的无规则分布有利于降低氧化速率。

根据 Chu 和 Kung（1998）的研究，氧化稳定指数（OSI）与脂肪酸组成的定量关系为

$$
\begin{aligned}
\mathrm{OSI} = 7.5132 &+ 0.2733\omega\left(\mathrm{C}_{16:0}\right) + 0.079\omega\left(\mathrm{C}_{18:0}\right) + 0.0159\omega\left(\mathrm{C}_{18:1}\right) \\
&- 0.1141\omega\left(\mathrm{C}_{18:2}\right) - 0.3962\omega\left(\mathrm{C}_{18:3}\right)
\end{aligned} \tag{3-24}
$$

式中，$\omega\left(\mathrm{C}_{16:0}\right)$ 表示油脂中的 $\mathrm{C}_{16:0}$ 含量（%），其余含义类推。

核桃油中，棕榈酸、硬脂酸、油酸与 OSI 呈显著正相关，而亚油酸和亚麻酸与 OSI 呈显著负相关（$P<0.05$），且影响程度为亚油酸>硬脂酸>棕榈酸>油酸>亚麻酸。但一些植物油（低芥酸菜籽油、葵花籽油、橄榄油和棕榈油等）及其与鱼油的混合物中，MUFA 和亚油酸与氧化稳定性没有线性关系，而氧化稳定性与 SFA 和 PVFA 分别具有显著正线性关系和负线性关系，棕榈酸/亚油酸和 SFA/PVFA 与 OSI 和 IP（诱导期）、PV（过氧化值）均表现出明显的线性正相关。

2. 氧气

在大量氧存在的情况下，氧化速率与氧浓度无关。而氧浓度较低时，则氧化速率与氧浓度近似成正比。此外，氧浓度对氧化速率的影响还受其他因素影响，如温度与接触面积。

经研究发现，氧气在油脂中的溶解速率符合下列公式：

$$W = k \times A \times \Delta P \tag{3-25}$$

式中，W 表示单位时间内油脂所能吸收氧气的重量；k 表示传质系数；A 表示油脂与空气相接触的表面积；ΔP 表示在空气中的氧与在油脂中的氧的压力差值。

也就是说，油脂与空气的接触面积越大，氧化速率越高。将高油酸红花籽油置于 4 种氧气浓度（2%、4%、10% 和 20%）下，加热到 180℃，评估氧气浓度对其氧化变质的影响，发现其氧化降解取决于氧浓度，氧浓度为 2% 和 4% 时，油脂的酸价、羰基值和极性物质含量均低于氧浓度为 10% 或 20% 时油脂的酸价、羰基值和极性物质含量。因此，在储存与加工油脂的过程中，要尽可能减小油脂与空气的接触面积，或者充惰性气体（如氮气）和使用透性低的包装材料来避免油脂与空气的接触。

3. 温度

温度与油脂的氧化有密切的关系。一般来说，随着温度上升，氧化速率加快。例如，对纯油酸甲酯而言，在高于 60℃ 的条件下储存，每升高 11℃，其氧化速率增加 1 倍；纯大豆油脂肪酸甲酯在 15~75℃ 时，每升高 12℃，其氧化速率也提高 1 倍。这是因为高温既能促进自由基的产生，又能促进氢过氧化物的分解和聚合。但温度上升，氧的溶解度会有所下降，因此在高温和高氧条件下，氧化速率和温度间的关系会有一个最高点。温度对光氧化的影响非常小，因为光氧化反应的活化能非常低（0~6 kcal/mol）。饱和脂肪酸在室温下稳定，在高温下容易发生氧化。例如，猪油中饱和脂肪酸的含量通常比植物油高，猪油的货架期却比植物油的短。这是由于猪油一般经过熬炼而得，经历了高温阶段，引发了自由基。因此，低温储存油脂是降低油脂氧化速率的一种方法。

4. 水分

油脂水解酸败是油脂劣变的主要因素之一。在脂类模拟体系和含各种油脂的食品中，氧化也取决于水分活度（a_w）。在 a_w 为 0.33 时氧化速率最低；随着 a_w（0~0.33）增加，氧化速率降低。这是因为在十分干燥的样品中添加少量水，既能与催化氧化的金属离子水合，使催化效率明显降低，又能与氢过氧化物结合并阻止其分解；而当 a_w 从 0.33 继续增加至 0.73 时，在这一范围内，随着 a_w 增大，催化剂的流动性提高，水中的溶解氧增多，分子溶胀，暴露出更多催化位点，故氧化速率提高；当 $a_w > 0.73$ 时，水量的增加使催化剂和反应物的浓度被稀释，氧化速率降低。故油脂中水分偏高时，会加速油脂水解，使其酸价上升，这也是工业生产精炼油脂要求水分含量低于 0.1% 的原因。

5. 光

光能够加速油脂氧化，光敏氧化是油脂氧化的方式之一。可见光、紫外光及 γ 辐射都能有效促进油脂氧化。光的波长及强度不同，对油脂的氧化过程会造成不同的影响。对各种油脂而言，光的波长越短，油脂吸收光的程度越强，其促氧化的速度越快。因此，避光储存能延缓油脂的氧化过程。

6. 金属离子

金属离子是一种游离基的引发剂，几种具有两种或两种以上价态的重金属（Fe、Cu、Mn、Cr、Ni、V、Zn、Al）作为自由基反应的催化剂促进氧化。这些具有氧化还原活性的过渡金属在氧化态的变化过程中转移单电子。即便这些金属离子的浓度低至 0.1 mg/kg，也能缩短诱导期和提高氧化速率。在油脂加工、运输、储存等过程中，会不可避免地混入金属离子，其以游离态和结合态两种形式存在，它们的存在会缩短油脂的货架寿命。例如，猪油中分别加入 0.05 mg/kg 的 Cu、0.6 mg/kg 的 Fe 或 2.2 mg/kg 的 Ni，其保存期会相应缩短一半。不同金属催化能力强弱排序如下：铅>铜>锡>锌>铁>铝>不锈钢>银。金属催化氧化的机理如下。

1）促进氢过氧化物分解

$$M^{n+} + ROOH \longrightarrow M^{(n+1)+} + OH^- + RO\cdot$$

$$M^{n+} + ROOH \longrightarrow M^{(n-1)+} + OH^+ + RO\cdot$$

2）直接与尚未氧化的脂类作用

$$M^{n+} + RH \longrightarrow M^{(n-1)+} + OH^+ + R\cdot$$

由于热力学约束、自旋障碍和极低的反应速率，金属与脂类分子的这种直接相互作用并不是金属催化的主要机制。

3）使氧分子活化，产生单线态氧和过氧化自由基

$$M^{n+} + O_2 \longrightarrow M^{(n-1)+} + O^{2-} \begin{array}{c} \overset{e^-}{\longrightarrow} {}^1O_2 \\ \overset{H^+}{\longrightarrow} HO_2^- \end{array}$$

利用热重法和导数热重法研究铅、铁、锡、铜等金属对橄榄油热稳定性的影响，发现在金属存在的情况下，油脂的降解速率始终较高，且随着金属浓度的增加，油脂的降解速率增高，证实了被测金属对油热稳定性的负面影响。

7. 酶

有些油脂，如豆油和米糠油中存在着脂肪氧化酶，它们起着加速油脂氧化的作用。钝化或去除这些酶会有效地延长油脂保存期。

8. 其他

色素、光敏剂及灰尘等同样对油脂氧化有一定的影响。许多食品组织中存在羟高铁血红素，其是一种重要的助氧化剂。例如，熬炼猪油时若血红素未去除完全，则猪油酸败速度快。α-生育酚在 100 mg/kg 时具有良好的抗氧化活性，但在高浓度时具有明显的助氧化作用。β-胡萝卜素在 5×10^{-5} mol/L 时具有最好的抗氧化性，高浓度时则有助氧化作用。还发现 β-胡萝卜素在低氧浓度（氧分压<20 kPa）时为抗氧化剂，而在高氧浓度时可表现为助氧化剂。抗坏血酸在低浓度（1.65 mmol/L）时具有助氧化作用，但在高浓度（4.15 mmol/L）时为抗氧化剂。

研究 6 种内源性微量组分对核桃油氧化的影响，发现共轭烯烃、羰基化合物具有促氧化作用，而总酚、生育酚、黄酮、β-胡萝卜素具有抗氧化作用，且抑制核桃油氧化的能力依次为生育酚>总酚>黄酮>β-胡萝卜素。其对初级氧化的抑制能力依次为生育酚>总酚>黄酮>β-胡萝卜素；对次级氧化的抑制能力依次为总酚>生育酚>黄酮>β-胡萝卜素。

9. 抗氧化剂

能延缓和防止脂类氧化的物质称为抗氧化剂。按照抗氧化剂的原理，可将其分为自由基清除剂、单线态氧猝灭剂、氢过氧化物分解剂、酶抑制剂、抗氧化剂增效剂等。按来源，可将其分为天然和合成抗氧化剂。为了防止油脂的氧化酸败，可采取的措施有避免光照、高温、去除叶绿素等光敏性物质，尽量减少或避免与金属离子的接触，降低水分含量，去除磷脂等亲水性杂质，防止微生物的侵入，加入抗氧化剂和增效剂等。

3.2.2 抗氧化剂的使用和分类

1. 食用油脂中抗氧化剂的使用和条件

在油脂中，抗氧化剂可以延缓氧化的发生或减缓氧化的速度。这些抗氧化物质可作为食物的天然成分出现，也可以有意地添加到产品中或在加工过程中形成。它们的作用不是提高或改善食物的质量，而是维持食物的质量和延长保质期。

作为油脂抗氧化剂，首先必须在油脂中具有一定的溶解度，而且参与反应生成的抗氧化剂游离基必须是稳定的，不具备氧化油脂的能力。对于食用油脂抗氧化剂除了上述要求外，还必须具备以下特点：无毒或毒性极小；要亲油不亲水，在油脂中充分分散；无色无味，对水、酸、碱以及在高温下均不变色、不分解，均一稳定；挥发性低，高温时损耗不大；低浓度时其抗氧化效率也很高；价格不过高，经济合理。

此外，不同油脂的不饱和度、促氧化剂（如金属离子）及天然抗氧化剂等的含量也不同。因此，必须根据具体情况选择合适的抗氧化剂。

2. 抗氧化剂的分类

根据来源，油脂中的抗氧化剂可分为天然抗氧化剂和合成抗氧化剂。常见的合成抗氧化剂只有 10 多种，其中主要为丁基羟基茴香醚（BHA）、2,6-二叔丁基-4-甲基苯酚（BHT）、没食子酸丙酯（PG）、2-叔丁基氢醌（TBHQ）和合成生育酚等，其中最常用的是 BHA 和 BHT。BHA 和 BHT 的热稳定性好、具有很强的亲脂性，两者混合使用具有协同作用。但由于毒性问题，BHT 在美国及日本已经被停止使用，BHA 在日本也已被禁用；PG 存在溶解度较差、易变色、不适合高温处理（148℃时开始分解）等问题，用途不广；TBHQ 具有良好的热稳定性，抗氧化效果很好，在煎炸油中常用，但其价格较高，使用受到一定限制。

由于健康营养的需求，使用天然抗氧化剂是现在和未来食品行业的一大趋势。除植物油中普遍存在的生育酚和个别油品中存在的阿魏酸、棉酚、芝麻酚和角鲨烯等天然抗氧化剂外，还可从香辛料和中草药（如茶叶、辣椒、丁香、迷迭香、鼠尾草、丹参等）中提取油脂抗氧化剂。目前，抗坏血酸和生育酚是最重要的天然抗氧化剂。此外，在食品加工过程中可诱导产生抗氧化剂，如具有抗氧化活性的蛋白酶（葡萄糖氧化酶、超氧化物歧化酶、过氧化氢酶和谷胱甘肽过氧化物酶等）、酶解产物、发酵产物等。天然抗氧化剂的主要优点是，其安全证明可能没有合成产品所要求的那么严格，如果抗氧化剂是天然的 GRAS（GRAS 认证：全称为 generally recognized as safe，是美国 FDA 评价食品添加剂的安全性指标）成分，则不需要进行安全检测。但并不意味着所有天然抗氧化剂都是安全的，许多天然产物是潜在致癌物、诱变物或致畸物，去甲二氢愈创木酸（nordihydroguaiaretic acid, NDGA）是一个很好的例子，它是灌木木馏油的天然成分，在 20 世纪早期被广泛用作抗氧化剂，之后发现其对人体健康具有不良影响。同时天然抗氧化剂也具有一定的缺点，如用量高、不理想的味道或颜色、抗氧化效果较差、稳定性差等。

　　按照抗氧化机理，抗氧化剂则可分为两大类：①与脂质自由基反应生成稳定产物的初级（或链断裂）抗氧化剂；②通过各种机制延缓氧化过程的二级（或预防性）抗氧化剂。可将抗氧化剂进一步详细划分为自由基清除剂、单线态氧猝灭剂、氢过氧化物分解剂、酶抑制剂、抗氧化剂增效剂、金属螯合剂等。

3.2.3　抗氧化剂的作用机理

　　按照单个抗氧化剂的抗氧化机理，可以将抗氧化剂分为自由基清除剂、单线态氧猝灭剂、金属螯合剂、酶抑制剂、酶抗氧化剂、氢过氧化物分解剂、氧清除剂、紫外光吸收剂等（图 3-15）。从抗氧化剂混合使用的角度，还包括抗氧化剂增效剂。

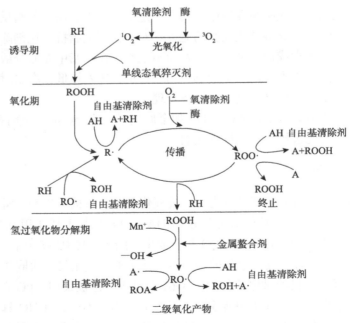

图 3-15　各类抗氧化剂作用示意图（赵国华，2014）

AH 代表抗氧化剂；A 代表抗氧化剂游离基

1. 初级抗氧化剂——自由基清除剂

自由基清除剂（FRS）是通过清除自由基而实现抗氧化的，它是优良的氢供体。在遇到自由基时，FRS 能贡献氢将自由基清除，同时自身形成性质稳定、反应不活泼的自由基中间产物。

FRS 能够通过以下反应接受氧化脂类自由基，如过氧化氢（LOO·）和烷氧基（LO·）自由基：

$$LOO·/LO·+FRS \longrightarrow LOOH/LOPH+FRS·$$

酚类抗氧化剂是最常见的自由基清除剂。以其为例，在遇到自由基时，酚类抗氧化剂能贡献氢将自由基清除，同时自身形成性质稳定、反应不活泼的自由基中间产物，新形成的酚基自由基中氧原子上的单电子可与苯环上的 π 电子云共轭而稳定化。尤其是当酚羟基的邻位上具有叔丁基时，由于空间位阻作用阻碍了分子氧的进攻，从而降低了酚基自由基进一步引发自由基链式反应的能力，体现出抗氧化活性。由此可见，作为自由基清除剂的酚类抗氧化剂，一方面能将高反应活性自由基转变为低反应活性自由基，是对自由基链氧化功能的清除与消除；另一方面同时经过两步反应，通过形成氧化物的形式可以将自由基彻底清除（图 3-16）。

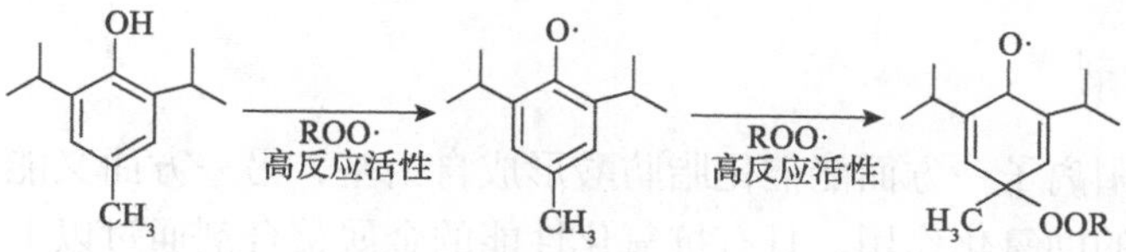

图 3-16 自由基清除剂的抗氧化机理

常见的酚类自由基清除剂有 BHA、BHT、TBHQ、PG 和生育酚等。

此外，类胡萝卜素在缺乏单线态氧（低氧分压）的情况下，也可作为初级抗氧化剂通过捕获自由基和使反应链断裂来防止氧化。β-胡萝卜素是研究最广泛的类胡萝卜素抗氧化剂，它与脂质过氧化自由基发生反应，形成类胡萝卜素自由基（详细机理见本章 3.4.2）。

2. 单线态氧猝灭剂

单线态氧是氧的激发态，外层轨道的两个电子有相反的自旋方向。单线态氧是一种高能量分子，引发脂质氧化是由于其亲电性，它负责不饱和脂肪的光氧化和其后氢过氧化物的生成。

类胡萝卜素是典型的单线态氧猝灭剂，这是由于类胡萝卜素（carotenoid）具有较低的单线态能量。因此，它们容易从单线态氧分子接受能量而使 $^1O_2$ 转化为 $^3O_2$，从而实现 $^1O_2$ 的猝灭（quenching）。1 分子的 β-胡萝卜素（β-carotene）可以按 1.3×10^{10} mol /(L·s)的速率猝灭 250～1000 个 $^1O_2$ 分子。能量转移是类胡萝卜素猝灭 $^1O_2$ 的作用机理。$^1O_2$ 将电子激发能量转移给类胡萝卜素（CAR），进而产生三线态类胡萝卜素（^3CAR）和 $^3O_2$，这称为 $^1O_2$ 的猝灭。同样，处于激发态的光敏剂（$^3Sen^*$）也可以将能量转移给单线态类胡萝卜素（^1CAR），这称为三线态光敏剂的猝灭。而处于三线态的类胡萝卜素（^3CAR）很容易通过热量散失而回到单线态。

类胡萝卜素猝灭 $^1O_2$ 的效率与其共轭双键的数目、水溶性和浓度密切相关。一般随着分子中共轭双键数目的增多、浓度的上升和水溶性的增加，类胡萝卜素猝灭 $^1O_2$ 的效率提升。具有 9 个或更多共轭双键的类胡萝卜素是非常有效的猝灭剂。β-胡萝卜素、异玉米黄素和叶黄素都是有效的单线态氧猝灭剂。β-紫罗兰酮环中的取代基也会影响单线态氧的猝灭活性。氧代、共轭酮基或环戊烷环的存在会增加单线态氧的猝灭能力，而被羟基、环氧基或甲氧基取代的 β-紫罗兰酮环的效果较差。

虽然一般认为类胡萝卜素对单线态氧的猝灭不会导致类胡萝卜素的破坏，但这些反应可能导致反式或顺式异构体的转化。

类胡萝卜素猝灭 $^1O_2$ 和 $^3Sen^*$ 的机理如下。

$$^1O_2 + {}^1CAR \longrightarrow {}^3O_2 + {}^3CAR$$
$$^1CAR + {}^3Sen^* \longrightarrow {}^3CAR + {}^1Sen$$
$$^3CAR \longrightarrow {}^1CAR + 热量$$

此外，生育酚和胺类可以通过电荷转移机制对单线态氧进行物理猝灭。在该反应中，电子给体（生育酚或胺类）与缺电子的单线态氧分子形成电荷转移复合物。系统间的能量转移发生在复合体中，导致能量耗散并最终释放出三线态氧。一些其他化合物，包括氨基酸、多肽、蛋白质、酚类、尿酸盐和抗坏血酸盐，可以用化学方法猝灭单线态氧，但对由此产生的氧化产物了解较少。

3. 金属螯合剂

一些高价金属阳离子一方面能催化脂肪酸形成自由基，另一方面又能加速氢过氧化物分解，因此具有很强的助氧化作用。具有抗氧化性能的金属螯合剂通过以下一种或多种方式抑制金属催化的反应：通过降低高价金属阳离子的氧化势而稳定其氧化状态；占领所有金属配位；形成不溶性金属配合物；与金属离子结合产生空间位阻，抑制氢过氧化物与金属离子的结合。例如，当乙二胺四乙酸（EDTA）与铁的比例为 1∶1 或更低时，EDTA 具有促氧化作用；当 EDTA 与铁的比例大于 1∶1 时，EDTA 具有抗氧化作用。柠檬酸、酒石酸、抗坏血酸、EDTA 等均可作为金属螯合剂抑制油脂的氧化。

螯合物的活性取决于 pH，随着 pH 接近可电离基团的 pK_a，螯合物活性降低。螯合物活性也会因其他螯合离子（如钙离子）的存在而降低，这些离子会与前氧化金属竞争结合位点。

4. 酶抑制剂

脂肪酶促氧化的主要影响因素是脂氧合酶的活性，脂氧合酶是在植物和某些动物组织中发现的活性脂质氧化催化剂。抑制脂氧合酶的活性则可有效抑制油脂中的酶促氧化。酚类可以通过作为自由基钝化剂间接抑制脂氧合酶的活性，也可以通过将酶活性位点的铁还原为亚铁状态来抑制脂氧合酶的活性。此外，黄酮及没食子酸酯能有效抑制脂氧合酶。茶黄素单没食子酸酯与茶黄素二没食子酸酯是大豆脂氧合酶的有效抑制剂。而加热虽然也能钝化脂氧合酶，但它会加速油脂的自动氧化。

5. 酶抗氧化剂

超氧化物歧化酶（superoxide dismutase，SOD）、谷胱甘肽过氧化物酶（glutathione peroxidase，GSH）、过氧化氢酶、葡萄糖氧化酶等都是食品中存在的具有抗氧化活性的酶类。以 SOD 为例，超氧化物阴离子是在分子氧中加入一个电子而产生的，超氧化物通过使过渡金属保持其还原的活性状态、促进金属与蛋白质（如铁蛋白）结合的释放、其共轭酸（过氧化氢自由基）的 pH 依赖性形成，从而参与氧化反应。SOD 通过 $2O_2^- + 2H^+ \longrightarrow O_2 + H_2O_2$ 的反应催化超氧化物阴离子转化为过氧化氢，形成的过氧化氢在过氧化氢酶作用下转变成水和三线态氧，从而起到抗氧化作用。

6. 氢过氧化物分解剂

氢过氧化物是油脂氧化的主要初级产物，有些化合物，如硫代二丙酸的月桂酸酯或硬脂酸酯可将氢过氧化物转变为非活性物质，从而起到抑制油脂进一步氧化的作用，将这类抗氧化物质称为氢过氧化物分解剂。

$$R_2S + R'OOH \longrightarrow R_2S = O + R'OH$$
$$R_2S = O + R''OOH \longrightarrow R_2SO_2 + R'OH$$

7. 氧清除剂

抗坏血酸、抗坏血酸棕榈酸、异抗坏血酸、异抗坏血酸钠都可以通过清除氧气和充当还原剂来防止氧化。清除氧气在有顶空或含有溶解氧的产品中是有效果的。其中抗坏血酸还具有螯合金属离子的作用。此外，食品包装袋内常使用的铁系脱氧剂和亚硫酸盐脱氧剂也具有类似的功效。

8. 紫外光吸收剂

透过食品包装的紫外光会引起食品中油脂的氧化。因此，在包装材料中添加紫外光吸收物质能有效减缓包装食品中油脂的氧化。常用的紫外光吸收剂主要包括有机化合物和无机超微粒子两类。前者如 2-羟基-4-正辛氧基二苯甲酮、苯甲酮和苯并三唑等，后者主要是粒径为 1～100 nm 的氧化铁、氧化锌、氧化钛等的超微颗粒。

9. 增效剂和抗氧化剂的增效作用

目前油脂中所使用的抗氧化剂增效方法有两种，即利用增效剂来提高抗氧化剂的抗氧化效能和使用互相具有增效作用的多种抗氧化剂。

1）增效剂　增效剂是指自身没有抗氧化作用或抗氧化作用非常弱，其和抗氧化剂一起使用，可以使抗氧化效能加强的物质。常见的增效剂有磷脂、柠檬酸、抗坏血酸及其酯、磷酸、酒石酸、植酸等。

增效剂的作用机理目前仍不完全清楚，但是比较重要的一点是增效剂可以络合金属离子，使其失活或活性降低，从而使金属离子催化油脂氧化的功能减弱。另外，增效剂可以使抗氧化剂的寿命延长，减慢抗氧化剂的损耗。其作用过程为

$$A \cdot +HI \longrightarrow AH+I \cdot \quad （HI 表示增效剂，I \cdot 表示增效剂游离基）$$

该反应不但使抗氧化剂游离基还原成分子，而且生成的增效剂游离基（I·）活性极低，很难参与油脂氧化的游离基链反应，最终达到减缓油脂氧化的目的。

2）抗氧化剂的增效作用　　在食品生产中，常将几种抗氧化剂混合使用，尤其是弱氧化剂。其原因是在相同使用量的情况下，抗氧化剂混合使用可以获得更好的抗氧化效果。换言之，在获得相同抗氧化效果的情况下，混合使用抗氧化剂所需要的总量更低。将这种不同抗氧化剂之间互相增强其抗氧化力的现象称为抗氧化剂的增效作用。抗氧化剂的增效作用可以发生在同一类型的抗氧化剂之间，也可以发生在不同类型的抗氧化剂之间。自由基清除剂、氢过氧化物分解剂、金属螯合剂、单线态氧猝灭剂之间常能产生增效作用。磷脂与生育酚、抗坏血酸与生育酚、BHA 与 BHT 之间都具有增效作用。不同抗氧化剂之间增效作用的机制尚不完全清楚。在 BHA 与 BHT 的增效体系中，前者为主抗氧化剂，被氧化形成自由基（BHA·），而形成的自由基能与 BHT 作用使其还原为 BHA，从而提高抗氧化效果。但是，当抗氧化剂混合不当时，有可能导致其混合后的抗氧化效果会劣于单一组分，特别是其中一种会明显抑制另一种的抗氧化效果，这种现象称为消效作用。

3.3　类脂物的氧化与抗氧化

3.3.1　磷脂

1. 磷脂氧化

磷脂主要通过水解和（或）氧化两种途径降解。

磷脂分子结构中包含甘油酯键、磷酸酯键、磷酸羟胺键三种化学键，这些化学键在不同的条件下均可以被水解。目前普遍应用的三种水解方法分别为酸水解、碱水解及酶法水解。其中，酶法水解可以针对性地水解特定类型的酯键。磷脂可以在磷脂酶的作用下发生部分水解，脱除一条游离脂肪酸链后，成为具有强溶血性质的"溶血磷脂"。溶血磷脂随后降解为甘油磷酸化合物，作为磷脂水解的最终产物。水解通常发生在有水存在的条件下，产生溶血磷脂和游离脂肪酸。此外，磷脂在碱性或酸性条件下可以被催化水解。另外，磷脂通过其脂肪酸的氧化降解与其他脂类的氧化机制相似，即脂质自氧化、光氧化和酶促氧化或非酶氧化。

尽管氧化反应可以直接从磷脂中提取氢，但引发通常归因于脂肪酸与活性氧的反应。磷脂中的 n-3 长链 PUFA 是氧化的主要靶点。磷脂中的不饱和脂肪酸氧化易经历受酶控制的过程和随机自氧化过程。自氧化的机理与脂肪酸或酯的氧化机理基本相似。该机制有三个主要阶段：引发、传播和终止。当氢从磷脂的不饱和脂肪酸中提取时，引发反应发生，从而产生脂质自由基。脂质自由基又与分子氧反应形成脂质过氧自由基。图 3-17 给出了脂质自氧化的基本过程，磷脂也是如此。n-3 长链 PUFA 在磷脂中的自氧化作用通过自由基链反应发生，自氧化作用产生各种不同极性、稳定性和分子质量的化合物：①分子质量与不饱和脂质分子相似的化合物（LH），但其中一种脂肪酸发生了氧化；②挥发性化合物，如醛、碳氢化合物、醇和酮；③氧化聚合物，如二聚体或多聚体，它们是通过两个或多个脂质自由基（L·）的相互作用形成的，因此其分子质量高于 LH。二聚体和多聚体是由 C—C—、—C—O—C 和 C—O—O—C 结合形成的大分子。它们是无环结构还是环结构取决于反应过程以及油脂中脂肪酸的类型。氧化聚合通常发生在高温或氧化的加速阶段，此时氧的溶解度急剧下降，大部分氢过氧化物（LOOH）分解形成过氧基（LOO·）和烷氧基（LO·）。羟基聚合物的形成主要涉及烷基自由基（L·）和烷氧基（LO·）。高不饱和脂肪酸氧化产物的氧化聚合反应产生棕色聚合产物。

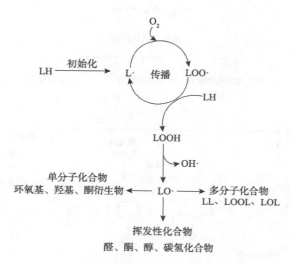

图 3-17　脂质自氧化的基本过程

当脂氧合酶活性部位的 Fe^{3+} 还原成 Fe^{2+} 时，会从不饱和脂肪酸中酶促析氢。虽然大多数脂氧合酶需要游离脂肪酸，但已有报道称脂氧合酶直接作用于磷脂中的脂肪酸。因此，在脂氧合酶产生反应活性之前不一定需要酶解。在传播过程中，脂类与脂类的相互作用促进自由基的增加，自由基通过从邻近分子中提取氢产生。结构中具有多不饱和脂肪酸及磷酸基的磷脂，在催化剂/引发剂（如过渡金属）的存在下被氧化。过渡金属，如亚铁离子和铁离子（Fe^{2+} 和 Fe^{3+}）主要通过芬顿反应将脂质过氧化氢分解为自由基，从而促进脂质氧化。因此，在模型体系中，降低氢过氧化物水平可以大大抑制脂质氧化。此外，过渡金属的种类、浓度和化学状态对氢过氧化物的分解速率也有不同的影响。例如，亚铁离子由于其较高的溶解性和反应性，是一种比铁离子更强的促氧化剂。过渡金属分解氢过氧化物（LOOH）形成烷氧基（LO·）和过氧基（LOO·），从而进一步提取 H 原子。自由基（L·）可以与三线态氧反应生成过氧化自由基。此外，过渡金属还可以从 LH 中提取 H，形成自由基（L·），但该反应相对缓慢，不是脂质氧化的重要途径。

磷脂中最常见的非酶褐变反应是美拉德反应。它通常被描述为还原糖的羰基与氨基酸的亲核氨基之间的反应。除了来自糖或碳水化合物的活性羰基之外，脂质氧化还产生活性二羰基，其可参与非酶褐变反应。一般而言，海洋磷脂中的非酶褐变反应（图 3-18）可分为两类：①生成吡啶的吡啶烷基化反应；②如果海洋磷脂中存在氨基酸残基，则发生氨基酸的 Strecker 降解。在海洋磷脂生产中，高温萃取磷脂会引起脂质氧化，首先形成二次挥发性氧化产物/羰基化合物和三级脂质氧化产物（类似于碳水化合物的 α-二羰基衍生物）。三级脂质氧化产物，如海洋磷脂中存在的伯胺基团具有反应性。三级脂质氧化产物的一个例子是 4,5-（E）-环氧-2-（E）-庚烯醛。环氧烯烃（epoxyalkene）由二次氧化产物（E,E）-2,4-庚二烯醛衍生而来。两个氧合基团的存在，即一个羰基和一个环氧基或羟基，是 Strecker 降解和吡啶烷基化反应发生所必需的。

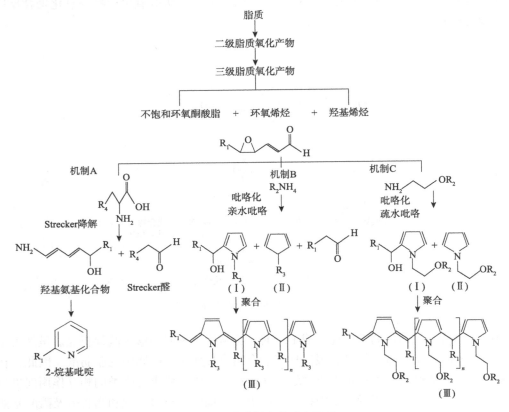

图 3-18　非酶褐变的反应机理

R_1，R_3，R_4表示烷基；R_2表示不含醇的磷脂；（Ⅰ）表示 N-取代 2-(1-羟基烷基)吡咯；（Ⅱ）表示 N-取代吡咯；（Ⅲ）表示褐黑素类大分子

　　脂质氧化产物的氧化聚合可能会形成棕色的聚合物。因此，氧化聚合物的存在可能是海洋聚合物褐变的另一个原因。结果表明，由磷脂酰胆碱（PC）制备的脂质体分散体发生褐变是由于氧化聚合作用，PC 不含伯胺，因此在脂质体分散体中没有发现吡咯。相反，在含 PE 的分散体中褐变的形成既归因于疏水吡咯的形成，又归因于氧化聚合。然而，需要进一步研究确定吡咯化或氧化聚合中哪一个反应对海洋磷脂褐变的发生贡献更大。综上所述，海洋磷脂的褐变发展可能是由于氧化聚合物和吡咯聚合物的存在。

　　2. 磷脂的促氧化作用

　　磷脂能够促进油脂氧化，其原理是磷脂通过扩大表面张力加速氧气进入油脂内部，从而促进油脂氧化。由于本身较高的不饱和度及极性基团所带的负电荷可能会吸引促氧化的金属离子，因此磷脂容易被氧化。

　　磷脂中不饱和脂肪酸的存在使它们本身就容易受到脂肪氧化的影响。实际上，在很多的食品体系中，磷脂的不饱和程度会比甘油三酯更高，因为磷脂需要维持细胞膜的流动性。在散装油体系中，磷脂经常会产生促氧化的作用。散装油是非均相的体系，除了甘油三酯以外，还有 200～800 mg/kg 的水分及一系列包含磷脂在内的两亲性小分子。甘油三酯中水的存在会造成两亲性物质自发形成稳定的纳米结构，而磷脂在其中则会形成反向胶束。散装油中的磷脂反向胶束的形成扩大了油-水界面，使得亲水性与亲油性的促氧化物都能够与甘油三酯充分接触进而发挥作用。此外，即使在含有极少量的极性脂类和抗氧化剂（如生育酚）的纯化大豆油中，当二油酰 PC 的浓度超过其临界胶束浓度时，反向胶束仍会自发形成，并加速油脂氧化。二油酰 PE 也同样具有自发形成反向胶束并促进油脂氧化的作用。

　　此外，其他油脂体系也存在磷脂促氧化的现象。磷脂由于能够增加纯化大豆油表面氧气的溶解从而促进了大豆油的氧化。猪油中添加 PC 与 PE 同样加速了其氧化进程。研究表明叶绿素 B 及其降解产物可促进菜籽油的氧化，但是 PC 和 PE 对叶绿素 B 具有保护作用，阻碍其降解，从而加速油脂的光敏氧化。

　　3. 磷脂抗氧化作用

　　对于油脂氧化，磷脂具有一定的抗氧化作用，有时会被用作抗氧化剂抑制油脂的氧化。其抗氧化机理主要表现在以下两个方面：一方面，磷脂可以螯合金属离子，从而抑制金属离子对自动氧化的催化作用；另一方面，磷脂可以使维生素之类的抗氧化剂再生，是因为脂质氧化过程中通过美拉德反应产生抗氧化物质，以及通过再生主抗氧化剂抑制油脂氧化等。PC 和 PE 均具有络合金属离子的能力，但两者的作用大小存在一定的差别。PC 与金属形成的络合物的稳定性弱于 PE，因此 PE 的抗氧化作用强于 PC。

　　理论上，由于磷脂分子中的磷酸基团带有负电荷，因此磷脂可以螯合金属离子从而抑制油脂氧化。在脂质体体系中，使用含有花生酸的脂质体测试不同类别磷脂对脂质氧化的影响，发现除了磷脂酸（PA）以外的其余磷脂都能抑制铁诱导的脂质氧化。在乳状液体系中，磷脂螯合金属的作用也有报道。在稳定的沙丁鱼油水包油乳状液中，PA 及磷脂酰丝氨酸（PS）的加入抑制了铁诱导的油脂氧化。在稳定的大豆油水包油乳状液中，PC 在 pH 为 7 的乳状液中发挥了抗氧化作用，而在接近甚至低于其 pK_a 的条件下，pH 为 3 时，PC 由于不带电荷，无法螯合金属离子，从而失去了抗氧化能力。在散装大豆油体系中，磷脂的加入对其氧化无影响，然而当体系中有 1 mg/kg 的亚铁离子存在时，PC、PE、磷脂酰肌醇（PI）、PA 和磷脂酰甘油（PG）由于具备螯合金属离子的能力，它们的加入都会起到抗氧化的作用。

　　然而，磷脂螯合金属离子的能力并不能保证它们的抗氧化作用，因为磷脂对金属离子的螯合可能会提高金属离子的溶解度，从而促进氧化。在脂质体中，如果提高 PS 或者 PA 的比例，将会造成更多的 Cu^{2+} 结合在膜表面，从而加速脂质氧化。同样的，二鲸蜡基磷脂酸的加入使得大鼠肝 PC 脂质体的氧化加速。

　　美拉德反应是在食品体系中非常重要的非酶褐变现象，反应物是羰基化合物（如还原糖、抗坏血酸及脂肪氧化产物的醛类）和游离氨基（如赖氨酸）。

在油脂体系中，一些磷脂（如 PE）含有游离氨基，而油脂氧化过程中 β 断裂反应产生的羰基（如醛、酮）为美拉德反应的发生提供了条件。因此，油脂精炼过程中脱胶除去磷脂的原因之一就是为了防止油脂的返色。

对伯胺、仲胺及叔胺对纯化大豆油的抗氧化特性进行研究，结果表明伯胺和仲胺能够有效地抑制脂肪氧化，然而叔胺并不会有相应的作用。进一步验证了一些油脂氧化产物与氨基（如 4,5-环氧-2-庚烯醛与辛胺）反应后的二氢化吡咯产物的抗氧化特性，结论是伯胺和仲胺抑制油脂氧化的能力来源于它们的美拉德反应产物。由于 PE 和辛胺一样具有氨基，因此也会发生类似反应。略微受到氧化的 PE 在大豆油中表现出了更强的抗氧化能力，其原因就在于 PE 与油脂氧化产物发生美拉德反应，生成二氢化吡咯磷脂。

3.3.2　胆固醇

受各种因素的影响，胆固醇可发生酶促氧化与非酶氧化，非酶氧化即自动氧化。因酶促氧化多发生在生物体内，故在此不多阐述，主要介绍自动氧化的机理。胆固醇自氧化是公认的自由基过程涉及与不饱和脂质氧化相同的化学反应。胆固醇在 A 环、B 环或支链引起的自动氧化反应可生成多种氧化产物。一些氧化产物会引起某些不良生理反应，如干扰固醇类代谢、导致动脉粥样硬化、致突变等。食品中已检测到的氧化产物主要有 25-羟基胆固醇、$3\beta,5\alpha,6\beta$-三醇胆甾烷、$5\alpha,6\alpha$-环氧化胆固醇、$5\beta,6\beta$-环氧化胆固醇、6-酮基胆固醇、7-酮基胆固醇、7α-羟基胆固醇、7β-羟基胆固醇和胆固烯酮等。近年来，相关研究多集中在氧固醇，它是通过向胆固醇骨架中添加氧而产生的胆固醇衍生物。

胆固醇的自动氧化通过 I 型或 II 型机制进行。第一类自动氧化是由自由基引发的，如由超氧化物/过氧化氢/羟基自由基系统产生的自由基；第二类自动氧化通过非自由基的含高活性氧的物质，如单线态氧（$^1O_2$）、HClO 和臭氧（O_3）发生反应。第一类和第二类自动氧化的机理和生成产物存在区别，第一类通过链式反应机理进行，而第二类以化学计量的方式进行，且胆固醇的物理性质可能影响其自动氧化。例如，晶体结构不同于胆固醇一水合物的无水胆固醇，似乎比胆固醇一水合物对自动氧化更敏感。

在不同的模型系统中通过由自由基（I 型自动氧化，图 3-19）引发的反应研究胆固醇自动氧化，其中研究最多的是在超氧化物/过氧化氢/羟基自由基系统中、非自由基含高活性氧的物质引发的反应（II 型自动氧化）。

自由基通过夺取氢、形成以碳为中心的自由基并随后被氧捕获而充当引发剂。脂质自由基中间体，包括 $LOO \cdot$ 和 $LO \cdot$，可以以类似于多不饱和脂肪酸的链式反应机制进行传递。

胆固醇在 C_5 位上含有一个双键，故其结构的最弱点是在 C_7 和 C_4 位，此外由于 C_3 位上的羟基和 C_5 位上的叔碳原子，C_4 位很少受到分子氧的攻击，因此，烯丙基氢的夺取主要发生在 C_7 位上。与饱和、单不饱和及多不饱和脂肪酸分别需要的脂肪酸键解离能（95 kcal/mol、85 kcal/mol 和 75 kcal/mol）相比，该键的解离能为 88 kcal/mol。在通常由自由基引发的链反应中，形成了胆固醇的差向异构体——氢过氧化物和胆固醇环氧化合物。侧链中 C_{20} 和 C_{25} 位上存在的叔原子会增加中心对氧化的敏感性，从而形成氧固醇（通常称为侧链氧固醇）。引发胆固醇自动氧化的条件尚不清楚，但所产生的自由基具备在结晶胆固醇中形成以碳为中心的过氧化自由基，在水溶性胆固醇分散液中被抗氧化剂延长诱导期的特征。

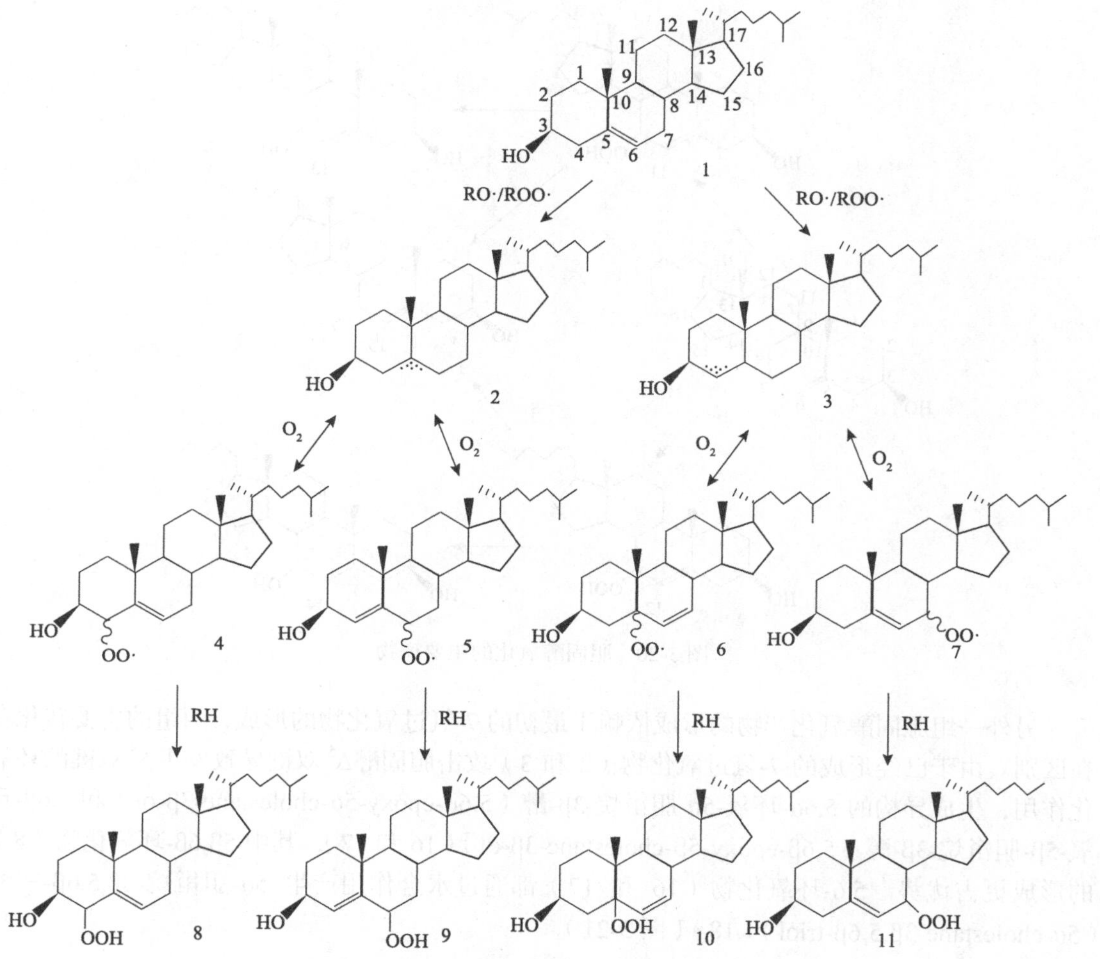

图 3-19 胆固醇通过 I 型机制自动氧化

1. 胆固醇；2. 以 C_5 为中心的自由基；3. 以 C_6 为中心的自由基；4. C_4-过氧自由基；5. C_6-过氧自由基；6. C_5-过氧基；7. C_7-过氧基；8. C_4-过氧化氢；9. C_6-氢过氧化物；10. C_5-氢过氧化物；11. C_7-氢过氧化物

1. I 型自动氧化

低温条件下，固体胆固醇中最初形成两种自由基，即丙烯基 C-7 自由基（allylic C-7 radical）和叔 C-25 自由基（tertiary C-25 radical），这两种自由基与氧反应生成相应的氢过氧自由基。然而，只有 C-7 氢过氧基和 7-氢过氧基在室温下可以存在。从产生的自由基中检测到了胆固醇的两种 7-氢过氧化物差向异构体（图 3-20 中的 11、12）。

7-氢过氧化物热分解产生相应的差向异构体——胆甾-5-烯-3β,7-二醇（cholest-5-ene-3β,7-diol）（图 3-20 中的 13、14）和 3β-羟基胆甾-5-烯-7-酮（3β-hydroxycholest-5-en-7-one）（图 3-20 中的 15），同时派生出胆碱-3,5-二烯-7-酮（cholesta-3,5-dien-7-one）。图 3-20 中的 11～15 是常见的胆固醇自氧化产物。

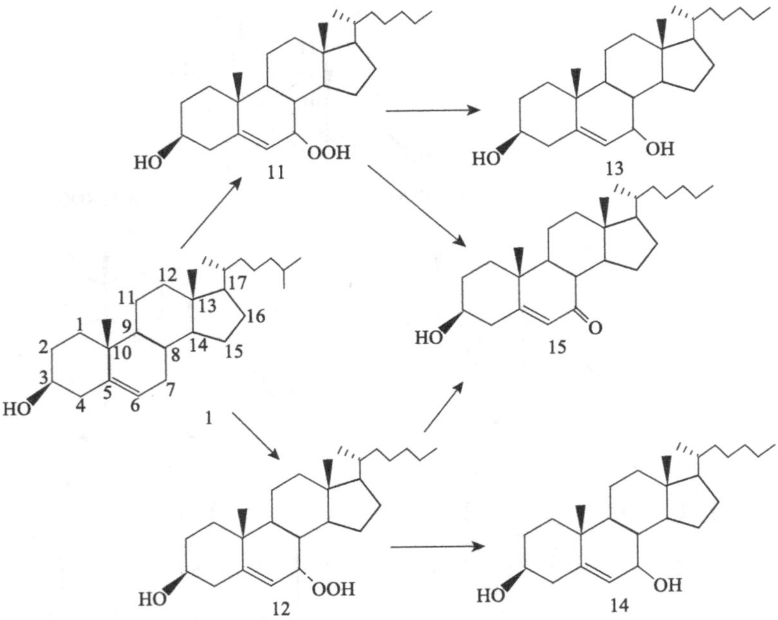

图 3-20 胆固醇氧化的主要产物

另外一组胆固醇氧化产物的形成依赖于最初的 7-氢过氧化物的形成，两组的主要转化存在区别。由于已经形成的 7-氢过氧化物（2 和 3）攻击胆固醇Δ⁵双键导致发生Δ⁵双键的环氧化作用，生成异构的 5,6α-环氧-5α-胆甾烷-3β-醇（5,6α-epoxy-5α-cholestane-3β-ol）和 5,6β-环氧-5β-胆甾烷-3β-醇（5,6β-epoxy-5β-cholestane-3β-ol）（16 和 17），其中 5β,6β-环氧化物（8）的形成更占优势。5,6-环氧化物（16 和 17）都通过水合作用产生 5α-胆甾烷-3β,5,6β-三醇（5α-cholestane-3β,5,6β-triol）（18）（图 3-21）。

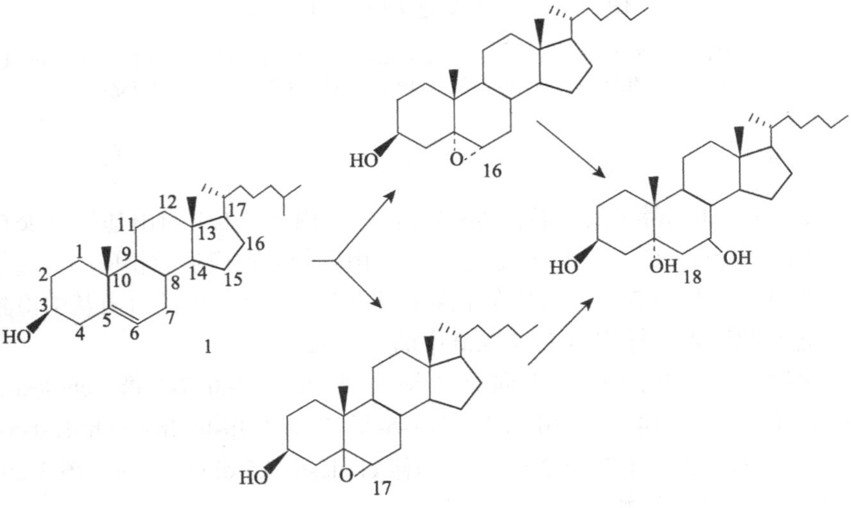

图 3-21 胆固醇的环氧化作用

氧化过程中的次要反应包括 3β-醇（3β-alcohol）脱氢成胆甾-5-烯-3-酮（cholest-5-en-3-one）

（19），再重排成胆甾-4-烯-3-酮（cholest-4-en-3-one）（20），或氧化成差向异构体 6α-氢过氧胆甾-4-烯-3-酮（6α-hydroperoxycholest-4-en-3-one）（21）和 6β-氢过氧胆甾-4-烯-3-酮（6β-hydroperoxycholest-4-en-3-one）（22）。6-氢过氧化物依次分解，生成 6α-羟基胆甾-4-烯-3-酮（6α-hydroxycholest-4-en-3-one）（23）和 6β-羟基胆甾-4-烯-3-酮（6β-hydroxycholest-4-en-3-one）（24）、胆甾-4-烯-3,6-二酮（cholest-4-ene-3,6-dione）（25）和 5α-胆甾-3,6-二酮（5α-cholestane-3,6-dione）（26）（图 3-22）。

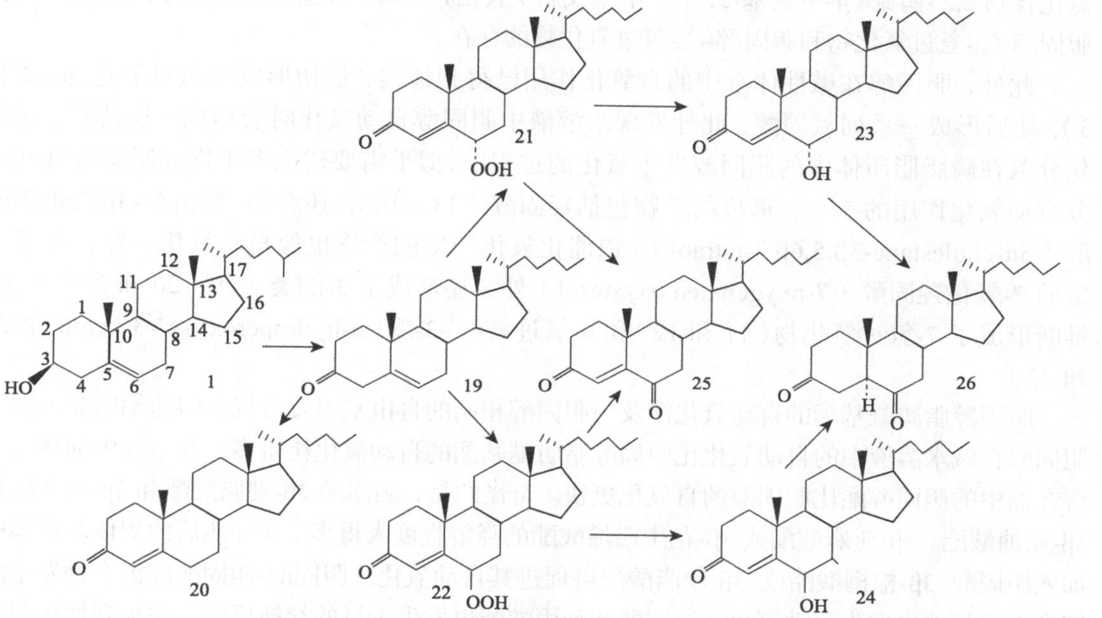

图 3-22　胆固醇 A 环和 B 环的自氧化产物

最后，侧链发生氧化，产生丰富的 20-氢过氧化物、24-氢过氧化物、25-氢过氧化物和 26-氢过氧化物及其分解产物。（20S）-胆甾-5-烯-3β,20-二醇 [（20S）-cholest-5-ene-3β,20-diol)]（27）、胆甾-5-烯-3β,25-二醇（cholest-5-ene-3β,25-diol）（28）、胆甾-5-烯-3β,26-二醇（cholest-5-ene-3β,26-diol）（29）和 3β-羟基胆甾-5-烯-24-酮（3β-hydroxycholest-5-en-24-one）（30）也属于氧化产物，也会产生其他氢过氧化物、醇、酮、醛及羧酸等（图 3-23）。

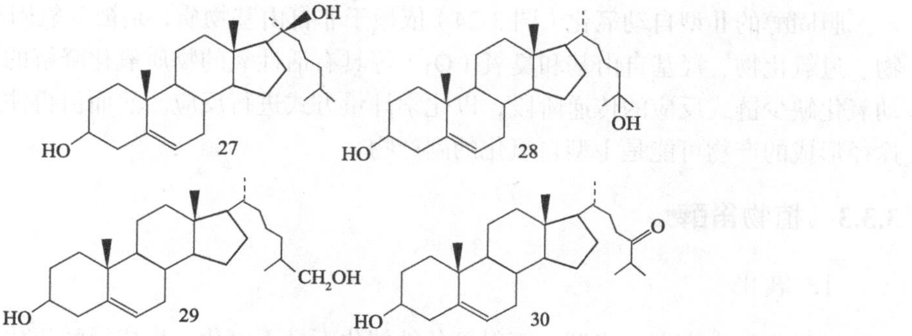

图 3-23　胆固醇侧链氧化产物

约 66 种氧固醇、14 种挥发性有机物和 H_2O_2 已被鉴定为胆固醇自氧化的产物，但还包括许多未被鉴定的其他氧固醇和挥发物。气相色谱/质谱联用技术（GC/MS）是测定氧固醇的标准方法，利用 GC/MS 检测到的种类有 4α-羟基胆固醇、6α-羟基胆固醇和 7β-羟基胆固醇、7-酮胆固醇、5α-环氧化物、6α-环氧化物、5β-环氧化物、6β-环氧化物、三醇和 6-氧代甾烷-3β,6β-二醇。4α-羟基胆固醇及差向异构体 7β-羟基胆固醇和 7-酮胆固醇的生成表明了它们的直接前体 C_4-胆固醇和 C_7-胆固醇氢过氧化物的存在。相关研究通过在氯苯中用脂溶性偶氮化合物 2,2′-偶氮（4-甲氧基-2,4-二甲基戊腈）氧化胆固醇，证实了胆固醇-C_4-氢过氧化物、胆固醇-C_5-氢过氧化物和胆固醇-C_6-氢过氧化物的存在。

此外，胆固醇在碱性体系中的自氧化作用已得到证实，最初形成 7-氢过氧化物（2 和 3），随后形成一系列氧固醇；此外发现水溶液中胆固醇自动氧化时会形成一层薄膜；铁催化分散在磷脂脂质体中的胆固醇发生氧化的过程中，似乎需要磷脂多不饱和脂肪酸酰基部分自动氧化作用的参与。形成的产物包括羟固醇（13～18），还有 5α-胆甾烷-3β,5,6β,7-四醇（5α-cholestane-3β,5,6β,7-tetraol）。铂催化氧化产生的产物也像自动氧化一样，除了通常的 7-氧化羟固醇（7-oxygenated oxysterol）外，还形成了 3-酮类（19、20 和 23～25），推断形成了 7-氢过氧化物（11 和 12）和 6-氢过氧-Δ^4-3-酮（6-hydroperoxy-Δ^4-3-ketone）（21 和 22）。

胆固醇脂肪酰基酯的自动氧化涉及与胆固醇相同的自由基引发过程，但速率明显不同。胆固醇在碱水溶液中的自动氧化比胆固醇脂肪酰基酯的自动氧化快得多，在空气中加热或溶解在油中的胆固醇酯比胆固醇的自氧化更快。奇怪的是，胆固醇 3β-硬脂酸酯和 3β-油酸酯比 3β-亚油酸酯、3β-亚麻酸酯或 3β-花生四烯酸酯的降解程度大得多。在加热后的固体胆固醇中加入胆固醇 3β-棕榈酸酯或 3β-硬脂酸酯可促进其自动氧化。胆固醇-胆固醇酯混合物发生酯交换，并且酯也发生自动氧化。羟固醇和羟固醇酯也发生少量的交换反应。添加到加热胆固醇中的饱和酯的促氧化作用为制备（4-^{14}C）羟固醇提供了一种方便的方法。

近年来，由于胆固醇前体的高氧化敏感性，对胆固醇氧化的研究更多集中于胆固醇前体。已证明 7-脱氢胆固醇在已发现脂质的自由基链式氧化中具有最高的链传递速率常数，即 $k_p \approx 2200$ mol/(L·s)。该反应速率比花生四烯酸[$k_p \approx 200$ mol/(L·s)]高 10 倍，比胆固醇[$k_p \approx 10$ mol/(L·s)]本身高 200 倍以上。

2. Ⅱ型自动氧化

胆固醇的Ⅱ型自动氧化（图 3-24）依赖于非自由基物质，是被双氧阳离子、$^1O_2$、超氧化物、过氧化物、羟基自由基和臭氧（O_3）等具有活性氧的物质氧化降解的反应过程。这类自动氧化缺少链式反应的传递阶段，以化学计量方式进行反应。然而值得注意的是，通过这种途径形成的产物可能是Ⅰ型自氧化的副产物。

3.3.3 植物甾醇

1. 氧化

植物甾醇在高温、光照、辐射等条件催化下易于氧化，生成甾醇氧化物。以 7-羟基氧化

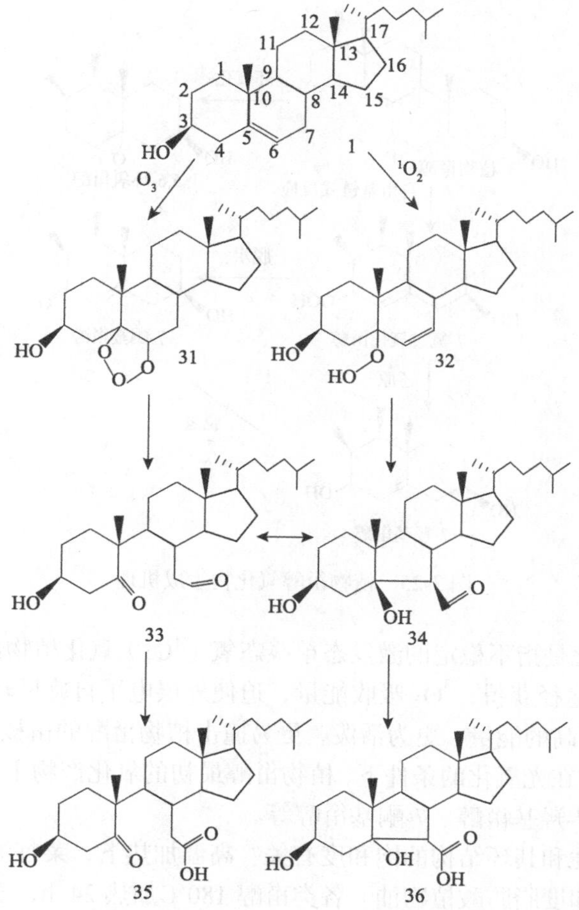

图 3-24　胆固醇通过 II 型机制自动氧化

1. 胆固醇；31. 胆固醇-二氧杂环丁烷；32.5α-胆固醇氢过氧化物；33. 3β-羟基-5-氧代-5,6-二氢胆甾-6-醛；34. 3β-羟基-5β-羟基-β-去甲胆甾烷-6β-甲醛；35. 3β-羟基-5-氧代-二氢胆甾-6-羧酸；36. 3β-羟基-5β-羟基-β-去甲胆甾烷-6-酸

物和 7-酮基氧化物含量最多，其次是 5,6-环氧化物。植物甾醇主要进行的是非酶氧化途径，包括自氧化和光氧化。由于胆固醇和植物甾醇在结构上的相似性，植物甾醇也会形成与胆固醇类似的氧化产物。

植物甾醇自氧化是一种自由基反应。具体过程如图 3-25 所示。植物甾醇受环境影响失去一个碳原子，呈自由基状态，与 $^3O_2$ 结合形成 7-氢过氧化甾醇。在甾醇的整个氧化过程中，7-氢过氧化甾醇起着很重要的作用，并且在氧化的早期阶段其浓度最高，随后其被还原生成 7-羟基甾醇，或脱水生成 7-酮基甾醇，7-羟基甾醇进一步脱氢会生成 7-酮基甾醇。植物甾醇和氢过氧化物相互作用生成 5,6-环氧甾醇。5,6-环氧甾醇能够进一步还原为 3β,5α,6β-三醇化合物。植物甾醇的甾核 A 环和 B 环等都极易在高温下发生氧化反应，产生 7α-羟基、7-酮基、5α,6α-环氧化物等氧化产物。菜籽油、椰子油、花生油、大豆油等在高温下加热，损失甾醇并产生甾醇氧化产物（POP）。研究表明，甾醇氧化物在加热至 150℃和 180℃时会发生分解，100℃时 POP 的主要类型是 5,6-环氧谷甾醇、5,6-环氧菜油甾醇的异构体，而在 150℃加热 20 h 以上，POP 的类型是 7α-羟基豆甾醇及 7-酮基菜油甾醇。

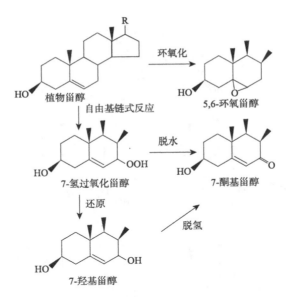

图 3-25　植物甾醇氧化物生成机理

　　植物甾醇的光氧化是指不稳定的激发态单线态氧（$^1O_2$）氧化植物甾醇生成甾醇氧化物，而 $^1O_2$ 主要从光激发途径获得，$^3O_2$ 吸收能量，迫使外层电子自旋反转形成激发态单线态氧 $^1O_2$，$^1O_2$ 具有比 $^3O_2$ 更高的能量，更为活泼，更易撞击植物甾醇的甾核，形成氢过氧化甾醇，引发植物甾醇的氧化。在光氧化的条件下，植物甾醇最初的氧化产物主要是 5-氢过氧化甾醇，经过重排转变，生成 7-羟基甾醇、7-酮基甾醇等。

　　甾醇的氧化稳定性与其环结构的饱和度有关。高温加热下，菜籽油和大豆油里的甾醇损失量远大于其他高饱和度脂肪酸植物油。各类甾醇 180℃加热 24 h，发现具有饱和环结构的谷甾烷醇氧化稳定性最强，而麦角甾醇由于环上有两个不饱和双键，氧化稳定性最差。

2. 抗氧化

　　植物甾醇具有抗氧化活性，其机理推测是在油脂表面被氧化的同时，甾醇分子提供氢原子以阻止氢氧化反应的链增长。

　　植物甾醇在高温下性质比较稳定，对脂质过氧化反应有很强的抑制作用，且具有剂量效应关系，其抗氧化能力与植物甾醇用量成正比。植物甾醇的抗氧化性是协同作用还是 4 种单体中的哪一种起作用，以及被氧化成何种物质及作用等问题仍待进一步研究。具有亚乙基侧链构型的植物甾醇的抗氧化活性，可能是通过使脂质自由基与侧链上的烯丙基质子反应，使自由基重新排列为相对更稳定的叔碳自由基，从而起抗氧化的作用。同时，研究者发现 β-谷甾醇和其他不含亚乙基侧链的植物甾醇具有良好的抗聚合能力。三油酸甘油酯、低芥酸菜籽油、高油酸葵花籽油和亚麻籽油在 180℃的油炸温度下连续加热，提高其谷甾醇含量可显著降低甘油三酯聚合物的形成。通过脱水反应将甾醇转化为甾二烯可能是谷甾醇在油炸温度下具有抗氧化作用的原因。植物甾醇在大豆油储藏过程中抗氧化作用的研究表明：避光 25℃条件下，添加植物甾醇具有增强大豆油抗氧化的作用。随着甾醇浓度的增加，抗氧化作用有增大的效果；甾醇的添加量达到一定程度时，抗氧化作用不再随甾醇浓度增加而增强。即合理控制甾醇的添加量即可发挥植物甾醇最大的抗氧化作用。

3.4　非类脂物的抗氧化作用

3.4.1　生育酚

生育酚是淡黄色至无色的油状液体，由于带较长的侧链，因此是油溶性的，不溶于水，易溶于石油醚、氯仿等弱极性溶剂中，难溶于乙醇及丙酮。与碱作用缓慢，对酸较稳定，即使在 100℃时也无变化。

α-生育酚、β-生育酚轻微氧化后，其杂环打开并形成不具抗氧化性的生育醌。γ-生育酚或 δ-生育酚在相同轻微氧化条件下会部分地转变为苯并二氢吡喃-5,6-醌，它是一种深红色物质，可使植物油颜色明显加深。苯并二氢吡喃-5,6-醌有微弱的抗氧化性质。

生育酚可延缓氢过氧化物的形成，抑制顺式过氧自由基重排为反式异构体，抑制过氧化物的分解，且能够抑制 β-烷氧基自由基的断裂。α-生育酚、β-生育酚和三烯生育酚对谷物中的多不饱和脂肪酸有重要的保护作用；γ-生育酚是富含亚麻酸的油料和油脂（如坚果）中脂质的主要抗氧化剂。在较低的初始添加水平（100 mg/kg）下，生育酚抑制氢过氧化物形成的能力按以下顺序逐渐减弱：α-生育酚>γ-生育酚>δ-生育酚；当初始生育酚浓度达到一定水平（500 mg/kg 或更高）时，活性强弱相反。δ-生育酚的抗氧化活性随浓度增加而增加。高浓度的酚类可能会变成促氧化剂，是由于它们参与了油脂氧化的起始阶段。

生育酚（TOH）通过清除自由基延缓脂质氧化。生育酚的标准还原电位为 0.5 V，可将氢提供给标准还原电位分别为 0.6 V、1.6 V、1.0 V 的脂质烷基自由基、烷氧自由基和烷过氧自由基。生育酚与脂质烷过氧自由基以 $10^4 \sim 10^9$ mol/(L·s)的速率产生生育酚自由基和脂质氢过氧化物（图 3-26），该反应的速率高于脂质烷过氧自由基与脂质的反应速率 [$10 \sim 60$ mol /(L·s)]，由此达到减缓脂质氧化的作用。

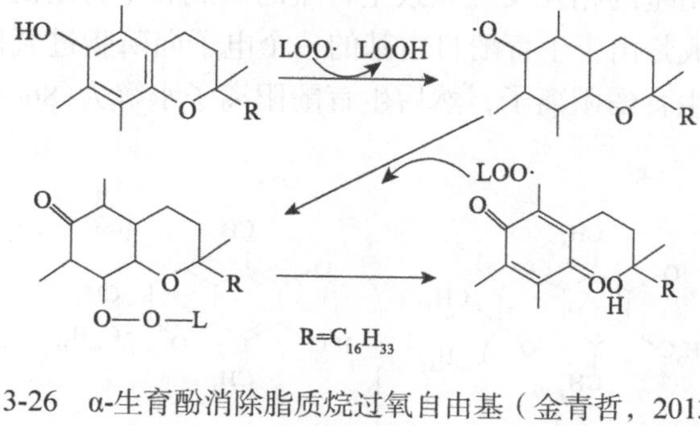

图 3-26　α-生育酚消除脂质烷过氧自由基（金青哲，2013）

生育酚和脂质烷过氧自由基相互作用形成的氢过氧化物和生育酚自由基的几个共振结构，如图 3-27 所示。生育酚自由基可以与其他化合物或彼此相互作用形成多种产物。产物的类型和含量取决于氧化速率、自由基种类、脂质状态和生育酚浓度。生育酚自由基可能会发生以下反应：清除另一种自由基以提供稳定的非自由基产物；与还原剂反应（如抗坏血酸）可再生生育酚；攻击脂质产生新的脂质自由基，引发新的氧化链反应。这些生育酚自由基的副反应会影响生育酚的总抗氧化能力。

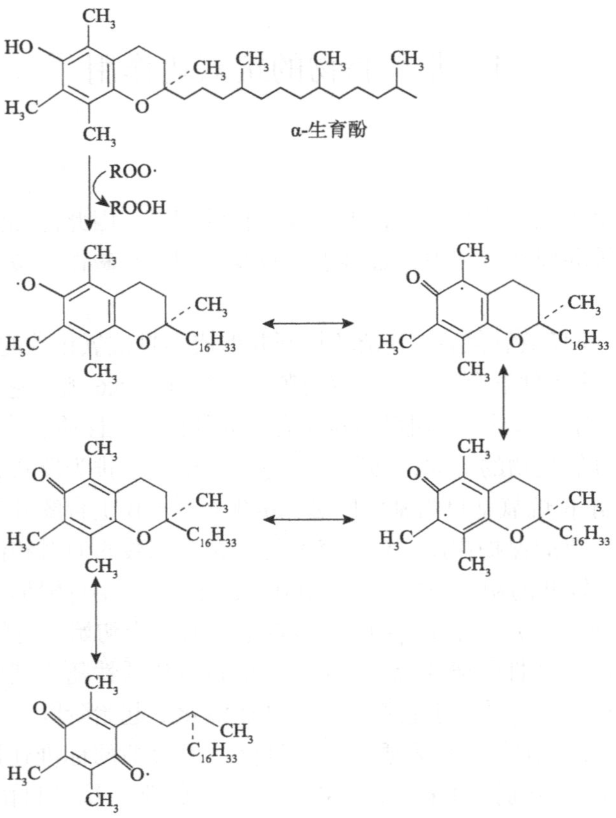

图 3-27 α-生育酚自由基的不同共振结构

在氧化速率较低的条件下，没有足够的脂质烷过氧自由基时，生育酚自由基主要转化为生育醌，两个生育酚自由基的相互反应导致生育醌的形成和生育酚的再生（图 3-28）。还有研究者认为生育醌的形成是由于生育酚自由基的一个电子向磷脂过氧化物自由基转移，形成磷脂过氧化物阴离子和生育酚阳离子，然后生育酚阳离子水解为 8α-羟基生育酮，后者重排为生育醌（图 3-29）。

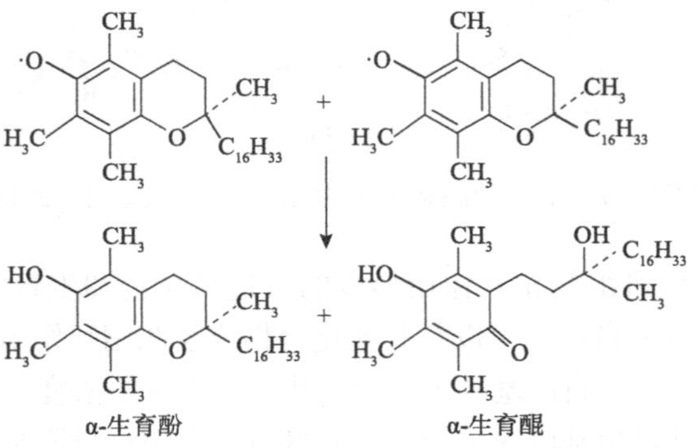

图 3-28　两个 α-生育酚自由基生成 α-生育酚和 α-生育醌

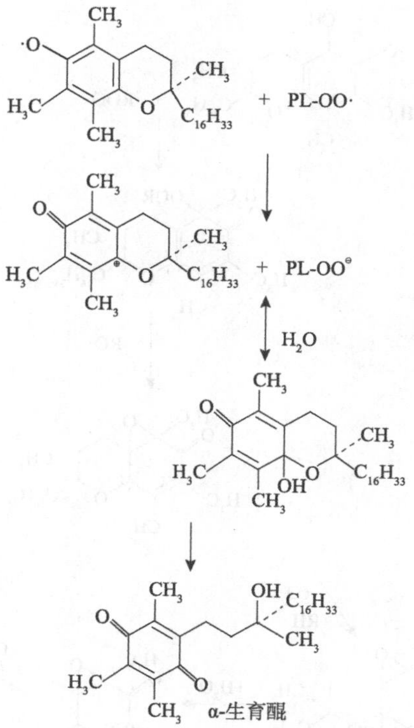

图 3-29　α-生育酚自由基和磷脂过氧自由基相互作用生成 α-生育酚醌

　　在较高的氧化速率下，烷过氧自由基浓度较高，生育酚自由基可与脂质烷过氧自由基反应并产生 TOH-脂质烷过氧化物复合物（TO-OOR），随后形成环氧醌（图 3-30）。生育酚的环氧衍生物的形成不代表自由基的减少（由于烷氧自由基的形成），也不会从系统中损失生育酚，而形成的生育醌可以在还原剂（如抗坏血酸和谷胱甘肽）存在的条件下再生成生育酚。两个生育酚自由基还可能相互作用形成生育酚二聚体。

　　有研究者提出，氢过氧化物水平较高时，生育酚的另一种促氧化作用更为重要。脂质氢过氧化物从生育酚中夺取氢，过氧化物中的 O—O 裂解。该反应形成了烷氧基（RO·），由于其还原电位较高而促进脂质的氧化。

$$TOH + ROOH \longrightarrow RO· + H_2O + TO·$$

　　生育酚在氧气的作用下会降解并产生氧化产物，从而导致抗氧化活性的丧失，氧化的生育酚产物在脂质中充当促氧化剂。在豆油中添加氧化的 α-生育酚、γ-生育酚和 δ-生育酚会降低豆油的氧化稳定性。生育酚被强氧化剂（如铬酸、硝酸或氯化铁等）氧化后通常会产生内酯、奎宁和许多降解产物。在 α-生育醌的形成过程中，由 α-生育酚氧化得到 α-生育醌、4α,5-环氧-α-生育醌和 7,8-环氧-α-生育醌（图 3-31）。在 α-生育酚氧化过程中会生成生育酚过氧自由基、生育酚氧自由基、α-生育醌氧自由基、α-生育醌过氧自由基、烷氧基、羟基自由基和单线态氧（$^1O_2$）。这些中间体的还原电位很高，因此，α-生育酚氧化可能导致体系自由基水平的升高，加速脂质氧化。

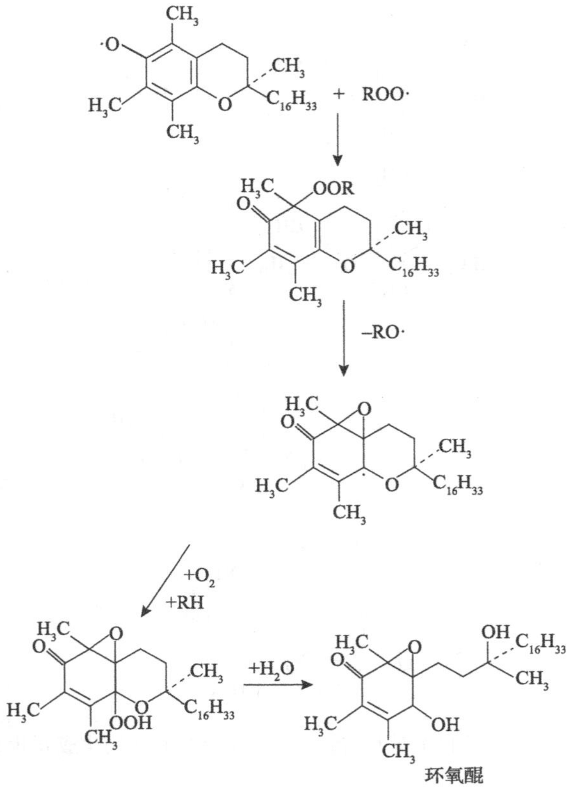

图 3-30　α-生育酚自由基与脂质烷过氧自由基相互作用生成环氧醌

　　α-生育酚的氧化产物中具有极性羟基和非极性烃基。据报道，在大豆油存储过程中，同一分子中含有极性羟基和非极性烃基的化合物是促氧化剂。含有这种化合物的油脂与空气之间的表面张力降低，增加氧气在油中的溶解，从而加速油的氧化。

　　通常，在较低浓度下，生育酚的抗氧化活性明显，而在较高浓度时其抗氧化活性降低。为提高油脂氧化稳定性，α-生育酚、γ-生育酚和 δ-生育酚的最佳浓度分别为 100 mg/kg、250～500 mg/kg、500～1000 mg/kg。较高浓度的 α-生育酚在脂质氧化过程中充当促氧化剂，导致氢过氧化物和共轭二烯含量增加。因此，防止生育酚的氧化并及时除去已氧化的生育酚对于提高油脂的氧化稳定性十分重要。

3.4.2　类胡萝卜素

　　绝大多数类胡萝卜素都可看作番茄红素衍生物，类胡萝卜素可猝灭单线态氧，对光氧化有抑制作用。根据类胡萝卜素的抗氧化能力，可以将它们分为三类：①抗氧化能力很弱的物质；②有良好的抗氧化能力，同时具有促氧化性的物质（如 β-胡萝卜素、番茄红素）；③强抗氧化剂，不具备促氧化性质（如虾青素、角黄素）。南极磷虾是虾青素和角黄素的重要来源。β-胡萝卜素是研究最为广泛的类胡萝卜素抗氧化剂，它与脂质烷过氧自由基反应形成类胡萝卜素自由基。研究者发现，在高氧含量条件下，β-胡萝卜素的抗氧化活性会降低。这是由于高浓度氧气条件导致大量类胡萝卜素过氧自由基的形成，相比于使脂质烷过氧自由

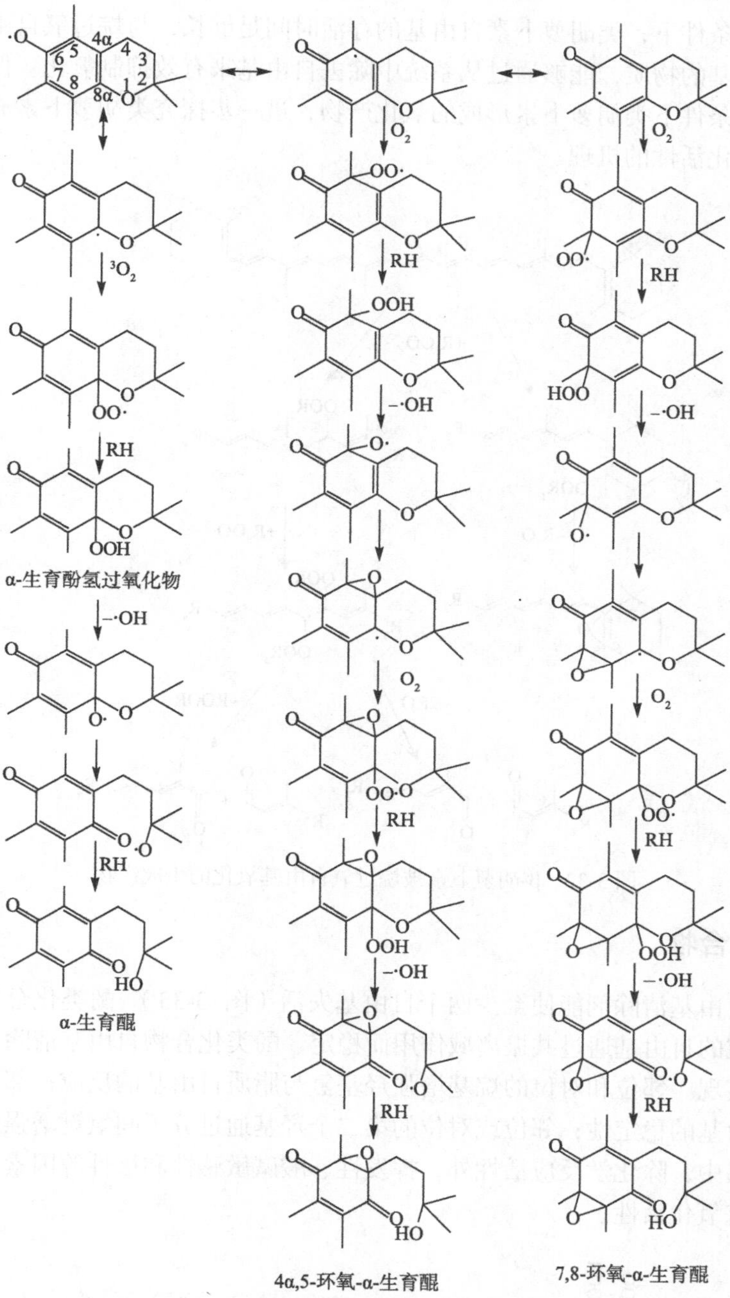

图 3-31　α-生育酚与三线态氧反应的可能机制（Akoh and Min，2008）

基的失活，这种条件下更容易发生 β-胡萝卜素的自氧化。在高氧压条件下，β-胡萝卜素与烷过氧自由基发生加成反应，形成类胡萝卜素的过氧化氢加合物（图 3-32）。在碳环末端或多烯链上添加过氧自由基，随后与烷氧基反应，形成 5,6-环氧化物和 15,15'-环氧化物。反应也可能导致多烯链断裂形成醛。由于过氧自由基的加成反应形成 β-胡萝卜素环氧化物，进而产生烷氧自由基，因此自由基数目的净变化为零，不会产生抗氧化作用。

　　在低氧含量条件下，类胡萝卜素自由基的存活时间足够长，与烷过氧自由基发生反应，从而形成非自由基的物质，能够通过从系统中除去自由基来有效抑制氧化。但是目前仍需要研究在低氧含量条件下类胡萝卜素形成的氧化产物，进一步探究类胡萝卜素充当自由基清除剂、表现出抗氧化活性的机理。

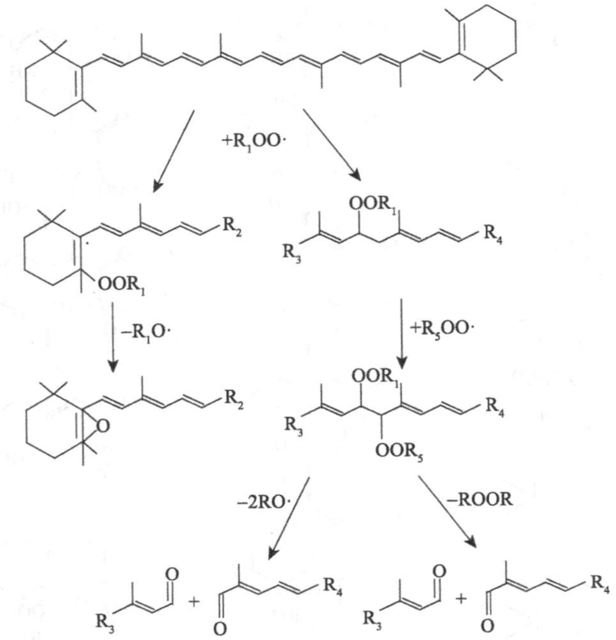

图 3-32　β-胡萝卜素被烷过氧自由基氧化的生成产物

3.4.3　酚类化合物

　　每个酚类自由基清除剂能使至少两个自由基失活（图 3-33）。酚类化合物通常通过羟基供氢，随后形成的自由基通过共振离域作用而稳定。酚类化合物自由基清除效率的提高可以通过取代基团实现。邻位和对位的烷基增强羟基氢与脂质自由基的反应；邻位的大基团能够增强苯氧基自由基的稳定性；邻位或对位的第二个羟基通过分子间氢键增强苯氧基自由基的稳定性。在食品中，除化学反应活性外，挥发性、酸碱敏感性和极性等因素也会影响其自由基清除效率与抗氧化活性。

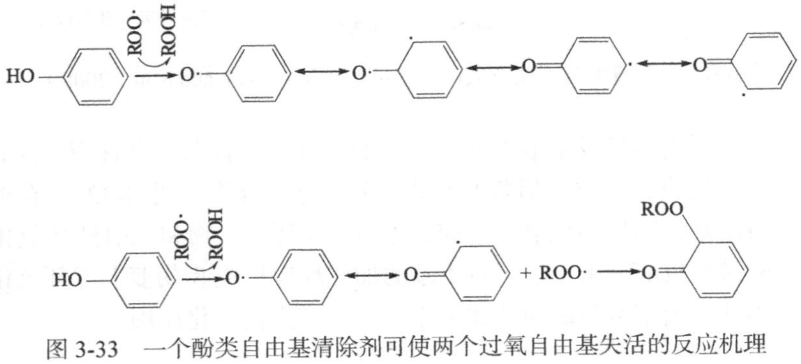

图 3-33　一个酚类自由基清除剂可使两个过氧自由基失活的反应机理

　　酚类化合物的抗氧化活性变化很大，有些甚至具有促氧化作用。酚类抗氧化活性的影响因素包括羟基化的位置和程度、极性、溶解度、还原电位及酚类自由基的稳定性。另外，许多酚类化合物含有能够参与金属螯合的酸性或环状基团。这些金属螯合物除了具有高还原电位外，还可以加速金属催化的氧化反应，在一定条件下导致酚类物质的促氧化作用。

　　芝麻酚具有清除羟自由基、超氧自由基、一氧化氮、2,2-联氮-二（3-乙基-苯并噻唑-6-磺酸）（ABTS）及 1,1-二苯基-2-三硝基苯肼（DPPH）自由基的能力。利用改良的邻苯三酚自氧化法测定芝麻酚清除超氧阴离子自由基的能力，发现其清除效率高于 BHT。也有研究表明，芝麻酚在茶油中的抗氧化性与 BHT 相当。合成芝麻酚和天然芝麻酚的抗氧化能力相当，芝麻酚能够明显地抑制甲基对硫磷引起的脂质过氧化。

3.4.4　角鲨烯

　　角鲨烯的化学结构与维生素 E 相似，含有多个双键，可以与自由基等过氧化类物质结合，中和这些物质的过氧化作用，从而起到预防、改善机体由过氧化物质引起的动脉硬化、脏器及组织器官的老化、血行不畅、老年斑、皱纹、皮肤松弛等。角鲨烯在煎炸条件下可抑制油的热氧化降解，提高油脂的热稳定性。含有较高角鲨烯含量的橄榄油（10～1200 mg/kg）和米糠油（100～330 mg/kg）具有较好的贮存稳定性。但角鲨烯被氧化后的产物有促氧化作用。

思 考 题

1. 油脂氧化有哪几种类型？
2. 简述油脂自动氧化的机理。
3. 油脂酶促氧化中常见的酶有哪些？
4. 油脂酸败有哪几种类型？简述其机理。
5. 影响油脂氧化稳定性的因素有哪些，并具体说明它们是如何影响油脂氧化的。
6. 请简要说明可以采取哪些措施延缓油脂氧化。
7. 根据抗氧化剂的作用机理，油脂的抗氧化剂可以分为几类，请分别举例 2～3 个。
8. 磷脂、胆固醇、植物甾醇的氧化有什么共同点？请分别简述其氧化机理。
9. 请简述生育酚是如何发挥其抗氧化作用的？
10. 请列举油脂中具有抗氧化作用的天然物质及其基本的抗氧化机理。

第4章 食品脂类的制备与加工

食品脂类是人类生活的必需品，含有脂肪、磷脂、固醇、角鲨烯、维生素等多种营养物质，这些物质是人类及其他动物维持正常生理活动所必需的能量来源。本章从食品脂类的制备与加工角度出发，系统介绍了油脂和脂肪伴随物的制备与加工技术，并对各种技术的优劣进行了对比分析，以期为食品脂类的制备与加工提供一定的借鉴。

4.1 油脂的制备与加工

4.1.1 油料预处理

油料预处理是指在油料制油之前对油料进行的清理除杂、水分调节、剥壳、脱皮、破碎、软化、轧坯、膨化、干燥等一系列的加工操作，目的是除去杂质并将其制备成具有一定结构性能的物料，以满足不同制油工艺的要求及提高油料出油率和油品质量。

油料预处理不仅可以改善油料的结构性能，进而直接影响出油率、设备处理能力及制油能耗等，还对油料中各种成分产生作用，从而影响产品和副产品的质量。由此看来，油料预处理在整个制油工艺中占有重要地位。

1. 油料清理

油料清理是除去油料中所含杂质的工序。

油料中所含杂质一般分为无机杂质，如泥土、砂石、灰尘、金属及矿物质等；有机杂质，如植物茎叶、种子皮壳、不成熟粒、绳索及其他种子等；含油杂质，如病虫害粒、破损粒和异种油料等。油料中杂质含量一般在 1%～6%，这些杂质对制油过程影响较大，必须及时进行清理。

油料清理的目的在于减少油分损失，提高油脂、饼粕和副产物的质量，提升设备的处理量，减轻对设备的磨损，延长设备的使用寿命，避免生产事故，保证生产的安全，减少和消除车间的尘土，改善操作环境等。

根据油料与杂质在粒度、相对密度、形状、表面状态、硬度、磁性、气体动力学等物理性质上的差异，采用筛选、风选、比重法去石、磁选等方法及其设备，去除油料中的杂质。

1）筛选 筛选是通过油料和杂质在粒度（宽度、厚度、长度）上的差别，借助含杂质油料和筛面的相对运动，通过筛孔将大于或小于油料的杂质清除掉的过程。

常用的筛选设备有振动筛、平面回转筛、旋转筛等。振动筛是筛面在工作时做往复运动的筛选设备。由于振动筛清理效率高、工作可靠，是目前应用最广泛的一种筛选设备。平面回转筛是筛面在工作时做平面回转运动的筛选设备。平面回转筛常用于清理米糠、芝麻等粉状和小颗粒油料。旋转筛是利用做旋转运动的筒形筛面进行筛选的一类设备，适宜于散落性较差的物料的筛选。它主要用于清理棉籽和剥壳棉籽的仁壳分离。旋转筛有圆筛、六角筛、圆筒打筛等。

2）风选　根据油料与杂质在相对密度和气体动力学性质上的差异分离油料中杂质的方法称为风选。风选可去除油料中的轻杂质及灰尘，也可去除金属、石块等重杂质，还可用于油料剥壳后的仁壳分离等。常用的风选设备大多与筛选设备联合使用，如振动筛、平面回转筛等都配有风选装置，也有专用的风选除杂和风选仁壳分离的设备。

3）比重法去石　比重法去石是根据石子和油料的相对密度及在空气中的悬浮速度差别来进行分选的方法，利用具有一定运动特性的倾斜筛面和穿过筛面的气流的联合作用达到分离去石的目的。

设备有吹式比重去石机和吸式比重去石机两种。吹式比重去石机自带风机，安装简便，工艺性能较稳定，但缺点是工作时机箱内处于正压状态，灰尘容易外逸。吸式比重去石机工作时处于负压状态，灰尘不外逸，避免了空气污染，但必须注意密闭。存料斗内应积存一定物料，起保持连续供料和闭风作用，出料口、出石口和容易漏风的部位都应保持密封良好。

4）磁选　磁选是利用磁铁清除油料中磁性金属杂质的方法。金属杂质在油料中的含量虽然不高，但危害极大，容易造成设备，特别是一些高速运转设备的损坏，甚至可能导致严重的设备事故和安全事故，故必须清除干净。磁选设备有永磁滚筒磁选器、圆筒磁选器及带式电磁除铁器等。

5）并肩泥的清选　"并肩泥"是指形状、大小与油料相近或相等，且其相对密度和油料相差不多的泥沙。菜籽、大豆、芝麻中并肩泥的含量较多，用筛选和风选设备均不能有效地将其清除。因此必须用一种特殊的方法，即利用泥块与油料的机械性能不同，先对含并肩泥的油料进行碾磨或摔打，将其中的并肩泥粉碎，即磨泥，然后将泥灰筛选或风选除去。磨泥使用的设备主要有胶辊磨泥机、碾磨机和立式圆打筛等。

6）除尘　油料中所含的灰尘不但影响油、粕的质量，而且在清理和输送过程中会飞扬起来，这些飞扬的灰尘会污染空气，影响车间的环境卫生和操作人员的健康，还能加速机械的磨损，影响生产设备的寿命，因此必须加以清除。除尘的方法首先是密闭尘源，缩小灰尘的影响范围，然后设置除尘风网，将含尘空气中的灰尘除去。

2. 剥壳与脱皮

剥壳是带壳油料在制油之前的一道重要工序，不同油料作物的剥壳、脱皮工艺不同。对于花生、棉籽、葵花籽等油料需要先经剥壳才能用于制油。而棉籽剥壳前，首先需用脱绒机对轧花出来的毛棉籽脱绒，使棉籽带绒在 3%以下，这是棉籽油制取工艺中非常重要的一道清理工序。若大豆、花生、菜籽等油料制取油脂后，饼粕需用作生产高蛋白饲用产品或食用蛋白产品时，需要预先脱皮再制油。

1）剥壳　带壳油料经剥壳后再制油，可以提高出油率，提高毛油和饼粕的质量，减轻设备的磨损，增加设备的有效生产量，利于轧坯等后续工序的进行及皮壳的综合利用等。

对油料剥壳的要求是：剥壳率要高，漏籽少，粉末度小，利于剥壳后的仁和壳分离。

常用的剥壳方法有：利用粗糙面的碾搓作用使油料皮壳破碎进行剥壳；利用打板的撞击作用使油料皮壳破碎进行剥壳；利用锐利面的剪切作用使油料皮壳破碎进行剥壳；利用轧辊的挤压作用使油料皮壳破碎进行剥壳。

2）仁壳分离 油料经剥壳后成为含有整仁、壳、碎仁、碎壳及未剥壳整籽的混合物。必须将这些混合物有效地分成仁、壳及整籽三部分。仁和仁屑进入下一道制油工序，壳和壳屑送入仓房打包，整籽返回剥壳设备重新剥壳。

生产上常根据仁、壳、籽等组分的线性大小及气体动力学性质方面的差别，采用筛选和风选的方法将其分离。大多数剥壳设备本身就带有筛选和风选系统组成的联合设备，以简化工艺，同时完成剥壳和分离过程。

筛选法按仁壳混合物各组分的线性大小进行分离。常用的筛选设备有振动筛、旋转筛、螺旋筛等。当油料剥壳后的混合物在外形和大小上无明显区别，难以用筛选的方法进行有效分离时，可利用混合物各组分悬浮速度的不同，采用风选的方法将其分离。实际生产中常把筛选和风选结合起来进行仁壳的分离，如在仁壳分离筛选设备的出料端加装吸风管以吸去壳屑。

3）脱皮 油料脱皮的目的是提高饼粕的蛋白质含量和减少纤维素含量，提高饼粕的利用价值。同时也使浸出毛油的色泽变浅、含蜡量降低，提高浸出毛油的质量。油料脱皮还可以提高设备的有效处理量，降低饼粕的残油量，减少生产过程中的能量消耗等。目前应用较多的是大豆脱皮，以生产低温豆粕和高蛋白豆粕，此外还可以根据市场需求，将豆皮粉碎后按照不同比例添加到豆粕中，生产不同蛋白质含量的豆粕。对于花生、芝麻和菜籽等油料进行低温压榨、利用冷榨饼生产食用蛋白粉时，也需要先对油籽进行脱皮处理。

脱皮方法：大多数油籽的种皮较薄，与籽仁的结合附着力也较强，特别是当油籽含水量较高时，种皮韧性增大，使脱皮难以进行，即使籽仁在外力的作用下破碎后，种皮也可能仍然附着在破碎的仁粒上。在生产中通常是先对油籽干燥，再将油籽破碎成若干瓣，籽仁外面的种皮被破碎并从籽仁上脱落，然后用风选或筛选的方法将仁、皮分离。

脱皮要求：脱皮率要高，脱皮破碎时油料的粉末度小，皮、仁能较完全地分离，油分损失尽量小，脱皮和皮仁分离工艺要尽量简短，设备投资低，脱皮过程的能量消耗小等。

3. 料坯制备

在制油前，油料必须先被制成适合于制油的料坯。料坯的制备通常包括油料的破碎、软化和轧坯等工序。

1）破碎 在油料轧坯之前，必须对大颗粒油料进行破碎。其目的是通过破碎使油料具有一定的粒度以符合轧坯要求；油料破碎后的表面积增大，利于软化时温度和水分的传递，提高软化效果；对于颗粒较大的压榨饼块，也必须将其破碎成为较小的饼块，才有利于浸出制油。

要求油料破碎后应粒度均匀、不出油、不成团、少成粉，粒度符合要求。为了达到较好的破碎效果，必须控制破碎时油料的水分含量。水分含量过高，油料不易破碎，且容易被压扁和出油，还会造成破碎设备不易吃料、产量降低等；水分含量过低，破碎物的粉末度增大，含油粉末容易黏附在一起形成结团。此外，油料的温度也会对破碎效果产生影响，热油籽破碎后的粉末度小，冷油籽破碎后的粉末度较大。

油料破碎的方法有撞击、剪切、挤压及碾磨等几种形式。常用的破碎设备主要是齿辊破碎机，此外还有锤式破碎机、圆盘剥壳机等。

2）软化 软化是通过对油料水分和温度的调节，使油料塑性增加的工序，主要应用于含油量低和含水分少的油料。

软化的目的是通过对油料温度和水分的调节，使油料具有适宜的弹塑性，从而减少轧坯时的粉末度和粘辊现象，保证坯片的质量。软化还可以减轻轧坯时油料对轧辊的磨损和机器的振动，以利于轧坯操作的正常进行。

要求软化后的料粒有适宜的弹塑性且内外均匀一致，能够满足轧坯的工艺要求。为此，软化时应根据油料种类和所含水分的不同制定软化操作条件，确定软化操作是加热去水还是加热湿润。当油料含水量高时，应在加热的同时，适当去除水分。反之，应在加热的同时，适量加入水蒸气进行湿润。油料含水量较高时软化温度要低一些，否则软化温度应高一些。另外，必须保证有足够的软化时间。同时还应根据轧坯效果调整软化条件。

常用的软化设备有层式软化锅和滚筒软化锅。层式软化锅的结构类似于层式蒸炒锅，滚筒软化锅的结构类似于滚筒干燥器。

3）轧坯　轧坯就是利用机械的作用，将油料由粒状轧成片状的过程。

轧坯的目的在于破坏油料的细胞组织，增加油料的表面积，缩短油脂流出的路程，有利于油脂的提取，也有利于提高蒸炒效果。轧坯时可以利用机械外力的作用破坏油料的细胞组织，破坏部分细胞的细胞壁。油料碾轧得愈薄，细胞组织破坏得也愈多，油脂提取效果愈好。轧坯使油料由粒状变成片状，减小了其厚度，增大了表面积，在溶剂浸出制油时，料坯与溶剂的接触表面积增大，油脂的扩散路程缩短，有利于提高浸出速度和深度。油料被轧制成薄的坯片后，在蒸炒过程中有利于水分和温度的均匀作用，提高蒸炒效果。

轧坯设备的种类及形式较多，但其基本原理相同，即依靠一对或一组相对转动的轧辊，将进入轧辊的油料轧成薄片，达到轧坯的目的。常用的轧坯机，可分为平列式轧坯机和直列式轧坯机两类。前者有单对辊轧坯机、双对辊轧坯机及液压紧辊轧坯机，后者有三辊轧坯机、五辊轧坯机等。各种类型的轧坯机，根据其辊径、辊长分为不同规格，其性能及生产能力等也有差别，可根据不同的工艺要求进行选择。

4）生坯的干燥　生坯干燥的目的是满足溶剂浸出制油时对入浸料坯水分的要求。在油脂生产中主要是对大豆生坯进行干燥，大豆轧坯的适宜水分含量为 11%～13%，而大豆生坯的适宜入浸水分含量为 8%～10%，为了使大豆生坯的水分满足浸出工艺的要求，多数情况下都需要干燥。对生坯干燥的要求是干燥效率高，且不能产生粉碎作用。

生坯干燥设备有平板干燥机、气流干燥输送机等。平板干燥机的优点是豆坯在干燥过程中的粉碎度小，但缺点是占地面积大、耗材多、干燥速率较低，不适宜大规模生产应用。气流干燥输送机是在输送过程中同时进行干燥的设备，主要用于大豆生坯的输送干燥，也可用于生坯的输送冷却，以及饼粕的输送干燥和输送冷却等。该设备采用热风对流干燥，对料坯的加热均匀，干燥速率较高，输送干燥过程中物料的翻动少，料层运行平稳，粉碎度小。但要注意避免料坯在干燥器中的局部滞留，否则容易引起料坯的焦煳。通常热风的温度为 90～110℃。

4. 挤压膨化

油料的挤压膨化是利用挤压膨化设备将生坯、破损油籽或整粒油籽转变成多孔的膨化料粒的过程。油料的挤压膨化主要应用于大豆生坯的膨化浸出工艺。近年来在菜籽生坯、棉籽生坯以及米糠膨化浸出生产中也得到了广泛应用。

膨化的原理是指物料在挤压膨化机内被螺旋轴向前推进，同时由于强烈的挤压作用、物料的密度不断增大、物料与螺旋轴及机膛内壁的摩擦发热以及加入的蒸汽，物料充分混合、加热、加压、胶合、糊化等而产生组织结构变化。当物料到达出料端时，压力突然由高压转变为常压，水分迅速汽化，物料即形成具有无数个微小孔道的多孔物质。刚从挤压膨化机出来的料粒显得松软易碎，但在稍冷却后即变得有足够硬度，在输送过程中不会被粉碎。

油料生坯经挤压膨化机后排出的料粒温度高、水分含量大且大多为表面水分，为使膨化料粒的水分和温度降到最适宜的入浸条件，必须在挤压膨化机后紧接着对膨化料粒进行冷却和干燥。目前采用较多的是逆流冷却干燥箱，与其他干燥设备相比，它具有结构紧凑、冷干效率高、便于调节等优点。

5. 料坯蒸炒

油料生坯经过湿润、蒸坯、炒坯等处理转变为熟坯的过程称为蒸炒。蒸炒是压榨制油生产中一道十分重要的工序。

蒸炒的目的在于通过温度和水分的作用，使料坯在微观结构、化学组成及物理状态等方面发生变化，包括使油料细胞受到进一步的破坏、蛋白质发生变性、磷脂吸水膨胀及棉酚的离析和结合等；此外，还能调整料坯的弹性和可塑性，使其压榨时能承受较大的挤出压力，促进油脂聚集，降低油脂黏度和表面张力，钝化解脂酶等。这些变化不仅有利于油脂从油料中较容易地分离出来，还有利于毛油质量的提高。

蒸炒方法随油料品种和用途的不同而有所不同，可分为干蒸炒和湿润蒸炒两种。

干蒸炒只对料坯或油籽进行加热和干燥，不进行湿润。这种蒸炒方法仅用于特种油料的蒸炒，如制取小磨香油时对芝麻的炒籽，制取浓香花生油时对部分花生仁的炒籽，可可籽榨油时对可可籽的炒籽等。其主要目的是通过 200℃左右的炒籽温度，使油料中的某些成分发生美拉德反应等而产生香味。

湿润蒸炒是指在蒸炒开始时利用添加水分或直接喷入蒸汽的方法，使生坯达到最优的蒸炒水分含量，再将湿润过的料坯进行蒸炒，使蒸炒后熟坯中的水分含量、温度及结构性能达到最适宜压榨制油的要求，这是普遍采用的一种蒸炒方法。

4.1.2 油脂制取技术

1. 压榨法

压榨法制取油脂是一种古老的制油方法，也是现在一种常用的制油技术。目前普遍的压榨法有连续式和间歇式，连续式压榨取油采用的设备是螺旋榨油机，而间歇式压榨法采用的设备主要以液压榨油机为主。两种压榨方法相比，连续式压榨法具有劳动强度低、单机处理量大、连续化、出油效果良好、综合利用高、饼薄易粉碎等优点。但其缺点也明显，如动力消耗大、维修成本高、易耗件多及温度升高影响饼和油的质量等（冯华，2006）。

1）基本原理 压榨取油是指借助机械外力的作用使油料从榨料中分离出来的过程。在压榨的过程中，主要发生的是物理化学变化，如物料变形、摩擦发热、水分蒸发、油脂分离等一系列变化；受微生物、温度和水分等的影响，同时也会产生某些生物化学方面的反应，如酶的钝化和破坏、蛋白质变性等。压榨时，榨料粒子在压力作用下内外表面相互挤压，致使其液体部分和凝胶部分分别产生两个不同的过程，即油脂从榨料空隙中被挤压出来，同时榨料粒子聚合形成坚硬的油饼。

2）影响压榨制油效果的因素　首先是物料的结构性质。物料的结构性质主要取决于油料本身的成分和预处理效果两部分。物料本身的性质取决于凝胶部分，油脂数量、存在形式及可分离程度等因素。其中水分、温度及蛋白质变性等是影响物料性质的主要因素。其次是压榨条件影响出油效果，主要包括榨膛内的压力、压榨时间及温度的影响。

2. 浸 出 法

采用溶剂提取油脂的方法为浸出法，又称为萃取法取油，属于固-液萃取。浸出法制油是将含有油脂的油料料坯进行浸泡或淋洗，使料坯中的油脂在溶剂中溶解，通过过滤得到的溶剂和油脂的混合物即混合油。加热混合油，可使其中的溶剂挥发出去，与油脂分离从而得到毛油，挥发出来的溶剂气体经过冷却回收，可以循环使用。湿粕为浸出后所得的固形物，湿粕可经过干燥脱溶处理后再进行综合利用（李杨等，2013）。

1）基本原理　油脂浸出是固-液萃取过程，在浸出过程中，利用油料中的油脂能够溶解在特定的溶剂中的原理，进而使油脂从固相转移到液相。用溶剂从固体油料中提取油脂，是一种典型的质量传质过程，油脂在溶剂中的浓度差是其质量传质过程中的主要动力。在浓度差的作用下，传质是以扩散方式进行的。油脂在固体油料中传递到流动的液体流，溶剂或者混合油都有两种扩散形式，为分子扩散和对流扩散。

2）影响油脂浸出的因素　影响油脂浸出的因素有很多且过程较为复杂，主要包括浸出过程的温度、料坯结构与性质、浓度差和溶剂比、浸出时间、料层高度等。

（1）浸出过程的温度影响。溶剂温度、油料温度和它们的数量之比决定了浸出过程的温度。浸出过程的温度对浸出的速度有较大影响。通常情况下，温度较高时，分子的热运动加快，溶剂和油的黏度下降，扩散速度因此提高。

在溶剂沸点附近时，浸出过程的油脂扩散最强烈，而在混合油最初的沸点时，各个浸出阶段最为强烈，所以提高浸出温度对加快浸出速度是有作用的。除此之外，温度的提高对减小油脂和溶剂的黏度是有利的，这样会减小传质的阻力，增大单位时间的传质量。

（2）料坯结构与性质的影响。油脂从料坯内部到表面的分子扩散是影响整个浸出过程快慢的决定因素。而这一因素与料坯的结构和性质密切相关，良好的料坯结构和性质有助于油脂在料坯内的分子扩散，对提高浸出效果十分有益。

（3）浓度差和溶剂比的影响。①溶剂用量。根据浸出方法所采用的溶剂和油料的比值，称为溶剂比。若使粕中残油率在 0.8%～1.0%，二者之比适宜为 0.6∶1.0～1.0∶1.0；若按多阶段喷淋的方法浸出时，二者之比适宜为 0.3∶1.0～1.6∶1.0；若同时在中间阶段循环，溶剂和浸出油料的比值需达到 6.0∶1.0～8.0∶1.0。②混合油浓度。为了使料坯内外的混合油始终有较高的浓度差，则必须保持逆流，实际上浓混合油是通过逆流流过油料料层溶解油脂得到的。浓度差越大，则单位时间内所需供给的溶剂越多，但是溶剂数量的提高有一定的限度，因为需要避免最终混合油浓度的下降。在提高溶剂的数量时，溶剂的流动速度会增大。通过物料层的溶剂速度，应该尽可能保证溶剂流动的湍流状态，从而保证扩散层的最小厚度和较高的浓度差。③溶剂和混合油的喷淋方式。通常情况下，浸出时采用多阶段逆流浸泡方式或者喷淋浸出方式。此外，也有的采用顺流浸泡或者喷淋浸出方式。顺流浸泡主要用于高含油的油料浸出，在低含油的油料浸出中采用的仍是逆流浸出方式，这样可保证用较少的溶剂获得较高的混合油。在实际生产过程中，逆流喷淋采用的方法是喷淋—滴干—再喷淋—再滴干的间歇喷淋方式，这样在下一次喷淋时上下两次相互之间的混合量小，就能够提高混合油传质的浓度差，提高浸出传质速率。

（4）浸出时间的影响。在油料的内、外部结构相同时，浸出时间对浸出深度有很大的影响。浸出后油料的残油会随时间的延长而降低，但一定程度后这种降低的幅度就会大大减小。在浸出过程中，不同浸出设备所需的浸出时间是不同的。一般来说，低料层的浸出设备所需的浸出时间较短，而生坯的浸出时间较预榨饼的浸出时间长。根据油脂与料坯的结合形式，浸出过程在时间上可以划分为两部分：第一部分提取位于料坯内外表面的游离油脂，第二部分提取未破损细胞和二次结构内的油脂。浸出时间应保证油脂分子有足够的时间扩散到溶剂中。随着浸出时间的延长，浸出毛油中非油物质含量增加，并且粕残油的降低已很缓慢。因此，过长的浸出时间是不经济的。应在保证粕残油达到指标的情况下，尽量缩短浸出时间。

（5）料层高度的影响。通常情况下浸出设备的生产能力会随着料层的提高而提高。但如果料层太高，混合油或溶剂通过料层的渗透性能及滴干性能会受到影响。低料层浸出，如用环形浸出器，可以明显改善料层的渗透性，缩短浸出时间，降低湿粕的溶剂含量。

总之，许多因素影响着油料浸出能否顺利进行并且实现预期的效果，而这些因素之间又同时是错综复杂并且相互影响的，在生产过程中若能辩证地掌握这些因素，就能大大提高生产效率，缩短浸出时间，减少粕中残油。

3. 水酶法

水酶法提油是一种较新的油脂与蛋白质分离的方法。它将酶制剂应用于油脂分离，通过对油料细胞壁的机械破碎作用和酶的降解作用提高油脂的提取率。与传统提油工艺相比，水酶法提油工艺具有处理条件温和、工艺简单、能耗低，并且能同时得到优质的植物油脂和纯度高、变性小的蛋白质等优点。

1）基本原理　油脂存在于油料的籽粒细胞中，并且通常与其他的大分子（碳水化合物和蛋白质）结合，构成脂蛋白和脂多糖等的复合体，只有把油料组织细胞结构和油脂复合体进行破坏，才能将其中的油脂提出。水酶法是以机械和生物酶的手段来破坏植物种子细胞壁，使其中的油脂得以释放。在机械破碎基础上的水酶法提油技术，利用对油料组织及脂蛋白、脂多糖等复合体具有降解作用的酶（如蛋白酶、果胶酶、纤维素酶、半纤维素酶、淀粉酶、葡聚糖酶等）处理油料，利用酶对细胞结构的破坏作用，以及酶对脂多糖、脂蛋白的分解作用，增强油料组织中油的流动性，使油分离出来。水酶法提油工艺的作用条件较温和，体系中产生的降解物通常情况下不与提取物发生反应，能够有效地保护蛋白质、油脂和胶质等可利用成分的品质不受影响，在得到油的同时能够有效地回收原料中的蛋白质（或其水解产物）及碳水化合物。其操作温度低，能耗低；所提取油的纯度高，同时磷脂含量低、过氧化值及酸值低、色泽浅、污染少，符合绿色、高效、安全的要求。

总之，水相酶解工艺是把水作为其分散相，在水相中油料进行酶解，以水作为溶剂提取油脂，释放油脂的过程。此种工艺可用于油料的种子和果肉的提油，油料经研磨后再适当地调整固液比，加入酶，酶解结束后固液分离，液相为水与油的混合物，其中包含的水溶性蛋白质能够通过酸沉法获得，液相通过破乳、分离得到油脂。

2）水酶法提油工艺的影响因素

（1）酶的种类和浓度。酶的专一性很强，油料中不同的成分可以通过不同种类的酶来降解，进一步提高提油效果。目前应用较多的有果胶酶、蛋白酶、纤维素酶、半纤维素酶等。酶的专一性导致采用单一的酶进行酶解会有很大的局限性，实际应用中通常采用复合酶。一般来说，酶的浓度增加会提高出油率及分离效果，但也存在一个限度，需要把握最适宜的浓度，当酶的用量大于其最适浓度时，效果可能会变差。

（2）酶解时的温度、pH 和时间。酶解温度一般为 40～55℃。控制的温度应该以不影响最终产品油和蛋白质的质量及有利于酶解为目的，可采用程序升温和恒温两种方式。酶解 pH 随所用酶类而异，pH 对酶的活性有影响，同时也影响油与蛋白质的分离。就酶而言，pH 多数为 3～8，最适 pH 也与酶解工艺有一定关系。酶解的时间与油料和酶的种类有关，短的仅需 0.3 h，长的需要 10 h 以上。适宜的酶解时间应从提取油的效果和油料细胞有较大程度的降解两方面来确定，反应时间过长会造成乳状液趋于稳定，破乳较为困难，不利于提油。

（3）微波及超声波技术的使用。微波是一种频率为 300 MHz～300 GHz 的电磁波。其加热原理为：极性分子在高频电磁场作用下，从原来的随机分布状态转为依照电场的极性排列取向，这些取向随着交变电磁场的频率不断变化，这一过程造成了分子的运动与相互摩擦而进一步产生热量，与此同时这些吸收了能量的极性分子在与周围其他分子的碰撞中能够把能量传递给其他分子，使介质的温度升高。与传统的加热方式相比，微波加热是一种内部加热的方式，具有速度快、加热均匀、节能环保等诸多优点。超声波是指一种频率大于 2×10^4 Hz 的声波。超声波在传播时，弹性介质中的粒子会产生摆动并沿传播方向传递能量，从而产生热效应、机械效应和超声空化。超声空化是一种特殊的超声波机械效应现象，它能够导致分子内部破碎等。

（4）其他因素。工艺效果也受油料预处理方式的影响。油料酶解前的处理是通过机械的方法对油料的细胞进行破坏，使细胞结构达到初榨破坏。油料的破碎有干法和湿法两种。若用干法破碎，粉碎度是一个重要的影响因素。通常情况下，油料粉碎度大，出油率会相应地增高。但是，粉碎度过大，蛋白质颗粒又会太小，导致油水乳化，增加了破乳难度，会使出油率降低。粉碎颗粒的大小应根据不同油料而定。另外，是否使用添加剂也会影响水酶法提油的效果。在酶解及提油过程中添加一些物质，可以使酶解效果提高，增加出油率，如一价、二价阳离子能够使果胶酶的活力增加，而对纤维素酶和蛋白酶无影响。

4. 反胶束萃取技术

反胶束是指分散于连续有机溶剂介质中的包含水分子内核的表面活性剂的纳米尺寸的聚集体，也称逆胶束或反胶团。在反胶束中，表面活性剂的非极性尾在外，与非极性的有机溶剂接触，而极性头在内形成一个极性核。根据相似相溶原理，该极性核具有溶解极性物质的能力，如蛋白质、酶、盐、水等分子。极性核溶解了水之后就形成了"水池"，此时反胶束也称为溶胀的反胶束。用反胶束系统萃取分离植物油脂和植物蛋白质的基本工艺过程为：将含油脂和蛋白质的原料溶于反胶束体系，蛋白质增溶于反胶束极性水池内，同时油脂萃取入有机溶剂中，这一步称为前萃，然后用水相，通过调节离子强度等，使蛋白质转入水相，离心分离，实现反萃。这样将传统工艺的提油得粕再脱溶的复杂冗长流程，改进为直接用反胶束系统分离油脂和蛋白质，工艺过程大为缩短，能耗大为降低。反胶束分离过程中，蛋白质由于受周围水层和极性头的保护，其不会与有机溶剂接触，从而不会失活，有效避免了传统方法中蛋白质容易变性的缺点。

5. 超临界 CO_2 萃取法

超临界 CO_2 萃取法是利用超临界流体具有的优良溶解性，以及这种溶解性随温度和压力变化而变化的原理，通过调整流体密度来提取不同物质。超临界 CO_2 萃取植物油脂具有许多优点，如工艺简化，节约能源；萃取温度较低，生物活性的物质受到保护；CO_2 作为萃取溶剂，价格低、无毒、不燃不爆、不污染环境。近 30 年来，国外在超临界 CO_2 萃取植物油脂的基础理论研究和应用开发上都取得了一定的进展。利用超临界 CO_2 提取大豆油、小麦胚芽油、玉米胚芽油、棉籽油、葵花籽油、红花籽油等都有系统的研究。我国对超临界流体萃取的应用研究主要集中在食品、香料、中草药、色素等的精制和提纯方面。例如，利用超临界 CO_2 萃取薄荷醇、茉莉精油、桂花精油等；利用超临界 CO_2 萃取当归油、银杏黄酮、卵磷脂、丹参、甾醇、大黄酸、番茄红色素、银杏叶花青素等。在提取设备方面，已经生产出 1000 L 的超临界 CO_2 提取装置，但对这些萃取工艺的研究大部分仅集中于小试和中试阶段。随着关键设备和工艺的不断突破和发展，其工业化生产指日可待。

超临界流体萃取的主要设备是萃取器和分离器。物料和经过压缩机（或高压泵）加压后的超临界流体进入萃取器混合后，高密度的超临界流体有选择地萃取物料中需要分离的成分。萃取后含有萃取物的超临界流体经过减压膨胀，降低溶剂密度后，在分离器内进行萃取物和溶剂的分离。分离出的溶剂再经降温和压缩后，送回萃取器中循环使用。

超临界 CO_2 萃取植物油脂存在耐高压设备昂贵、生产成本高、不易操作、批处理量小等不足之处，在一定程度上限制其工业化的生产。但是随着科技的进步和发展，这些问题终究都会有一个比较完善的解决方法，作为一种新兴的分离技术，其所具有的选择性高、操作温度低、工艺简单等方面的优势，使其应用前景广阔。

6. 水代法

水代法与普通的压榨法、浸出法制油工艺不同，其主要是将热水加到经过蒸炒和细磨的原料中，利用油水不相溶的原理，以水作为溶剂，从油料中把油脂代替出来，故名为水代法或水剂法。这种提油方法是我国劳动人民从长期的生产实践中创造和发明的。目前，水代法主要用于小磨香油的生产。水代法提油的工艺有很多优点：提取的油脂品质好，尤其是以芝麻为原料的小磨香油；提取油脂的工艺设备简单，同时能源消耗少；此外，水代法以水作为溶剂，没有燃爆的危险，对环境影响小，并且可同时分离油和蛋白质。

7. 亚临界水萃取法

亚临界水萃取法是近几年快速发展的绿色萃取法，与传统溶剂萃取法相比，其具有高效、安全、省时、易操作、无污染及设备要求低等优点。亚临界水是指在一定压力下，温度介于 100～374℃ 的凝聚态水，在萃取时既可作为有机溶剂，也可作为催化剂。亚临界水萃取是指在一定温度和压力下以水作为萃取剂进行萃取的"绿色的处理法"。通过控制亚临界水的温度和压力，改变水的极性、表面张力和黏度，可实现水溶性物质到脂溶性物质的连续萃取，甚至是选择性萃取。该方法对于所制备油脂品质的提升具有重要意义。随着人们对环保与健康的日益关注，对高品质植物油及精油需求的不断增加，将亚临界水萃取技术应用于植物油脂制备的研究和实例也越来越多。

8. 超声波处理法

超声波是频率大于 20 kHz 的声波，具有波动与能量的双重属性，其振动可产生并传递强大的能量，使物质中的分子产生极大的加速度。由于大能量超声波的作用，媒质粒子将以其重力约 10^4 倍的加速度交替周期波动，波的压缩和稀疏作用使媒质被撕裂形成很多空穴，这些小空穴瞬间生成、生长、崩溃，会产生高达几千大气压[①]的瞬时压力，即成为空化现象。空化使界面扩散层上的分子扩散加剧，在油脂提取中加快油脂渗出速度，提高出油率。超声波在生物活性物质的提取方面已有广泛应用，在油脂提取方面尚处探索阶段，在葵花籽油、猕猴桃籽油、松籽油、苦杏仁油超声波提取方面有一定的报道。

4.1.3　油脂精炼

1. 油脂脱胶

1）水化脱胶　　水化脱胶是利用磷脂等胶溶性杂质的亲水性，将一定量的热水或稀碱、食盐、磷酸等电解质水溶液，在搅拌下加入热的粗油中，在水化脱胶过程中，能被凝聚沉降的物质以磷脂为主，还有与磷脂结合在一起的蛋白质、糖基甘油二酯、黏液质和微量金属离子等。水化工艺可分为间歇式和连续式，间歇式适用于生产规模较小或油脂品种更换频繁的油脂企业，连续式适用于生产规模较大、油种单一的企业。

毛油中含的磷脂、蛋白质、黏液质和糖基甘油二酯等杂质，因与油脂组成溶胶体系而称为胶溶性杂质。这些胶溶性杂质的存在不但降低了油脂的使用价值和储藏稳定性，而且在油脂的精炼和加工中，会产生一系列不良的影响，导致最终成品油质量下降。例如，胶质使碱炼时产生过度的乳化作用，使油、皂不能很好地分离，即皂脚夹带中性油量增加，致使炼耗量增加，同时使油中含皂量增加，增加水洗的次数造成油脂损失；脱色时胶质会覆盖脱色剂的部分活性表面，使脱色效率降低；脱臭时温度较高，胶质会发生碳化，增加油脂的色泽；氢化时会降低氢化速率等。因此，油脂精炼工艺中一般要先脱胶，即脱除毛油中胶溶性杂质的工艺过程。

2）酸炼脱胶　　油脂中的磷脂按其水化特性，可分成水化的和非水化的两类。其中 α-磷脂很容易水化，水化后生成不易溶于油脂的水化物，而 β-磷脂则不易水化，钙、镁、铁等磷脂金属复合物也不易水化，这些就是所谓不能或难以水化的磷脂。在正常情况下，非水化磷脂占胶体杂质总含量的 10%左右。受损油料中，所含的非水化磷脂数量要高得多。另外，在浸出油料期间，磷脂酶会促使水化磷脂转化成非水化磷脂。当水分较多和浸出温度较高时，这种转化更显著。因此，在有的油脂中，含非水化磷脂是正常情况的 2～3 倍。其中，β-磷脂可以用碱或酸处理除去，而磷脂金属复合物必须用酸处理方可除去。要把毛油精炼成高级食用油，或要把含胶质较多的毛油（如大豆油、菜籽油等）精炼成低胶质油，以适应某种技术需要，就必须酸炼脱胶。向毛油中加入一定量的无机酸，使胶溶性杂质发生化学反应或物理化学反应，使之变性分离的一种脱胶方法，称为酸炼脱胶法。酸炼脱胶工艺主要用于工业用油脂，脱除胶体杂质所采用的工艺方法有硫酸脱胶和磷酸脱胶等。

---

① 1 大气压=1.013 25 × 10^5 Pa

3）酶法脱胶　　酶法脱胶是利用酶脱除油脂胶体杂质的工艺过程。该工艺过程基本不产生废水，具有良好的环境效益。不断改良的酶法脱胶因其良好的经济环保性能而受到越来越多的重视。根据磷脂酶与磷脂作用位点的不同，可将磷脂酶分为磷脂酶 A_1（PLA_1）、磷脂酶 A_2（PLA_2）、磷脂酶 B（PLB）、磷脂酶 C（PLC）和磷脂酶 D（PLD）5 种。酶法脱胶最早是由 Rohm 和 Lurgi 开发的，当时采用一种从猪胰中提取的磷脂酶 A_2，此法称为"Enzymax 工艺"（酶法脱胶工艺）。由于磷脂酶 A_2 的来源有限、昂贵和性质上的缺陷等，该法一直未得到大规模推广。近年来，人们发现了可以用于油脂脱胶的微生物来源的磷脂酶 A_1。微生物酶可以采用发酵法大规模生产，而且通过不断筛选可以获得性能越来越优良的新酶，使得优质的酶法脱胶在经济、效果上获得重大突破，酶法脱胶因而日益受到重视（杨博和王宏建，2004）。

2. 油脂脱酸

1）碱炼脱酸　　碱炼脱酸是用碱中和油脂中的游离脂肪酸，所生成的肥皂吸附部分其他杂质而从油中去除的精炼方法。肥皂具有很好的吸附作用，它能吸附色素、蛋白质、磷脂、黏液质及其他杂质，甚至悬浮的固体杂质也可被絮状肥皂夹带，一起从油中分离，油厂将该沉淀称为皂脚。用于中和游离脂肪酸的碱有氢氧化钠、碳酸钠和氢氧化钙等。油脂工业生产上普遍采用的是氢氧化钠、碳酸钠，或者先用碳酸钠后用氢氧化钠，其中氢氧化钠在国内外应用最为广泛。

2）蒸馏脱酸　　蒸馏脱酸法也称为物理精炼法，是在真空和高温条件下，用水蒸气蒸馏的方法达到脱除游离脂肪酸的一种精炼方法。传统的油脂碱炼方法，通常用碱液中和原油中的游离脂肪酸，碱炼油再进行脱色、脱臭就能得到高质量的精炼油。虽然用烧碱脱酸方法简便，能除去原油中绝大多数游离脂肪酸，但要耗用较多的辅助材料，产生的废水会对环境造成污染，尤其是高酸价原油用氢氧化钠处理，会造成过多的中性油的损耗。物理精炼与离心机连续碱炼、混合油碱炼、泽尼斯碱炼并列为当今四大先进食用油精炼技术。

目前，任何一种以碱类中和脱酸的工艺，都各具有一定的优点。但其共同的缺点是耗用辅助剂（碱、食盐、表面活性剂等），一部分中性油不可避免地被皂化，所产生的废水污染环境，从副产品皂脚中回收脂肪酸时，需要经过复杂的加工环节（水解、蒸馏），特别是用于高酸值毛油的精炼时，油脂炼耗大，经济效果欠佳。随着工艺及设备等关键技术的突破，物理精炼已由最初的棕榈油、椰子油、巴巴苏油等的精炼，逐渐扩展到大豆油、菜籽油、玉米油、花生油、芝麻油、橄榄油及牛脂和猪脂等，成为油脂脱酸的几种主要方法之一。物理精炼会使油脂科技工辅材料用量省、产量高、经济效益好，避免了中性油皂化损失，精炼效率高，产品稳定性好，可以直接获得高质量的副产品一元脂肪酸，且没有废水污染等。特别是对于一些高酸值油脂的脱酸，其优越性更为突出。例如，棕榈油的碱炼脱酸，其最佳精炼指数通常为 1.3～1.8，而物理精炼的精炼指数很容易就能达到 1.1。当游离脂肪酸（FFA）含量为 5% 时，物理精炼的精炼率可较碱炼提高 1%～3.5%。

3）液-液萃取法　　液-液萃取法脱酸是根据原油中各种物质的结构和极性的不同，采用相似相溶的原理，选用合适的溶剂和操作条件，进行液-液萃取，从而达到除去 FFA 的一种脱酸方法。液-液萃取法脱酸损耗低，适宜于高酸值深色油脂（如米糠油、橄榄果渣油、棉籽油及由可可豆壳萃取出的脂等）的脱酸，也常用于提高油脂品质的改性。液-液萃取法脱酸的工艺包括多元溶剂比配、混合、轻相和重相溶液的分离、洗涤、皂液水解及溶剂回收等工序。

这些工序可根据需要组合成间歇式或连续式的操作工艺流程。常用的溶剂有丙烷、糠醛、乙醇、异丙醇、己烷等。单元溶剂萃取可应用乙醇或异丙醇（浓度为 91%～95%）于填料塔中进行逆流萃取。借助密度上的差异进行分离，从而达到脱酸目的。液-液萃取法脱酸具有设备和操作简单、中和损耗低和操作费用低等优点，由于尚存在操作不够稳定等缺点，目前仍未广泛应用于工业生产。

4）混合油精炼法　　混合油精炼就是将浸出的混合油直接碱处理脱酸的方法。具体地说，将浸出法得到的混合油或外来毛油加溶剂配成浓度为 30%～70% 的混合油，加入碱液，在 50～58℃和强烈搅拌的条件下进行中和反应，待生成肥皂后再升温到 65～70℃，目的是稀释皂脚放出中性油。然后降温至 45℃，此时即起凝结与吸附作用。接着用泵打入离心机内分离皂脚与混合油，最后用常规蒸发汽提法回收溶剂取得脱酸净毛油。采用混合油精炼法有如下特点：①由于溶剂的存在，油与碱不易接触皂化，因此中性油损失少。②因具有较强的吸附作用，一般不经脱色也能得到色泽较浅的油脂。尤其是棉籽油中未变性的游离棉酚色素会溶解于碱液，生成皂脚从而进行脱色。

3. 油脂脱色

1）吸附脱色　　吸附脱色主要通过吸附剂表面的吸附作用对油脂中的色素及杂质进行吸附脱除，达到净化油脂的目的。吸附过程主要分为两类：物理吸附和化学吸附。一般在低温下主要进行物理吸附，不需要活化能，仅依靠吸附剂与色素分子间的范德瓦耳斯力对附着在吸附剂表面的单分子或多分子层的吸附物进行无选择吸附，并在短时间内达到吸附平衡状态，且释放少量热量；在高温下多进行化学吸附，吸附剂表面原子的凹凸性导致其所受引力不对称，使表面分子具有一定的自由能，从而吸附某些物质，引起自由能降低的趋势，使吸附剂与吸附物之间形成共用电子或产生电子转移，此过程具有选择性且为单分子层吸附。

2）膜脱色　　膜分离技术是一种新型的高效分离技术，利用膜的选择透过性，使混合物在浓度差等作用下被分离，达到提取、纯化或富集的效果。目前，膜技术不仅应用于果汁和乳制品的无菌过滤及蛋白质提取方面，在油脂精炼方面也有较大进展，可使一些胶质、游离脂肪酸及色素物质被分离脱除，达到脱胶、脱酸和脱色的效果。膜技术应用于油脂精炼过程中不仅操作简单、效率高，还可简化工艺、降低能耗。

3）光能脱色　　油脂中的一些天然色素，如类胡萝卜素和叶绿素等因结构中烃基的不饱和度较高，大多为异戊二烯单体的共轭烃基，具有光敏性。光能脱色法是利用这些色素能吸收可见光和近紫外光的能量从而使双键被氧化，发色团的结构被破坏而使油脂脱色。

4）其他脱色法　　其他方法主要有化学脱色法，是指利用化学试剂通过氧化反应使油脂中的色素分解，从而使油脂颜色变浅，该方法多用于生产工业油脂，不宜用于生产食用油脂。酶脱色法是利用酶与色素直接作用，如脂氧合酶与叶黄素和 β-胡萝卜素的共同氧化除去油脂中的色素，此方法主要用于脱色要求较高的油脂。

4. 油脂脱臭

脱臭是油脂精炼过程中的一个重要环节，它的目标是将油脂中天然存在的臭味或是在其他处理过程中产生的臭味除去。油脂脱臭是利用油脂内臭味物质和甘油三酯的挥发度有很大的差异，在高温和高真空条件下借助水蒸气蒸馏除去臭味物质的过程。脱臭的好坏，直接影响着成品油的质量，决定着是否能将成品油进一步利用。

在各种油脂中，都或多或少地存在着各种"气味"。纯净的甘油三酯是没有气味的，但不同的油脂都具有不同的气味，有些为人们所喜爱，如芝麻油和花生油的香味，有些则不受人们欢迎，如米糠油所带的气味。通常将油脂中所带的各种气味统称为"臭味"，这些气味有些是天然的，有些是在制油和加工中产生的。气味是由一些挥发性的化合物所组成的，引起油脂臭味的主要组分有低分子的醛、酮、游离脂肪酸、不饱和碳氢化合物等，如已鉴定出的大豆油气味成分就有 10 多种（表 4-1）（李杨，2018）。

表 4-1 大豆中的部分气味组成

气味种类	化合物名称
难闻味	二甲硫
香味	乙酸乙酯
似丙酮味	丁酮
烈性酒味	双乙酰
刺激味	乙酸
芳香族化合物	3-羟基丁酮
愉快感味	辛酮
刺鼻可憎味	丁酸
水果味	庚酮

在油脂制取和加工过程中也会产生新的异味，如焦烟味、溶剂味、漂土味等。此外，个别油脂还有其特殊的味道，如菜籽油中异硫氰酸酯等硫化物产生的辛辣味。油脂中除了游离脂肪酸外，其余的臭味组分含量极少，仅 0.2% 左右。一般来说，这些气味物质大都为酮、醛等，其含量为 0.1%～1.0%。气味物质与游离脂肪酸之间存在着一定的关系，有一部分臭味是由于游离脂肪酸的分解而产生的。当降低游离脂肪酸的含量时，能相应地除去油中的部分臭味。例如，油中游离脂肪酸的含量为 0.1% 时，油中就有臭味、异味；游离脂肪酸降至 0.01%～0.03%（过氧化值为零）时，臭味和异味即被消除。因此，油脂的脱臭过程实际上是与脱酸过程同时进行的。

油脂脱臭不仅可除去油中的臭味物质，提高油脂的烟点，改善食用油的风味，还能使油脂的稳定性、色度和品质有所改善。因为在脱臭的同时，还能脱除游离脂肪酸、过氧化物及其分解产物和一些热敏性色素，除去霉烂油料中蛋白质的挥发性分解物，除去小分子质量的多环芳烃及残留农药，使其降至安全范围内。脱臭馏出物的使用价值取决于其组成，脱臭馏出物是含生育酚、固醇、固醇酯、脂肪酸甘油酯、碳水化合物和其他杂质的复杂的脂肪酸混合物。

5. 油脂脱蜡

油脂脱蜡是利用油脂和蜡质的熔点差异，在 40℃ 以下，蜡质会随着温度的逐渐降低而结晶析出。在进行脱蜡处理时，要使精炼设备的温度保持在合理的范围内，温度过高会导致蜡质的析出不完全，而温度低则会导致损失增大。脱蜡的温度和时间对处理后的油脂质量有很大影响，直观影响就是食用油的色泽和透明度。

　　传统的脱蜡处理一般是在脱臭处理之后，在进行油脂脱蜡时往往加入硅藻土等助滤剂。动植物蜡是高级一元羧酸与高级一元醇所形成的酯。植物油料中的蜡质主要存在于皮的角质中，其次存在于细胞壁中，蜡在其中是与角质纤维素及少量脂质共存的。米糠、葵花籽、棉籽、菜籽、玉米胚芽等均含有一定量的蜡质。例如，棉籽壳中含脂质 0.34%～0.90%，其中蜡占 20%～22%；葵花籽壳中含脂质 3.9%～5.2%，其中蜡占 57.5%左右。不同植物毛油中的蜡质含量也不相同，具体见表 4-2（李杨，2018）。

表 4-2　各种植物毛油的蜡质及不皂化物含量

植物毛油	蜡质含量（%）	不皂化物（%）
米糠油	3.0～9.0	3.0～5.0
大豆油	微量	0.2～0.5
玉米油	0.05	0.8～2.9
葵花籽油	0.01～0.35	0.3～1.2
菜籽油	0.0016	0.3～1.2
小麦胚芽油	微量	2.0～6.0

　　蜡在 40℃以上的高温下可溶解于油脂。因此，无论是以压榨法制取的粗油中，还是以浸出法制取的混合油中，均混入了一定量的蜡质，以米糠油为甚。一般油脂中的含蜡量都会随料坯含壳量的增加而增加。蜡质熔点较高，人体不能消化吸收，含蜡油用作生产氢化油及食用油的原料时，蜡会影响催化剂的效率及食用油的透明度；用于制皂工业时，蜡会影响操作和肥皂质量。由此可见，无论食用或工业用油都应该除去含蜡油脂中的蜡质。

4.2　脂肪伴随物的提取与分离

4.2.1　类脂物

1. 磷脂

　　1）溶剂萃取法　　溶剂萃取法是根据混合磷脂中各组分在不同溶剂中溶解性的差异而使之分离的方法。该法的关键在于找到一个好的溶剂或溶剂系统，它对于被提取的目标产物应具有良好的溶解性和选择性。有机溶剂从提取方式上分为单一溶剂提取法和混合溶剂提取法。目前公开的溶剂萃取工艺最主要的缺点是所得产品的磷脂含量和收率两个指标不能兼顾。即当产品纯度较高时，产品收率就较低；而当产品收率得到保证时，产品纯度又不高。近年来还出现了一些新技术辅助有机溶剂萃取法，如微波辅助、超声波辅助等。在有机溶剂萃取法的基础上辅助萃取磷脂，省时且高效。

　　2）金属沉淀法　　无机盐复合沉淀法是利用无机盐或酸、碱与磷脂分子可生成沉淀的性质，把磷脂从有机溶剂中分离出来，除去蛋白质、脂肪等杂质，再用适当溶剂萃取无机盐等杂质，提高磷脂纯度。

　　3）超临界流体萃取法　　超临界流体萃取技术是利用处于临界低压和临界温度以上的

流体具有特异性增加目标物溶解能力而发展起来的化工分离新技术。使用超临界流体来取代常用的液体溶媒。例如，利用超临界CO_2流体对不同物质的溶解能力不同而达到分离目的。用单一超临界流体（如CO_2）萃取粗磷脂，只有去油脂的作用。可选用乙烷、丙烷等低级碳氢化合物作萃取剂或在CO_2中加夹带剂（如低级醇、丙酮、水、低级烷烃等）以提高对磷脂的分离效果。该方法适合制备粗磷脂产品，但不适于磷脂的分级分离。

4）柱层析法　　柱层析法是根据原料磷脂中各个组分与吸附剂结合能力的差异来达到洗脱分离提纯的目的。一般分吸附柱层析法（硅胶柱层析法和氧化铝柱层析法）和离子交换柱层析法。为了达到最佳的分离效果，必须对柱层析条件，如柱的几何形态、填充方法、填充物颗粒大小、温度、样品用量、流速、洗脱液的组成等因素加以选择和控制。虽然柱层析法的分离周期长，负载量相对较低，但组分纯度相对较高。

（1）硅胶柱层析法。硅胶价格低廉，吸附分离过程重复性好，可再生，是纯化磷脂最常用的吸附剂。在硅胶柱层析过程中，其分离效果主要取决于流动相，通常选择一种或两种及以上的混合洗脱剂作流动相。将大豆粗磷脂先通入硅胶柱中进行洗脱，再将产物用氧化铝帮助过滤，可得到96%的磷脂产物。

（2）氧化铝柱层析法。氧化铝柱纯化的研究相对较少，一般采用等度洗脱，乙醇溶液难以洗脱，氯仿-甲醇-水的流动相体系才能洗脱。柱层析中洗脱剂的选用是分离纯化的关键步骤。

（3）离子交换柱层析法。离子交换柱层析是以离子交换树脂为固定相的一种分离方法。由于溶质分子带有不同性质的电荷和电荷量，因此在固定相和流动相之间会发生可逆交换作用，使溶质移动速度发生变化，从而达到分离目的。据报道，采用柱组合的方法可进一步提高分离效果。粗磷脂（PC）先用硅胶柱层析进行第一次精制，将含PC、鞘磷脂（SM）、溶血磷脂酰胆碱（LPC）的混合磷脂部分过离子交换纤维素柱，以二氯甲烷-甲醇溶液梯度洗脱，得到PC含量大于95%的产品。

2. 植物甾醇

从脱臭馏出物中提取混合植物甾醇的方法通常基于原料组成的物理、化学性质及生化反应的差异，从而进行分离与提纯。例如，利用皂化、中和、酶解、溶解度、蒸气压、吸附力的差异以及不同温度、真空条件、表面活性剂存在下物理、化学性质的变化等来分离除去非甾醇类物质。目前生产和研究的分离与提纯方法主要有溶剂结晶法、络合法、干式皂化法、分子蒸馏法、超临界CO_2萃取法、吸附法（柱吸附法、高压流体吸附法）、酶法等。

1）提取

（1）溶剂结晶法的原理是利用植物甾醇类化合物在溶剂（单一或混合系统）中溶解度的差异，进行多级分步结晶；由于植物甾醇单体之间的溶解性差异较小，因此选择合适的溶剂和操作条件是实现有效分离的关键。所用的主要溶剂有甲醇、乙醇、异丙醇、丙酮、甲苯、二甲苯、丁酮和乙酸乙酯等，使用单一溶剂，产品纯度和甾醇回收率通常不高，需进一步精制。所以通常利用混合溶剂进行结晶，如芳香烃和脂肪烃的混合物，以及芳香烃加有机溶剂和适量水等。此方法可用于直接分离，但操作步骤多，溶剂用量大，回收困难，甾醇的回收率低。因此，目前还难以实现工业化生产。

（2）络合法是利用甾醇和其他物质络合生成络合物，并依据络合物的溶解度差异来提取植物甾醇的方法。该工艺是将脱臭馏出物进行皂化、酸分解、萃取、络合反应、分离络合物和络合物分解制得甾醇粗品。获得的甾醇精制品再脱色、结晶。此法所用的络合形成剂主要包括有机酸、卤素、尿素和卤素碱土金属盐。一般用卤盐络合，卤盐有氯化钙、溴化钙、氯化锌、氯化镁、溴化镁、氯化亚铁等。研究证明，络合法产品纯度高，回收率也较高。采用卤盐络合法从粗甾醇中制得呈白色结晶状的植物甾醇，总甾醇含量在 95%以上。该法操作步骤多，溶剂用量大、回收困难，甾醇的回收率低，因此目前还难以工业化，但其处理方法及其中的一些工序仍具有非常重要的参考价值。

（3）干式皂化法是利用脱臭馏出物中的可皂化物质在碱性条件下的皂化性来提取甾醇的。主要步骤是将脱臭馏出物用熟石灰或生石灰在 60～90℃条件下皂化，然后用机器粉碎膏状物，经溶剂萃取、浓缩得到粗甾醇，再经过洗涤去杂、脱水得到精制植物甾醇。干式皂化法生产工艺安全无毒，节省有机溶剂的用量，但原料的利用效率、产品的纯度和回收率较低。

（4）分子蒸馏法的原理是在高真空度下依据混合物中分子运动自由程的差别，使物体在远低于其沸点的温度下分离。分子蒸馏适用于实验室精制，也可用于工厂同时提取和分离甾醇、维生素 E。其流程是先将脱臭馏出物酯化，而后洗涤，减压脱除低碳醇，通过蒸馏回收易挥发组分脂肪酸酯，将残液进行分子蒸馏，回收维生素 E，其残渣进行皂化反应，然后经丙酮等有机溶剂提取得粗甾醇，最后经脱色、重结晶得到精制植物甾醇。分子蒸馏技术对于超临界萃取物的纯化是有效的辅助方法，将两种现代方法结合应用于植物甾醇的分离精制有很广泛的发展前景。其缺点是流程长、操作步骤多、产品的纯度和回收率低。

（5）超临界 CO_2 萃取法是一种化工分离技术，是通过改变压力和温度，以改变超临界 CO_2 流体的密度，从而使溶质在其中的溶解度发生改变而分离。该法可直接将植物甾醇从油脂精炼脱臭馏出物中提取出来，回收率可达 41%。其优点是不需要有机溶剂、流程简单、无毒、污染小、安全性高，同时产品纯度好、回收率高、能耗低。因此，利用超临界 CO_2 萃取技术提取植物甾醇对工业化生产研究具有较高的经济价值，缺点是设备投资较大和维护费用较高。

（6）吸附法。① 柱色谱法。吸附色谱是常用的分离纯化植物甾醇的色谱方法。在柱层析中利用甾醇在洗脱液与吸附剂之间的分配差异达到分离目的。吸附剂采用合成的无活性多孔碳分子筛，其平均孔径大于 20 Å（1 Å=10^{-10} m），一般为 30～90 Å，表面积大于 300 m^2/g，一般为 700～1100 m^2/g，用含碳焦化聚合物或碳化树脂选择性吸附甾醇，洗脱剂用芳香烃；吸附剂采用活性炭分子筛，其孔径为 15～20 Å，表面积为 300～1500 m^2/g，选择性吸附所有甾醇而排除其他物质，洗脱剂用芳香烃；吸附剂采用硅酸镁分子筛，则洗脱剂用甲基叔丁基醚（MTBE），吸附前需要去除原料中的酸性物质，可通过液-液萃取实现，其中萃取剂二甲基亚砜（DMSO）和正己烷分别从柱子的顶部和底部进去，而料液从柱子中部进去，DMSO 富含酸，正己烷富含甾醇。柱色谱仪器设备简单、重现性好，是一种分离甾醇的有效方法，可作为高纯度 β-谷甾醇和菜油甾醇标准品的制备分离方法。但存在洗脱时间过长、溶剂耗费量大的缺点。② 高压流体吸附法。这种高压且具有适合生理活性的流体主要为一种高压液体、亚临界气体或超临界气体（$5×10^6$～$4×10^7$ Pa，30～60℃），其与原料形成的高压流体混合物通过吸附使无脂甾醇离开高压流体，选择性地被留在吸附剂上，其中吸附剂主要为氢氧化钙、氧化钙、碳酸钙、碳酸镁或氢氧化镁，甾醇的脱附则需通过另一种高压且具有适合生理活性的流体，或一种有机溶剂，而从吸附后的高压流体中回收脂类则可以提高温度或者降低流体压力，这样得到的甾醇纯度很高。

（7）酶法提取植物甾醇的原理是采用一种固定化非特异性脂肪酶对脱臭馏出物的酯化过程进行催化，使脂肪酸甲酯的转化率提高，因而通过回收易挥发的脂肪酸甲酯可以提高植物甾醇的纯度和回收率。酶法克服了溶剂浸出、化学处理及分子蒸馏提取维生素 E 和甾醇回收率低的缺点，可以回收得到原料中 90% 以上的甾醇和维生素 E。其原料不需要任何预处理，具有反应条件温和、酶用量少、产品易于收集纯化及无污染物排放等特点，在节约能源和环境保护方面具有重要的社会意义和经济意义，被认为是提取甾醇和维生素 E 的一个新的发展方向。但目前酶法也存在低碳醇转化率低、酶的价格高及使用寿命短等缺点（李万林等，2013）。

2）单体分离 由于甾醇单体结构极其相似，因此从植物甾醇中分离 β-谷甾醇、豆甾醇、菜籽甾醇和菜油甾醇等时，得到纯度较高的单体甾醇是一件困难而又烦琐的工作。但实现单组分高纯度植物甾醇的规模化生产，可以为甾体药物的生产提供较为廉价的原料。

目前，国内外对植物甾醇单体的分离方法主要有化学法和物理法。

（1）化学法的原理是通过化学反应来制备植物甾醇的衍生物，从而增加各种植物甾醇的物性差异，然后利用物理方法分离单体。例如，利用有机酸与甾醇羟基发生酯化反应生成相应的衍生物，增大物理性质差异，然后重结晶分离，利用甾醇环和支链上的双键发生卤素加成反应，使所生成衍生物的物理参数差异变大，再选择合适的有机溶剂萃取、重结晶分离。目前在分离豆甾醇和 β-谷甾醇时，通常利用豆甾醇乙酯的四溴化物和 β-谷甾醇乙酯的二溴化物溶解度的差异，首先将混合植物甾醇用乙酸酐进行酯化反应，然后将酯化产物用过量溴进行溴化，选用合适的溶剂分离出四溴化物和二溴化物。分离后的产物分别用锌粉还原脱溴、碱性水解，最后在丙酮中重结晶得到纯的豆甾醇和 β-谷甾醇。这种工艺在大规模的工业化生产中存在反应步骤多、成本高、操作困难、环境污染大、溶剂回收率低等缺点，达不到令人满意的分离结果。

（2）物理法的原理是利用某些甾醇物理性质的不同来达到分离的结果，依据的物性不同，所采用的方法也不同。利用不同甾醇的蒸气压不同，可采用真空蒸馏分段富集；在层析柱中利用不同甾醇在洗脱液与吸附剂之间的分配差异，达到分离目的；利用不同甾醇在有机溶剂中溶解度的差异，进行重结晶分离等。目前应用的物理法有分子蒸馏法、高效液相色谱法、沸石吸附法和溶剂结晶法等。其中溶剂结晶法是国内外关于混合甾醇单体分离最常用的方法。

溶剂结晶法的原理是利用植物甾醇类化合物在溶剂（单一或混合系统）中溶解度的差异，进行多级分步结晶；由于植物甾醇单体之间的溶解性差异较小，因此选择合适的溶剂和操作条件是实现有效分离的关键。结晶法分离混合植物甾醇具有操作简便、工艺流程短、溶剂易回收、产品纯度高等优点，适合工业化生产，国内外对此进行了大量的研究。

溶剂结晶法的工艺比较简单，非常适合工业化生产植物甾醇单体，但是选择合适的参数条件对成本控制非常关键。通过尝试不同的溶剂、合适的料液比、温度以及时间的比较，确定工业化放大前的理论数据，为产品的工业化生产做好理论基础研究，是溶剂结晶法的发展方向。甾醇单体经济价值的不断提高促进了各种分离的技术不断发展，开发出简单有效的生产工艺是甾醇单体研究的主要方向。目前一些发明专利采用其他的物理方法来分离单体，也达到了较好的分离效果。例如，南京工业大学发明了一种"从混合植物甾醇中分离提取 β-谷甾醇的方法"并申请了专利。该发明公开了一种从混合植物甾醇中分离提取 β-谷甾醇的方法，将混合植物甾醇溶于有机溶剂中，经金属螯合树脂吸附，使混合物中各组分有选择性地吸附在金属螯合树脂上，选择合适的洗脱剂洗脱 β-谷甾醇，实现混合植物甾醇中 β-谷甾醇的分离，且金属螯合树脂经再生处理后，可重复使用。该发明所涉及的金属螯合树脂吸附容量大、选择吸附特异性能强，使用该发明方法分离混合植物甾醇中的 β-谷甾醇，其分离纯度能达 80%以上，回收率达到 50%以上。该发明方法简单，易于产业化，且投资成本低，并且金属螯合树脂经再生处理后重复使用率高。

随着科学的不断向前发展和植物甾醇研究开发的不断深入，越来越多的技术和工艺会得到应用。完善溶剂结晶法的参数，以及应用其他的分离纯化方法（如色谱法）将是未来努力的方向。上述几种分离提纯方法和单体分离的方法可相互结合，以研究出经济简单的分离方法来实现工业化规模生产，从而充分发挥植物甾醇的应用价值（庞利苹和徐雅琴，2010）。

4.2.2　非类脂物

1. 天然维生素 E

当前天然维生素 E 领域常用的几种提纯方法有简单蒸馏、塔蒸馏、分子蒸馏、超临界萃取、溶剂萃取、化学提取与蒸馏结合、色谱法、尿素包接法等。

1）简单蒸馏　简单蒸馏是利用植物油脱臭馏出物中各组分沸点的差异而进行的简单蒸馏分离。植物油脱臭馏出物中各主要组分：脂肪酸、生育酚、植物甾醇、脂肪酸甘油酯的沸点依次升高，且生育酚与脂肪酸和脂肪酸甘油酯的沸点相差较大，生育酚与植物甾醇的沸点相近。因此利用简单蒸馏就可以将生育酚与绝大部分脂肪酸和脂肪酸甘油酯分离，得到生育酚与植物甾醇的浓缩物，实现生育酚的浓缩。该方法虽然简单，但操作温度较高，分离度较差，物料受热时间长，生育酚在蒸馏过程中容易被破坏，也容易被夹带出去，导致产品收率降低，且在长时间受热的情况下脂肪酸与植物甾醇也会发生酯化反应产生植物甾醇酯，商业化应用价值较差。

2）塔蒸馏　塔蒸馏具有一定的分离度，所得产品色泽较好。但存在操作温度较高、物料受热时间较长、容易产生副产物等缺点。

3）分子蒸馏　分子蒸馏是根据不同组分分子运动平均自由程的不同，来实现分子质量不同的物质在远低于其沸点的温度下进行分离的方法。分子蒸馏具有操作温度低、物料受热时间短、单位面积蒸馏效率高等优点，比较适合沸点高、易氧化、热敏性物质的蒸馏分离。同样的真空条件，蒸馏相同物料，分子蒸馏比简单蒸馏的蒸馏温度可低 30～50℃。因此，分子蒸馏适用于天然维生素 E 的各个提纯阶段。但分子蒸馏同样也存在一定的缺点，主要是分子蒸馏设备的加热面与冷凝面过近，加热面在对物料蒸发过程中容易发生细小物料的飞溅，尤其以滚筒布膜的方式会使物料飞溅更加明显。该部分未经过彻底分离的物料飞溅到冷凝面混入产品，在一定程度上会影响产品的色泽。目前已经有厂家对分子蒸馏设备进行改进。例如，通过在加热面与冷凝面之间增加百叶挡板等措施以减少物料飞溅产生的影响，或将以往的滚筒布膜改成刮板布膜等方式减少飞溅发生，生产上取得了良好的效果。随着装备技术的进步，分子蒸馏设备应用技术越来越成熟，设备造价也会越来越便宜。目前分子蒸馏在脱臭馏出物的初步浓缩和高含量产品精制方面得到了广泛的应用。

4）超临界萃取　超临界萃取法是一种新型的提取方法，主要利用 CO_2 作萃取剂，在一定压力和温度范围内使 CO_2 处于超临界状态，这时的 CO_2 兼具液体的溶解性和气体的流动性。将此萃取剂通过被萃取物质，利用 CO_2 对杂质和生育酚的选择性不同进行提取溶解，实现初步分离。然后通过阶段性降低压力，使萃取剂的溶解度逐渐降低并逐级释放出目标物质，从而实现分离。该方法操作条件相对温和，安全性和环保性较高，近几年的应用研究也较活跃。但超临界状态需要 7.2 MPa 以上的压力，对设备的压力等级要求很高，特别是工业化的大设备，由于压力等级过高，设备设计难度很大，投资比较大。且超临界 CO_2 萃取剂对生育酚和其中杂质的选择性较差，溶解度较低，对生育酚与杂质的分离度较差，分离效率也较低。因此，目前尚不具备大规模应用的商业价值。

5）溶剂萃取　利用生育酚在互不相溶的两种萃取剂中进行分配溶解，当两相达到分配平衡后对富含生育酚的一相进行回收溶剂、蒸馏等处理，得到浓缩的生育酚产品。但溶剂萃取法消耗的溶剂量大，且溶剂的选择性较差，产品的收率和生产效率都较低，因此不适合应用于工业化生产中。

6）化学提取与蒸馏结合　生育酚分子上的酚羟基与硼酸在一定条件下较容易酯化成生育酚硼酸酯，1 分子硼酸可以与 3 分子生育酚结合，结合后生成的生育酚硼酸酯的沸点显著提高。利用这一特性，将生育酚转化成生育酚硼酸酯后对物料进行蒸馏，可以实现生育酚硼酸酯与杂质的分离，生育酚硼酸酯留在重组分中。然后将重组分进行水解，生育酚硼酸酯重新水解成硼酸和生育酚。利用硼酸易溶于热水的特点，用热水将水解出的硼酸洗除，得到纯度较高的生育酚产品。在硼酸酯化过程中由于含有羟基的植物甾醇一同被酯化，最后经水解，大部分植物甾醇仍然留在产品中。因此，该方法适合对有一定纯度、低甾醇含量的生育酚粗品进行再提纯。值得注意的是，该方法在对硼酸酯化物处理时的温度较高，产品受热聚合会发生副反应，生成不可逆的高沸杂质，影响蒸馏效率，导致产品收率降低。

7）色谱法　利用吸附剂对生育酚与杂质的吸附选择性不同，进行吸附、解吸，达到分离的目的。色谱法常用的有离子交换树脂柱吸附法、硅胶柱吸附法、硅铝酸钠柱吸附法。其中离子交换树脂柱吸附法具有优异的分离选择性和较高的浓缩比，且设备较简单，生育酚损失也较小；但要求原料中的游离脂肪酸含量低，且溶剂消耗量较大。通常色谱法会用到大量的洗脱剂（如石油醚、异丙醇、乙醇、环己烷等），如果仅仅用于分离生育酚含量很低的脱臭馏出物，必将导致生产过程中环保成本和原辅料成本的大幅度提高。因此，色谱法适用于有一定纯度的生育酚的再提纯。

8）尿素包接法　尿素包接法是利用尿素在有机溶剂中形成包合物框架，可有效包合原料中的直链脂肪酸和脂肪酸酯，而带较多支链和较大色满环的生育酚则不能与其形成包合物，通过冷析过滤维生素 E 得到分离。但该方法所得产品的纯度不高，产品收率也较低。且还需要用到大量的尿素和无水甲醇，生产经济性较差。

综上所述，不同方法的分离原理有所不同，适合应用的范围也有所不同。通常为取得更好的提纯效果，多采用多种方法联合使用。例如，溶剂萃取后或柱层析后产品的色泽等外观指标尚不理想，再次配合简单蒸馏或分子蒸馏，产品的品质大大改善。总体来说，对分子蒸馏法和色谱分离法的研究较成熟，生产应用相对也较广泛。天然维生素 E 提纯新技术也不断出现，还有研究单位尝试使用超重力床设备进行天然维生素 E 的分离。目前一些使用成本较高、分离效率较低的方法，也可能随着科技的进步变得更加适用。

2. 角鲨烯

以植物油或其副产物为原料提取角鲨烯一般要先经过预处理，而后进行分离纯化。

1）预处理

（1）酯化或酯交换。脱臭馏出物中各种组分在有机溶剂中的溶解性较相近，用溶剂直接分离难度较大，脱臭馏出物中游离脂肪酸和中性油占 80%左右，一般将其中的游离脂肪酸或中性油与甲醇进行酯化或酯交换为脂肪酸甲酯以降低脂肪酸的沸点和体系黏度，然后通过减压蒸馏除去 80%的脂肪酸甲酯，其中角鲨烯纯度将提高 5 倍，有利于后期角鲨烯的分离纯化。

根据所用催化剂的不同，一般将酯化法分为化学酯化法和酶酯化法。化学酯化法多用浓硫酸、氢氧化钠等作为催化剂催化脂肪酸、甘油酯与甲醇反应生成脂肪酸甲酯。酶酯化法主要是利用脂肪酶作为催化剂，使游离脂肪酸和醇类作用转变成脂肪酸酯，同时催化甘油酯和醇类发生醇解即转酯化，生成脂肪酸酯。相对于前者，酶法处理具有反应条件温和、目标提取物损失小等优点。

（2）皂化酯化耦合。对于某些植物油或其副产物，可将其中含量较高的甘油三酯采用皂化酯化耦合的方法进行处理转化为脂肪酸甲酯。

2）分离纯化

（1）溶剂提取法：利用角鲨烯溶于某些溶剂的特点，与其他杂质进行分离。但用此单一方法分离得到的角鲨烯纯度不高，必须与其他方法结合才能得到更高纯度的角鲨烯。

（2）皂化分离法：利用角鲨烯不可皂化的特点，通过皂化反应将可皂化物质进行皂化，然后用有机溶剂萃取不皂化物，从而达到角鲨烯的有效分离。这种方法比较适合脂肪酸、甘油酯含量较高或角鲨烯在不皂化物中占较大比例的原料。该方法机理简单，操作方便，是目前分离角鲨烯最有效的方法，但需要配合其他方法，才能得到高纯度的角鲨烯产品。

（3）分子蒸馏法：是指在高真空条件下，液体分子受热从液面逸出，根据不同的分子自由程差异导致其表面蒸发速率不同而达到分离的方法。该方法具有真空度高、蒸馏温度低、停留时间短等特点，适合分离热敏性、高分子质量、低挥发度、高沸点、高黏度和具有生物活性的物质。

（4）超临界萃取法：是指用超临界流体，如 CO_2 等为溶剂，从固体或液体中萃取可溶组分的传质分离操作。在临界点附近，通过改变 CO_2 的压力和温度来改变其密度，从而改变其对溶质的溶解度，达到萃取分离的目的。该方法具有无易燃性、无化学反应、无毒、无污染、安全性高等优点，适用于高沸点、热敏性或易氧化的物质，在提取天然产物中受到重视。

（5）吸附分离法：根据不同物质在吸附剂上的吸附力不同，然后用溶剂进行解吸，达到分离的目的。一般对于角鲨烯的分离，固定相为硅胶，流动相为乙酸乙酯和石油醚。一般情况下极性较大的物质易被硅胶吸附，非极性的角鲨烯不易被吸附而首先流出，从而使角鲨烯与其他极性物质进行有效分离。该方法的优点是分离效果好、产品纯度高，适用于产品的精制提纯；缺点是分离规模小、溶剂使用量大。吸附分离提纯工艺在中药提取、植物提取物分离等方面广泛使用。

以上各种分离纯化方法的优缺点对比见表 4-3。

表 4-3　各种分离纯化方法的优缺点对比

方法	优点	缺点
溶剂提取法	设备简单，操作费用低，富集效果明显	溶剂用量大，对环境有污染
皂化分离法	能有效除去脂肪酸和甘油酯，明显提高角鲨烯含量	操作复杂，在碱性条件下对目标产物有一定的破坏，对环境有污染
分子蒸馏法	适合实验室分离，也易于工业化生产	成本较高，适合高含量的原料，对低含量的原料需要预处理
超临界萃取法	直接萃取，工艺绿色、无毒、无污染	设备投资大，操作费用高
吸附分离法	分离效果好，产品纯度高，适合产品的精制	分离规模小，溶剂使用量大，成本高，有些洗脱剂对产品有污染，吸附剂再生困难

从植物油中提取角鲨烯的技术路线虽然比较成熟，但是有些工艺路线如分子蒸馏法、超临界萃取法，由于其工业化成本过于昂贵，目前只在实验室规模进行了成功探索，无法实现真正的工业化生产。溶剂提取法虽然比较简单，但是存在溶剂消耗量大、产品收率低、溶剂回收成本高等缺点，影响其工业化应用。目前来看，综合考虑皂化分离和吸附分离相结合的方法可能更具有工业化应用前景（官波和郑文诚，2010；陈学兵等，2013）。

3. 多酚类物质

1）提取　多酚的提取方法有很多种，目前较为常用的有机溶剂萃取法、超声波辅助浸提法、微波辅助浸提法、生物酶解提取法、超临界流体萃取法等。

（1）有机溶剂萃取法主要用于可溶性酚类化合物的提取，常用的溶剂有乙醇、甲醇、丙醇、丙酮、乙酸乙酯和乙醚等。多酚具有一定的极性，易与蛋白质和多糖以氢键、疏水键结合形成稳定的化合物，而有机溶剂能破坏氢键，释放多酚。在有机溶剂中加入少量的酸或一定比例的水，形成强极性的萃取剂，可以提高多酚的提取率。一般来说，脂肪酸与多酚结合的酚类可采用丙酮-水体系萃取，因醇类溶剂易造成醇解反应使多酚分子降解；而以缩合单宁为主体的酚类可采用弱酸性醇-水体系萃取，使以共价键与植物组织分子相连的单宁降解溶出；从乙醚萃取物中可得到低分子质量酚类物质，用乙酸乙酯或丙酮-水溶液萃取可得到中等分子质量的单宁化合物，而在热碱浸提物中可得到高分子质量多酚。该方法工艺简便、成本低、纯度高，因而使用广泛，但存在提取率低、耗时长、产品安全性低等不足之处。

（2）超声波辅助浸提法是利用超声波产生的强烈振动、高加速度、强烈的空化效应、搅拌作用等，加速有效成分进入溶剂，从而提高提取率，缩短提取时间，并可避免高温对提取成分的不良影响。超声波辅助浸提法具有提取速度快、收率高、对热不稳定、物质破坏少等特点，将此法应用于多酚的提取会取得较好的效果，但获得产品的纯度不高。

（3）微波辅助浸提法的原理是通过微波加热使植物细胞内的极性物质吸收微波能并产生热量，使细胞内温度急剧上升，水汽化导致植物细胞内部的压力也迅速上升，冲破细胞膜和细胞壁形成孔洞；进一步加热导致细胞水分减少，表面出现裂纹，使胞内物质容易从孔洞和裂纹释放出来，而胞外溶剂易进入胞内溶解并释放出胞内有效成分，从而提高提取效率。微波辅助浸提法作为一种新型的萃取技术，不但快速、高效、稳定、选择性高，而且节能、环保。但与超声波辅助浸提法相比，微波辅助浸提法只适合短时间内快速提取，长时间提取可能会导致提取液温度过高而使多酚类物质分解，收率降低。

（4）生物酶解提取法是根据酶反应具有高度专一性的特点，选择相应的酶，水解或降解细胞壁组成成分：纤维素、半纤维素和果胶，从而破坏细胞壁结构，使细胞内的成分溶解、混悬或胶溶于溶剂中，达到提取目的。生物酶解提取法最大的优势是反应条件温和。由于生物酶解提取法是在非有机溶剂下进行，所得产物纯度、稳定性、活性都较高，无污染，解决了有机溶剂提取法有机溶剂回收困难、用量大等缺点。此外，生物酶解提取法在缩短提取时间、降低能耗、降低提取成本等方面也具有一定优势。

（5）超临界流体萃取法（SFE）是一种新型的萃取分离技术，以超临界流体作为萃取剂，利用其兼有液体和气体双重性质的特点，通过控制温度和压力进行选择性萃取分离。目前常采用 CO_2 为超临界流体溶剂。此法可避免使用有毒溶剂，溶剂回收简单方便，节省能源；在低温下操作，可防止多酚高温氧化，特别适合热敏性天然产物的提取分离；可制备高纯度植物多酚，并能保持植物多酚的原有化学特征。超临界流体萃取技术具有提取高效、绿色环保等优点，已经在食品工业、医药工业等产业得到了广泛的应用，今后应进一步研究超临界流体萃取技术的影响因素、超临界流体的性质等，在此条件下，超临界流体萃取技术的应用前景将十分广阔。该项技术的不足之处在于投资成本较高。

2）纯化　用上述方法提取出来的多酚只是粗品，要得到纯度更高的产品或单品，还需进一步分离纯化。目前，多酚分离纯化方法主要有沉淀法、膜分离法、层析法等。

（1）沉淀法是利用无机盐、生物碱、蛋白质或高分子聚合物（聚乙烯吡咯烷酮、环糊精等）从粗品溶液中沉淀多酚，再用酸或硫化氢分解沉淀回收多酚，或者用丙酮等提取多酚的方法。其中无机盐类（主要是金属盐）最为常用，其他三类沉淀剂成本较高。目前常用的金属离子有 Al^{3+}、Zn^{2+}、Fe^{2+}、Mg^{2+}、Ba^{2+}、Ca^{2+} 等，其中 Al^{3+}、Zn^{2+} 较为理想。离子沉淀法的优点是减少了有机溶剂的使用量，工艺简单，生产安全，部分沉淀剂成本低，选择性强，所得产品纯度较高。其缺点是在制备过程中 pH 波动较大，易造成部分酚类物质被氧化破坏，在沉淀、过滤、溶解过程中多酚损失大、工艺操作控制较严格。此外，有些金属盐残留对多酚产品的安全性也存在隐患，使其广泛应用受到了限制。

（2）膜分离法是以选择性透过膜为分离介质，以膜两侧的压力差为动力，原料中的不同组分有选择地透过膜，从而实现酚类物质提取、分离、纯化的技术。超滤是膜分离法中用途最广泛的方法之一。膜分离法的优点是在常温条件下操作，不破坏植物多酚，适合热敏性多酚的分离纯化，操作工艺简单，能耗较低，不污染环境。其缺点是产品纯度偏低，膜价格偏高，清洗困难，过滤速度慢。

（3）层析法是利用物质在固定相与流动相之间不同的分配比例，将多组分混合物进行分离的方法。该方法最大的特点是分离效率高，能分离各种性质极相似的物质，而且它既可以用于少量物质的分析鉴定，又可用于大量物质的分离纯化制备。常用于多酚分离的层析法有柱层析、薄层层析、高效液相层析和固相萃取。

A. 柱层析是先把填料装入柱内，然后在柱顶滴入要分离的样品溶液，使它们首先吸附在柱的上端形成一个环带，当样品完全加入后，再选用适当的洗脱剂（流动相）进行洗脱。常用的柱填料有葡聚糖凝胶、纤维素、聚酰胺、硅胶等。分离纯化多酚类物质最有效的是填料葡聚糖凝胶 Sephadex LH-20。

B. 薄层层析是将吸附剂、载体或其他活性物质均匀涂铺在平面板上形成薄层后，流动相流经该薄层固定相而将样品分离的层析方法。按所用固定相材料的不同，可分为吸附、分配、离子交换、凝胶过滤等，其中吸附层析使用最为普遍。常用的吸附剂有硅胶、氧化铝等。该方法主要用于少量物质的快速分离和定性分析。

C. 高效液相层析（HPLC）可分为分析型 HPLC 和制备型 HPLC。分析型 HPLC 的目的是定量或者定性测定混合物中各组分的性质和含量。制备型 HPLC 的目的是分离混合物，对产品的单体进行分离纯化，获得一定数量的纯净组分。制备型 HPLC 相比传统的纯化方法而言是一种更有效的分离方法，具有分析速度快、分离效能高、自动化等特点。但是该方法分离纯化的产量有限，只适合于实验室应用。

D. 固相萃取（SPE）是近年发展起来的一种液-固萃取柱和液相色谱技术相结合的样品预处理技术。主要用于样品的分离、纯化和浓缩。根据填料类型的不同，固相萃取可分为正相、反相、离子交换和吸附型。固相萃取的操作一般有 4 步，即活化、上样、淋洗、洗脱。该方法操作简单，样品回收率高，精密度好，但因 SPE 小柱只有小注射器一般大小，处理量较小，所以主要还是用于实验室分析。

综合应用多元化技术是未来分析检测继续发展的趋势，即将微波辅助提取或超声波辅助提取、盐析、超滤、纳滤及色谱分离等技术综合运用于植物多酚提取中，以取长补短，实现最佳提取率、活性和纯度。例如，高纯橄榄苦苷的制备：先用极性溶剂对油橄榄叶进行提取，再采用碱性离心沉降，获得离心清液和沉淀物，接着进行膜耦合分离，得到通过纳滤膜的浓缩液，再用介质吸附，对吸附介质进行洗脱得到洗脱液，真空浓缩，再进行真空冷冻干燥或喷雾干燥，获得橄榄苦苷含量大于 50% 的富含高纯度橄榄苦苷的油橄榄叶提取物。此法充分体现了多元技术综合应用的理念，优化和协调了各自的优势，不但有效地分离了所需的活性多酚，而且避免了常规分离方法所遇到的污染严重、成本高，以及一些常见的死吸附或膜堵塞等问题。当然，该方法还需继续优化完善，如提取所用溶剂的优选、膜耦合分离的优化、吸附剂选择吸附条件的优化及洗脱效果的改善都有待进一步研究和探索（阮玉凤等，2013；彭茹洁等，2016）。

思 考 题

1. 什么是油料预处理，并说明对油料进行预处理的目的。
2. 请简述油脂制取技术中压榨法、浸出法和水酶法的基本原理和影响因素。
3. 请阐述超临界 CO_2 萃取法的基本原理及其优点。
4. 请阐述水化脱胶的基本原理。
5. 什么是油脂脱臭？有哪些优点？
6. 植物甾醇通常从脂类加工过程中的哪一步提取，提取方法又有哪些？
7. 角鲨烯分离纯化的方法有哪些？分别有哪些优点和缺点？

第5章　食品脂类的营养

在膳食和营养的范畴内，食品脂类扮演着能量来源和提供基本营养素的角色。膳食中的脂类能被胰脂酶水解为脂肪酸和甘油单酯在小肠表面被吸收，这些物质大部分在黏膜的上皮表层被重新化合成甘油三酯，形成乳糜微粒，进入血液和淋巴系统。而这些乳糜微粒在肝和组织中发生新陈代谢，被肝吸收后，内源脂肪酸、外源脂肪酸及胆固醇可转变为非常低密度的脂蛋白，分泌到血液中，并被输送到周围组织。在周围组织中，通过脂蛋白、脂肪酶为各个组织提供脂肪。膳食中的脂肪一旦被吸收，就担当着各种各样的代谢、结构和调节功能。

脂类也是组成生物体的重要成分，如磷脂是构成生物膜的重要组分，油脂是机体代谢所需燃料的贮存和运输形式。脂类物质也可为动物机体提供溶解于其中的必需脂肪酸和脂溶性维生素。某些萜类及类固醇类物质，如维生素 A、维生素 D、维生素 E、维生素 K、胆酸及固醇类激素具有营养、代谢及调节功能。有机体表面的脂类物质有防止机械损伤与防止热量散发等保护作用。而脂类作为细胞的表面物质，与细胞识别、种特异性和组织免疫等也有密切关系。

5.1　脂肪酸的营养

5.1.1　必需脂肪酸

必需脂肪酸（EFA）是指人体维持机体正常代谢必不可少而自身不能合成或合成速度慢而无法满足机体需要，必须通过膳食供给的多不饱和脂肪酸。历史上曾有多种多不饱和脂肪酸被认为是必需脂肪酸，但现在通常仅指 ω-3 系列的 α-亚麻酸（18:3）和 ω-6 系列的亚油酸（18:2），其他多种多不饱和脂肪酸均可以由这两种为原料逐步合成。

亚油酸（linoleic acid，LA），学名为顺-9, 顺-12-十八碳二烯酸，速记法命名为 18:2ω-6，是一种含有两个双键的 ω-6 脂肪酸；α-亚麻酸（α-linolenic acid，ALA），学名为顺-9, 顺-12, 顺-15-十八碳三烯酸，速记法命名为 18:3ω-3，是一种含有三个双键的 ω-3 脂肪酸。

人类与哺乳动物体内没有能从脂肪酸的甲基端数起的第三个碳和第六个碳上导入双键的脱氢酶，即缺乏从头合成亚油酸和亚麻酸的酶，所以这两种脂肪酸只有植物能够合成，因此必须从食物中摄取这两种脂肪酸。研究证实，亚油酸可以防止大鼠在几乎无脂肪日粮时出现的某些症状，如皮肤呈鳞片状，生长、繁殖和泌乳等生产性能低下，甚至死亡。因此在很长一段时间内，亚油酸被认为是唯一的必需脂肪酸。此后，又有试验证实，亚麻酸对这种脂肪酸缺乏症也有一些治疗效果。事实上，亚油酸和 α-亚麻酸无论在化学结构还是生理代谢上，都属于两类不同系列的脂肪酸，亚油酸属于 ω-6 系列，α-亚麻酸属于 ω-3 系列。亚油酸是 ω-6 系列中最基本的母体，其他 ω-6 系列脂肪酸均可以由它在体内经增长脱氢而生成；同样，α-亚麻酸是 ω-3 系列中最基本的母体，它可产生其他的 ω-3 系列脂肪酸。

必需脂肪酸的生理功能主要体现在以下 4 个方面。

第一，构成生物膜脂质。EFA 是细胞膜、线粒体膜等生物膜结构脂质的主要成分，在绝大多数膜的特性中起关键作用。EFA 参与磷脂的合成，并以磷脂形式作为细胞膜、线粒体膜等生物膜的组分。动物生长需要稳定供给 EFA 才能保证细胞膜结构正常，利于生长。足量的亚油酸可使红细胞具有更强的抗溶血能力。EFA 也是膜上脂类转运系统的重要组成部分。

第二，维持皮肤等对水的不通透性。这主要是 ω-6 系列 EFA 的效应。正常情况下，水分和其他许多物质无法透过皮肤。当 EFA 不足时，水分可迅速从皮肤散失，增加人体饮水量。另外，血脑屏障、胃肠道屏障等许多膜的通透性都与 EFA 有关。

第三，合成某些生物活性物质。EFA 是合成前列腺素、白三烯等类二十烷酸衍生物的前体。类二十烷酸主要包括前列腺素、白三烯和血栓素。类二十烷酸对动物的胚胎发育、骨骼生长及繁殖机能、免疫反应等均有重要作用。

第四，参与类脂代谢。EFA 与类脂、胆固醇的代谢有密切关系。胆固醇必须与 EFA 结合才能在体内转运，进行正常代谢。如果 EFA 缺乏，胆固醇将与一些饱和脂肪酸结合，形成难溶性胆固醇酯，从而影响胆固醇的正常运转而导致代谢异常。

两种必需脂肪酸的生理功能不尽相同，分别叙述如下。

脂蛋白（lipoprotein）是一类由富含固醇酯、甘油三酯的疏水性内核和由蛋白质、磷脂、胆固醇等组成的外壳构成的球状微粒，根据密度大小可分为乳糜微粒（chylomicron，CM）、极低密度脂蛋白（very low density lipoprotein，VLDL）、中密度脂蛋白（intermediate density lipoprotein，IDL）、低密度脂蛋白（low density lipoprotein，LDL）和高密度脂蛋白（high density lipoprotein，HDL）。很多研究已确认亚油酸具有降低血清总胆固醇（TC）的作用，其机理尚未完全阐明，有研究者认为它能促使胆固醇被氧化为胆汁酸，随后排出体外。但此种降胆固醇作用随亚油酸在总能量中的摄取比例而变，一旦超过 15%，其降总胆固醇效果就会下降，而且 HDL 的含量也大为下降。可见，亚油酸的摄取量要合理，否则效果相反。此外，花生四烯酸的降胆固醇效果要比亚油酸强，其机理还有待进一步研究。富含 γ-亚麻酸的月见草油，其降胆固醇的作用也已得到确认。

亚油酸能够调节副肾上腺素的分泌，提高抵御外部各种刺激的能力。由亚油酸代谢过程中产生的二高-γ-亚麻酸（DHGLA，20:3）和花生四烯酸（ARA，20:4），能够合成不同作用或者相反作用的前列腺素。例如，同样是花生四烯酸生成的活性类二十烷酸衍生物，有的使血压上升，有的可使血压下降，有的促进血小板聚集［如血栓素 A_2（TXA_2）］，有的却具有抗凝血作用［如前列环素（PGI_2）］。由此可见，摄取亚油酸是必要的，但其生理作用是双向的，在一定条件下，身体可以进行自我调节，以保持平衡状态。亚油酸的必需性已不容置疑。除某些特殊情况外，当今绝大多数人对于亚油酸的摄入并不缺乏。然而，在 EFA 的生理作用方面，过去人们比较强调 ω-6 系列脂肪酸，即亚油酸和由其转化的花生四烯酸等的作用，而忽略 ω-3 系列的 α-亚麻酸的生理作用。α-亚麻酸容易氧化，其某些生理功能远不如亚油酸，原来不为人们重视，甚至对其是否为必需脂肪酸有过怀疑。但后续的研究表明，与 ω-6 系列脂肪酸相比，ω-3 系列脂肪酸的降血脂效果更为明显。其降血脂作用表现为对血浆中甘油三酯水平的影响，而非仅对胆固醇水平的影响。补充富含 ω-3 系列的产品（如鱼油）能降低 CM 中甘油三酯的水平；ω-3 系列脂肪酸有类似阿司匹林的作用，使血液不易凝结。

α-亚麻酸的生理功能主要来源于其代谢产物 EPA 和 DHA。研究证明，EPA 和 DHA 两者的生理功能也有些不同。例如，EPA 对降低血液中的甘油三酯有效，而 DHA 对抗凝血和降低血液中的胆固醇有效，特别是在儿童脑神经传导和突触的生长发育方面有着极其重要的作用。α-亚麻酸对儿童视网膜、脑的发育及保持其功能有着特殊的作用，并对在其后来一生中是否易患高血压和心脏病有着长期的影响。人体的大脑发育始于妊娠的第 3 个月，到 2～3 周岁时终止。胎儿通过胎盘从母体中获取 DHA，在妊娠期，3 个月时胎儿大脑开始发育时，DHA 的含量达到最高，6 个月后，胎儿视网膜中 DHA 与花生四烯酸的比例随着胎龄而成倍增加。DHA 在细胞膜构造中具有特殊作用，脑的重量从婴儿出生时的 400 g 增加到成人时的 1400 g，所增加的是联结神经细胞的网络，而这些网络主要由脂质构成，其中 DHA 的含量可达 10%。若母体缺乏 DHA，会造成胎儿脑细胞的磷脂质不足，从而影响其脑细胞的生长和发育，产生智力障碍儿。出生后的婴儿若不能从母乳或食物中获得充足的 DHA，则脑发育过程就会延缓或受阻，智力发育将停留在较低的水平。由此可见，DHA 对脑神经传导和突触的生长发育十分重要。进入老年阶段，大脑脂质发生变化，尤其是 DHA 含量下降明显，伴随着记忆力下降。通过补充 DHA 可以延缓阿尔茨海默病的出现，且有催眠和镇静的作用。

在体内脱氢酶和增碳酶（延长酶）的作用下，这两类多不饱和脂肪酸的代谢途径如下：在动物体内亚油酸（18:2ω-6）首先被 Δ^6-脱氢酶（限速酶）代谢为 γ-亚麻酸（GLA，18:3ω-6），然后 γ-亚麻酸被延伸为二高-γ-亚麻酸（DHGLA，20:3ω-6）。二高-γ-亚麻酸经脱氢便得到花生四烯酸（ARA，20:4ω-6），最后花生四烯酸又转化为前列腺素和白三烯。α-亚麻酸（ALA，18:3）首先转化为十八碳四烯酸（parinaric acid，18:4），随后生成二十碳五烯酸（EPA，20:5），进一步得到二十二碳六烯酸（DHA，22:6）。图 5-1 是必需脂肪酸代谢的主要途径。

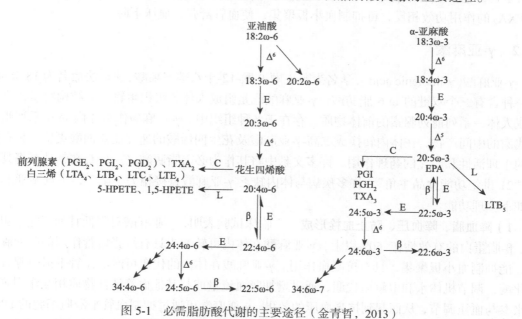

图 5-1　必需脂肪酸代谢的主要途径（金青哲，2013）

C. 环氧合酶；L. 脂氧合酶；E. 链延长酶；Δ. 脱氧饱和酶；β. β-氧化；HPETE. 羟基过氧化二十碳四烯酸

可见，亚油酸和 α-亚麻酸进入人体后经过交替脱氢与链增长作用而代谢生成长碳链多不饱和脂肪酸，其中 γ-亚麻酸和花生四烯酸是亚油酸的代谢产物，EPA 和 DHA 是 α-亚麻酸的代谢产物。这些脱氢与链增长的代谢反应主要发生在多种组织的内质网、线粒体和微粒体中。

ω-6 和 ω-3 系列脂肪酸脱氢与链增长使用的是相同的酶。据报道，在第一步脱氢反应时，Δ^6-脱氢酶的活性受到限制，是限速步骤，但转化速度随双键数目的增多而增大，即 18:3ω-3>18:2ω-6>18:1ω-9。因此，摄入大量 ω-3 系列脂肪酸时就会使底物 ω-6 系列脂肪酸的浓度降低，以致花生四烯酸的合成减少；反之摄入大量亚油酸时，就会产生较大量的花生四烯酸。现已证明合成 DHA 的代谢途径不是之前认为的直接在 Δ^4-脱氢酶作用下，由 22:5ω-3 直接产生，而是先由 24:5ω-3 经 Δ^6-脱氢酶脱去 2 个氢原子生成 1 个双键得到 24:6ω-3，其中一部分继续发生链增长和脱氢反应，另一部分就会发生过氧化物酶体（peroxisome）的 β-氧化生成 22:6ω-3；同样 22:5ω-6 的合成途径与此类似，即 22:4ω-6→24:4ω-6→24:5ω-6，最后经 β-氧化生成 22:5ω-6。从代谢途径可见，花生四烯酸、EPA 和 DHA 都参与 β-氧化，而此氧化过程与二十碳以下的多不饱和脂肪酸的氧化不同，需要经过氧化物酶体的代谢过程。β-氧化代谢缺陷的典型病例为儿童 Zellweger 综合征（一种缺乏过氧化物酶体或无过氧化物酶体 β-氧化的先天性疾病），患病儿童血液中低 DHA 浓度会导致生长和精神障碍直至失明失聪。用 DHA 乙酯每天 100~600 mg 给予患病儿童口服治疗，可使之临床症状得到明显改善。

从 ω-6 系列脂肪酸衍生出的活性二十碳酸衍生物，包括前列腺素 E_2（PGE_2）、PGI_2、TXA_2、白三烯等。这些脂肪酸衍生物的活性不同。例如，TXA_2 使血小板聚集和血管收缩，促进凝血，而 PGI_2 具有抗凝血功效，正常时二者相互制约，维持平衡状态；白三烯影响白细胞功能，有收缩支气管平滑肌及增加毛细血管通透性等作用。从 ω-3 系列脂肪酸衍生出的活性二十碳酸衍生物，包括前列腺素 I_3（PGI_3）和血栓素 A_3（TXA_3）等。TXA_3 几乎无生物活性，PGI_3 和 TXA_2 的作用功效相反，可抑制血小板聚集，使血管舒张，血压下降。

5.1.2 γ-亚麻酸

γ-亚麻酸（γ-linolenic acid），学名为顺-6,顺-9,顺-12-十八碳三烯酸，速记法命名为 18:3ω-6，是一种含有三个双键的 ω-6 脂肪酸。γ-亚麻酸既是组成人体各组织生物膜的结构物质，也是合成人体一系列前列腺素的前体物质，存在于各种组织中。γ-亚麻酸作为体内 ω-6 系列脂肪酸代谢的中间产物，在体内转换成二高-γ-亚麻酸及花生四烯酸的速度比亚油酸更快，具有广泛的生理活性和明显的药理作用。许多文献中将其作为必需脂肪酸之一，有文献甚至将其誉为"21 世纪功能食品主角"。许多疾病与体内缺乏 γ-亚麻酸直接相关。至今，发现 γ-亚麻酸有如下生理功能。

1）降血脂、降血压、防止血栓形成　　临床试验表明，γ-亚麻酸对降低甘油三酯、胆固醇、β-脂蛋白的有效性在 60%以上，γ-亚麻酸在体内可转变为具有舒张血管作用的前列腺环素，能抑制血小板聚集，具有抗凝血作用。γ-亚麻酸在体内的代谢可激活血管平滑肌腺苷酸环化酶，调节机体水和电解质代谢，通过增加肾血流量或与其他血管活性物质相互作用等方式来参与血压调节，从而起到抗高血压的效果。γ-亚麻酸可通过抑制血管平滑肌细胞的 DNA 合成来抑制血管平滑肌细胞的无节制增殖，从而起到抗动脉粥样硬化的作用。其机理可能是通过一个环氧合酶依赖方式来有效地抑制血管平滑肌细胞的 DNA 合成。γ-亚麻酸在临床上可以用于防治冠心病、心肌梗死、高血压、阻塞性脉管炎等心血管疾病。

2）防治糖尿病　　由 γ-亚麻酸代谢产生的前列腺素能增强腺苷酸环化酶的活性，含 γ-亚麻酸的磷脂可以增强细胞膜上磷脂的流动性，以及细胞膜受体对胰岛素的敏感性，提高胰岛细胞胰岛素的分泌，恢复糖尿病患者细胞的脂肪酸脱氢酶活性及被损伤的神经细胞功能，降低血糖，对减轻和防治糖尿病及其并发症有一定疗效。

3）抗炎、抑菌、抗溃疡　　研究表明，γ-亚麻酸的抗炎效果是通过在嗜中性粒细胞等炎症相关细胞中升高二高-γ-亚麻酸含量水平，并减弱花生四烯酸的生物合成来实现的。γ-亚麻酸对类风湿性关节炎、肠炎、脉管炎、肾炎等多种炎症均具有一定疗效。γ-亚麻酸对金黄色葡萄球菌、铜绿假单胞菌和大肠杆菌等均有抑制作用。γ-亚麻酸的摄入可有效防止阿司匹林等抗炎药物抑制 Δ^6-脱氢酶，保护胃黏膜免受损害，防止溃疡的发生；同时，γ-亚麻酸能促进前列腺素的合成，抑制胃酸分泌，缓解胃溃疡。此外，γ-亚麻酸对防治十二指肠溃疡和抑制胃出血也有一定效果。

4）抗癌　　γ-亚麻酸抑制肿瘤生长的机理可能与自由基及脂质过氧化作用有关。体外试验表明，γ-亚麻酸对包括乳腺癌、肝癌、肺癌、皮肤癌、骨肉瘤、神经胶质瘤、子宫癌、卵巢癌、食管癌、前列腺癌及胰腺癌细胞等 40 多种肿瘤细胞有明显的抑制作用，对细胞株向细胞外基质的迁徙和侵袭能力有明显的抑制作用。γ-亚麻酸能选择性杀伤肿瘤细胞而不会损伤正常细胞。

5）减肥　　γ-亚麻酸在体内可以刺激棕色脂肪组织，促进棕色脂肪解偶联蛋白的表达，增加棕色脂肪组织的线粒体活性，使体内的过多热量得以释放，可在保持正常饮食量条件下达到防治肥胖的目的。市场上，已有月见草油作为减肥和健美油。

6）增强免疫力　　临床研究表明，γ-亚麻酸能增强人体（尤其婴幼儿）的免疫力，对精神分裂症、普通鳞癣病、妇女周期性乳腺疼痛，以及亨廷顿舞蹈病、苯丙酮尿症、胶原血管病、帕金森病、哮喘、湿疹、尿毒性瘙痒、甲状旁腺功能亢进症、痤疮等均有疗效和改善作用，其机理有待深入研究。

7）其他功能　　婴幼儿、老年人、某些代谢紊乱者、饮酒过量者及某些营养状况异常者，因体内的 Δ^6-脱氢酶活性较低或受到抑制，易引起 γ-亚麻酸缺乏，而导致多种疾病的发生。若能及时从饮食中补充 γ-亚麻酸，则可达到预防或治疗相应疾病的目的。例如，γ-亚麻酸可以通过转化为前列腺素，促进类固醇的产生，维持更年期妇女激素平衡，缓解更年期综合征，对妇女月经前期综合征也有一定疗效。又如，特应性皮炎（又称异位性皮炎、遗传过敏性湿疹）与体内必需脂肪酸代谢紊乱有关，口服 γ-亚麻酸对防治该病有很明显的效果。此外，γ-亚麻酸对乙醇所致的肝损害有一定疗效。

γ-亚麻酸可通过降低活性氧自由基和胱天蛋白酶-3（caspase-3）的水平，从而显著降低 β 淀粉样蛋白 25-35 介导的细胞毒性，进而减轻凋亡形态学改变。此外，γ-亚麻酸还可抑制肿瘤坏死因子-α（TNF-α）和 PGE_2 等促炎细胞因子的产生，展现了其对于治疗阿尔茨海默病的应用前景（Youn et al.，2018）。

γ-亚麻酸对人类免疫缺陷病毒（HIV）具有选择性杀伤作用，其机理可能与膜脂质过氧化状态的变化有关。有研究者将 γ-亚麻酸与 EPA 合用后发现，能缓解艾滋病患者的病情。临床研究还表明，饮食补充 γ-亚麻酸有助于减少肺部损伤和多器官功能性紊乱，提高急性呼吸窘迫综合征患者的存活率。

此外，γ-亚麻酸能抑制酪氨酸酶，对抗黑色素生成，防止色素沉着，增进血液流通和细胞新陈代谢，有利于皮肤和毛发的调理与营养，因而被广泛应用于化妆品领域。作为化妆品的天然油脂原料，富含 γ-亚麻酸的油脂可作为化妆油、润肤乳液、嫩肤霜等护肤品及多种护发用品的油脂，以及作为皮肤增白保湿、延缓老化的有效成分。洗发水中加入 γ-亚麻酸与烟酸衍生物能协同加强渗透，充分营养发根，刺激生发。牙膏、香皂中也有将 γ-亚麻酸列入配方，分别起到抗牙病、增进血液流通的效果。

γ-亚麻酸能提高机体超氧化物歧化酶和过氧化氢酶的活性，显著降低血浆中过氧化脂质的生成，起到抗衰老和抗病毒作用。市场已有一些老年人和婴幼儿专用的含 γ-亚麻酸的食品和饮料。在饲料中添加 γ-亚麻酸，可防止动物疾病，减少病死率，并有利于稳定（提高）相应动物性食品（如蛋、乳）中 γ-亚麻酸的含量。

γ-亚麻酸在延长酶的作用下增加两个亚甲基即成二高-γ-亚麻酸（20:3ω-6），在一些特殊的霉菌（如高山被孢霉）中也存在二高-γ-亚麻酸。二高-γ-亚麻酸是前列腺素系列的前体，20世纪 60 年代才确定其结构，在人体血浆和大部分组织的磷脂中都有一定含量，具有扩张血管的功能，对血压调节很重要。此外，二高-γ-亚麻酸还有抗炎、抗过敏作用，在 2000 mg/kg以下未观察到亚急性毒性反应，其生理功能机理可能与增加一系列前列腺素类有关。

5.1.3　共轭亚油酸

共轭亚油酸（conjugated linoleic acid，CLA）是一种含有两个双键的十八碳脂肪酸，这一名称最早是在 1987 年提出的。它是亚油酸的所有立体和位置异构体混合物的总称，可以看作亚油酸的次生衍生物。共轭亚油酸的双键可位于 7 和 9、8 和 10、9 和 11、10 和 12、11和 13、12 和 14 位碳上，其中每个双键又有顺式（cis 或 c）和反式（trans 或 t）两种构象。理论上共轭亚油酸有 20 多种同分异构体，而 c-9, t-11 和 t-10, c-12 是含量最多的两种异构体，其结构如图 5-2 所示。

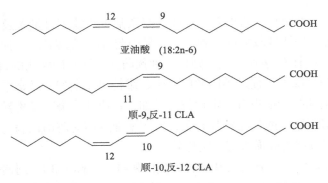

图 5-2　亚油酸及异构体 c-9, t-11 和 t-10, c-12 的结构

研究表明，无论是在消化道中合成的 CLA，还是从食物中摄入的 CLA 都在肠道中被肠黏膜吸收，通过血液循环而分布到全身。吸收的 CLA 渗入血脂、细胞膜及脂肪组织，或者经过代谢进一步合成一系列活性物质。据报道，CLA 被吸收后主要进入组织结构脂质中，也有的进入血浆磷脂、细胞膜磷脂或在肝中代谢生成花生四烯酸，花生四烯酸可以进一步合成类二十烷酸类活性物质。

共轭亚油酸有着广泛的生理活性，叙述如下。

1）抗癌作用　目前人们已经确认共轭亚油酸具有抑制多种抗肿瘤的作用，可作用于肿瘤形成、发展和转移等不同阶段。共轭亚油酸的抗癌机理如下：①作为抗氧化剂预防肿瘤；

②特异性提高肿瘤组织的脂质过氧化产物，对肿瘤细胞具有毒性作用；③干预类二十烷酸的代谢，二十烷酸是免疫系统的重要调节剂，低浓度的二十烷酸能维持正常的免疫功能，但高浓度的二十烷酸将对免疫系统的功能起抑制作用，过多的二十烷酸将促进癌症的发生；④影响肿瘤细胞的增殖周期，降低肿瘤细胞的增殖活性；⑤诱导肿瘤细胞的凋亡；⑥抑制 DNA 加合物的形成，化学致癌物能与细胞内的 DNA 形成加合物，从而改变遗传信息；⑦影响雌激素介导的有丝分裂途径；⑧与体内维生素 A 的代谢有关。

2）降低血液和肝中的胆固醇　采用添加胆固醇食物饲喂兔和大鼠时，与对照组的动物相比，摄入 CLA 的动物血液中的总胆固醇水平较低，大动脉中产生的动脉硬化症概率更小。CLA 还能降低 LDL 与 HDL 的比例。CLA 还具有抗血栓性能，一些异构体能抑制由花生四烯酸或胶原质引起的血小板聚集。在老鼠、鸡等模型中，CLA 也能减轻体重，同时提高体内蛋白质、水分及灰质的含量。CLA 可以防止肥胖，能够降低肝和白色脂肪组织中脂肪酸和甘油三酯的水平。这可能是由于其抑制了前脂肪细胞的增殖和分化。CLA 是过氧化物酶体增殖物激活受体（PPAR）很好的配位体和催化剂之一，因此可促进脂类代谢。一些细胞实验中，共轭亚油酸能够抑制载脂蛋白 B 分泌和甘油三酯及胆固醇酯的合成，能抑制脂蛋白脂肪酶活性、降低细胞内甘油三酯和甘油的浓度，促进甘油释放到介质中。

3）抗糖尿病的作用　以雄性大鼠为研究对象，发现共轭亚油酸可使喂食大鼠的血糖和胰岛素水平下降显著，葡萄糖耐量恢复正常，另外同时发现共轭亚油酸使糖尿病大鼠循环中的游离脂肪酸明显降低。共轭亚油酸能降低胰岛素的敏感性，组织中胰岛素对糖的降解能力降低，这一结果持续发展将导致胰岛素耐受状态。

4）对骨骼和骨细胞的影响　共轭亚油酸加强骨矿物质代谢，增强了骨胶原中软骨细胞的合成，能提高大鼠骨骼形成的速率，对骨质疏松症和风湿性关节炎具有缓解作用。共轭亚油酸能促进骨组织的分裂和再生，促进软骨细胞的合成及矿物质在骨组织中的沉积，对骨质的健康有积极的作用。

5）调节机体免疫力的作用　共轭亚油酸通过调节类二十烷酸形成来调节免疫功能。类二十烷酸是花生四烯酸经环氧合酶和脂氧合酶作用的代谢产物，在许多类型的免疫细胞中产生，并影响细胞因子的生成和炎症反应。共轭亚油酸具有提高细胞免疫的作用，并且对幼鼠的免疫刺激作用比老年鼠强。共轭亚油酸对抗过敏也有作用。红斑狼疮是一种自身免疫紊乱疾病，在红斑狼疮小鼠模型中，共轭亚油酸促进尿蛋白的排除，阻止红斑狼疮终末期体征的出现。这说明共轭亚油酸对免疫疾病的作用是复杂的，早期加重病情，但延迟晚期症状的出现。总之，共轭亚油酸在免疫刺激时可促进机体保持机能而影响健康。另外，共轭亚油酸通过减少 I 型超敏反应的敏感性，从而减少机体对抗原的反应程度。这可能是由于共轭亚油酸可激活适应性反应（adaptive response）（Monaco et al.，2018）。

5.1.4　花生四烯酸

花生四烯酸（ARA），系统名为全顺式-5,8,11,14-二十碳四烯酸，速记法命名为 20:4ω-6，是一种含 4 个双键的 ω-6 系列脂肪酸。

在正常情况下，人体从食物中摄取的亚油酸在 Δ^6-脱氢酶作用下转化为 γ-亚麻酸，从而代谢为二高-γ-亚麻酸（20:3），再转化成前列腺素，或经 Δ^5-脱氢酶转化为花生四烯酸，花生四烯酸经不同酶系催化形成不同的代谢产物：前列腺素（PG）、血栓素（TX）、羟基脂肪酸、白三烯（LT）和脂氧素（LX）等，如图 5-3 所示。

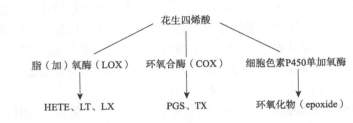

图 5-3　花生四烯酸的代谢产物（金青哲，2013）

HETE. 羟基二十碳四烯酸

花生四烯酸及其代谢产物具有很强的生物活性，能调节多种细胞功能，如平滑肌收缩、神经兴奋性和血小板聚集等。对于婴幼儿和老年人，以及某些代谢紊乱的成人来说，其体内的 Δ^6-脱氢酶往往活性较低或受到抑制，从而造成体内前列腺素的缺乏，导致疾病产生，其主要功能如下。

1）调节心脏兴奋性　　花生四烯酸及其代谢产物，如白三烯 C_4 能以受体非依赖方式激活心脏与 G 蛋白偶联的毒蕈碱样 K^+ 通道，在生理和病理情况下调节心脏兴奋，被认为是 G 蛋白偶联 K^+ 通道的细胞内调节剂。

2）参与神经内分泌　　花生四烯酸能刺激垂体前叶、胎盘和肥大细胞的分泌，在多种神经内分泌组织中参与调节多种激素和神经肽的分泌，如催产素、升压素、胰岛素和胰高血糖素等。

3）促进细胞分裂的作用　　花生四烯酸及其代谢产物具有促进细胞分裂的作用，其代谢产物在平滑肌细胞、成纤维细胞、淋巴细胞中具有此作用。

4）抑制血小板聚集的作用　　花生四烯酸及其代谢物能引起血管舒张。血管内皮细胞与花生四烯酸相关代谢酶的关系密切。在某种刺激下能释放血管舒张因子、松弛血管平滑肌、舒张血管。血小板中环氧合酶（COX）的活性很高，当血小板受体胶原血栓素激活时能引起聚集作用，而细胞色素 P450 单加氧酶代谢产物则能抑制血小板 COX 的活性，从而抑制血小板聚集。

花生四烯酸可作为内源性抗微生物物质，其可在接触后几分钟内灭活疱疹、流感、仙台病毒和辛德毕斯病毒，其在体外和体内均可诱导恶性疟原虫死亡（Das Undurti，2018）。

因此，花生四烯酸被广泛应用于化妆品、医药和食品等领域。

5.1.5　EPA 和 DHA

EPA 全称为二十碳五烯酸，DHA 全称为二十二碳六烯酸，是两个重要的 ω-3 系列脂肪酸。二者的功能和应用有如下几点。

1）防治心血管疾病　　通过人类的长期膳食观察和流行病学研究，EPA 和 DHA 具有防治心血管疾病等生理功能。它们能使人体血液中的血浆甘油三酯、总胆固醇、VLDL 和 LDL 降低，增加 HDL 的含量，从而改善血液循环，降低血液黏度，增加胆固醇的排泄，降低血液中胆固醇的含量。相比之下，DHA 降低甘油三酯的效果更好，EPA 和 DHA 均能抑制血小板活性，而 DHA 改善血管功能、降低心率和血压的程度比 EPA 大（Innes and Calder，2018）。

EPA 和 DHA 还能通过控制花生四烯酸代谢途径的脱氢酶和环氧合酶，抑制血小板聚集，降低血栓和动脉硬化形成的概率；二者具有增加生物膜的液态性、改变红细胞的可塑性、降低血液黏滞等作用，改善血液循环，并使血压下降，从而防治高脂血症、动脉硬化等心脑血管疾病。EPA、DHA 和低钠膳食结合，在降低血压方面起协同作用；DHA 还能影响钙离子通道，降低心肌收缩力和兴奋性，减少异位节律的发生，防止心律失常。在降低血压、减少血小板聚集等方面，DHA 较 EPA 更有效。此外，富含 EPA 的 HDL 颗粒可通过产生抗炎的脂质代谢产物和增加胆固醇外流而保护心脏（Tanaka et al.，2017）。

2）利于脑部功能和视力　　DHA 是人脑的主要组成物质之一，在人脑组织的细胞中，约占人脑总脂质的 10%，主要以磷脂形式存在于中枢神经系统细胞和视网膜细胞中。DHA 是大脑细胞优先吸收利用的脂肪酸成分，参与脑细胞的形成和发育，对神经细胞轴突的延伸和新突起的形成起重要作用；可提高膜的生理机能，有利于增强神经信息的传递，增强脑和神经系统的活性。所以 DHA 对维持脑的功能、延缓脑的衰老起着重要作用。DHA 对记忆、思维、学习等智力过程至关重要，DHA 在一定程度上可以提高脑的柔软性，抑制脑的老化，并能对因年龄等因素萎缩、死亡的脑细胞起到明显的修复作用，延缓脑的衰老，抑制早老性痴呆的形成。DHA 在视神经细胞及视网膜组织中的含量高达近 50%。DHA 既是视网膜磷脂的重要组分，能促进视网膜的正常发育和视神经膜延伸，还可能与促进神经细胞蛋白质合成有关。DHA 不但可以提高胎儿视觉的灵敏度，而且可以促进神经系统的健全发育。DHA 能提高视网膜的反射功能，防止视力减弱。当视网膜细胞中 DHA 积累不足时，会导致视网膜电流图波形改变及视神经灵敏度下降，DHA 与胎儿视觉功能完善直接相关。此外，对小鸡的脑发育实验表明，EPA 对脑发育和视觉的贡献在于，EPA 能迅速在脑中转化成 DHA 并蓄积，这也说明 EPA 是通过 DHA 对脑发育起重要作用的物质。

3）抗癌作用　　EPA 和 DHA 抗癌的主要机理如下：抑制起源于花生四烯酸的花生酸类的生物合成；影响转录因子的活性、基因表达、信号转录；降低胆固醇以抑制癌细胞的膜合成，调节雌激素的代谢，促进自由基和易氧化物转化为新物质，影响胰岛素的敏感性，通过增加细胞膜的通透性而有利于细胞的代谢与修复等。EPA 和 DHA 能明显抑制肿瘤的发生、生长和转移速度，对防治前列腺癌、乳腺癌、胃癌、膀胱癌、结肠癌和子宫癌等有积极作用。

4）抗炎和提高免疫力　　DHA 和 EPA 的抗炎机理主要是抑制发炎前驱物质的形成，二者也可通过改变细胞膜磷脂脂肪酸的构成来影响细胞膜的流动性及膜上相关信号分子、酶、受体的功能，从而改变信号转导过程。此外，通过影响酶或细胞因子的基因表达，抑制促炎症因子产生，调节黏附分子表达来调节免疫功能。摄入 EPA 和 DHA 水平高的因纽特人患喘息性气管炎、风湿性关节炎、红斑狼疮等以自身免疫异常为原因的慢性炎症性疾病的发病率明显低于当地的白种人。补充鱼油可减轻胶原所致关节炎，鱼油还具有显著的抗皮炎作用，降低银屑病的发病率等。饲喂 EPA 的动物，其实验性炎症水肿程度可降低。Turrini 等（2001）经研究发现，短期的鱼油补给可以改善人的先天性免疫能力，并使 LDL 的体内氧化活性增加，这是鱼油中 DHA 和 EPA 的作用所致。EPA 和 DHA 对炎症标志物的影响尚不确定，但两者都能降低氧化应激。

5）其他　　除上述功能外，EPA 和 DHA 还不断被发现具有其他一些生理功能和疗效，如防治药物导致的糖尿病、抗花粉症等过敏反应、防治脂肪肝、营养皮肤和毛发并增加血通量、提高动物的抗变应性和行为镇定能力等。尽管 EPA 和 DHA 有上述诸多有益作用，但并非多多益善，过少或过多都会对身体不利，不同个体、不同时期和健康状态对 EPA 和 DHA 的需求量与适宜比例的变化很大，这方面研究还需要不懈的努力。血脂正常的人或儿童服用 EPA 和 DHA 类药品或保健品，一定要慎之又慎。过量摄入 EPA 和 DHA 会引起一些不良反应，有时会适得其反，如因纽特人存在易出血的倾向。此外，EPA 和 DHA 氧化后对人体极其有害，制造和服用 EPA 和 DHA，应同时保证相应抗氧化剂的添加和摄入。EPA 和 DHA 的功能不尽相同，关于 EPA 和 DHA 的比例，以及 ω-3 和 ω-6 系列脂肪酸的比例问题，仍然需要深入研究。

5.1.6　十五烷酸

十五烷酸是一种十五碳的长链饱和脂肪酸，目前对十五烷酸的研究并不是很多。十五烷酸的结构如图 5-4 所示。因为十五烷酸具有不易被消化的特性，所以往往都是把十五烷酸作为日常饮食（牛奶等）的标志物，或者作为脂肪酸代谢的标志物。

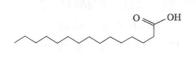

图 5-4　十五烷酸的结构

目前，十五烷酸已被作为一种膳食补充剂及食物配料。血液中的十五烷酸水平与饮食摄入呈线性相关。因此，血液中的十五烷酸水平是衡量摄取奶制品多少的生物标志物，在过去 40 年里，人们食用黄油、全脂牛奶和动物油的量较少，导致十五烷酸的摄入量较少。主流观点认为大部分偶数碳饱和脂肪酸与患慢性疾病（包括炎症、心血管疾病、Ⅱ型糖尿病、肥胖症、代谢综合征、非酒精性脂肪肝和胰腺癌）的风险有关。为降低饱和脂肪酸的摄入，美国人每天的全脂牛奶平均摄入量在逐年下降，但慢性疾病的患病率还是有所增加。流行病学研究表明，较高的十五烷酸饮食摄入量和较低的慢性疾病发生率与死亡率有关。一项随访 14 年的 14 000 多人的前瞻性队列研究表明，奇数碳脂肪酸饮食摄入量增加与男女死亡率降低相关，而偶数碳脂肪酸摄入量增加与女性死亡率升高相关。另一项 18 年的 25 000 多人的追踪研究结果表明，与对照组相比，食用全脂牛奶的儿童患肥胖症的风险更低。因此，研究人员对纯的奇数碳脂肪酸进行了体外和体内试验，包括测试其过氧化物酶体增殖物激活受体（PPAR）的活性，发现十五烷酸对减少慢性疾病发病有一定作用。

必需脂肪酸被定义为维持健康生理状态所需的膳食脂肪酸，其内生水平不足，需要膳食摄入才能维持体内的健康浓度。严格意义上讲，亚油酸和亚麻酸是公认的两种必需脂肪酸。十五烷酸无疑是一种具有高度生理活性的膳食脂肪酸，并且具有作为必需脂肪酸候选者的有力证据：①不易内生性，十五烷酸的血液水平主要受饮食调控而非内生驱动；②较低的十五烷酸饮食摄入量和血液浓度与较高的死亡率和较低的生理状态相关；③十五烷酸活性对人类健康有益。可信的推论是，亚油酸、亚麻酸和十五烷酸都有利于健康，但方式不同：前者维持细胞膜灵活性，十五烷酸则为细胞壁提供保护，使细胞更具弹性和抵抗力，二者均具有必需性。同时有研究者认为，十五烷酸对线粒体功能和活性氧（ROS）、心脏代谢、炎症、肝、血液学和纤维化疾病具有影响。

十五烷酸与健康关系的新发现启示人们，有必要评估数十年来奇数碳脂肪酸食物摄入减少对慢性疾病易感性的潜在影响，以及重新评估乳脂的益处。鉴于偶数碳脂肪酸、奇数碳脂肪酸对健康的作用可能相反，而膳食指南建议并不对二者加以区分，都将其视为饱和脂肪酸，因此需要重新审议饱和脂肪酸的膳食指南。这点可能特别重要，因为人体中奇数碳脂肪酸浓度正在下降。需要指出一点，从食用角度来看，十五烷酸熔点较低，稳定性好，没有味道或臭味，不存在与鱼类中 ω-3 系列脂肪酸有关的感官问题，非常适用于食品和饮料。

5.1.7 其他脂肪酸

1. 支链脂肪酸

支链脂肪酸（branched chain fatty acid，BCFA）是一类主链上带有一个或多个支链（主要是甲基）的脂肪酸，通常是饱和脂肪酸。BCFA 分为单支链和多支链，单支链有两种主要构型，一种是支链位于脂肪酸主链的倒数第二个碳原子，称为异构型（iso）；另一种是支链在脂肪酸主链的倒数第三个碳原子上，称为反异构型（anteiso）。BCFA 主要存在于动物界中，在反刍动物中，BCFA 主要由瘤胃细菌合成，存在于动物脂肪中。其来源主要有牛羊肉、牛羊乳制品等，但含量较低，占总脂肪酸含量的 1.0%～1.6%。而在人体中，BCFA 由皮肤合成，主要存在于胎脂中，占干重的 10%～20%，并且胎脂是人类特有的，在地球上其他的动物中还未发现。胎脂由皮脂和胎儿的角化细胞组成，于妊娠期第 24 周开始产生直至妊娠结束，其中 BCFA 含量在第 28 周时达到峰值，在妊娠末 12 周中，胎脂脱落为颗粒物，悬浮在羊水中，胎脂中的 BCFA 乳化进入羊水，胎儿在妊娠末期通常会吞咽包括胎脂在内的大约 500 mL 的羊水，使得胎儿的肠道暴露在胎脂及 BCFA 中，这些 BCFA 在胎儿发育后期起到保护肠道、促进有益微生物繁殖的重要作用，母乳中含 1%左右的 BCFA。早产儿尤其是早于 28 周出生的胎儿没有或较少摄入胎脂，导致 BCFA 缺乏，增加了早产儿肠道感染的危险性，因此，早产儿额外摄入 BCFA 是十分重要的。此外，还有研究者发现 BCFA 可显著改变肠道菌群及降低早产小鼠坏死性小肠结肠炎（NEC）的发病率，因此，BCFA 可用于治疗胃肠道疾病。目前，已有研究者将混合 BCFA 制剂用于各种年龄段人群胃肠道疾病的预防和治疗。

除保护消化道之外，研究者还发现 BCFA 在人乳腺癌细胞中具有抗肿瘤活性。其中 iso-16:0 的活性最高，与共轭亚油酸相当。其机制是 BCFA 对乳腺癌细胞中的脂肪酸合成酶、乙酰辅酶 A 羧化酶与葡萄糖-6-磷酸脱氢酶有显著的抑制作用。iso-15:0 通过经典的 caspase 凋亡通路，破坏乳腺癌细胞中 SKBR-3 线粒体的完整性诱导细胞凋亡。此外，anteiso-15:0 也可以通过 caspase 凋亡通路抑制前列腺 PC3 癌细胞的增殖。13-甲基十四烷酸（13-MTD），即 iso-14:0，可诱导人癌细胞株 K-562、MCF7、DU145、NCI-SNU-1、SNU-423、NCI-H1688、BxPC3 和 HCT-116 的细胞凋亡，13-甲基十四烷酸对这些细胞株半数感染量（ID_{50}）的剂量为 10～25 μg/mL，进一步研究发现 13-MTD 通过快速诱导细胞凋亡而导致肿瘤细胞死亡，13-甲基十四烷酸对移植入裸鼠的前列腺癌细胞系 DU145 和肝癌细胞系 LCI-D35 的抑制率分别为 84.6%和 65.2%，且 LD_{50} 试验结果表明，小鼠能很好地耐受 5 g/kg 的口服饲喂，无明显异常。综上，部分 BCFA 具有较好的抗肿瘤活性，有望成为人类肿瘤化疗的候选药物。BCFA 还具有抗炎效果，其可通过抑制血小板和白细胞的功能，减少水肿和炎症反应。研究者发现 anteiso-BCFA 的抗炎效果优于 iso-BCFA，sn-2 位甘油单酯形式 BCFA 的抗炎效果优于游离的 BCFA，其作用机理为抑制促炎因子白介素-8（IL-8）的表达来抑制核因子 κB（NF-κB）通路的激活（Yan et al.，2017）。iso-15:0 通过稳定血管外组织细胞膜稳定性和抑制环氧合酶、5-脂氧合酶等作用，可有效抑制某些由细菌感染导致的出血以及血小板聚集引起的有关疾病。此外，13-甲基十四烷酸对细胞氧糖剥夺/复氧复糖诱导的 SH-SY5Y 神经细胞损伤和大鼠胚脑皮质神经元损伤有保护作用，其可能通过改善神经细胞形态和线粒体超微结构损伤，减少神经元凋亡，其可能对脑缺血再灌注损伤具有治疗作用，且不同剂量的 13-甲基十四烷酸对不同时间大鼠局灶性脑缺血所致的脑损伤均有保护作用，在缺血 6 h 时，80 mg/kg 的 13-甲基十四烷酸疗效较为显著。

2. 羟基脂肪酸

羟基脂肪酸是指脂肪酸主链上的氢原子被羟基取代的脂肪酸，乳酸是最常见的羟基脂肪酸。除此之外，羟基还可出现在不同长度主链的脂肪酸的各个位置。其中，对人体代谢最重要的羟基脂肪酸是 3-羟基脂肪酸。它是人体肝产生的重要的酮体。据报道，3-羟基丁酸对成纤维细胞、成骨细胞等哺乳动物细胞具有促进细胞增殖的作用；3-羟基丁酸可通过刺激成骨细胞碱性磷酸酶活性与钙化结节的形成从而促进骨骼形成；3-羟基丁酸与体内能量代谢紊乱、糖尿病等重大疾病有着密切联系。已有使用外源 3-羟基丁酸来治疗诸如出血性休克、心肌损伤、大面积烧伤和脑供氧不足、缺氧症及缺血症等损伤性疾病的例子。3-羟基丁酸可以改善组织损伤、蛋白质代谢紊乱及抑制细胞凋亡，还可通过加强线粒体复合物Ⅱ对其底物的氧化磷酸化来校正线粒体能量产生的缺陷，以及减少阿尔茨海默病和帕金森病的神经细胞死亡、抑制海马区的萎缩，体内血浆中 3-羟基丁酸水平的提高可以改善患病老年人的认知水平。综上可知，3-羟基丁酸具有良好的生理功能，且其穿透性好、毒性低、具有轻微的芳香气味，适合制成药品或食品添加剂。除了 3-羟基丁酸的诸多生理功能外，也有研究者发现 O-酰基-ω-羟基脂肪酸和 O-酰基-ω-羟基脂肪酸酯可能是维持泪膜脂质层蒸发阻力、防止眼干燥症发生的关键类脂。

3. 环丙烷脂肪酸

1950 年，Hofmann 和 Lucas 在研究阿拉伯乳酸杆菌（*Lactobacillus arabinosus*）的脂肪酸组成时发现了一个新的脂肪酸，即乳酸菌酸（*Lactobacillus* acid），在随后的一系列试验中，他们证实了这个脂肪酸是含有 11,12-环丙烷基结构的硬脂酸，乳酸菌酸作为一种环丙烷脂肪酸（cyclopropane fatty acid）就这样被发现了。环丙烷脂肪酸生物合成的关键是形成环丙烷结构，这个过程是由环丙烷脂肪酸合成酶催化的，它将一个亚甲基基团从 *S*-腺苷-L-甲硫氨酸转移到不饱和脂肪酸的双键上，在烷基链上形成一个环丙烷环。因此，大多数天然环丙烷脂肪酸保留了顺式构型。体外试验表明，消化过程不破坏环丙烷脂肪酸甘油三酯的环结构，即可释放出环丙烷脂肪酸。这表明环丙烷脂肪酸甘油三酯在生物体内具有较好的稳定性，从而具有潜在的生物利用度。在生物体内，环丙烷脂肪酸可以去饱和形成环丙烯脂肪酸，如香苹婆籽油中含有的苹婆酸、棉籽油中含有的锦葵酸。目前尚未发现环丙烷脂肪酸对生理代谢有明显的影响。但有研究表明，环丙烯脂肪酸对动物有不良的生理效应，环丙烯脂肪酸是多种饲养动物体内脂肪酸脱氢酶的强抑制剂，在长期食用含环丙烯脂肪酸的饲料后，动物会出现生理紊乱和肉质硬化现象，鸡蛋的蛋白会呈现出粉红色。因此当用棉籽油作为饲料油脂时，需用高温破坏或氢化环丙烷脂肪酸。除对动物作用以外，环丙烷脂肪酸还对微生物的生长有一定影响，其能调节细胞膜的流动性，使得细菌能够快速适应环境的变化。例如，大肠杆菌受到环境胁迫时，其环丙烷脂肪酸水平显著升高，提高了细胞存活率，了解这点有利于控制食品微生物污染。人类病原体幽门螺杆菌的脂肪酸环丙烷化是由环丙烷脂肪酸合成酶催化的，而二辛基胺能够直接抑制该酶的活性，使得幽门螺杆菌对酸的敏感性上升，据此可解决幽门螺杆菌耐药的问题。环丙烯脂肪酸会影响真菌的生长，或许可以成为一种潜在的抗真菌剂应用于食品添加剂中。

4. 神经酸

神经酸（nervonic acid，NA），又名鲨鱼酸（selacholeic acid），是一种长碳链单不饱和脂肪酸，学名为顺-15-二十四碳烯酸（*cis*-15-tetracosenic acid），结构如图 5-5 所示。

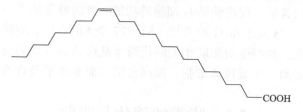

图 5-5　神经酸的结构

神经酸最初是从鲨鱼脑中提取的，后来发现了许多富含神经酸的植物，蒜头果（*Malania oleifera*）、盾叶木（*Macaranga adenantha*）和元宝枫的种仁油中均含有神经酸，有的含量可达 55%；在真菌中也有发现，如一种植物病原丝状真菌菜豆壳球孢菌（*Macrophomina phaseolina*）能生产占细胞总脂肪酸含量 16.1%～48.8% 的神经酸。神经酸的药理作用主要体现在能促进受损神经组织修复和再生，对提高脑神经的活跃程度，防止脑神经衰老、缓解阿尔茨海默病有很大作用。此外，神经酸作为一种降低血脂的天然物质，还能有效降低心脑血管疾病的发生。已用于治疗脱髓鞘疾病，包括多发性硬化症、肾上腺髓质萎缩、视神经脊髓炎、急性弥漫性脑脊髓膜炎、Zellweger 综合征和防治艾滋病等。神经酸是唯一能修复疏通受损大脑神经通路并促使神经细胞再生的物质，是大脑发育、维持正常功能的必需物质。孕妇补充富含神经酸牛奶的生理学试验表明，富含神经酸的牛奶对胎儿大脑发育具有显著的促进作用，在婴儿奶粉中添加一定量的神经酸进行试验，结果也表明添加神经酸的奶粉有利于促进婴儿的大脑发育，增强智力水平。精神病患者的红细胞膜中神经酸含量明显降低，而其他脂肪酸包括 DHA 和花生四烯酸的含量无显著差异。除此之外，神经酸对诸多神经紊乱疾病具有预防和治疗作用，如多发性硬化症、肾上腺脑白质营养不良、Zellweger 综合征等。

神经酸的水平与认知功能障碍、阿尔茨海默病、抑郁症和帕金森病等中枢神经系统疾病有很大的关系。测定 25 名正常人、17 名轻度认知功能损害（MCI）患者和 21 名早期阿尔茨海默病患者在一年前后的血浆中神经酰胺与认知功能和海马体积之间的联系发现，MCI 患者的血浆神经酰胺水平发生改变。这可能与 MCI 患者的记忆损失和右侧海马损失有关。因此血浆神经酰胺可能是阿尔茨海默病的早期诊断指标。对帕金森病模型小鼠的研究表明，神经酸能有效改善帕金森病模型小鼠的运动障碍症状。神经酸还可以通过营养激活神经细胞，促进受损脑细胞的修复，疏通神经信息传递的通路，从而消除引起抑郁的物质，使机体恢复正常的精神状态。盐酸多奈哌齐片联合神经酸治疗白质疏松伴认知障碍的临床试验表明，该治疗对认知功能障碍患者有改善作用。有研究者对 9 例重度抑郁症（MDD）患者、6 例双相情感障碍（BD）患者、17 例精神分裂症（SZ）患者及 19 例健康对照者（第一组）进行综合代谢分析，对 45 例重度抑郁症患者、71 例双相情感障碍患者、115 例精神分裂症患者和 90 例正常人（第二组）验证精神药物对神经酸的作用。结果发现在第一组中，重度抑郁症患者的血浆神经酸水平明显高于对照组和双相情感障碍患者，第二组验证试验与第一组的结果相似。最后得出结论，血浆中的神经酸是一种诊断重度抑郁症的生物标志物。还有对小鼠海马内含有神经酸的鞘磷脂随年龄和性别的依赖性变化的研究表明，21 月龄雄性和雌性小鼠体内均观察到含有神经酸的鞘磷脂随年龄的增长而增加，同时 21 月龄雌性小鼠硬脂酰 CoA 去饱和酶 1 和硬脂酰 CoA 去饱和酶 2 的转录增强。神经酸除作用于中枢神经系统外，还可作用于心脑血管，神经酸作为一种脂肪酸，对人体必需脂肪酸的正常代谢具有一定的促进作用，如迅速降低血液中的脂蛋白含量、促进胰岛 B 细胞的功能、预防糖尿病等一系列的协同作用。通过测定 31 位男性（41～78 岁）和 11 位女性（54～77 岁）的血压、空腹血清总胆固醇和总脂肪酸组成等因素后发现，神经酸对肥胖相关的代谢紊乱疾病具有预防功能。神经酸还可以促进小鼠脾淋巴细胞的增殖、生成抗体细胞、提高血清溶血素水平及自然杀伤细胞的活性。

5.2　脂类的消化与吸收

唾液和胃液缺少胰脂酶，故膳食脂肪在口腔和胃中较不易消化，尤其是胃液的酸性不适于胰脂酶作用。但即使在无胰脂酶存在的情况下，胃内的舌脂肪酶仍可水解 10%～30%的膳食脂肪，此酶分泌自舌腺，是胃内主要的脂解酶，以体积稍小的脂肪为目标，在 pH 2.6～7.0 皆有活性，但受胆盐抑制。舌脂肪酶的水解产物在小肠内有清除脂肪粒表面蛋白质和磷脂的作用，使甘油酯易受胰脂酶的作用，促进脂肪的消化吸收。

脂肪的消化主要是在小肠中进行，脂肪与其他食物在胃内受到胃的搅动形成水包油的乳状体系，一起进入小肠，同时十二指肠黏液分泌的激素缩胆囊肽刺激胆囊分泌胰脂酶进入小肠，由于肠蠕动和胆盐的进一步乳化作用，脂肪的表面张力大大降低，使大滴的油脂分散为细小的脂肪微粒。这种微粒以胆酸为外壳，水溶性增加，与胰脂酶的接触增加。在脂肪乳化过程中，胆汁中的胆盐起了关键作用。如果因肝、胆疾病无法正常地分泌足量的胆汁，脂肪的消化也就无法正常进行。故肝、胆疾病的患者应严格限制膳食中的脂肪供给，目的就是尽量减轻这些器官的负担，使患者尽快康复。

脂肪微粒内部含有胆固醇、甘油三酯、磷脂和胆固醇酯，在小肠中分别被胰脂酶、磷脂酶（PLA）和胆固醇酯酶逐步水解为 2-甘油单酯、溶血磷脂和游离固醇及游离脂肪酸等更小的脂肪成分。在这一过程中，胰脂酶所起的作用是关键。通过消化作用，有 90%左右的甘油三酯可转变为甘油单酯、脂肪酸和甘油等，它们与胆固醇、磷脂及胆汁酸盐形成体积很小的混合微团（直径为 20 mm）。这种混合微团极性较强，溶解性增大，在与十二指肠和空肠上部的肠黏膜上皮细胞接触时，甘油单酯、脂肪酸即被直接吸收进入小肠黏膜细胞内，这是一种依靠浓度梯度的单分子简单扩散作用。此时，胆酸不能透过小肠黏膜细胞而被排出再利用。

在肠黏膜细胞内，中链甘油三酯对胆盐和胰脂酶的依赖性小，在肠道容易水解，其水解产物中链脂肪酸吸收后与白蛋白结合，直接通过门静脉转运到肝，而长链甘油三酯的水解产物长链脂肪酸则须通过乳糜微粒（CM）转运至淋巴系统或外周循环。另外，中链脂肪酸不依赖肉碱而直接进入肝细胞线粒体内进行 β-氧化，氧化迅速完全，所以不易在脂肪组织和肝组织中蓄积。

长链脂肪酸和甘油单酯、溶血磷脂和游离固醇在肠黏膜细胞中重新合成相应特定的甘油三酯、磷脂和胆固醇酯，并与载脂蛋白、胆固醇等结合成 CM，经由淋巴系统和体循环运输到达肝，以及在脂肪组织中储存；脂肪在进入线粒体中转化为能量时，需要与肉碱结合方可全面氧化转变为水、二氧化碳和能量。至此，一个由膳食脂肪转化为人体脂肪的过程就这样完成了，见图 5-6。

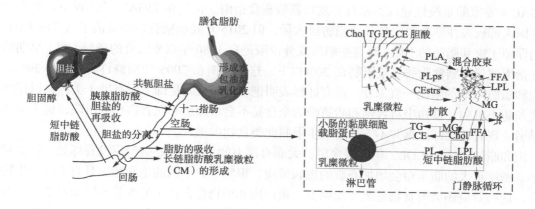

图 5-6　膳食脂肪的消化与吸收（王兴国和金青哲，2012）

Chol. 胆固醇酯；TG. 甘油三酯；PL. 磷脂；CE. 胆固醇；PLps. 胰脂酶；CEstrs. 胆固醇酯酶；
LPL. 脂蛋白脂肪酶；MG. 甘油单酯；PLA$_2$. 磷脂酶 2；FFA. 游离脂肪酸

脂肪的消化受到多种因素的影响。在正常情况下，动物脂肪和植物脂肪在进食 12 h 后几乎完全吸收。下列因素可影响脂肪的吸收，首先是脂肪酸在甘油酯上的位置，胰脂酶选择性地水解 sn-1、sn-3 位上的脂肪酸，而 sn-2 位上的脂肪酸不易被水解，在整个消化和吸收过程中，接近 75% 的 sn-2 位脂肪酸被保存下来。其次，脂肪的消化率与其熔点有关。一般认为，熔点在 50℃以上的硬脂吸收速度不到软脂的 1/2。因此，饱和度高的油脂消化率低。其他影响因素为食物钙含量、脂肪摄取量等。甘油酯的完全水解有利于脂肪的吸收。人乳脂吸收率高，除因其脂肪酸和甘油酯组成合理外，还因其中含有一定浓度的胆盐激活脂酶，它可完全水解甘油三酯。胆酸盐激活脂酶分泌于乳腺，通过血液传到母乳中，它特别适合于十二指肠的环境，可水解胰脂酶产生的甘油单酯，使甘油单酯水解完全，阻止后续酶的再酯化。

5.3　脂类代谢与慢性疾病

5.3.1　心血管疾病

血液中血脂由载脂蛋白进行转运。脂质与载脂蛋白结合形成脂蛋白。正常血浆利用超速离心法可分离出 4 种主要的脂蛋白，即 CM、VLDL、LDL 和 HDL。CM、VLDL 主要运送甘油三酯，LDL 和 HDL 主要转运胆固醇。各种血脂主要通过小肠和肝合成及从食物中吸收而来。血浆脂蛋白转移障碍或内源性产生过多或两者同时存在，可引起血脂过高，血浆脂质紊乱。动脉粥样硬化是心脑血管疾病的基础病，而 LDL 是已知的动脉粥样硬化心血管疾病重要的危险因素之一。越来越多的证据表明，甘油三酯和胆固醇与富含甘油三酯的载脂蛋白

（triglyceride-rich lipoprotein，TGRL）结合也具有很高的风险。LDL 是动脉粥样硬化的初级风险因素，尽管降低了 LDL 的含量，但仍有粥样硬化复发的事件发生。调查与基因研究都表明富含甘油三酯的载脂蛋白和残余胆固醇（remnant cholesterol，RC）也是引起动脉粥样硬化的重要因素。因此，降低血液中的甘油三酯含量成为一个新的药物开发的靶点（Sandesara et al.，2018）。每隔 5 年，美国农业部及卫生和公众服务部都会根据美国膳食指南咨询委员会（DGAC）专家的系统性建议，修订并发布新版膳食指南。正是在 DGAC 的建议下，数十年来美国人都较关注膳食胆固醇和总脂肪摄入量，但 2015 年新版膳食指南取消了两者的上限，却仍保留了饱和脂肪的上限。对这些脂质成分设限是自 1980 年以来就有的指导方针，早期的膳食指南建议将膳食脂肪总量限制在 30% 以下，这一比例在 2005 年被修订为 20%～30%，而饱和脂肪 10% 的限制一直未变。没有证据表明饱和脂肪摄入量的上限有助于美国人以任何方式预防心脏病，食物中富含饱和脂肪酸的全食品不会增加患心血管疾病的风险，也不会导致早逝。现有的全部证据并不支持进一步限制此类食物的摄入。

饱和脂肪会增加 LDL，但一般来说，大而有浮力的 LDL 对心脏健康没有坏处。但颗粒更小、密度更大的脂蛋白会增加心脏的患病风险。事实上，不同的饱和脂肪具有不同的生物效应，这些效应还会因食物基质（如糖类、蛋白质和植物化合物）的含量不同而改变。一般来说，全食品通常比高度加工的食品更健康。以酸奶和奶酪为例，它们是饱和脂肪酸的主要来源，但它们也含有蛋白质、矿物质和其他有益于健康的成分，如益生菌、短链脂肪酸、维生素和活性肽。乳制品的复杂基质成分可以解释为什么其健康益处不能通过这些成分在食品中强化的含量来解释和预测。同样，鸡蛋富含饱和脂肪酸，但它们也提供抗氧化剂，如叶黄素和玉米黄素，这些在其他食物中很难得到。多年来，关于鸡蛋摄入量与心脏病之间的关系的研究一直在反复进行，许多分析结果表明，鸡蛋的摄入量对冠心病没有任何影响。黑巧克力富含硬脂酸，但如果因为避免饱和脂肪摄入而不吃巧克力，就会错过有益血管健康的黄酮醇，黄酮醇可以减少炎症，提高摄氧量。

对总脂肪摄入量的限制制约了膳食的合理调整，加剧了不良低脂食物、精加工食物和添加糖的摄入，限制了餐馆和食品加工厂对富含健康脂肪产品的供应。同样，大规模限制"饱和脂肪"，也可能会错过提供高质量营养的食物，如全脂乳制品、发酵食品（酸奶、奶酪）等，并可能用更不健康的食物来替代，这实际上增加了患心脏病的风险。总而言之，饱和脂肪酸本身并不会导致患相关疾病的风险增加，而是其存在于某些整体上不利于健康的食物中，这些食物的摄入增加了患病风险。因此，仅凭食物中饱和脂肪的含量并不能很好地预测它是否健康。

5.3.2　癌症

脂质代谢紊乱也与某些癌症相关。研究表明，血清中甘油三酯比例升高与患前列腺癌的风险增加呈正相关。染色体不稳定型胃癌组织的甘油磷脂水平相较于附近正常组织高 1.4～2.3 倍，其主要与甘油磷脂途径中的下游脂质体有关（Hung et al.，2019）。此外，在癌细胞组织中神经酰胺的含量明显降低。例如，在肝癌中，神经酰胺在癌细胞组织中的含量明显减少而鞘磷脂的水平较高。在癌旁组织中，神经酰胺含量在肝癌 T3 期增加，从细胞中释放的神经酰胺可以吸引免疫细胞，巨噬细胞特异性受体 CD163 也与癌旁组织神经酰胺含量呈正相关。在人头颈鳞状细胞癌中，N-硬脂酰神经鞘氨醇水平明显降低，且其水平与淋巴管浸润和病理性淋巴结转移的发生率上升呈显著负相关，其衰减与原发性人头颈鳞状细胞癌的分期呈正相关。

5.3.3　高血压

脂质代谢紊乱导致高血压发生发展的机制虽然仍未阐明，但不少学者提出了有价值的研究证据和假说。其中包括：①脂质代谢紊乱可通过影响细胞膜脂质的结构，进而影响膜 Ca^{2+} 转运参与高血压发病的机制。血浆中的脂质变化可影响细胞膜脂质的构成，进而影响细胞膜的理化性质，如膜的流动性、离子通道等。国内外学者研究均表明，高血压患者的血清 TC、TG、LDL-C 均可作用于细胞膜，使其通透性改变，并与细胞 Ca^{2+} 内流呈正相关。这种异常改变在有家族史的高血压患者中表现最为显著，这可能是遗传性高血压的发病机制之一。②脂质代谢紊乱对血管内皮细胞的功能有直接影响。血脂紊乱主要通过氧化型低密度脂蛋白（OX-LDL）途径，导致舒张血管的一氧化氮与前列环素释放减少，而收缩血管作用的内皮素 1、血栓烷释放增多，引起血压增高。高脂血症引起内皮功能损害可能是高血压病与高脂血症相关的潜在机制。③高血压与血脂代谢紊乱很可能受相同的遗传基因缺陷的影响。虽然发现了不少候选基因，但高血压与脂质代谢紊乱的共同遗传分子生物学关联机制仍需深入探讨。在对 18 个有家族性混合型高脂血症患者进行的针对血压的基因组扫描结果显示，4 号染色体上的一个基因位点与收缩压有显著联系，同时这一位点也表现出影响血清游离脂肪酸的水平；此外，还发现联系舒张压与脂蛋白脂肪酶（LPL）的基因位点在 8 号染色体短臂上，收缩压与血中载脂蛋白 B（ApoB）水平联系的基因位点在邻近 19 号染色体短臂上。脂蛋白脂肪酶是清除血浆脂蛋白中所含 TG 的限速酶。在一项对法国东部未服降压药物和调脂药物的 359 例男性和 337 例女性（年龄 29～55 岁）随访 11 年的调查研究显示，虽然男性脂蛋白脂肪酶基因 *C447G* 的多态性与血压水平不相关，但是携带脂蛋白脂肪酶等位基因 *G447* 的妇女有着显著降低的收缩压和脉压水平，这一联系不依赖于 TG 的水平；纵向研究显示女性脂蛋白脂肪酶基因型是脉压和收缩压长期水平变化的独立预测因子，脂蛋白脂肪酶等位基因 *G447* 携带妇女 11 年内脉压和收缩压的改变显著低于 *C447G* 携带妇女，提示脂蛋白脂肪酶基因可能影响血压的高低。

5.3.4　其他疾病

1. 糖尿病

糖尿病（DM）脂代谢的基本特点是高甘油三酯血症，动脉硬化脂代谢紊乱在很大程度上与高甘油三酯血症有关，如 LDL、HDL、延长的餐后高脂血症、高密度脂蛋白亚类（HDL-3）。Ⅱ型糖尿病脂代谢是由一系列因素调节的，血糖控制和胰岛素抵抗是其最主要的两个因素，而胰岛素抵抗（IR）是导致脂质代谢紊乱的中心环节。胰岛素抵抗的结果是 VLDL 和甘油三酯在血中浓度升高，VLDL、甘油三酯清除率下降。糖尿病患者中 VLDL 产生过多的另外一个病理机制是胰岛素可使固醇调节元件结合蛋白 1c（SREBP-1c）活性增加，SREBP-1c 激活可使新生脂增加，在肝的脂堆积中起重要作用，从而使合成 VLDL 的原料——甘油三酯增多。

2. 系统性红斑狼疮

脂质代谢紊乱在系统性红斑狼疮（SLE）患者中较为普遍，持续高脂血症不仅可引起血管病变，还可促进肾小球疾病的发展。目前认为脂质代谢紊乱与疾病进展，特别是与动脉粥样硬化冠心病、肾小球硬化有关。SLE 患者合并动脉粥样硬化冠心病、慢性肾功能不全已成为远期病残率及病死的主要原因。SLE 患者体内存在大量的循环免疫复合物（CIC），CIC 沉积于肾小球基底膜，引发肾小球病变，载脂蛋白、氨基葡萄糖、酯酶辅助因子和大量蛋白质通过肾丢失，致低蛋白血症和 LPL 活性缺乏，血清 VLDL 转化、清除减慢，导致血清 VLDL 及甘油三酯含量升高，而血清脂质异常可影响细胞间信号转导、肾固有细胞增殖、细胞外基质合成与释放以及促进纤维细胞因子分泌等，使肾结构发生进行性改变。

3. 非酒精性脂肪性肝病

非酒精性脂肪性肝病（NAFLD）是代谢综合征在肝的主要表现。不同的脂肪因子可能在脂肪浸润的肝炎症和纤维化进展中发挥了至关重要的作用。研究报道，趋化素（chemerin）（一种脂肪因子）及其受体在肝中高表达，这表明肝是脂肪信号的另一个重要目标。趋化素在肝代谢调控中的潜在机制可能在于其对肝天然免疫细胞的直接作用，包括库普弗细胞和自然杀伤细胞（Parlee et al.，2010）。

5.4 类脂物的生物活性及其与疾病的关系

5.4.1 磷脂

1. 甘油磷脂

甘油磷脂（glycerophosphatide）即磷酸甘油酯，是磷脂酸及与磷酸相连的取代基团构成的复杂脂质。磷脂酸是最简单的甘油磷脂，在动植物组织中含量极少，但在生物合成中极其重要，它是所有磷酸甘油酯与甘油三酯的前体。在温和的条件下可水解其脂肪酸部分，剩下的甘油磷酸要在强酸性条件下才能水解。通常饱和酸连接在 sn-1 位，多烯酸连接在 sn-2 位。磷脂酸的酸性较强，常作为一种混合盐分离出来。

磷脂酰胆碱（phosphatidylcholine，PC）即卵磷脂（lecithin），是动植物组织中最常见的磷酸甘油酯。磷脂酰丝氨酸（phosphatidylserine，PS）是脑与血细胞中的主要脂质，在很多动植物组织与细菌中也有少量存在，略带酸性，水解得丝氨酸与磷脂酸，常以钾盐形式被分离出来，也发现有钠、钙、镁离子。磷脂酰肌醇（phosphatidylinositol，PI）存在于动植物与细菌脂质中，来源于动物的磷脂酰肌醇 sn-1 位的脂肪酸多为硬脂酸，sn-2 位多为花生四烯酸。磷脂酰甘油（phosphatidylglycerol，PG）的生理作用表现在两个方面，一是作为结构成分，参与生物膜特别是类囊体膜的构建；二是作为功能成分，通过与蛋白质的相互作用，参与和调节各种代谢活动。作为肺表面活性物质和植物叶绿体中的成分，其发挥着很重要的功能。此外，还存在双磷脂酰甘油，即心磷脂（cardiolipin）。

在生物体内存在一些可以水解甘油磷脂的磷脂酶类，主要有磷脂酶 A_1、A_2、C 和 D，其能特异性地作用于磷脂分子内部的各个酯键，如图 5-7 所示，形成不同产物。

磷脂酶 A_1 特异性地催化甘油磷脂中 sn-1 位酯键的水解，生成 sn-2 位脂酰溶血磷脂（lysophosphoglyceride），磷脂酶 A_2 特异性地催化甘油磷脂中 sn-2 位酯键的水解，生成 sn-1 位脂酰溶血磷脂，由于酰基转移，sn-2 位脂酰溶血磷脂易异构成较稳定的 sn-1 位脂酰溶血磷脂。磷脂酶 A_2 的结构如图 5-8 所示。

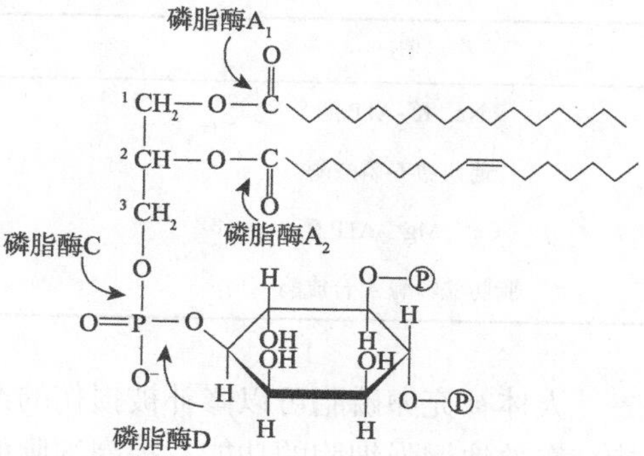

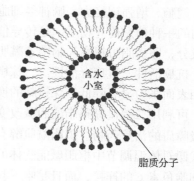

图 5-7　磷脂酶对磷脂分子的特异作用位点
（金青哲，2013）

溶血磷脂是很强的表面活性剂，比其他的甘油磷脂更易溶于水，生物体内由磷脂酶 A 作用产生的高浓度的溶血磷脂可能会破坏细胞膜。磷脂酶 C 能催化甘油和磷酸之间的键的水解，释放出甘油二酯，磷脂酶 D 催化甘油磷脂水解生成磷脂酸。

1）甘油磷脂的生理功能

（1）组成生物膜骨架。磷脂是构成细胞的重要成分，其双分子层构成了各种生物膜（如细胞膜、核膜、线粒体膜、内质网膜等）的基本结构，磷脂双分子层及生物膜磷脂骨架如图 5-9 所示。

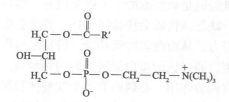

图 5-8　磷脂酶 A_2 的结构

图 5-9　磷脂双分子层及生物膜磷脂骨架
（金青哲，2013）

生物膜是由蛋白质和脂类组成的有机集合体，大多数膜中的蛋白质与脂类之比为 1：4～4：1，脂类主要是甘油磷脂，其他的还含有糖脂和胆固醇等，甘油磷脂主要是磷脂酰胆碱和磷脂酰乙醇胺（PE），磷脂酰肌醇含量虽少，但它是细胞信息分子，经磷脂酶 C 水解得到肌醇三磷酸酯、1,2-甘油二酯，能激发蛋白激酶 C（PKC）引起细胞反应，如收缩、分泌和代谢。生物膜是细胞表面的屏障，又是细胞内外环境进行物质交换的通道，众多酶系与膜结合，在膜上进行一系列生化反应。磷脂的脂肪酸不饱和度高，生物膜流动性强，膜蛋白运动性增强，使之更能为适应功能而改变其分布和构型，从而使膜酶发挥最佳功能。生物膜上有些酶还具有较强的磷脂依赖性，只有在相应磷脂存在下才具有活性，如表 5-1 所示。因此，磷脂对人体健康具有重要作用。

表 5-1 磷脂依赖性酶及其功能（金青哲，2013）

酶	依赖性磷脂	酶功能
Na^+, K^+-ATP 酶	磷脂酰丝氨酸	钠泵
葡萄糖-6-磷酸酶	磷脂酰乙醇胺	糖代谢
Ca^{2+}, Mg^{2+}-ATP 酶	脂酰磷脂酰胆碱	钙泵
脂肪酰辅酶 A 合成酶	磷脂酰胆碱	FA 合成

人体补充卵磷脂可以修补被损伤的细胞膜，增加细胞膜的脂肪酸不饱和度，改善膜的功能，有效地增强细胞的功能，提高细胞的代谢能力，增强细胞消除过氧化脂质的能力，及时供给机体所需能量，卵磷脂在延缓衰老、防止心血管系统疾病方面具有积极的意义。

（2）降胆固醇、调节血脂。卵磷脂是各种脂蛋白的主要成分，具有显著降低胆固醇、甘油三酯、LDL 的作用。在肝中，磷脂占干重的 14%～19%，而其中磷脂酰胆碱的分解产物胆碱能与肝内真脂合成磷脂，容易被肝细胞排出。磷脂具有亲水性和亲脂性的双重性质，其脂肪酸组成又含有生理活性很高的亚油酸和亚麻酸。可改善脂肪的吸收和利用，阻止胆固醇在血管壁的沉积，并清除部分沉积物，促进粥样硬化斑的消散，防止胆固醇引起的血管内膜损伤，从而起到预防心脑血管疾病的作用。

（3）健脑、增强记忆力。脑神经细胞中卵磷脂的含量占其质量的 17%～20%。乙酰胆碱是大脑内的一种信息传导物质，是传导信息联络大脑神经元的主要递质，胆碱是大豆卵磷脂的基本成分，卵磷脂可提高大脑中乙酰胆碱的浓度。因此，磷脂具有增强记忆力的作用。

（4）抗癌活性、抗病毒活性。二棕榈酰磷脂酰胆碱是肺细胞的主要磷脂成分，能使空气相与液相表面张力显著降低，保持肺的换气功能，缺乏该物质会使肺泡崩坏，丧失膨胀和收缩功能。可利用二棕榈酰磷脂酰胆碱改变肺表面张力，从而改善呼吸功能，特别是可作为新生儿呼吸障碍的治疗药物。磷脂酰肌醇有信使作用，通过钙调蛋白促进细胞内钙释放。磷脂酰肌醇代谢对体温调节中枢胆碱能受体的功能具有调节作用。心磷脂有助于线粒体膜结构蛋白质同细胞色素 c 的连接，而且是唯一具有抗原性的磷脂分子。卵磷脂有较好的抗石英毒效果。石英的细胞毒性可能是首先与细胞膜上卵磷脂基团牢固结合，进而引起细胞膜的组成和结构发生改变而导致细胞膜受损。作为药物，外加的卵磷脂能很好地与细胞膜亲和覆盖。具有某些碳链的卵磷脂还有抗癌活性，如十六烷基磷脂酰胆碱可用于治疗癌症。磷脂还能增进皮肤柔软性和弹性，刺激头发生长，对治疗脂溢性脱发有一定疗效。部分溶血磷脂也具有重要的生物学功能。例如，外源性溶血卵磷脂可诱导红细胞与纤维状细胞融合，在膜上溶血卵磷脂改变酶的活性。一些溶血卵磷脂还具有抗肿瘤、抗病毒功能。

（5）作为脂质体材料。利用磷脂的脂质体特征及作用部位的靶向性，把磷脂用作药物载体，特别是抗癌药物和缓释药物的载体，可以降低药物的毒副作用，提高药效。卵磷脂可配合其他材料用于制作脂质体；高纯度的肌醇磷脂组成的脂质体，具有选择性杀伤多种癌细胞的生物活性，是具备抗肿瘤特异性脂质体的主要化合物。在磷脂中，还存在一类特殊的磷脂，其甘油骨架 sn-1 位碳连接的不是酰基而是烃氧基，称为醚甘油磷脂。过去曾经观察到癌细胞中烷基醚甘油磷脂和烯基醚甘油磷脂的水平高于正常细胞，虽然机理尚不明确，但这一发现已经应用于结直肠癌、胃癌、胰腺癌、食道癌的诊断（Messias et al., 2018）。醚酯具有抗肿瘤的特性，包括减少肿瘤细胞的侵袭性和抑制肿瘤的转移，有人认为这些化疗药物由于与内源性的磷脂相似从而干扰脂质内环境，作用于靶向膜脂载体，改变脂质连锁信号，从而引起细胞凋亡。

醚甘油磷脂的水解难于酯键的水解，烷基醚磷脂用弱碱或酶促水解，会形成脂肪酸、磷酸、甘油醚（glyceryl ether）。反应式如下：

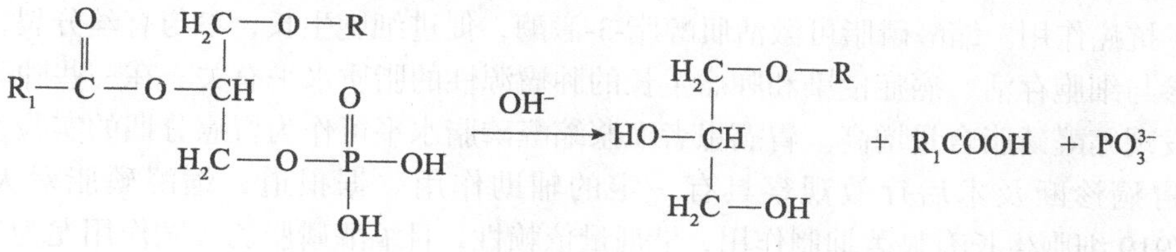

$$\text{R}_1\text{—C—O—CH}_2\text{—O—R} \xrightarrow{\text{OH}^-} \text{HO—CH}_2\text{—O—R} + \text{R}_1\text{COOH} + \text{PO}_3^{3-}$$

甘油醚（烷基甘油）

烯基醚磷脂即缩醛磷脂，不能用碱水解，但用酸水解可生成甘油与烯醇，烯醇与脂肪醛互变，释放出脂肪醛，见下式：

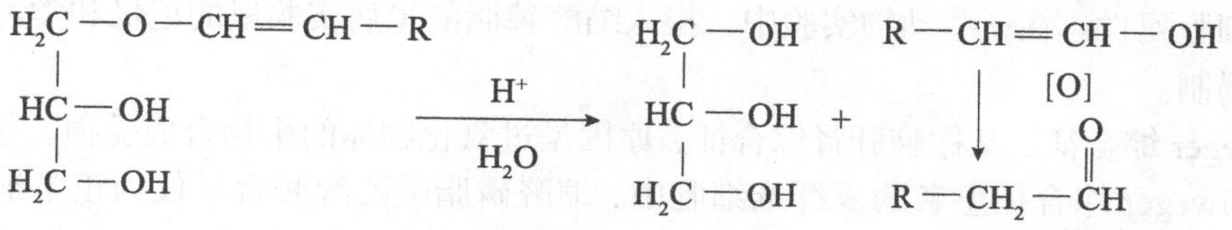

$$\text{H}_2\text{C—O—CH}= \text{CH—R} \xrightarrow[\text{H}_2\text{O}]{\text{H}^+} \text{H}_2\text{C—OH} + \text{R—CH}=\text{CH—OH} \xrightarrow{[\text{O}]} \text{R—CH}_2\text{—CHO}$$

因此，缩醛磷脂可以看作脂肪醛在生物体内的一种存在形式和被保护形式，它在酸性环境中释放出脂肪醛。

血小板促进因子又称血小板活化因子（platelet-activating factor，1-*O*-烷-2-乙酰基-sn-3 甘油磷酸胆碱，PAF），是一种重要的激素，也是一种醚甘油磷脂，其结构如图 5-10 所示。

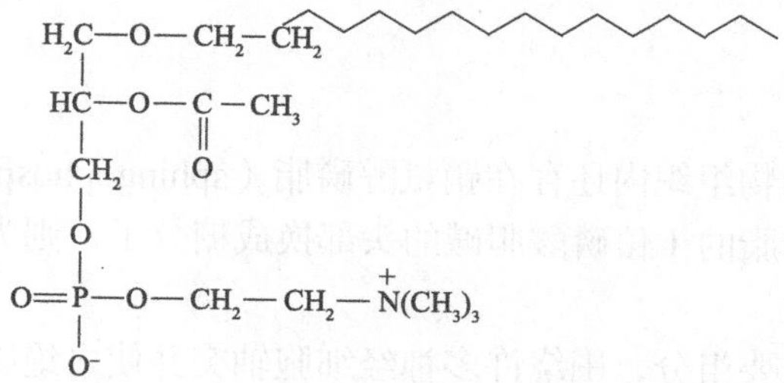

图 5-10 血小板促进因子的结构

按照磷酸取代基的不同，缩醛磷脂可分为缩醛磷脂酰胆碱、缩醛磷脂酰乙醇胺等。缩醛磷脂约占各种组织细胞膜总磷脂的 10%。缩醛磷脂酰乙醇胺在脑中含量最高。在心脏、红细胞、骨骼肌等组织内含量也较高，占总磷脂酰乙醇胺的 20%～40%，而缩醛磷脂酰胆碱在肌肉中含量最丰富。

2）缩醛磷脂的生理功能

（1）膜动力学调节者。缩醛磷脂作为细胞膜结构的组分，参与细胞融合、离子转运及胆固醇运输，同时保持膜的稳定性。缩醛磷脂酰乙醇胺合成缺陷能影响细胞内的胆固醇运输，使胞吞、胞吐等一系列膜动力学功能发生改变。

（2）潜在信息转导作用。加速磷脂酶 A_2 对缩醛磷脂酶解，使花生四烯酸、血栓素 B_2 和溶血缩醛磷脂含量增加。花生四烯酸释放后可转变为第二信使参与受体介导的细胞信号转导。溶血缩醛磷脂能诱导 PAF 生成，PAF 在各种刺激引起细胞应答中具有信息传递作用。

（3）潜在抗氧化作用。缩醛磷脂烯醚键使其对氧化应激敏感性高于相应甘油磷酸酯键，这种键的敏感度归因于缩醛磷脂与氧作用使内皮和血液脂蛋白免受损害。因此，缩醛磷脂可作为细胞膜的重要抗氧化剂，也可作为清除剂保护其他磷脂、脂蛋白分子免受氧化反应。

（4）抗癌作用。缩醛磷脂可激活肌醇脂-3-激酶，促进细胞生长，参与有丝分裂，同时也与一些参与细胞存活、癌症侵染和肿瘤生长的肿瘤源性的脂质水平有关。在一些肿瘤患者的组织中发现缩醛磷脂含量增高。胃癌患者血浆缩醛磷脂水平可作为胃癌分期的实验室检测依据，对胃癌诊断及术后疗效观察具有一定的辅助作用。据报道，缩醛磷脂对大鼠肝癌 CBRH-7919 细胞生长有显著抑制作用，呈剂量依赖性，且缩醛磷脂乙醇胺作用尤为显著，诱导凋亡可能是缩醛磷脂产生抑癌作用的机制之一。

（5）与其他疾病的关系。许多疾病与缩醛磷脂缺失有关。例如，阿尔茨海默病患者会出现健忘、理解能力迟钝等现象，这与缩醛磷脂的缺失有一定关系。海鞘中含有的缩醛磷脂能防止神经细胞死亡。在一些动物实验中，摄入缩醛磷脂的患病实验鼠的记忆和学习能力下降势头得到遏制。

Zellweger 综合征，又称脑肝肾综合征，原因是过氧化物体的生物合成受损，导致功能缺失。在 Zellweger 综合征患者的成纤维细胞中，缩醛磷脂酰乙醇胺含量仅为正常细胞含量的一半。

肢近端型点状软骨发育不良（RCDP）是一种常染色体隐性过氧化物酶体代谢疾病，RCDP1 型的生化特性是缩醛磷脂生物合成受损和缺乏植物凝集素 α-氧化。尼曼-皮克病出现早期，缩醛磷脂水平较低，已发现青年神经元蜡样脂褐质沉积症患者的红细胞中缩醛磷脂含量减少。

2. 鞘氨醇磷脂

除甘油磷脂以外，动物组织内还存在鞘氨醇磷脂（sphingophospholipid），简称鞘磷脂，也称神经鞘磷脂，将鞘磷脂的 1 位磷酸胆碱的头部换成糖分子，则为鞘糖脂。鞘糖脂和鞘磷脂统称为鞘脂。

鞘磷脂是生物膜的重要组分，围绕许多神经细胞轴突并使之绝缘的髓磷脂含鞘磷脂特别丰富，它参与细胞识别及信息传递。鞘磷脂在鞘磷脂酶的作用下，水解释放神经酰胺和磷酸胆碱。神经酰胺在神经酰胺酶的作用下，水解释放鞘氨醇，鞘氨醇则可进一步在鞘氨醇激酶的作用下，磷酸化形成 1-磷酸鞘氨醇（SPP），或在鞘氨醇-N-酰基转移酶的作用下，酰基化形成神经酰胺，如图 5-11 所示。

鞘磷脂主要位于细胞膜、脂蛋白（尤其是 LDL）和其他富含脂类的组织结构上，鞘磷脂对于维持细胞膜结构，尤其是细胞膜的微控功能（如膜内陷）十分重要，并为一些微生物、微生物毒素、病毒提供结合位点。许多胞外药物和外界刺激，如肿瘤坏死因子（TNF）、白介素-1（IL-1）、辐射、干扰素（IFN）等都可通过激活鞘磷脂酶从而水解鞘磷脂，释放出神经酰胺，神经酰胺作为第二信使可调节以下几种物质的活性：蛋白激酶 C 的同工酶（PKCF）、蛋白磷酸酶（PP）和蛋白激酶（PK）。它们作为细胞内因子活化核因子 JB（NF-JB），调节基因 c-myc 的表达，诱导环氧合酶（COX）和抑制磷脂酶 D162。神经酰胺最终效应对不同类型细胞表现不同生化活性，并受其他通道的调节，如磷脂肌醇信号途径。细胞表现为细胞分化、细胞周期停止、细胞凋亡。而对于血小板衍生生长因子（PDGF）和血清因子刺激的细胞，1-磷酸鞘氨醇介导了细胞增殖的信号转导途径，这两类脂分子都是鞘磷脂的代谢产物，但作用是拮抗的，细胞的生与死往往取决于哪一种占主导作用。

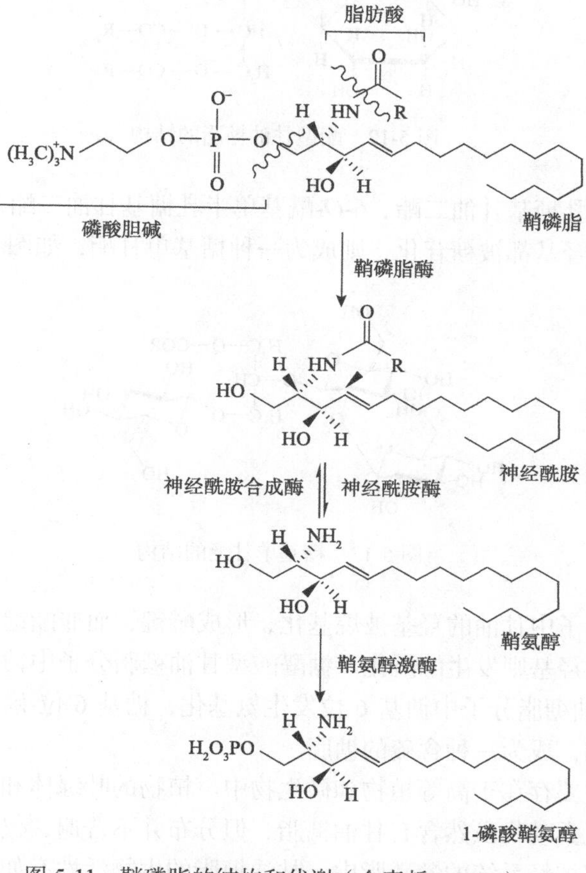

图 5-11　鞘磷脂的结构和代谢（金青哲，2013）

已知 TNF-α 是整合于 T 淋巴细胞和单核巨噬细胞染色体上的 HIV 原癌病毒的激活剂。例如，对 HIV 携带者给予神经酰胺的竞争性脂类类似物，则可防止 HIV 的复制，这对于阻断 HIV 的传播将很有意义。由于鞘磷脂能阻止凋亡，可以用来治疗如人获得性免疫缺陷综合征、神经退变性疾病、缺血性脑卒中和由程序性死亡引起的疾病。低浓度的鞘磷脂可抑制某些肿瘤细胞（鼠和人的黑色素瘤、人的骨肉瘤）的化学趋化性和浸润，转移是癌症致人死亡的主要原因，利用鞘磷脂的这一特性可为我们开发新药提供一条新途径。

5.4.2　糖脂

1. 甘油糖脂

甘油糖脂（glycolipid）又称糖基甘油酯，它是甘油二酯分子 sn-3 位上的羟基与糖基以糖苷键相连接的化合物，天然的甘油糖脂大致分为酯型、醚型、糖基羟基酯酰化型、糖醛酸型、糖基 6 位-氨基化型与糖基 6 位-磺酸化型。酯型甘油糖脂分子上甘油的羟基被脂肪酸所酯化，其最为常见的是单半乳糖基甘油二酯、二半乳糖基甘油二酯，分子结构如图 5-12 所示。

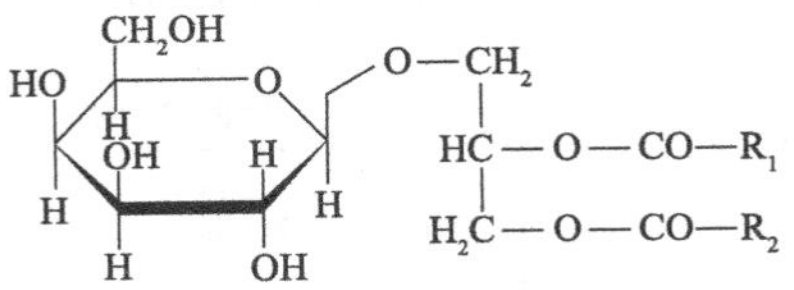

图 5-12 酯型甘油糖脂的结构

此外，还有三半乳糖基甘油二酯、6-O-酰基单半乳糖基甘油二酯等。

如果甘油的两个羟基都被糖苷化，则成为一种糖基单甘酯，如图 5-13 所示。

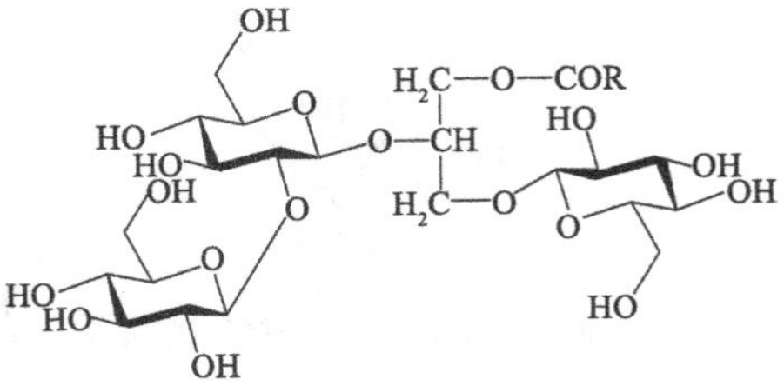

图 5-13 糖基单甘酯的结构

醚型甘油糖脂分子中甘油的羟基被烷基化，形成醚键，而非酯键。糖基羟基酯酰化甘油糖脂分子中糖基上的羟基则发生酯酰化，糖醛酸型甘油糖脂分子中糖基上的羟基氧化为酸，糖基 6 位-氨基化甘油糖脂分子中糖基 6 位发生氨基化，糖基 6 位-磺酸化甘油糖脂分子中糖基 6 位则发生磺酸化，成为一种含硫的糖脂。

上述甘油糖脂主要存在于高等植物和微生物中。植物的叶绿体和微生物的细胞膜含有大量的甘油糖脂，哺乳类动物虽然含有甘油糖脂，但分布并不普遍，仅少量存在于睾丸、精子的细胞膜和大脑中枢神经系统的髓磷脂中。甘油糖脂的生物活性有如下几点。

1）抗氧化活性　从微杆菌（*Microbacterium* sp.）M874 和棒状杆菌（*Corynebacterium aquaticum*）S365 中分离到的甘油糖脂具有抗氧化活性，能阻止由叔丁基过氧化氢（tert-butyl hydroperoxide）诱导的细胞氧化死亡。植物中的单半乳糖甘油二酯（MGDG）和双半乳糖甘油二酯（DGDG）也有相对较弱但明显的 PRS 活性（alkyl peroxyl radical scavenging）。而其他糖脂，包括红细胞糖苷脂、神经节苷脂和硫酸脑苷脂，都没有 PRS 活性。

2）对酶的抑制作用　硫代异鼠李糖甘油二酯（SQDG）能强烈抑制哺乳动物 DNA 聚合酶 α、DNA 聚合酶 β 和末端脱氧核苷酸转移酶（TdT）的活性，中度抑制人类免疫缺陷病毒逆转录酶（HIV-RT）的活性，并且这些抑制效应呈剂量依赖性；抑制效应还与脂肪酸链长和 SQDG 上的磺酸基团有关。然而硫脂并不抑制原核生物 DNA 聚合酶如大肠杆菌 DNA 聚合酶的活性，也不抑制 DNA 代谢酶，如 DNase I 的活性。SQDG 和 SQMG（硫代异鼠李糖单苷酯）对 DNA 聚合酶 α、β 抑制活性的构效关系研究表明，SQDG/SQMG 的活性均与糖环上的磺酸基及脂酰基链的长短有关。

糖苷酶抑制剂对治疗和预防糖尿病等具有重要作用。有人从海藻石莼中分离得到一种酰基-3-（6-脱氧-6-磺酸基-α-D-吡喃型葡萄糖苷基）-sn-甘油酯，可对 α-葡糖苷酶产生强烈的抑制活性，其亲脂基团即脂肪酸链与 α-葡糖苷酶的疏水区域相结合，而带有负电荷的磺酸基部分与酶的带正电荷部分结合，将 α-葡糖苷酶的活性中心封闭，从而使 α-葡糖苷酶的活性明显降低。

3）抗病毒 从赖氏鞘丝藻（*Lyngbya lagerheimii*）和纤细席藻（*Phormidium tenue*）的细胞提取物中分离出 SQDG，发现其能抑制 HIV 的复制。这一发现引起了人们对甘油糖脂作为一种新型抗 HIV 药物的先导物研究的关注。目前从 5 种蓝藻中分离到的 26 种糖脂化合物，11 种为 SQDG，6 种为 DGDG，9 种为 MGDG。这些化合物能不同程度地抑制 HIV-1 逆转录酶的活性，其中 4 种 SQDG 能有效抑制 HIV-1 和 HIV-2 逆转录酶的活性。进一步研究构效关系发现，如果糖环上 2、3 位羟基被软脂酰残基代替，则抑制逆转录酶活性的能力大幅下降，可能是酰基的空间位阻妨碍了抑制作用。磺酸基团和脂肪酸侧链对其抗病毒能力起决定性作用，去掉磺酸基团时，将减弱抑制效果，而侧链脂肪酸的水解将失去大部分抑制 HIV-RT 的活性，推测亲脂基团与酶的疏水核心反应，而带负电荷的磺酸部分与酶带正电荷的侧链相互作用。

从水生细菌 *Corynebacterium aquaticum* 中分离到的两种甘油糖脂 H632A 和 S365A 能够明显与三种人类感冒病毒[A/PR/8/34(H1N1)，A/Aichi/2/68(H3N2)，A/Memphis/1/71(H3N2)]相结合。研究者认为其抗流感病毒的作用体现为两点：一是抑制了病毒血细胞的凝聚和溶解活性，二是阻碍了被病毒感染了的 Madin-Darby canine（犬）肾细胞的胞液酶的外泄。

4）抗癌 从泰国中草药酸橙的叶子中分离得到两种甘油糖脂，对肿瘤诱发物 EB 病毒具有很强的抑制活性，其半抑制浓度（IC_{50}）显著低于典型癌症预防物，如 α-亚麻酸、β-胡萝卜素和表儿茶素。目前已合成 20 种具有不同脂酰基的 MGDG 和三种单半乳糖单脂酰基（MGMG），并测定了它们对 EB 病毒早期抗原的抑制活性。结果表明单半乳糖基甘油是 MGDG 具有抗肿瘤活性的基本结构，而连接不同的脂酰基则对活性起到了不同程度的促进作用。三类单脂酰基 2-*O*-β-D-半乳糖基甘油酯的抗肿瘤活性与 1 位、3 位上脂酰基和糖环 6′位上的脂链长度为 C_4～C_{10} 的脂酰基有关。目前认为影响甘油糖脂的抗肿瘤活性强弱的最关键因素是脂酰基链的长度，而与糖基种类及脂酰基的位置关系并不是很明显。

昭和草为台湾民间宣称可适用于炎症的食用植物。研究者从昭和草中分离到一种甘油糖脂 1,2-二-*O*-α-亚麻酰基-3-*O*-β-吡喃半乳糖-sn-甘油（1,2-di-*O*-α-linolenoyl-3-*O*-β-galactopyranosyl-sn-glycerol，dLGG），发现 dLGG 可抑制老鼠皮肤经促癌物佛波酯（mitogen TPA）诱导的环氧合酶-2（COX-2）蛋白质表型及硝基化蛋白质的能力，并有效抑制 *COX-2* 基因在老鼠黑色素瘤细胞内的转录活性。此外还证明富含 dLGG 成分的昭和草萃取物可较癌症化疗药剂——顺铂（cisplatin）更能显著抑制黑色素瘤在 C57BL/6J 小鼠内的生长。结构活性相关性研究证明，dLGG 的双亚麻酰基甘油结构部分为重要的活性结构特征。

海藻 SQDG 对人乳腺癌细胞 MCF-7 的生长抑制效果最明显，能选择性地抑制体外培养的乳腺癌细胞的生长，SQDG 能扰乱 MCF-7 的细胞周期，促使细胞凋亡或坏死，从而产生有效的生长抑制效果，是一种有发展潜力的抗肿瘤药物。从菠菜（*Spinacia oleracea*）、紫球藻（*Porphyridium cruentum*）、蚤状溞（*Daphnia pulex*）分离得到的甘油糖脂化合物能强烈抑制胃癌 NUGC3、结肠腺癌 DLD-1、前列腺癌 PC-3、恶性黑色素瘤 M4Beu、淋巴细胞白血病 P-388、肺腺癌 A549、结肠腺癌 HT-29 和口腔上皮癌 KB 等细胞株的生长。观察糖脂作用的乳腺癌细胞 MCF-7402 和肝癌细胞 Be1-7402 的形态可知，有凋亡小体出现，说明有凋亡现象存在。

5）抗炎、抗菌、溶血等其他作用 从海绵（*Phyllospongia foliascens*）、旋覆花（*Inula japonica*）的地上部分、狗蔷薇（*Rosa canina*）、嗜热蓝藻 ETS-05 中分离到的甘油糖脂具有抗炎活性。从菊科植物缢苞麻花头（*Serratula strangulata*）的根茎中分离得到三种甘油糖脂，它们对枯草芽孢杆菌（*Bacillus subtilis*）、大肠杆菌（*Escherichia coli*）和金黄色葡萄球菌（*staphylococcus aureus*）三种菌株具有明显的抑制作用。从两种有毒的海洋甲藻中分离到一些甘油糖脂，包括 MGDG、DGDG，它们都具有溶血活性。从亚热带水域的海洋深处收集到的 9 种甲藻经试验发现对小鼠具有较高的致死率、鱼毒性和溶血性。其中从强壮前沟藻（*Amphidinium carterae*）中分离到的溶血性物质为 MGDG 和 DGDG。

2. 鞘糖脂

鞘糖脂（glycosphingolipid）分子的母体结构是神经酰胺，神经酰胺则是脂肪酸以酯键连接在神经氨基醇 C_2 位氨基上的缩合物。神经酰胺以糖苷键与糖基相连即鞘糖脂。根据糖构象的不同，鞘糖脂可分为 α 型和 β 型。通过对 α 型、β 型半乳糖神经酰胺和 α 型、β 型葡萄糖神经酰胺的活性测试证明，α 型的活性要优于 β 型，且半乳糖型的要优于葡萄糖型的，说明糖与神经酰胺的连接方式以及糖的类型，可以决定化合物的生理活性。鞘糖脂的组成、结构和分布具有专属性和组织专一性。它们大多作为细胞膜的组分存在于动物组织、海绵和真菌中。某些植物中也含有一些鞘糖脂，但是总的来讲，鞘糖脂在植物界中的分布不是很普遍。

鞘糖脂按其所含的单糖的性质又可分为两大类，即中性鞘糖脂和酸性鞘糖脂。

1）中性鞘糖脂 该类鞘糖脂的糖链中只含中性糖类，有仅含一个糖基的脑苷脂，也有结构复杂的由多个单糖组成糖链的中性鞘糖脂。第一个发现的鞘糖脂是半乳糖基神经酰胺，因其从人脑中获得，故称为脑苷脂，现在的脑苷脂泛指半乳糖基神经酰胺（Galβ1→1Cer）和葡萄糖基神经酰胺（Glc→Cer）。

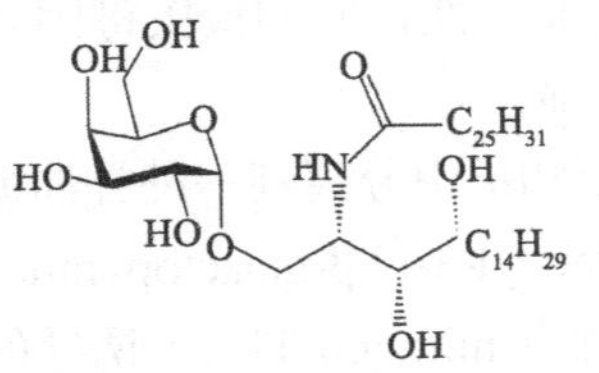

α-半乳糖基神经酰胺（α-GalCer）是一种海绵活性成分衍生物，糖基部分是 α 构型的半乳糖基，结构如图 5-14 所示。

其具有直接激活自然杀伤 T（NKT）细胞的能力，是公认的 NKT 细胞外源性配体，同时大量动物试验也证实了 α-GalCer 在抗肿瘤及调节自身免疫性疾病过程中的积极作用。各种脑苷脂的区别主要在于所含脂肪酸的差异，并具有不同的名称，一般为二十四碳的脂肪酸，羟烯脑苷脂因含有 2-羟基二十四烯酸而得名，结构如图 5-15 所示。

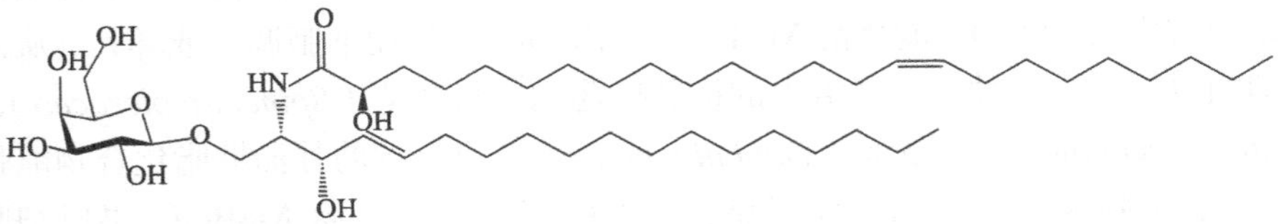

图 5-14 α-半乳糖基神经酰胺的结构

图 5-15 羟烯脑苷脂的结构

2）酸性鞘糖脂　　该类鞘糖脂的糖链中除了中性糖以外，还含有唾液酸或硫酸化的单糖。硫苷脂即硫酸鞘糖脂，是含硫酸化单糖的鞘糖脂，脑苷脂可被硫酸化成硫苷脂。

唾液酸（sialic acid）是一种能使唾液产生光滑感觉的负电荷离子，最初由颌下腺黏蛋白中分离而出，也因此而得名；神经节苷脂（ganglioside）是酸性鞘糖脂中的重要成员，主要存在于神经组织、脾与胸腺中，在神经系统中的含量尤为丰富；血糖苷脂（hematoside）是在马血细胞基质中找到的一种神经节苷脂，结构为 NeuAcα2→3Galβ1→4Glcβ1→1Cer；一种含有双唾液酸的神经节苷脂 NeuAcα2→8NeuAcα2→3Galβ1→4GLcβ1→1Cer 的结构，如图 5-16 所示。

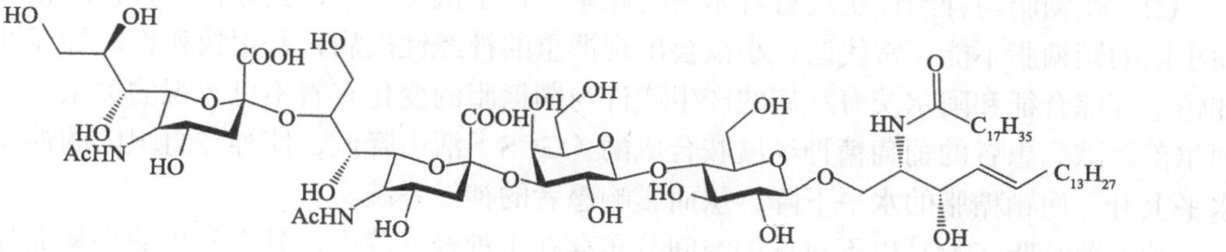

图 5-16　一种神经节苷脂的结构

3）鞘糖脂与疾病的关系　　鞘糖脂广泛分布于各组织，尤其是神经和脑组织，是生物膜的重要组分；不仅维持着细胞的基本结构，而且在细胞黏附、生长、分化、增殖、信号转导等细胞基本活动中发挥着重要作用；还参与细胞恶变、肿瘤转移等过程。糖脂的糖链不仅与蛋白质受体相互识别，其本身也是信号转导分子，参与细胞信息识别与传递。鞘糖脂的多样性及其在细胞中的位置决定了它的不同功能。鞘糖脂功能的多样化使得鞘糖脂与多种疾病都存在一定的关联。据报道，在疾病的发生发展过程中往往会伴随着糖脂的异常化。这些糖脂异常表达现象的产生可能是某些疾病的诱发因素，也可能是某些疾病发生后引发的糖脂代谢异常，无论是前者还是后者，搞清楚鞘糖脂变化与某种疾病的内在联系，对该疾病的预防或治疗都有重要的意义。下面分别论述几种疾病与鞘糖脂的关系。

（1）鞘糖脂与肿瘤。大量研究和报道均表明肿瘤细胞膜表面鞘糖脂的组成和代谢都会发生变化，最基本的变化有三种：①鞘糖脂谱简单化；②出现新的鞘糖脂抗原；③鞘糖脂结构的改变。这些变化与肿瘤的发生发展具有明显的相关性，可以作为肿瘤的标志物。在肿瘤组织中高表达的某些鞘糖脂组分通常具有较强的特异性，可作为黏附分子加速肿瘤转移，诱导信号转导，控制肿瘤的生长和流动性，有些还具有免疫抑制活性，使肿瘤组织局部形成免疫"空洞"，逃避机体免疫系统的攻击，而抑制相关鞘糖脂的高表达则会明显缓和肿瘤的发展，并有助于阻断肿瘤的转移途径，这就为鞘糖脂应用于肿瘤的诊断治疗提供了线索。

如果阻断肿瘤鞘糖脂合成，则可能促使患者产生抗体和活化 T 细胞，从而杀灭肿瘤细胞；肿瘤转移需要鞘糖脂参与，因此鞘糖脂合成抑制剂有助于阻断转移途径；鞘糖脂介导的黏附和信号转导可作为肿瘤治疗的分子靶点；直接运用抗鞘糖脂的单抗或将其作为载体可用于肿瘤靶向治疗，以上方法有的在探索之中，有的已经应用于临床。已有研究表明，恶性程度高或高转移潜能细胞的鞘糖脂糖链的唾液酸化水平增高，说明唾液酸鞘糖脂可能会促进肿瘤细胞的转移恶化。在许多肿瘤细胞的表面，神经节苷脂被过分表达，而在正常组织中，它的含量却很低。肝癌组织中岩藻糖基化鞘糖脂的高表达和白血病患者骨髓样本中 LC3（乳三糖鞘糖脂）具有高表达性。另外，肿瘤组织中某些鞘糖脂的缺失也与肿瘤的发展变化相关。肾癌患者的肾中不含有正常人肾所具有的长糖链的红细胞糖苷脂（globoside），说明中性糖脂中的globoside 与肾组织的恶变可能有很大的相关性。总之，无论组织器官中发生个别鞘糖脂的高表达还是缺失，都可能造成这些器官的恶化甚至癌变，鞘糖脂与肿瘤的发生发展以及治疗都有密切的联系。

神经节苷脂也是一种内源性糖脂，它可以被 mCDld［一类与主要组织相容性复合体（MHC）功能相似的提呈蛋白］所递呈，激活 NKT 细胞产生以 T 辅助细胞 2 型（Th2）为主的免疫应答，通过调控 NKT 细胞的功能可以达到对肿瘤等多种疾病的治疗效果。

（2）鞘糖脂与神经性疾病有着紧密的联系。在小鼠实验中，去除糖基转移酶相关基因，使小鼠的鞘糖脂不能正常代谢，小鼠会出现严重的神经性疾病，并很快死亡。神经性疾病，如帕金森综合征和阿尔茨海默病的产生或许与鞘糖脂的变化有着不可忽视的关系。据报道，阿尔茨海默病患者的葡萄糖神经酰胺合成酶（GCS）活力降低，使神经组织内的神经酰胺的水平上升，而鞘糖脂的水平下降，从而影响患者的神经系统。

神经节苷脂 GM1 以不对称的空间分布存在于神经元膜中，其会产生曲率从而强烈影响神经元的形态。神经节苷脂对神经元膜的形成起着重要作用（Dasgupta et al.，2018）。此外，神经节苷脂能促使神经生长和再生，因而可用于治疗脑瘫。

（3）鞘糖脂代谢异常与遗传性疾病。神经节苷脂沉积病（Tay-Sachs disease）、法布里病（Fabry disease）和戈谢病（Gaucher disease）等遗传性疾病的产生均是因为细胞溶酶体中缺乏有关鞘糖脂分解代谢的酶。这些酶的缺失又可以引起神经节苷脂的堆积，从而引发疾病。例如，法布里病是由机体内缺少 α-半乳糖苷酶 A，导致神经节苷脂尤其是 GM3 的堆积引起的，因此它也被归类为神经鞘脂贮积症类疾病。戈谢病则是由于 β-葡糖脑苷脂酶（β-glucocerebrosidase）的缺损，葡萄糖神经酰胺过度表达引起的。此外，半乳糖脑苷脂酶的缺乏会引起球形细胞脑白质营养不良［克拉伯病（Krabbe disease）］，己糖胺酶缺乏可以造成氨基己糖苷酶缺乏症（Sandhoff disease）和神经节苷脂沉积病等。由此可知，鞘糖脂代谢异常与遗传性疾病存在显著的因果关系，调节鞘糖脂的分解代谢水平可能会在以上所列的遗传性疾病的治疗中发挥重要作用。

3. 糖脂类生物表面活性剂

糖脂类生物表面活性剂的功能主要介绍如下。

1）抗菌、抗炎和抗病毒　　一般来说，具有高表面活性的糖脂类生物表面活性剂在一定程度上显示一定的抗菌活性。由于细菌细胞壁组成及结构的差异，生物表面活性剂对革兰氏阳性菌比革兰氏阴性菌有更显著的抑制作用。例如，鼠李糖脂对革兰氏阳性菌（G+），特别是形成孢子的 G+ 的抑制作用较大，甘露糖赤藓糖醇酯（MEL）对革兰氏阳性菌也具有较高的抑制作用。纤维二糖脂和鼠李糖脂能抑制植物致病真菌。海藻糖脂对革兰氏阴性菌和酵母菌的繁殖无抑制作用，但当海藻糖脂浓度为 300 mg/L 时，能够抑制丝状真菌分生孢子萌发。槐糖脂的分子结构与细胞膜结构相似，可导致细胞膜受到破坏，是槐糖脂抗菌机理之一。槐糖脂能够强烈抑制革兰氏阳性菌，如芽孢杆菌（*Bacillus*）、葡萄球菌（*Staphylococcus*）和链球菌（*Streptococcus* sp.）的生长。槐糖脂对革兰氏阳性菌的作用明显大于对革兰氏阴性菌的作用。它还能抑制葡萄球菌和粪链球菌以及植物病原真菌、疫霉菌（*Phytophthora* sp.）和腐霉菌（*Pythium* sp.）的生长。当然，不同来源槐糖脂的抑菌效果也不同。此外，槐糖脂能提高患腹部脓血症小鼠的存活率。

鼠李糖脂能够抑制杆菌的生长，枯草芽孢杆菌在鼠李糖脂的作用下会出现细胞裂解现象。鼠李糖脂已被证明是孢子及细菌的溶解剂，主要通过溶解孢子类真菌、霉菌细胞膜上的脂类物质，使细胞膜破裂而实现杀灭作用，而且不破坏任何蛋白质。正是这些孢子，使造成水果腐烂的植物病原菌及有机体处于繁殖状态。鼠李糖脂可以保护植物免于白粉病（会造成植物、水果、蔬菜的腐烂）的破坏。一些糖脂类生物表面活性剂还能抑制病毒。例如，槐糖脂及其衍生物具有抗 HIV 以及杀精子活性的作用；琥珀酸-海藻糖脂在一定浓度时能抑制单纯疱疹病毒和流感病毒繁殖。

2）抗肿瘤和细胞分化诱导活性　　MEL、琥珀酸-海藻糖脂、槐糖脂等对人类的白血病细胞（如髓系白血病细胞 K562、早幼粒细胞白血病细胞 HL60 及嗜碱性白血病细胞 KU812等）具有生长抑制和诱导分化作用。MEL-A、MEL-B 和海藻糖脂能够诱导鼠嗜铬细胞瘤 PC-12的神经轴突的外伸及部分细胞分化。MEL-A 在抗神经生长因子受体的抗体存在时，可诱导神经轴突生长。槐糖脂及槐糖脂衍生物，如槐糖脂甲酯、双乙酰基槐糖脂乙酯、单乙酰基槐糖脂乙酯等对胰腺癌细胞有抑制作用。

3）对凝集素和免疫球蛋白的亲和性　　从细菌到哺乳动物的所有物种的细胞膜中均有糖组分。细胞膜上的糖脂能与胞外的信号转导物（如免疫球蛋白、凝集素及其他细胞表面的酶或者受体）具有相互或亲和作用。例如，鞘糖脂类（神经节苷脂）通过蛋白质与碳水化合物（或碳水化合物与碳水化合物）的相互作用参与包括信号转导、细胞周期、抗原性、细胞黏附及增殖的重要机能。神经节苷脂对免疫球蛋白具有高亲和力，从而作为一种新的免疫球蛋白 G 的亲和配体。可开发细胞膜的糖脂为实用配体，但由于其数量有限和异质性等，其开发困难度比较大。酶联免疫吸附法中，MEL-A 对免疫球蛋白 G 的亲和力与牛的神经节苷脂 GMl 相同。MEL-A 以非共价键与聚甲基丙烯酸-2-羟乙酯（PHEMA）结合，所形成的复合物对蛋白质亲和力是蛋白 A 亲和力的 4 倍。对人体免疫球蛋白的亲和力随着复合物浓度的增加而增大，达到 100 mg/g 复合物。这将促进糖脂开发为免疫球蛋白的亲和配体。MEL-A 对外源凝集素也具有亲和力。

4）基因转染　　基因治疗的成功高度依赖于安全及有效的转染载体。基因转染的最有效方法——病毒载体存在传播及免疫原性等。因此，研究非病毒基因传递系统具有重要意义。采用脂质体系统比病毒系统更方便和安全。利用阳离子脂质体将 DNA 和 RNA 传递到细胞内，已经取得一些成功。然而，脂质体介导的基因传递效率仍然较低。因为阳离子脂质体通过静电作用与细胞膜非特异性相互作用，所以必须有针对性的基因转染系统。最近，糖脂受到多方关注，可作为进行定向基因传递的脂质体的主要材料，开发在血液循环中增强胶体稳定性的脂质体且与靶细胞能进行特异性结合。

近来，已证明 MEL-A 能显著提高阳离子胆固醇衍生物脂质体介导的基因转染效率。与之前使用的阳离子脂质体相比，含有 MEL-A 的新脂质体可将编码萤光素酶的质粒传递到靶细胞的效率提高 50～70 倍。一般认为，脂质体中的 MEL-A 对 DNA 的胶囊化及阴离子脂质体与细胞膜的融合均有促进作用，这是基因转染的重要基础。同时，MEL-A 通过诱导脂质体与靶细胞的细胞膜间融合，可提高靶细胞的基因转染效率。

5）护肤　　槐糖脂具有抗自由基及抗弹性蛋白酶抑制剂的性能，能够刺激皮肤成纤维细胞的新陈代谢及胶原蛋白形成，减少皮下脂肪贮存。内酯型槐糖脂已作为化妆品的重要组分，是一种很好的保湿剂，对皮肤与头发的护理效果好，并消除了传统保湿剂的不利性质，有人采用人体三维皮肤模型，发现 MEL-A 浓度的增加能显著提高由十二烷基硫酸钠损坏的细胞活性，该结果表明 MEL-A 对皮肤细胞具有类似神经酰胺的保湿作用。

5.4.3　硫脂

硫脂主要是指一类含有硫酸基的酸性糖脂，除硫酸基外，还含有糖基、脂肪酸、鞘氨醇、甘油醇或胆固醇。哺乳动物的硫脂有硫酸鞘脂类、硫酸半乳糖甘油酯类和类固醇硫酸酯类三种主要类型，主要分布在脑、肾、视网膜、胃肠黏膜和睾丸中，其来源与作用列于表 5-2。

表 5-2　哺乳动物组织中的硫脂（金青哲，2013）

分类	名称	来源	作用
硫酸鞘脂类	硫酸半乳糖酰基鞘氨醇	脑	髓磷脂组分，麻醉剂受体
		肾	运送钠
		视网膜	
	硫酸乳糖酰基鞘氨醇	肾	
	硫酸三己糖酰基鞘氨醇	肠黏膜	保护肠黏膜
	硫酸葡萄糖鞘脂	肾	
	硫酸唾液酸葡糖鞘脂	肠黏膜	
硫酸半乳糖甘油酯类	硫酸半乳糖二酰基甘油	脑	髓磷脂组分
	硫酸半乳糖烷基酰基甘油	视网膜、睾丸	精细胞组分
	硫酸甘油葡萄糖脂	肺	
类固醇硫酸酯类	胆固醇硫酸酯	肾	
		精子	精子获能作用
	24-脱氢胆固醇硫酸酯	睾丸、附睾和精子	精子获能作用

硫脂的合成是在不同的亚细胞结构中进行的，N-酰基鞘氨醇骨架在内质网膜形成，糖基主要在高尔基复合体添加，糖脂的硫酸化作用既可发生在高尔基复合体，也可在细胞膜表面进行。从鞘氨醇合成半乳糖酰基鞘氨醇有两条途径：一是鞘氨醇先糖苷化后酰化，二是鞘氨醇先被酰化后加糖基。无论哪一条途径，糖基的活化形式都是尿苷二磷酸-半乳糖。最后由存在于高尔基复合体中的半乳糖酰基鞘氨醇硫酸转移酶催化，从 3′-磷酸腺苷-5′-磷酸硫酸（PAPS）上将硫酸基转移到半乳糖酰基鞘氨醇。在脑中，新合成的硫脂以脂蛋白复合物转移入髓鞘。硫脂受存在于溶酶体中的芳基硫酸酯酶 A 催化进行脱硫酸作用。儿童先天性缺失芳基硫酸酯酶 A 可使代谢受阻，硫酸半乳糖酰基鞘氨醇积存于中枢神经系统髓鞘内，引起脑白质病变，造成麻痹、语言障碍和智力减退，以致早亡。

硫脂在哺乳动物中枢神经系统的髓鞘及胃肠和分泌系统的膜中含量最为丰富。硫脂具有重要的生物学作用，硫酸鞘脂涉及钠离子运送、麻醉剂结合和凝血因子活化。硫酸半乳糖甘油酯和类固醇硫酸酯则与精子生成有关。在病理条件下，硫脂的组成反常，细胞-细胞相互作用受阻，组织中出现硫脂积累，导致脑白质病变及多发性硫酸酯酶缺乏症等病患。其生物功能如下。

1）稳定细胞膜 髓磷脂膜中硫酸半乳糖酰基鞘氨醇通过离子相互作用，结合到碱性髓磷脂蛋白上，作为髓磷脂膜的结构稳定剂，以防该蛋白质被蛋白酶水解。哺乳动物睾丸的细胞膜存在硫酸半乳糖甘油酯。酸性硫脂可与有机胺类，如组胺、乙酰胆碱、5-羟色胺等结合，维持电中性，保护生物膜的平衡。

2）保护钠离子运送 通过特定的钠转移组织，如肾髓质的硫酸半乳糖酰基鞘氨醇含量和 Na^+, K^+-ATP 酶活性比较的研究提出，硫酸半乳糖酰基鞘氨醇可能与钠离子的运送有关。哇巴因敏感的 Na^+, K^+-ATP 酶用芳基硫酸酯酶 A 处理引起 Na^+, K^+-ATP 酶的明显抑制，硫酸半乳糖酰基鞘氨醇加入介质中能保护和 Na^+, K^+-ATP 酶免受芳基硫酸酯酶 A 的作用。

3）结合麻醉剂 硫酸半乳糖酰基鞘氨醇是麻醉剂受体的组分，该硫脂以高亲和力与麻醉剂结合。若用芳基硫酸酯酶 A 处理，结合就变得相当微弱。免疫学试验显示，将硫酸半乳糖酰基鞘氨醇抗体注入完整的鼠脑中，就封闭了吗啡的麻醉作用，这一结果为上述论点提供了令人信服的证据。

4）活化接触因子 硫酸半乳糖酰基鞘氨醇像高岭土一样，能促进接触活化系统蛋白质的水解作用。该硫脂激活接触因子 Xn 使之成为有活性的因子 Xna。硫脂参与接触活化系统作用的确切机制还不清楚，可能是为接触活化系统进行反应提供有效的表面。一种名为 SL-1 的硫脂分子是结核分枝杆菌刺激肺部伤害性神经元的伤害性分子，该分子可触发伤害性神经元的咳嗽反射（Ruhl et al.，2020）。

5）抑制精子获能 类固醇硫酸酯是哺乳动物精子的成分，并以相当高的浓度存在。24-脱氢胆固醇硫酸酯是仓鼠精子固醇部分的主要成分。当精子在附睾运送期间，24-脱氢胆固醇硫酸酯浓度增加，抑制精子的获能作用，使其在成熟期间保持稳定。当精子进入子宫时，子宫内膜的胆固醇硫酸酯酶除去精子表面胆固醇硫酸酯的硫酸基，减少负电荷，改变顶体膜的完整性和离子渗透性，导致精子表面不稳定，以利精子获能。

5.4.4 固醇类化合物

1. 植 物 甾 醇

植物甾醇分布很广，各种生物体中几乎都含有这一类甾族化合物。不同种类的植物甾醇在肠道中的吸收率不同。菜油甾醇比 β-谷甾醇的吸收效果要好，豆甾醇的吸收效果最差，这是因为其侧链的变化可影响其从肠绒毛膜细胞和刷状缘细胞的吸收。一般来说，随着 C_{24} 位侧链上碳原子数目的增多，其吸收率呈下降趋势。化学结构上的变化也可影响到各种植物甾醇的吸收，如 β-谷甾醇的 5α 位双键被饱和转变为谷甾烷醇后几乎不能被吸收，但菜油甾醇的双键被饱和后吸收率增加。大量的研究证据表明，是否容易被酯化是各种植物甾醇能否容易被肠道吸收的基础。此外，雌性动物比雄性动物的吸收能力要好。未被吸收或体内代谢后的植物甾醇则可经肠道细菌转化，形成一系列代谢产物如粪甾醇和粪甾酮等排出体外。高植物甾醇血症是一种罕见的植物甾醇代谢异常的常染色体遗传病，主要是患者对植物甾醇吸收率显著增高和排出下降所致。植物甾醇作为油脂的一种功能性成分，类似于维生素原性质，也同样具有重要的生理活性，其生理功能和用途如下。

　　植物甾醇具有抑制人体对胆固醇的吸收、促进胆固醇的降解代谢、抑制胆固醇的生化合成等作用，可作为调节高胆固醇血症、减轻动脉粥样硬化及防治前列腺疾病的药物，还可作为胆结石形成的阻止剂。植物甾醇的作用机理表现在促进胆固醇的异化，抑制胆固醇在肝内的生物合成，抑制胆固醇在肠道内的吸收三个方面；有学者认为植物甾醇在肠道内阻止胆固醇的吸收是最主要的方式。其发生的原因目前主要有三类观点进行解释：一是结构相似导致二者在微绒毛膜吸收过程中有竞争性，以及植物甾醇在肠黏膜上与脂蛋白、糖蛋白结合有优先性；二是阻碍小肠上皮细胞内胆固醇酯化，抑制对 CM 的吸收，进而抑制向淋巴输出；三是在小肠内腔阻碍胆固醇溶于胆汁酸微胶束。

　　植物甾醇还是重要的甾体药物和维生素 D_3 的生产原料。植物甾醇有类似于氢化可的松的消炎作用和阿司匹林的解热镇痛作用，可作为消炎镇痛药。在生物体内，甾体激素起着保持机体内环境稳定、控制糖原和矿物质的代谢、调节应激反应等作用。

　　植物甾醇对皮肤具有很高的渗透性，可以保持皮肤表面水分，促进皮肤新陈代谢，防止日晒红斑、皮肤老化，还有生发、养发的功效。植物甾醇还可作为 W/O 型乳化剂，应用于膏霜、洗发护发剂的生产，具有使用感好（延展性好、滑爽不黏）、耐久性好、不易变质等特点。

　　植物甾醇具有阻断致癌物诱发癌细胞形成的功能，对治疗溃疡、皮肤鳞状细胞癌、宫颈癌等有明显的疗效。据报道，植物甾醇的摄入量与肺癌发生率之间呈负相关关系。此外，植物甾醇对乳腺癌也有一定的抗性，且其抗乳腺癌作用可能与其具有某些雌激素活性有关。

　　植物甾醇具有抗氧化活性，其机理可能是在油脂表面被氧化的同时，植物甾醇分子提供氢原子以阻止氧化反应的链增长。

　　在生命科学和医学领域备受关注的脂质体研究中，均采用胆固醇为基体。而近来用谷甾醇等植物甾醇代替胆固醇，不但可克服胆固醇摄入的不利因素，而且谷甾醇更利于透过细胞膜，大大提高其生物活性。植物甾醇还有一个重要的功能是可与在水中能形成分子膜的脂质、植物生长激素结合，生成植物激素-植物甾醇-核糖核蛋白的复合体。这一复合体能增加原植物激素对环境温度（包括进入动物体内后的动物体温）及在动物体内分解的稳定性，促进动物蛋白质的合成，有利于动物的健康和生长。

　　很多油脂中的甾醇是以酯形式存在的，植物甾醇酯能够在人体内转化成植物甾醇和脂肪酸，所以其生理功能包括植物甾醇和脂肪酸两部分所具有的生理功能，具有与游离植物甾醇同等的降低血浆总胆固醇和 LDL 的效果，在某些方面甚至效果更好。植物中还有一类含量较少的甾醇，即甾烷醇，它与胆固醇和植物甾醇的区别在于甾烷醇中环上的双键变成了饱和的单键。与胆固醇的高吸收率相比，人和动物对植物甾醇的吸收率仅为 0.4%～3.5%，而植物甾烷醇的吸收率更低，只有 0.02%～0.3%，植物甾醇和植物甾烷醇都属于甾醇类化合物，由于在微胶束中酯化程度低或溶解度差等，两者在吸收上有如此大的差别。植物甾烷醇的降血脂效果优于植物甾醇，且有效剂量小。同时甾烷醇可抑制甾醇和胆固醇的吸收，避免高甾醇血症。但甾醇酯的长期降血脂效果不如短期明显，而甾烷醇酯可以一直保持较高的降血脂效果。等量谷甾醇和谷甾烷醇降低胆固醇的效果研究显示，与谷甾醇可减少 50%的胆固醇吸收相比，谷甾烷醇的降血脂效果更优，可以减少 85%的胆固醇吸收。小鼠体内试验表明甾烷醇酯降胆固醇的效果优于相应的甾醇酯，在兔子和人身上得到了同样的结果。据报道，每天摄食添加有 2～4 g 植物甾烷醇酯的涂抹脂 24 g 可使血清胆固醇和低密度胆固醇的浓度分别降低约 6.15%和 10.1%。此外，将甾烷醇酯作为日常饮食的组成部分使用是减少血清胆固醇和低密度胆固醇浓度的有效方法。关于植物甾烷醇及其酯降低血液中胆固醇含量的作用机理目前仍不是很明确，推断其可能的降血脂机制主要有：①通过竞争结合小肠微绒毛膜上胆固醇的吸收位点而抑制人体对胆固醇的吸收；②植物甾（烷）醇和胆固醇两者互相限制对方的溶解度，造成胆固醇沉淀析出；③阻碍小肠上皮细胞内胆固醇的酯化从而抑制胆固醇吸收。甾烷醇因其自身结构的特殊性，还具有其他许多重要的生理功能，如预防前列腺疾病、抗癌、类激素作用、抗病毒、抗炎及调节生长等。多项试验证明，植物甾烷醇服用量在 25 g/d 以上无副作用。大鼠遗传试验证明，其食物中含有的高达 2.5% 的植物甾烷醇或 4.38% 的植物甾烷醇酯不会对大鼠生育、幼仔成活率和体重等产生任何副作用。

2. 胆固醇

胆固醇是固醇的一种，胆固醇广泛存在于动物体内，尤以脑及神经组织中最为丰富，在肾、脾、皮肤、肝和胆汁中含量也高。胆固醇是一种动物固醇，但在植物中也有少量存在。胆固醇是构成细胞膜的重要组分，在人体内的神经、脑、肝、脂肪组织和血液中，胆固醇作为细胞原生质膜的成分不可或缺。胆固醇的代谢产物胆汁酸以和甘氨酸、牛磺酸结合的形式存在，在脂肪的消化和吸收中起关键作用。胆固醇可合成人体性激素和肾上腺皮质激素。胆固醇可转化为 7-脱氢胆固醇存在于动物皮下，后者在紫外光作用下形成维生素 D_3，反应如图 5-17 所示。

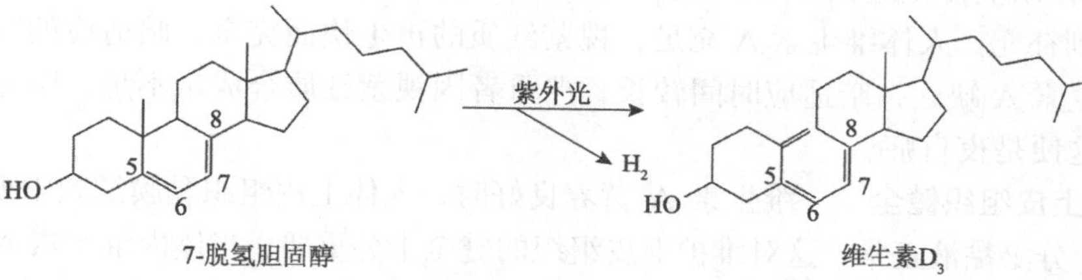

图 5-17　7-脱氢胆固醇转化为维生素 D_3 的反应

胆固醇主要来自人体自身的合成（其水平主要由肝等器官自动调节），食物中的胆固醇是次要补充，但当膳食中摄取胆固醇过多，或者调节机能出现障碍或衰退时，就会导致高胆固醇血症，从而引发高血压及冠状动脉粥样硬化等疾病。胆固醇的生理功能广泛，但机制尚未完全清楚。胆固醇是正常细胞必需的一种物质，它参与锚定一个与细胞分裂和癌症相关的信号通道。

5.5　非类脂物的生理功能

5.5.1　脂溶性维生素

1. 维生素 A

维生素 A（vitamin A）是第一个被发现的脂溶性维生素。1913 年，美国科学家埃尔默·麦科勒姆（Elmer McCollum）和玛格丽特·戴维斯（Marguerite Davis）在鱼肝油里首次发现维生素 A。1931 年，卡勒确定了维生素 A 的化学结构。维生素 A 包括视黄醇、视黄醛、视黄酸、视黄醇乙酸酯和棕榈酰视黄酯等。视黄酯和类胡萝卜素常与蛋白质结合成复合物，经胃、胰液和肠液中的蛋白酶消化水解，从食物中释出，然后在小肠中胆汁、胰脂酶和肠脂酶的共同作用下释放出脂肪酸、游离的视黄醇和类胡萝卜素。释放出的游离视黄醇和类胡萝卜素与其他脂溶性食物成分形成胶团，通过小肠绒毛的糖蛋白层进入肠黏膜细胞。维生素 A 是功能最多的一种维生素，其功能涵盖视觉、免疫、皮肤的维护、骨骼和身体生长、细胞的正常发育及生殖等。其具体功能特性如下。

1）维持视觉　　维生素 A 是视色素的组分，并可使人在暗光下保持一般视觉。视网膜上有两种视觉细胞，它们按形状和功能不同分为视锥细胞（锥体）和视杆细胞（杆体），锥体适应视力的强光（明视），杆体适应视力的暗光（暗视）。人体缺乏维生素 A，开始表示为暗适应缓慢，以后出现夜盲症。此作用机理目前已得到证实。视杆细胞中含有一种特殊的视色素，称为视紫红质（rhodopsin），它在光中分解，在暗中再合成，视紫红质是由顺-视黄醛与视蛋白结合成的一种结合蛋白。当被光线照射时，视紫红质变为反式视黄醛并与视蛋白分离，此期间将引起神经冲动，传导至大脑即转变为影像，这一过程称为光适应。此时若进入暗处，因视紫红质的消失对光不敏感而不能见物，如从明亮处进入光线暗的场所会瞬间失去视觉。体内若有充足的维生素 A，则可通过反应生成顺-视黄醇，在暗光下再与视蛋白结合使视紫红质重新生成，恢复对光的敏感性，从而可在暗光下见物。这一过程称为暗适应（dark adaptation），在以上转化过程中可损失掉一部分视黄醛，这就需要从膳食中或肝贮存的维生素 A 库中得到补充。人体维生素 A 充足，视紫红质的再生快而完全，暗适应的时间短；反之，人体维生素 A 缺乏，暗适应时间较长，严重者因视紫红质合成量不足，暗光下看不清四周物体，这便是夜盲症。

2）维持上皮组织健全　　维生素 A 营养良好时，人体上皮组织黏膜细胞中糖蛋白的生物合成正常。分泌黏液正常，这对维护上皮组织的健全十分重要，当体内维生素 A 缺乏时上皮细胞角质化，易受感染，眼结膜干燥、变厚、角化和角膜混浊，甚至视力衰退等，称为眼干燥症。营养不良的婴儿和儿童可能发生此症，所以维生素 A 又称抗眼干燥症维生素。

3）促进人和动物的正常生长　　动物膳食中缺乏维生素 A，待体内贮存的维生素 A 耗尽后生长停止。因此维生素 A 是儿童生长和胎儿正常发育必不可少的重要营养物质。

4）促进动物生殖力的作用　　维生素 A 在生殖功能方面的作用与其对生殖系统上皮组织的影响有关。维生素 A 缺乏影响精子的生成与质量，也会使女性激素分泌的周期性变化消失。阴道、子宫、输卵管及胎盘上皮角质化，不能受孕和怀胎，或导致胎儿畸形和死亡，发生流产。

5）降低癌症风险的作用　　维生素 A 和胡萝卜素有降低癌症风险的作用。膳食中维生素 A 充足的人，其癌症发病率明显低于维生素 A 含量不足的人。两者相比较，胡萝卜素的作用受到人们更多的重视，这可能与胡萝卜素有清除氧自由基的抗氧化作用有关。

6）其他　　维生素 A 对于维持骨质代谢的正常进行是必不可少的。维生素 A 有改善铁吸收和促进铁运转、增强造血系统功能的作用。维生素 A 缺乏的情况下，机体的造血机能降低。维生素 A 是通过促进细胞分化的作用增强免疫细胞有丝分裂，而胡萝卜素是通过使细胞活化增强免疫功能的。尽管维生素 A 是一种最早发现的维生素，但目前对其生理功能的认识，除了早期众所周知的典型功能外，其他作用机理还有待进一步的阐明。此外，其介导邻近细胞间信息交流、细胞核激素样作用、抗增殖作用以及增加食物中铁的生物利用率等作用还需进一步研究。

对人体而言，维生素 A 不可或缺，也不可滥用。长期摄入过量的维生素 A 可在体内蓄积，引起维生素 A 过多症，主要症状为厌食、过度兴奋、长骨末端外围部分疼痛、肢端动作受限、头发稀疏、肌肉僵硬和皮肤瘙痒症。成人每日摄入 15 000 µg 视黄醇当量的维生素 A 3～6 个月后即可出现上述中毒现象。但大多数维生素中毒是由摄入维生素制剂或吃野生动物肝或鱼肝而引起的，摄入普通食物一般不会发生维生素 A 过多症。因摄入富含胡萝卜素的食物过多，以致大量胡萝卜素不能充分迅速在小肠黏膜细胞中转化为维生素 A 而引起胡萝卜素血症。因摄入的 β-胡萝卜素在体内仅有 1/6 发挥维生素 A 的作用，故大量摄入胡萝卜素一般不会引起维生素 A 过量，不需特殊治疗。

2. 维生素 D

1913 年，戴维斯等在鱼肝油里发现维生素 A，后来，英国医生爱德华·梅兰比（Edward Mellanby）发现鱼肝油可以预防佝偻病，于是认为是维生素 A 或者其协同因子在其中发挥了作用。直到 1921 年，麦科勒姆发现，被破坏了维生素 A 的鱼肝油具有同样的预防佝偻病的功效，由此发现了另一种脂溶性维生素。由于是第四种被发现的维生素，因此获名 "维生素 D"（vitamin D）。随后，科学家发现，人体在阳光的照射下，能够经由皮肤将体内的 7-脱氢胆固醇合成为维生素 D，解释了阳光为什么可以预防佝偻病。因此，维生素 D 也被誉为 "阳光维生素"。维生素 D 是类固醇的衍生物，其中最主要的是维生素 D_2 和维生素 D_3，其具体生理功能叙述如下。

通过人体自身代谢，食物中的维生素 D 进入小肠后，在胆汁的作用下与其他脂溶性物质一起形成胶团被动吸收入小肠黏膜细胞。食物中 50%～80%的维生素 D 在小肠中被吸收。吸收后的维生素 D 掺入 CM 经淋巴进入血液，主要被肝摄取，然后再贮存于脂肪组织或其他含脂类丰富的组织中。在皮肤中产生的维生素 D_3 则缓慢扩散入血液。无论维生素 D_2 或维生素 D_3，本身都没有生物活性，它们必须在动物体内进行一系列的代谢转变，才能成为具有活性的物质。这一转变主要是在肝及肾内进行的羟化反应。首先在肝内羟化成 25-羟维生素 D_3，然后在肾内进一步羟化成为 1,25-$(OH)_2$-维生素 D_3，后者是维生素 D_3 在体内的活性形式。1,25-二羧维生素 D_3 具有显著的调节钙、磷代谢的活性，它促进小肠黏膜对磷的吸收和转运，同时也促进肾小管对钙和磷的重吸收。在骨骼中，它既有助于新骨的钙化，又能促进钙由老骨髓质游离出来，从而使骨质不断更新。同时，又能维持血钙的平衡。由于 1,25-二羧维生素 D_3 在肾内合成后转入血液循环，作用于小肠、肾小管、骨组织等远距离的靶组织，基本上符合激素的特点，因此有人将维生素 D 归入激素类物质。

维生素 D 有调节钙的作用，是骨及牙齿正常发育所必需的营养物质。钙是骨骼中的关键矿物质，但它需要维生素 D 的辅助才能由人体吸收和整合到骨骼中，这两种物质对于保持骨骼健康是必需的，特别是孕妇、婴儿及青少年的需要量大。如果此时维生素 D 量不足，则血中钙与磷低于正常值，会出现骨骼变软及畸形：发生在儿童身上称为佝偻病；在孕妇身上为骨质软化。此外，维生素 D 具有免疫调节作用，是一种良好的选择性免疫调节剂。体内维生素 D 缺乏可能与多种肿瘤的发生和发展密切相关，使得维生素 D 与肿瘤的关系成为肿瘤预防研究领域的热点。维生素 D 可在抑制癌症的发生发展过程中发挥作用。首先，维生素 D 能有效抑制肿瘤细胞的增殖并促进其分化；其次，维生素 D 能促进癌细胞凋亡；最后，维生素 D 能抑制癌细胞的侵袭和迁移。维生素 D 可通过直接抑制主动脉或肿瘤起源的血管内皮细胞的增殖，并阻断血管内皮细胞生长因子（VEGF）诱导的内皮细胞的分支和延伸所诱导的血管生成。此外，维生素 D 还能调节细胞的先天性免疫和获得性免疫，从而影响肿瘤细胞的微环境，最终抑制癌症的发生发展。

3. 维生素 E

维生素 E（vitamin E）是一类包括生育酚（tocopherol）、三烯生育酚（tocotrienol）及其他能够或多或少地显示 D-α-生育酚活性的衍生物的总称。维生素 E 早在 20 世纪 20 年代就被人们发现了，这类物质对动物的生殖、发育都有明显的影响。因此，最初作为未知维生素被称为维生素 X，1924 年正式改称为维生素 E。生育酚中，α-生育酚具有最高的生理活性，其他生育酚的生物活性为 α-生育酚的 1%～50%。总体来说，维生素 E 的生理功能具有如下几点。

1）抗氧化作用　维生素 E 是脂溶性维生素，主要分布于各生物膜脂质环境中，包括脾、骨髓、肝、心脏、肺等绝大多数细胞的细胞核、线粒体、微粒体、溶酶体等膜中。这些膜需要较多氧，产生活性氧的概率也高。维生素 E 主要与生物膜中的活性氧直接发生反应，以消除由活性氧所导致的脂质自由基，并阻止连锁反应。1 分子的 α-生育酚可以捕获 2 分子的脂质自由基，最终生成代谢产物 α-生育醌，其反应过程如图 3-27 所示。

维生素 E 在体内的氧化代谢产物可在膜中逆转，即在膜中氧化维生素 E 存在再生机构。当脂质体膜中形成自由基后，首先是膜外维生素 C 与膜外侧自由基进行抗氧化，当维生素 C 消耗殆尽后才开始氧化维生素 E，维生素 C 的存在使膜内维生素 E 过氧化反应得以推迟。当外膜中维生素 E 也消耗后，内膜中维生素 E 与外膜中维生素 E 进行再分配。维生素 E 与 β-胡萝卜素同时使用时，在抑制脂质过氧化方面存在明显的协同抗氧化作用，在这一过程中，β-胡萝卜素可以很容易被脂质过氧化过程中生成的 LOO· 所氧化，并断裂得到 2 分子视黄醛，进而由视黄醛与维生素 E 发生协同抗氧化作用。

维生素 E 的抗氧化功能可对脂蛋白和血管起保护作用。LDL 含有大量亚油酸和花生四烯酸等不饱和脂肪酸，这些成分极易氧化变性而成为过氧化物。氧化 LDL 不能再结合到 LDL 受体上，而是与巨噬细胞清除受体相结合，并形成泡沫细胞，这是导致动脉粥样硬化的主要原因。当维生素 E 缺乏时，在动脉壁上就会蓄积过多的过氧化脂质，而甘油三酯合成酶、胆固醇酯酶和脂肪酶等与脂质代谢有关的酶活性却显著降低。在这种条件下，随着胆固醇酯分解下降，过氧化脂质就会过多蓄积于血管内壁，刺激单核细胞分化成巨噬细胞，进而吞噬氧化 LDL（OXLDL）并分解吸收而形成膨大泡沫细胞，最终成为蜡样物质而沉积于血管内壁上，导致动脉粥样硬化，其过程如图 5-18 所示。

当维生素 E 缺乏时，血小板凝集活性亢进，促进具有凝血功能的 TXA_2 形成，同时血小板凝集抑制因子 PGI_2 发生游离，抑制正常状态下凝集平衡。若加入维生素 E，可使 PGI_2 增加，从而能保持正常的血小板凝集活性和血管功能。在食品加工中，维生素 E 可用作抗氧化剂而有助于油脂及含油类食品的保存。

2）保持红细胞的完整性　老化红细胞中所含的花生四烯酸比正常红细胞明显减少，超氧化物歧化酶（SOD）、过氧化氢酶和谷胱甘肽过氧化物酶（GSH-Px）等活性低下，且由

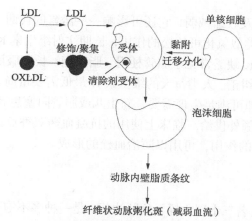

图 5-18　LDL 氧化和动脉粥样硬化开始形成过程（金青哲，2013）

于老化损伤性氧化作用而在其细胞膜上产生氢过氧化物及降解产物丙二醛（MDA），这些表面氧化物经血浆免疫球蛋白 IgG 识别后，由巨噬细胞吞食消化。维生素 E 可起到两方面作用：一方面可阻断红细胞老化损伤性氧化作用，以保护红细胞表面不出现老化抗原；另一方面对已发生的老化抗原，维生素 E 可提高 IgG 对变异红细胞的识别能力和黏附作用，以促使巨噬细胞的吞噬作用。从而保护红细胞的完整性，降低红细胞脆性，防止溶血。

3）促进生育　　生育酚又称产妊酚，有很强的生物活性，动物缺乏时，其生育能力将严重下降。此外，维生素 E 与性器官的成熟及胚胎的发育有关，临床上用于治疗习惯性流产和先兆流产。但食物中维生素 E 的来源比较充裕，人类尚未发现维生素 E 缺乏而引起不育的。

4）抑制癌变作用　　由不饱和脂肪酸氧化而产生的各种脂质过氧化物能致癌。已证明维生素 E 对胃癌、子宫癌、乳腺癌、肺癌、咽喉癌均有积极的预防和辅助治疗效果，其机制可能是：①阻断亚硝胺形成；②保护 DNA 分子；③增强免疫功能；④对肿瘤细胞具有生长抑制和调节分化的作用；⑤对肿瘤细胞具有调节与细胞周期相关基因表达的能力，并有诱导细胞凋亡的作用。维生素 E 还具有抗衰老、增强免疫、缓解神经肌肉病症、缓解炎症、解毒等作用。成人建议每日摄取量是 8～10 mg，一般饮食中所含的维生素 E 完全可以满足人体的需要。

4. 维生素 K

维生素 K（vitamin K）又称凝血维生素，也称抗出血性维生素，是一种由萘醌类化合物组成并能促进血液凝固的脂溶性维生素。维生素 K 的生理功能叙述如下。

维生素 K 在人体内能促使血液凝固。人体缺少它，凝血时间延长，严重者会流血不止，甚至死亡。维生素 K 与肝合成 4 种凝血因子（凝血因子Ⅱ、凝血因子Ⅶ、凝血因子Ⅸ及凝血因子Ⅹ）密切相关，如果缺乏维生素 K_1，则肝合成的上述 4 种凝血因子为异常蛋白质分子，它们催化凝血作用的能力大为下降。已知维生素 K 是谷氨酸 γ-羧化反应的辅因子。缺乏维生素 K 则上述凝血因子的 γ-羧化不能进行。此外，血中这几种凝血因子减少，会出现凝血迟缓和出血病症。

维生素 K 具有萘醌式结构，能还原成无色氢醌，它可能像萘醌那样参加呼吸链，在黄酶与细胞色素之间传递电子并参与氧化磷酸化过程。维生素 K 可增加肠道蠕动和分泌功能，缺乏维生素 K 时平滑肌张力及收缩减弱，它还可影响一些激素的代谢。例如，延缓糖皮质激素在肝中的分解，同时具有类似氢化可的松的作用，长期注射维生素 K 可增加甲状腺的内分泌活性等。在临床上维生素 K 缺乏常见于胆管梗阻、脂肪痢、长期服用广谱抗生素以及新生儿中，使用维生素 K 可予以纠正。人类每天的维生素 K 最低需要量尚无公认的规定。从食物中成人每日摄取 50～70 μg 即可满足生理需要。新生儿或胆管阻塞患者会因维生素 K 的缺乏而凝血时间延长，有时需要额外供给。临床上使用的抗凝血药双香豆素，其化学结构与维生素 K 相似，能对抗维生素 K 的作用，可用以防治血栓的形成。

5.5.2　角鲨烯

角鲨烯（squalene）又名三十碳六烯、鱼肝油萜，是一种多不饱和脂肪族烃类，同时也是一种不皂化物。角鲨烯的生理功能与用途如下。

1）强化免疫调节和增强新陈代谢　角鲨烯属不饱和烃类，易结合氧原子，并随血液循环将氧气携带至各个组织、器官后释放，供组织、器官利用。角鲨烯的这一功能可提高机体的耐缺氧能力，并能改善全身血液循环，以供给机体富有新鲜氧气的血液，使氧气需求量最大的大脑、心脏发挥正常功能。角鲨烯还可以强化肝功能，促进胆汁分泌，起到增进食欲、加速消除因缺氧所致的各种疾病的作用。角鲨烯是一种烷氧基甘油的前驱体，这种烷氧基甘油具有很强的"夺氧作用"，使血液内含有充足的氧气供生命活动所需。角鲨烯在人体内参与胆固醇的生物合成等多种生化反应。同位素标记角鲨烯的动物实验证明，角鲨烯可在肠道内被迅速吸收，并沉积于肝和体脂中。角鲨烯能与载体蛋白和 7α-羟基-4-胆甾烯结合，显著增加 12α-羟化酶的活性，从而促进胆固醇的转化，并能提高血清铜蓝蛋白与转铁蛋白以及超氧化物歧化酶与乳酸脱氢酶的活性。角鲨烯可以抑制肿瘤细胞的生长，并增强机体的免疫力，增强对肿瘤的抵抗力。角鲨烯也能抑制致癌物亚硝胺的生成，从而起到抗肿瘤作用。角鲨烯可与其他抗肿瘤药物同时使用，提高抗肿瘤药物的药效，这适用于淋巴肿瘤等多种肿瘤。此外，角鲨烯还可以降低一些毒物的遗传毒性，显示出降低化疗药物副作用的应用前景（Lou-Bonafonte et al.，2018）。

2）抗心血管疾病　角鲨烯可以增加 HDL 和携氧细胞体的含量，促进血液循环，预防及治疗血液循环不良所引起的心脏病、高血压、低血压及卒中等疾病，对冠心病、心肌炎、心肌梗死等有显著缓解作用。可降低血液中胆固醇和甘油三酯的含量，强化某些降胆固醇药物的药效。此外，还可降低血清胆固醇浓度、脂蛋白浓度，加速胆固醇从粪便中排泄，延缓动脉粥样硬化的形成。

3）抗感染作用　角鲨烯具有渗透、扩散等作用，对白癣菌、大肠杆菌、痢疾杆菌、绿脓杆菌、溶血性链球菌及念珠菌等有抑制和杀灭作用，可预防细菌引起的上呼吸道感染、皮肤病、耳鼻喉炎等，还可治疗湿疹、烫伤、放射性皮肤溃疡及口疮等。

4）提高机体免疫、防御及应激能力　角鲨烯是合成肾上腺皮质激素等类固醇类物质的原料。而类固醇类激素在体内具有调节免疫、防御及应激能力等功效。因此，服用深海鲨肝油不仅可预防感冒、改善体质，还可以缓解免疫调节功能失常所致的风湿性关节炎、慢性肾炎等症状。

5）抗氧化作用　角鲨烯的化学结构与维生素 E 相似，含有多个双键，可以与自由基等过氧化类物质结合，中和这些物质的过氧化作用，会起到预防、改善机体由过氧化物质引起的动脉硬化、脏器及组织器官的老化、血行不畅、老年斑、皱纹、皮肤松弛等现象,从而起到保健功效。角鲨烯的抗氧化作用还体现在,含有较高角鲨烯含量的橄榄油和米糠油具有较好的贮存稳定性。但是角鲨烯被氧化后的产物有促氧化作用。

6)浸透作用　人的皮肤分泌物皮脂中因含固醇和角鲨烯而能够维持皮肤的柔软性、润滑性。每人每天分泌的角鲨烯为 125～475 mg,其中尤以头皮脂中最高。角鲨烯对皮下脂肪等脂类成分具有亲和性,可以浸透到皮肤的深层。利用角鲨烯的这一特性,外用药与角鲨烯并用可提高药物的浸透性,使得外用药能够被皮肤充分吸收,药效得以充分发挥。护肤品中含有的角鲨烯可以吸收紫外光生成过氧化物,从而保护皮肤免受紫外光的伤害。以角鲨烯为原料配制而成的头发护理剂有去头屑、防脱发和促进头发生长的功效,在牙膏中加入少量的角鲨烯,减轻了牙膏中薄荷油等香料对口腔皮肤的伤害。此外,角鲨烯还可以起到一定的解毒作用,其可移除组织中的脂溶性毒素,如二噁英、多氯苯、DDT 和杀虫剂等农药残留成分。

5.5.3　多酚

多酚是一类广泛存在于植物中的次级代谢产物,多由莽草酸途径合成。其结构种类繁多,但均含有带一个或多个羟基基团的苯环结构。其中包括黄酮类化合物、芝麻酚、羟基酪醇和白藜芦醇等。其生理活性整体概述如下。

1)抗氧化　酚类化合物的多个羟基与苯环形成的共轭体系是良好的电子供体,可以捕获活性氧等自由基,将其转化为稳定的化合物,阻断自由基链式反应。因此,多酚在体内可以起到减轻炎症反应、延缓衰老等作用,其作用机理通常有三个方面:清除氧自由基、修复抗氧化酶与调节细胞因子引起的炎症。多种多酚都可以通过抑制连接氧化还原反应与炎症信号的关键炎症小体的活化来控制炎症反应,其可能是通过清除活性氧自由基来实现的。多酚的抗氧化作用也可能起到相反的效果。由于多酚极易被氧化,因此其进入人体后,被氧化成醌类等物质,成为促氧化剂,给人体健康带来不利影响。

2)抗菌抗病毒　多酚对金黄色葡萄球菌、黄曲霉、大肠杆菌、沙门菌、肝炎病毒、流感病毒、人类免疫缺陷病毒、假丝酵母等病原体均有抑制作用。杏仁皮中的儿茶素、表儿茶素、山奈酚-3-*O*-芸香苷、异鼠李素-3-*O*-芸香苷及柚皮素等多酚类化合物对单核细胞增生李斯特菌和金黄色葡糖球菌具有较强的抑菌活性;有人研究了 39 种浆果的抗流感病毒的活性,发现其均具有较好的抗病毒效果,且其抗病毒效果与多酚含量呈正相关。蔓越莓多酚也对龋齿和牙周病有潜在的抑制作用。此外,棉酚是一种存在于棉籽中的多酚,除了毒性之外,其对疟疾和疱疹病毒具有抑制作用。虽然研究者发现多酚具有广谱抗菌效果,但是其作用机理还不是很清楚,有待深入研究。

3)抗癌作用　多酚类物质对乳房、结肠、肾、甲状腺、肝、胃、皮肤等癌症均具有一定的抑制作用,其作用效果主要来源于其抗氧化与抗炎作用。除此之外,多酚还可通过促进细胞凋亡和自噬,控制血管的生成和转移等来抑制肿瘤。姜黄素能促进肝癌细胞凋亡,从而抑制肝癌细胞增殖(Abdel-Lateef et al.,2016)。葡萄籽提取物对 MDA-MB468 人乳腺癌细胞的增殖有显著的抑制作用,其抑制了癌细胞内促分裂原活化的蛋白激酶和信号调节蛋白激酶的激活,且抑制效果与剂量呈正相关。棉酚对胃癌、肺癌、肝癌和结肠癌等有一定的抑制作用。

4）改善脂质代谢，预防多种疾病　　多酚可改善脂质代谢，延缓 LDL 的氧化，抑制血小板聚集，降低血压，延缓动脉粥样硬化的发生等。葡萄多酚可显著降低血管收缩压和血浆中可溶性细胞间黏附分子 sICAM-1 的浓度。这表明葡萄多酚可以增强血管舒张、降低血压和循环细胞黏附分子，从而改善血管功能。大鼠服用白藜芦醇后，*miR-129*、*miR-328-5p* 和 *miR-539-5p* 的表达增加，这些基因可抑制新生脂肪细胞的形成（Gracia et al.，2016）。此外，服用了葡萄多酚的小鼠与对照组相比体脂百分比和白色脂肪组织含量较低，葡萄糖耐糖量有所上升，肝的重量和甘油三酯水平也较低，肝组织中对激素敏感的脂肪酶和脂肪酶对应的 mRNA 水平较高。在附睾的白色脂肪组织中，小鼠的几种炎症基因表达水平较低，小鼠回肠黏膜髓过氧化物酶活性增加，表明摄入葡萄多酚减轻了许多与高脂饮食相关的不良健康后果（Collins et al.，2016）。但是，有关多酚具体的药理学作用机理与其对人体的长期影响尚不明确，对其是否可以用来治疗相关疾病还存在争议。

思　考　题

1. α-亚麻酸和亚油酸为什么被称为必需脂肪酸，它们的生理功能主要体现在哪些方面？
2. EPA、DHA 的全称是什么？它们有哪些生理功能？
3. 简述脂类的消化与吸收过程。
4. 影响脂肪消化、吸收的因素有哪些？
5. 试述脂类代谢与心血管疾病之间的关系。
6. 根据取代基团的不同，甘油磷脂可以分为哪些，它们有什么生理功能？
7. 简述植物甾醇的生理功能和用途。
8. 维生素 A 缺乏导致夜盲症的作用机理是什么？
9. 简述角鲨烯的结构与功能特性。

第 6 章　食品脂类的分析

脂类是一个复杂的混合体系，脂类的分析涉及与脂类有关的各个方面。近年来，因食品脂类营养特性和健康方面的影响，对其进行适当的分析就变得越来越重要。脂类分析方法既包括经典分析方法，也包括现代分析技术，且已进一步向标准化、自动化、简单化和高效准确的方向发展。目前，气相色谱法（GC）、高效液相色谱法（HPLC）在脂类分析测定中最为常见。此外还有一些技术，如傅里叶变换红外光谱（FTIR）、近红外光谱（NIR）、核磁共振波谱（NMR）、薄层色谱（TLC）及毛细管电泳（CE）等也被广泛应用。本章以脂类分析方法为主线，从油脂分析（理化分析、甘油三酯组成分析）、脂肪酸分析（气相色谱法、高效液相色谱法）、类脂物分析（磷脂分析、固醇分析）及非类脂物分析（维生素分析、角鲨烯分析）等方面对其进行扼要叙述，以期为读者提供参考借鉴。

6.1　油　脂　分　析

6.1.1　理化分析

1. 国家标准分析方法

1）水分的测定　水分的测定一般采用 105℃电热烘箱法，对于干性油及多不饱和油脂则应使用真空烘箱法，并通入 N_2 以防油脂发生氧化和聚合，这两种方法的测定结果实际上还包括油脂中挥发性物质的含量。

完全测定水分含量可采用卡尔·费歇尔（Karl Fischer）滴定法，其原理如下：

$$I_2+SO_2+H_2O+3C_5H_5N\longrightarrow 2C_5H_5NHI+C_5H_5NSO_3$$
$$C_5H_5NSO_3+CH_3OH\longrightarrow C_5H_5NHSO_4CH_3$$

首先将油样充分溶于无水甲醇，随后以 Karl Fischer 试剂滴定至鲜红色，或加入过量 Karl Fischer 试剂后，以甲醇的标准水溶液反滴至终点。这种方法的缺点在于对低水分含量的油样测定误差大，同时 Karl Fischer 试剂对人体有毒害作用。

对于高水分含量的油样则可采用蒸馏法，溶剂与水形成共沸物，冷凝后二者互不相溶，利用这种性质可以测定油脂的水分含量。该方法的主要优点在于测定结果的准确性不受其他挥发物的影响，也适用于油脂和油脂制品水分含量的测定。但该方法仅适用于水分含量为 0.5%以上的样品。

试样的水分含量可按式（6-1）计算：

$$W=\frac{\upsilon\times\rho\times100}{m\times1000} \tag{6-1}$$

式中，W 表示试样的水分含量，单位为 g/100 g；υ 表示滴定液消耗的体积，单位为 mL；ρ 表示滴定度，每毫升试剂相当的水量，单位为 mg/mL；m 表示试样质量，单位为 g。

酸价的测定

2）酸价的测定 酸价（AV）是指中和 1 g 油脂中的游离脂肪酸所需氢氧化钾的质量（mg）。AV 是反映油脂酸败的主要指标。测定油脂酸价可以评定油脂品质的好坏和储藏方法是否恰当，并能为油脂碱炼工艺提供需要的加碱量。我国食用植物油都有国家标准规定的酸价。

油脂中脂肪酸和甘油酯均能与碱发生反应，酸碱反应称为中和，酯碱反应称为皂化，二者反应均生成脂肪酸盐，酸碱中和反应如下：

$$RCOOH+NaOH \longrightarrow RCOONa+H_2O$$

AV 测定正是基于此酸碱中和反应进行的。

通过测定 AV 可得知油脂中游离脂肪酸（FFA）的含量，两者关系如式（6-2）所示：

$$FFA（\%）=\frac{M \times AV}{56.108 \times 1000} \times 100 = \frac{M}{561.08} \times AV \tag{6-2}$$

式中，M 表示 FFA 的相对分子质量。

油脂以十八碳酸为主，则有式（6-3）：

$$FFA(\%) = \frac{1}{2}AV \tag{6-3}$$

AV 根据国家标准 GB 5009.229—2016 测定，但是对于某些颜色较深的油脂试样，滴定终点难以判定，可采用电位滴定法。其原理为用中性乙醇和乙醚混合溶剂溶解油样，然后用碱标准溶液滴定其中的游离脂肪酸，根据油样质量和消耗碱液的量计算出油脂酸价。

样品的 AV 根据式（6-4）进行计算：

$$S = \frac{56.1 \times \upsilon \times c}{m} \tag{6-4}$$

式中，S 表示样品的酸价（以氢氧化钾计），单位为 mg/g；υ 表示所用氢氧化钾标准溶液的体积，单位为 mL；c 表示所用氢氧化钾标准溶液的准确浓度，单位为 mol/L；m 表示试样质量，单位为 g；56.1 表示氢氧化钾的摩尔质量，单位为 g/mol。

注：氢氧化钠或氢氧化钾乙醇溶液的浓度，随温度变化而变化，用式（6-5）进行校正：

$$\upsilon' = \upsilon_t[(1 - 0.001)(t - t_0)] \tag{6-5}$$

式中，υ' 表示校正后氢氧化钠或氢氧化钾标准溶液的体积，单位为 mL；υ_t 表示在温度 t 时测得的氢氧化钠或氢氧化钾标准溶液的体积，单位为 mL；t 表示测量时的温度，单位为℃；t_0 表示标定氢氧化钠或氢氧化钾标准溶液的温度，单位为℃。

过氧化值的测定

3）过氧化值的测定 过氧化值（POV）是 1 kg 样品中的活性氧含量，以过氧化物的物质的量（mmol）表示，是反映油脂氧化程度的指标之一。POV 代表油脂中所含氢过氧化物的量，其单位为 mmol/kg。氢过氧化物是油脂氧化过程中生成的不稳定中间产物，因此通过检测油脂的 POV 即可评估油脂的氧化程度。

POV 根据 GB 5009.227—2016 测定，其检测原理是：制备的油脂试样在三氯甲烷和冰醋酸中溶解，其中的过氧化物与碘化钾反应生成碘，用硫代硫酸钠标准溶液滴定生成的碘。用过氧化物相当于碘的质量分数或 1 kg 样品中活性氧的毫摩尔数表示过氧化值的量，反应式如下：

$$ROOH+2CH_3COOH+2KI \longrightarrow ROH+2CH_3COOK+I_2+H_2O$$

$$I_2+2Na_2S_2O_3 \longrightarrow Na_2S_4O_6+2NaI$$

试样 POV 的计算方法如下。

（1）用过氧化物相当于碘的质量分数表示过氧化值时，按式（6-6）进行计算：

$$X_1=\frac{(V-V_0)\times c\times 0.1269}{m}\times 100 \qquad (6\text{-}6)$$

式中，X_1 表示 POV，单位为 g/100 g；V 表示试样消耗的硫代硫酸钠标准溶液的体积，单位为 mL；V_0 表示空白试样消耗的硫代硫酸钠标准溶液的体积，单位为 mL；c 表示硫代硫酸钠标准溶液的浓度，单位为 mol/L；0.1269 表示与 1.00 mL 硫代硫酸钠标准滴定溶液 $[c(Na_2S_2O_3)=1.000 \text{ mol/L}]$ 相当的碘的质量；m 表示试样质量，单位为 g；100 表示换算系数。

计算结果以重复性条件下获得的两次独立测定结果的算术平均值表示，结果保留两位有效数字。

（2）用 1 kg 样品中活性氧的毫摩尔数表示过氧化值时，按式（6-7）进行计算：

$$X_2=\frac{(V-V_0)\times c}{2\times m}\times 1000 \qquad (6\text{-}7)$$

式中，X_2 表示 POV，单位为 mmol/kg；1000 表示换算系数；其他符号含义同前。

计算结果以重复性条件下获得的两次独立测定结果的算术平均值表示，结果保留两位有效数字。

2. 新型检测方法

1）傅里叶变换红外光谱

（1）基本原理。红外线是波长介于可见光和微波之间的一段电磁波。红外光依据波长范围分成近红外、中红外和远红外三个波区，其中中红外区（波长为 2.5~25 μm，波数为 400~4000 cm⁻¹）能很好地反映分子内部所进行的各种物理过程及分子结构方面的特征，对解决分子结构和化学组成中的各种问题最为有效，因而中红外区是红外光谱中应用最广的区域。

红外光谱根据化合物分子对红外光吸收后得到谱带频率的位置、强度、形状及吸收谱带和温度、聚集状态等的关系可确定分子的空间构型，求出化学键的力常数、键长和键角。从光谱分析的角度来看，主要是利用特征吸收谱带的频率推断分子中存在某一基团或化学键，由特征吸收谱带频率的变化推测邻近的基团或化学键，进而确定分子的化学结构。当然也可由特征吸收谱带强度的改变对混合物及化合物进行定量分析。食用油的傅里叶变换红外光谱（FTIR）主要特征吸收峰（b）和肩峰（s）吸收情况见表 6-1。

表 6-1 食用油的 FTIR 主要特征吸收峰（b）和肩峰（s）吸收情况（Zhang et al., 2012）

编号	频率	官能团	振动模式	强度
1	3468(b)	—C═O(酯)	倍频峰	弱
2	3025(s)	═C—H(反式)	伸缩振动	非常弱
3	3006(b)	═C—H(顺式)	伸缩振动	中等
4	2953(b)	—C—H(CH$_3$)	反对称伸缩振动	中等
5	2924(b)	—C—H(CH$_2$)	反对称伸缩振动	非常强
6	2853(b)	—C—H(CH$_2$)	对称伸缩振动	非常强
7	2730(b)	—C═O(酯)	费米共振	非常弱
8	2678(b)	—C═O(酯)	费米共振	非常弱
9	1746(b)	—C═O(酯)	伸缩振动	非常强
10	1711(s)	—C═O(酯)	伸缩振动	非常弱
11	1654(b)	—C═C—(顺式)	伸缩振动	非常弱
12	1648(b)	—C═C—(顺式)	伸缩振动	非常弱
13	1465(b)	—C—H(CH$_2$、CH$_3$)	剪式振动	中等
14	1417(b)	═C—H(顺式)	面内摇摆振动	弱
15	1400(b)	—	弯曲振动	弱
16	1377(b)	—C—H(CH$_3$)	对称变角振动	中等
17	1319(b, s)	—	弯曲振动	非常弱
18	1238(b)	—C—O, —CH$_2$—	伸缩振动, 弯曲振动	中等
19	1163(b)	—C—O, —CH$_2$—	伸缩振动, 弯曲振动	强
20	1118(b)	—C—O	伸缩振动	中等
21	1097(b)	—C—O	伸缩振动	中等
22	1033(s)	—C—O	伸缩振动	非常弱
23	968(b)	—HC═CH—(反式)	面外弯曲振动	弱
24	914(b)	—HC═CH—(顺式)	面外弯曲振动	非常弱
25	723(b)	—(CH$_2$)$_n$—, —HC═CH—(顺式)	面内摇摆振动, 面外弯曲振动	中等

  FTIR 具有高灵敏度、高分辨率、快速扫描、自动化、不受样品物态的限制、不破坏样品等特点。适合于含有 C、H、O 基团的物质进行快速的分析，已经被广泛应用于各行业，尤其是食品工业和中药研究领域中。

  （2）傅里叶变换红外光谱仪的基本组成、检测方法和研究进展介绍如下。

  A. 基本组成。傅里叶变换红外光谱仪没有色散元件，主要由光源（硅碳棒、高压汞灯）、迈克尔逊干涉仪、检测器、计算机和记录仪组成。其核心部件为迈克尔逊干涉仪，它将光源的信号以干涉图的形式送往计算机进行傅里叶变换的数学处理，最后将干涉图还原成光谱图。

它与色散型红外光度计的主要区别在于干涉仪和电子计算机两部分。图 6-1 为傅里叶变换红外光谱仪的工作原理。

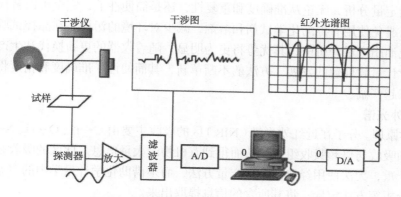

图 6-1　傅里叶变换红外光谱仪的工作原理

A/D. 模拟数字转换器；D/A. 数字模拟转换器

　　B. 检测方法。用 FTIR 测定油脂的理化指标时，不同的附件采集油脂的红外光谱，根据油脂官能团特征吸收的信息，通过对光谱特征吸收峰的解析，利用相关特征吸收峰的峰高或峰面积与相应的理化指标构建线性关系，以此实现对油脂理化指标的快速定量分析。FTIR 分析油脂理化指标的方法可分为直接法和间接法。直接法是基于相应的特征吸收或光谱范围，通过建立模型实现其测定；间接法则是通过化学计量反应间接实现指标的测定，提高了测定结果的准确性，如衰减全反射（ATR）法和涂膜法采集红外光谱用于油脂的理化指标分析。

傅里叶变换衰减全反射红外光谱法

基于涂膜法傅里叶变换红外光谱的油脂检测法

　　图 6-2 为油脂的衰减全反射傅里叶变换红外光谱。CH 区域或酯键提供有关油脂平均分子质量的信息，用皂化值来测定；COOH 表明油脂发生水解或含有游离脂肪酸；而有关醛、酮光谱信息表明油脂二级氧化产物——共轭烯的产生，用硫代巴比妥值和茴香胺值来测定；光谱可提供非共轭反式脂肪酸的直接测定，而综合顺式 CH 和反式 CH 吸收峰可提供不饱和度或碘值的信息，可用化学法或气相色谱法来测定。

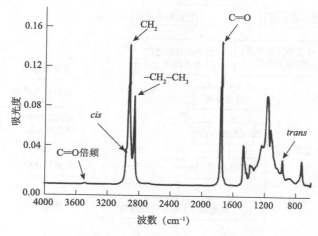

图 6-2　典型油脂的衰减全反射傅里叶变换红外光谱

C. 研究进展。FTIR 是一种绿色、无损和快速的分析技术，利用中红外光谱法结合化学计量法可实现对油脂水分含量、酸价、过氧化值、碘值和皂化值等理化指标的快速分析。FTIR 可以用于油脂定量分析，无论从准确度和重复性，还是简便性上，完全可以替代传统的滴定法，而且可以避免使用有毒的化学试剂和溶剂，减少对环境的污染。在品控试验室、大型油脂企业和在线油脂定量分析中，其优势将更为明显。随着仪器的更新换代和生产成本的进一步降低、化学计量软件包的发展、方法的不断革新，其简便性、准确度和精度将越来越高，应用前景越来越广阔。

2）近红外光谱

（1）基本原理。分子在近红外光谱（NIR）区的吸收主要由 C—H、O—H、N—H 和 C≡O 等基团的合频吸收与倍频吸收组成，从而得到有机物的大量信息。此区的吸收强度低、谱带复杂、重叠严重，无法使用经典定性、定量方法，而须借助化学计量学中的多元统计、曲线拟合、聚类分析等方法定标，将其所含的信息提取出来。

（2）近红外光谱仪的基本组成、检测方法的构建和研究进展介绍如下。

A. 基本组成。近红外光谱仪一般都由光学系统、电子系统、机械系统和计算机系统等部分组成。其中，电子系统由光源电源电路、检测器电源电路、信号放大电路、A/D、控制电路等部分组成；计算机系统则通过接口与光学和机械系统的电路相连，主要用来操作和控制仪器的运行，除此之外还负责采集、处理、储存、显示光谱数据等；光学系统是近红外光谱仪的核心，主要包括光源、分光系统、测样附件和检测器等部分。

B. 检测方法的构建。NIR 区的光谱吸收带是有机物质中能量较高的含氢基团，主要是由 C—H、O—H、S—H、N—H 等在中红外光谱区基频吸收的倍频、合频和差频吸收带叠加而成的，也有其他一些基团的信息（如 C≡C、C≡O 等），但强度相对较弱。NIR 是利用近红外谱区包含的丰富的物质信息，同时吸收带的吸收强度与分子组成或化学基团的含量有关，可用于测定化学物质的成分和分析物理性质，对于多组分的复杂样品，其 NIR 也不是各组分单独光谱的简单叠加，因此，NIR 需要结合化学计量学方法来对光谱信号进行处理，以实现对其品质的有效分析。图 6-3 是近红外光谱分析过程。

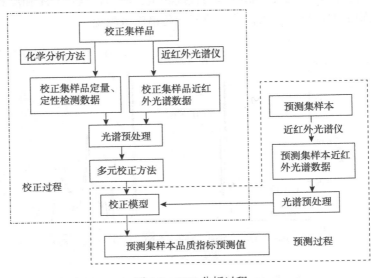

图 6-3　NIR 分析过程

目前，利用 NIR 检测油脂理化指标（游离脂肪酸含量、碘值、酸价、过氧化值等）已有大量的研究，关于油脂的皂化值和极性组分的研究较少。利用 NIR 在油脂酸价和过氧化值检测上，可采用偏最小二乘法（PLS）建模方法建立油脂酸价与光谱数据间的回归校正模型，选择出最佳的建模波段。图 6-4 为大豆油脂样品的近红外光谱。

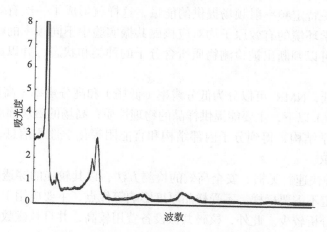

图 6-4　大豆油脂样品的近红外光谱（罗淑年等，2020）

大豆油脂的过氧化值和酸价在近红外光谱区域有特征吸收峰，过氧化值特征波段为 4500～9000 cm^{-1}，酸价的特征波段为 4500～5000 cm^{-1}，结合化学计量法及利用 PLS 建模，结果表明 NIR 测定油脂过氧化值和酸价是可行的。

C. 研究进展。NIR 以其独特的优势发展迅速，如可用于样品定性，也可得到准确度很高的定量结果；分析速度快；不破坏样品、不需要试剂、不污染环境；投资少，操作技术要求低。而其也有一定的局限性，如近红外光谱分析必须用相似的样品先建立一个稳健的模型才能快速得到分析结果，而模型的建立需要投入一定的人力、财力和时间；物质一般在近红外区的吸收系数较小，对痕量分析并不适用。

NIR 在食用油的无损检测分析方面开展了很多研究：①食用油脂种类的无损鉴别分析。采用 NIR 结合聚类分析方法建立了 4 种植物油（大豆油、芝麻油、花生油、玉米油）的混合食用油脂定性识别模型，结果表明，NIR 可以通过建立定性识别模型实现食用油脂种类的鉴别分析。②油脂理化指标的快速分析。使用 NIR 建立 PLS 油脂成分定量分析模型，对油脂中的皂化值、碘值、油酸含量、亚油酸含量和棕榈酸含量等指标进行快速预测，结果表明，建立的定量测量模型可对 12 类指标进行准确检测。③油脂无损掺假检测。利用 ATR-FTIR 和光纤近红外漫反射光谱作为快速、有效的分类和量化技术对油茶籽油掺伪掺假进行了解析。综上所述，NIR 在油脂无损分析领域的发展前景不容小觑。

3）核磁共振波谱

（1）基本原理。将有非零自旋量子数，即 $I \neq 0$ 的任何核子放在磁场中，都能以电磁波的形式吸收或者释放能量，发生原子核的能级跃迁，同时会产生核磁共振信号，这种核对射频区电磁波的吸收称为核磁共振波谱（NMR）。

NMR 利用了部分原子核的自旋角动量在外加磁场作用下的进动现象实现原子级的检测。当原子核在外加磁场中接受其他能量激发后，就会发生能级跃迁，也就是原子核磁矩的方向与外加磁场的方向夹角发生变化。这种能级跃迁就是核磁信号检测的基础。

为了让原子核能够发生能级跃迁，需要为原子核提供一定的能量，这一能量通常是通过外加射频场来提供的。当外加射频场的频率与原子核自旋进动的频率相同时，射频场的能量就能够被原子核有效吸收，为能级跃迁提供动力。因此特定的原子核，在给定的外加磁场中，只吸收某一特定频率射频场提供的能量，这样就形成了一次有效的检测。从原子角度来讲，不同化学环境的有效原子均对应核磁共振实验中不同频率的峰，从这些峰的数量、位置和形态就可以判断出被检测物质所含分子的种类和状态，并以此推断其结构及计算其含量。

根据分辨率高低，NMR 可以分为低分辨率（低场）和高分辨率（高场）两种，其中低场的磁场强度在 1.0 T 以下，主要能提供样品的物理性质；高场的磁场强度在 11.7 T 以上，能够测试分子的化学结构，得到分子内部结构和官能团等化学性质信息，应用最广泛的是 ^{1}H-NMR 和 ^{13}C-NMR。

NMR 作为一种快速、无损、安全高效的检测方法，以其较强的穿透能力，具有对样品无破坏性、定量测定不需要标样、不受样品厚度影响等优点，主要应用于一些常量成分的分析，对复杂成分的分析较少。此外，核磁共振设备费用较高，并且核磁数据的分析有其专业性和复杂性，使得核磁共振的应用受到一定限制。

（2）核磁共振波谱仪的基本组成、核磁分析的一般步骤和研究进展介绍如下。

A. 基本组成。①磁体：产生静磁场，核自旋体系发生能级分裂。②射频源：激发核磁能级之间的跃迁。③接收机：接受微弱的 NMR 信号，放大变成电信号。④探头：NMR 信号检测器，是谱仪的核心部件。⑤匀场线圈：调整静磁场的均匀性，提高谱仪的分辨率。⑥计算机系统：控制谱仪，并进行数据显示和处理。

B. 核磁分析的一般步骤。①核磁管的准备：选择合适规格的核磁管，确保清洗干净、烘干。②样品溶液的配制：选择合适的溶剂，控制好样品溶液浓度。③测试前匀场处理：将核磁管装入仪器，使之旋转，进行匀场。④样品扫描：按样品分子质量大小，选择合适的扫描次数。⑤结果分析：保存数据，采用专用软件进行图谱分析。通过对核磁共振的图谱分析可获得三方面的信息：化学位移、耦合常数、积分线。化学位移值能反映质子的类型及所处的化学环境，与分子的结构密切相关。耦合起源于自旋核之间的相互干扰，耦合常数（J）的大小与外磁场强度无关。耦合是通过成键电子转换的，J 的大小与发生耦合的两个（组）磁核之间相隔的化学键数目有关，也与它们之间的电子云密度及核所处的空间相对位置等因素有关，所以 J 与化学位移值是有机物结构解析的重要依据。核磁共振波谱中各组峰的积分曲线高度与该峰的氢核数成正比，不仅可用于结构分析，也可用于定量分析。

油脂理化指标，如酸价、过氧化值、碘值和总极性化合物含量等的变化会对核磁共振信号产生影响，从而在核磁共振图谱上得到体现。通过对核磁共振图谱的分析并探索其变化规律，可对油脂品质进行评价。图 6-5 是通过 ^{1}H-NMR 检测技术结合多变量统计分析归一化后得到的 7 种食用植物油典型的核磁共振氢谱。

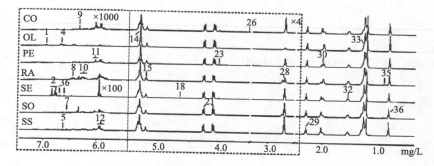

图 6-5 不同种类食用植物油的核磁共振氢谱（张琰，2017）

SS. 葵花籽油；SO. 大豆油；SE. 芝麻油；RA. 菜籽油；PE. 花生油；OL. 橄榄油；CO. 玉米油。其中 2.5～5.5 mg/L 和 5.5～7.5 mg/L 相对于 0.5～2.5 mg/L 分别纵向放大 4 倍和 1000 倍。仪器采用 5 mm 的 CPBBO 探头，氢的共振频率为 600.13 MHz。氢谱采集参数设置如下：脉冲序列，zg30；扫描叠加次数，32 次；弛豫延迟，1 s；单次采集时间，4.95 s；采集点数，32 K；谱宽，6613.8 Hz。实验环境通过谱仪控制在 298 K

谱峰的归属及具体信息见表 6-2。

表 6-2 食用油核磁共振氢谱归属表（张琰，2017）

峰	δ（mg/L）	质子	归属	物种
1	6.96(m[a])	Ua[b]	酪醇	橄榄
2	6.88～6.78(s)	Ua	酚类化合物	芝麻
3	6.70(d)	Ua	酚类化合物	芝麻
4	6.68(m)	Ua	酪醇	橄榄
5	6.63(d)	Ua	酚类化合物	葵花籽/大豆
6	6.61(d)	Ua	酚类化合物	芝麻/橄榄
7	6.56(d)	Ua	酚类化合物	葵花籽/大豆
8	6.45，5.96(m)	Ua	β-胡萝卜素	所有
9	6.38～6.31(m)	Ua	酚类化合物	除了葵花籽
10	6.29～6.21(m)	Ua	酚类化合物	除了橄榄/芝麻
11	6.06～5.99(m)	Ua	酚类化合物	除了橄榄/芝麻
12	5.98～5.88(m)	Ua	β-胡萝卜素	所有
13	5.43(br)	Ua	未知	所有
14(G)	5.31(br)	CH₂—C$\underline{H}$=C$\underline{H}$	所有 UFA	所有
15	5.20(m)	C$\underline{H}$—OCOR	TG	所有
16	5.00(m)	CHOH	1,3-DG	所有
17	5.00(m)	Ua	萜烯	所有
18	4.66(m)	Ua	萜烯	所有
19	4.51(m)	Ua	萜烯	所有
20(H)	4.40，3.99(dd)	C$\underline{H_2}$—OCORsn-1,3	1,3-DG	所有
21(I)	4.28，4.11(d)	C$\underline{H_2}$—OCORsn-1,3	1,2-DG	所有

续表

峰	δ（mg/L）	质子	归属	物种
22(J)	4.18，3.81(dd)	CH₂—OCOR，CH₂OH sn-1,3	未知	芝麻
23	4.03(d)	Ua	未知	所有
24	3.92(m)	Ua	未知	所有
25	3.59(m)	Ua	未知	芝麻
26	3.55(d)	Ua	未知	所有
27	3.02(m)	Ua	未知	芝麻
	2.78(t)	CH=CH—CH₂—CH=CH	亚麻酸	大豆/油菜籽
28(A)	2.74(t)	CH=CH—CH₂—CH=CH	UFA(除了亚麻酸)	所有
29(B)	2.28(t)	CH—COO—	所有脂肪酸	所有
		CH₂—CH=CH	UFA(除了油酸)	
30(C)	1.99(q)	CH₂—CH=CH	油酸	所有
31	1.65(s)	OH	萜烯	所有
32（D）	1.57(br)	CH₂—CH₂—COO—	所有脂肪酸	所有
33	1.30(br)	(CH₂)ₙ	所有脂肪酸	所有
34	1.01(s)	H-25	β-谷甾醇	所有
35(E)	0.96(t)	CH=CH—CH₂—CH₃	亚麻酸	大豆/油菜籽
36（F）	0.88(br)	CH₂—CH₂—CH₂—CH₃	所有脂肪酸(除了亚麻酸)	所有
37	0.82(m)	H-2,4,22,27	β-谷甾醇	所有
38	0.77(m)	H-24,30,29	β-谷甾醇	所有

注：mᵃ. 谱峰多重性；s. 单重峰；d. 双重峰；t. 三重峰；dd. 双重双重峰；m. 多重峰；br. 宽峰；q. 四重峰。Ua. 质子类型；Uaᵇ. 未归属。UFA.不饱和脂肪酸；TG. 甘油三酯；DG. 甘油二酯；A～J 表示甘油三酯中甘油骨架及其脂肪酰基骨架共有 10 种不同类型的质子氢。下画线表示不同类型质子氢的所在位置

对核磁共振氢谱进行准确归属后，根据式（6-8）～式（6-13）可定量计算出食用油所含亚麻酸、亚油酸、油酸、饱和脂肪酸的含量百分比，同时也可计算出各食用油的碘值、酸价。公式中 A、C、D、E、F、G、H、I 和 J 分别对应表 6-2 中对应谱峰的相应积分。

$$碘值=\frac{\left(\dfrac{G}{2}-H/4\right)}{\left[\dfrac{(E+F)}{3}\right]\times86} \tag{6-8}$$

$$酸值=\frac{\left(\dfrac{D}{2}-\dfrac{3I}{4}-\dfrac{H}{2}-\dfrac{J}{2}\right)}{\dfrac{D}{2}}\times100\%\times平均分子质量/56 \tag{6-9}$$

$$[亚麻酸]=\frac{E}{E+F} \tag{6-10}$$

$$[亚油酸] = \frac{(3A-4E)}{2(E+F)} \tag{6-11}$$

$$[油酸] = \frac{3C}{4(E+F)-[亚麻酸]-[亚油酸]} \tag{6-12}$$

$$[饱和脂肪酸] = \frac{F}{E+F}-[亚油酸][油酸] \tag{6-13}$$

C. 研究进展。近年来人们对食用油脂品质的关注度越来越高，而传统检测食用油脂的方法存在耗时长、准确度不高等缺点，使得食用油脂的检测并没有达到很好的效果。NMR 技术作为一项不断发展完善的检测技术，由于其快速、高效、无污染、便利、重现性高等优点，其在食用油脂领域的应用越来越广泛，尤其是在理化分析方面涌现了大量研究报道。有研究者以大豆油和玉米油为研究对象，根据低场核磁共振（LF-NMR）弛豫特性、理化指标的变化规律和对主成分的回归分析数据，建立了酸值、吸光值、黏度和极性物质总含量（TPC）等参数与 LF-NMR 弛豫特性间的相关性模型，进而得出油样的 LF-NMR 弛豫特性随煎炸时间延长的变化规律。随着低场强、高精度、低成本、高速度的核磁共振仪的研制与开发，核磁共振技术必将会在食用油脂检测领域取得长效持久的应用与发展。

4）其他技术

（1）光谱法。①可见光谱法：直接测定油脂发生加成反应前后氯化碘（ICl）的吸光度较难，采用向反应前后的溶液中分别加入碘化钾水溶液，测定其析出 I_2 的吸光度 A_0、A_e，因析出单质 I_2 与反应前后 ICl 的物质的量具有对应的关系。油脂与韦氏液发生加成反应后，析出的 I_2 以 50%冰醋酸的水溶液作参比，在 630 nm 处测定 I_2 的吸光度值 A_e，同时测定空白吸光度值 A_0，从而间接计算出油脂消耗 ICl 的量，其消耗的 ICl 量与油脂碘值成正比，由此可以计算出油脂的碘值。与韦氏法测定碘值的结果相比较，误差小于 2%，缩短了测定时间，免除了滴定中确定终点的麻烦，其结果令人满意，说明可见光谱法直接测定油脂碘值是可行的。②紫外分光光度法：紫外分光光度法可快速测定油脂过氧化值。其原理是三苯基膦与油脂中的氢过氧化物反应形成三苯基氧膦，该物质在 264 nm 处有明显的吸收带。通过紫外光谱的吸光度计算三苯基氧膦的浓度，进一步与过氧化值建立标准曲线。此方法不但消除了污染性溶剂的使用，而且具有较好的稳定性。在测定食用油过氧化值时，与化学滴定法和亚铁氧化法相比，要廉价得多。紫外分光光度法测定油脂过氧化值的不足之处在于，易被螯合剂和其他的发色团等各种因素影响，再现性差。③化学发光法：基于对物质在进行化学反应时吸收反应过程中产生的化学能而使分子激发发出的光进行测定。鲁米诺（luminol）是一种常用的化学发光试剂，它产生化学发光反应的量子效率为 0.01～0.05。化学发光法快速简便、灵敏度高。利用发光物质在催化剂作用下，产生发光现象，用光电倍增管接受产生的光信号，光信号的强弱与发光物质的浓度成正比。利用过氧化物能够氧化碘离子生成 I_2，与 luminol-I_2 反应耦合产生化学发光现象，用于检测油脂过氧化值。④拉曼光谱法：拉曼光谱属于衍射光谱，从分子振动水平反映样品化学组成和分子结构上的差异，无须接触即可对植物油进行检测。利用拉曼光谱可建立植物油酸价和过氧化值的定量分析模型。

（2）纳米技术可实现对油脂过氧化值的快速检测。在测定实际植物油样品过氧化值时，无须对样品进行预处理，其结果与国家标准中碘量法的测定结果一致，而且精度和准确度均高于碘量法。该方法检测速度快，整个操作过程在 5 min 内可完成，所需油样少，不受油样颜色的干扰。虽然纳米技术在油品品质和安全检测中快速有效、潜力巨大，但纳米材料在油脂安全领域的应用还有一些不足，如纳米材料尺寸小、性质特殊、制备过程较复杂和价格较高等。

6.1.2　甘油三酯组成分析

1. 气相色谱

一般甘油三酯的相对分子质量为 900，沸点高、难挥发，若直接用气相色谱（GC）分析，会出现柱温高、色谱峰拖尾、保留时间不重复等问题。也出现了耐高温气相色谱柱固定相，使得 GC 分析高沸点的甘油三酯成为可能。较高的色谱分析温度使样品无须进行甲酯化衍生处理即可进入 GC 进行分析，使甘油三酯的分析变得更加快速简便。甘油三酯分离柱一般很短（0.5~0.6 m），柱内径为 2~4 mm，越细越好（2 mm 比 4 mm 更好一些）。柱材料一般为玻璃或不锈钢，采用毛细管柱一般也用短些的。

常用固定相有 SE-30、JXR、OV-1、Dexsil300 等聚硅氧烷类或甲基硅氧烷聚合物类高热稳定性物质。担体应为酸洗硅烷化固体，颗粒度为 80~100 目或 100~120 目，固定相含量一般为 1%~3%，以保证合适的出峰时间（甘油三酯的分子质量很大，出峰过程很慢），载气流量很高（50~100 mL/min）也是这个原因。

在上述固定相下，甘油三酯的分离快慢完全由分子质量决定，即由总碳数决定，与双键没有关系。例如，OOO、OStO、StStO、StOSt、LLL、LOL、LnLLn[L(18:2), O(18:1), St(18:0), Ln(18:3)]等都有 54 个碳原子，均无法分开，存在于同一个峰中。

甘油三酯分离一般采用程序升温，温度为 250~350℃，升温速率为 2~5℃/min。进样量为 20 μg，分离在 25~45 min 完成。装柱时应填密，柱效为每英尺[①]长应达到 500~10 000 个理论塔板数。

甘油三酯组分定性可用标准品法。在恒温操作下，同系列碳数与保留时间呈直线关系，当程序升温时仅在很短范围内呈直线关系。一般色谱图横坐标用温度表示而不用时间。例如，以火焰离子化检测器（FID）为检测器，质量与峰面积成正比，但考虑高温下多不饱和甘油三酯裂解的可能性，一般要测定校正因子。

由于双键差异，同碳数的甘油三酯实际上的出峰时间略有不同，峰形常不正规，有拖尾现象。消除峰形拖尾的方法是分析前先将油样氢化，其碳数不变，对出峰没有影响。

GC 只能在有标准品的情况下根据分析物的保留时间对甘油三酯进行定性分析，而气相色谱-质谱（GC-MS）可以克服这一缺点。因此，近年来 GC-MS 在甘油三酯分析中得到了广泛的应用。由于多不饱和脂肪酸在高温下容易发生热降解，因此高温 GC 主要用于分析相对饱和的甘油三酯混合物。

2. 高效液相色谱

油脂是甘油三酯的混合物，其组成相当复杂，把各个组分予以分离一直是油脂化学面临

① 1 英尺=0.3048 m

的难题。冷冻分离法、逆流分布法、薄层色谱法等传统方法存在分离效果差等问题。高效液相色谱（HPLC）是分析食用油甘油三酯最常用的方法。通常主要有反相高效液相色谱（RP-HPLC）和银离子高效液相色谱（Ag-HPLC），分别是根据等效碳原子数（ECN）及双键的数目和位置进行分离分析。

1）反相高效液相色谱　反相的含义是固定相为非极性，而流动相为极性溶剂。最常用的反相固定相是 C_{18} 键合硅胶，含有十八碳硅烷基（C_{18} 或 ODS），并与硅烷醇表面通过共价键结合，可用（表面 Si）- O-Si-$(CH_2)_{17}CH_3$ 表示。

不同制造厂商有不同的牌号，常见的有 Supel-cosil LC-18、Zorbax ODS、Lichrosorb RP-18、μ-Bondapak-C_{18}、Zorbax-C_{18}、ODS_2 等，不同色谱柱产品的固定相含量不同，表面键合的程度也不完全一样，固定相含量为 8%～10%，ODS_2 高一些。颗粒度（一般为 3～5 μm）越小分离度越高。

当颗粒度为 5 μm 时，柱长为 250～300 mm，内径为 4～5 mm，柱子越长分离效果越好，但分析时间相应延长，有人将两根或三根柱子串联使用，总长可达 100 cm，以提高分离效果。固定相颗粒度变小时，柱长可相应缩短而不会降低分离效果。

在一定范围内降低温度可提高分离度，温度对分离效果的影响有限，较高温度下色谱峰形比较尖锐，通常在 30～45℃条件下分离以提高速度并保证饱和甘油三酯的良好分离，以多不饱和酸为主时以低温为佳。

油样进样量为 1～5 mg（溶液中粒度大于 5 μm），溶剂最好与流动相一致。若考虑到溶解度问题，可采用丙酮、四氢呋喃等溶解，一般不单独用氯仿溶解。

流动相对分离效果的影响很大，一般选用以乙腈为主的混合溶剂，乙腈的比例与分析时间有很大关系，流动相极性大时，洗脱时间长。此外，通常还可选用丙酮、二氯甲烷、甲醇、四氢呋喃、异丙醇、乙醇或氯仿等。其中丙酮更常用，梯度洗脱及恒流速洗脱都可用，适用于示差折光检测器（RI）和质量型检测器等。流动相的流速在典型分析柱下一般为 0.5～1.5 mL/min，流动相配比一般是丙酮/乙腈（3～5/5～7）。采用丙酮/乙腈流动相不适于紫外检测器，可选用四氢呋喃、异丙醇等与乙腈混合。而饱和酸甘油酯在丙酮/乙腈中溶解度很小，此时选用乙腈/氯仿效果较好，单独用丙腈作流动相也可得到很好的分离效果。

常用检测器有示差折光检测器（RI）、紫外检测器（UV）、红外检测器（IR）和火焰离子化检测器（FID）及质量型检测器［又称蒸发分析器（evaporative analyzer）或光散射检测器（light scattering detector）］等。一般配置 RI 和 UV 两种检测器。RI 要求恒流洗脱，UV 则对洗脱剂有一定要求，紫外波长一般为 205～320 nm。

RP-HPLC 分离甘油三酯受很多因素影响，在一定条件下，其分离仍具有规律性，流出顺序一般是根据碳原子数及双键数而定，每个双键相当于减少两个碳原子，对于甘油三酯组分一般按照等效碳原子数（equivalent carbon number, ECN）出峰。ECN 又称为分配数（partition number, PN），其值为甘油三酯中脂肪酸的总碳原子数之和（CN）减去总双键数（n）的 2 倍，即式（6-14）：

$$ECN = CN - 2n$$

（6-14）

具有相同 ECN 值的甘油三酯组分称为临界对（critical pair）。例如，PPP[P(16:0)]与 PPO、POO 与 OOO 等具有相同的 ECN 值，相对保留时间相同，同出一个峰（在这种情况下 sn-1、 sn-2、sn-3 位排布差异对出峰时间也没有影响），也就是 HPLC 根据 ECN 从小到大依次出峰。

ECN 值在甘油三酯早期定性中比较有用，它基本反映了甘油三酯组分的出峰规律，随着高效柱及设备的发展，特别是 ODS 固定相的使用，部分临界对已经能够分开。实际上 ECN 值也并非恒定值，因为第二个双键与第一个双键所起的作用是不同的。在恒温及流速不变的情况下，相对保留体积或保留时间的对数与总碳原子数及总双键数呈系列直线关系，由此 EL-Hamdy 及 Perkins 提出理论碳原子数（theoretical carbon number，TCN）的概念，即式（6-15）：

$$TCN = ECN - \sum \frac{1}{3} Ui \qquad (6\text{-}15)$$

式中，Ui 表示常数，由实验测定，但 Ui 根据使用条件的不同而存在差异，使用者需自己测定，饱和酸为 0，反油酸为 0.2，油酸为 0.6～0.65，亚油酸及不饱和双键数量高于亚油酸的脂肪酸为 0.7～0.8。例如，OOO 与 POO、POP、PPP 具有相同的 ECN 值，但它们的 TCN 值不同。几种重要甘油三酯的 TCN 值见表 6-3。

表 6-3　几种甘油三酯的 TCN 值（刘元法，2017）

甘油三酯	ECN	CN	双键数	TCN	
				a	b
LLL	42	54	6	39.6	—
LLO	44	54	5	—	41.8
LnOO	44	54	5	—	42.1
LLP	44	52	4	—	42.3
LnOP	44	52	4	—	42.7
MMO	44	46	1	43.4	—
LOO	46	54	4	—	43.9
OOP	46	52	3	—	—
LOP	46	52	3	—	44.5
OPP	46	50	2	—	44.9
PPL	46	50	2	45.2	45.2
OOO	48	54	3	46.2	45.9
POO	48	52	2	46.8	46.6
POP	48	50	1	47.4	47.3
StOO	50	54	2	48.8	48.5
StPO	50	52	1	49.4	49.3
StStO	52	54	1	51.4	51.3

注：L（18:2），O（18:1），Ln（18:3），P（16:0），St（18:0），M（14:0）；a 和 b 表示数据来自不同实验

　　甘油三酯组成定性的许多问题还没解决，依据标准品、ECN 值、TCN 值及保留时间（R_t）可进行初步定性，完全定性则需结合 MS、NMR、IR、UV 等进行。

　　2）银离子高效液相色谱　　在 TLC 中已经提及，Ag^+ 与双键之间具有微弱的螯合力，这种作用使不同双键数的甘油三酯可得到有效分离。由于空间障碍，Ag^+ 与 α 位和 β 位的双键结合力不同，因此利用银离子高效液相色谱（Ag-HPLC）可以将位置异构体分开，如图 6-6 所示。

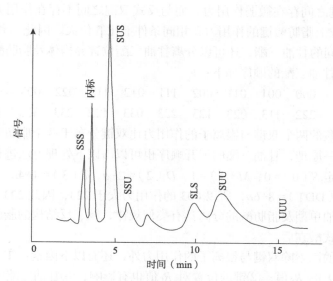

图 6-6　Ag-HPLC 分离甘油三酯色谱图（刘元法，2017）

250 mm × 4 mm 色谱硅胶柱含 10% $AgNO_3$，流动相为苯（1 mL/min），RI 检测器，内标为檀香酸甲酯。
S. 饱和脂肪酸；U. 不饱和脂肪酸

　　Ag^+ 一般以 $AgClO_4$ 或 $AgNO_3$ 的形式涂布，可以溶于流动相中，浓度为 0.01～0.2 mol/L，也可以直接涂于固定相上，含量为 2%～10%（$AgNO_3$），固定相可以用普通硅胶，也可以用 ODS，一般颗粒度为 5 μm。

　　根据样品不同流动相差别较大，用甲醇/异丙醇（3/1）、乙腈/丙酮（2/1）、乙腈/四氢呋喃/二氯甲烷（3/1/1）、苯、甲苯/己烷/乙酸乙酯及甲醇/水等系统均可获得理想的分离效果。根据需要可选用 RI、FID 或 UV，一般在较低温度下（<10℃）可提高分离度。

　　3）液相色谱-质谱联用　　液相色谱-质谱联用（HPLC-MS）技术在分离分析甘油三酯方面具有独特的优势，根据液相色谱柱的不同，可以对甘油三酯形成不同程度的分离，又根据质谱检测器的高灵敏度及高准确性，为分离后的定性与定量提供重要的依据。用于分析甘油三酯的质谱离子源主要有两种：电喷雾电离（ESI）源与大气压化学电离（APCI）源。两种电离源形成的质谱峰有一定的区别，ESI 源更适用于检测中等极性及强极性的化合物。在由其检测出的脂类样品中通常会出现脂质组中其他类型的脂类化合物，有研究者利用 ESI 源及不同的色谱柱分析脂类样品，并在洗脱的过程中，具有极性的脂肪酸被首先洗脱出来，然后是大量的磷脂与鞘脂类物质，中间部分为少量的甘油单酯与甘油二酯，随后是大量的固醇酯，最后才会是大量的甘油三酯。甘油三酯的极性偏弱，因此反相系统中出峰时间长，而且利用 ESI 源检测时很难检测出［M+H₂O］⁺峰，因此在实验过程中会在流动相中加入酸或者盐类物质。显然，ESI 源可用于甘油三酯的检测，其对于甘油三酯的检测优势并不明显。而由于 APCI 源主要用于弱极性化合物的检测，因此它相比于 ESI 源来说，更适用于甘油三酯的检测。

3. 其他方法

Ag⁺与顺式双键之间存在微弱作用力，而与反式双键之间不存在作用力，又由于空间阻碍作用，Ag⁺与 α 位上脂肪酸键的作用力在相同条件下比 β 位大。因此，利用 Ag⁺-TLC 法不仅可分离饱和度不同的甘油三酯，还可以分离甘油三酯位置异构体及脂肪酸顺反异构体。

Ag⁺-TLC 分离甘油三酯的顺序如下：

　　　　上端　000　001　011　002　111　012　112　022　003　122

　　　　013　222　113　023　123　223　033　122　233　333　下端

一般一个脂肪酸的两个双键与银离子的作用力比双键分布于两个脂肪酸上更强，如 002 比 011 大。根据这一原理，甘油三酯的展开顺序也可以由以下处理方法进行判断：各种酸与银离子的作用力规定 $S(0)=0$、$M(1)=1$、$D(2)=2+a$、$T(3)=4+4a$，其中 $a<1$，则 003（ST）$=8+8a$，223（DDT）$=8+6a$，所以 003 的作用力大于 223，因此 223 在前，003 在后。

甘油二酯、甘油单酯及脂肪酸的分离具有类似规律，顺、反结构的脂肪酸分离顺序一般为反式酸在前，顺式酸在后。

影响分离顺序的因素除双键与银离子的作用力外，还有以下因素：①含量高的组分比含量低的组分具有更大的 R_f 值；②键的位置对 R_f 值也有影响；③甘油三酯的位置异构体的 R_f 值不完全相同。

甘油三酯 Ag⁺-TLC 分离一般采用两种溶剂系统：氯仿/甲醇，乙醇或乙酸展开剂系统（A）/乙醚系统（B）。

AgNO₃ 的含量一般为硅胶 G 含量的 2%～10%，对于多不饱和甘油三酯可选用 15%～30% 的含量，含量高时有利于将位置异构体分开。调浆时 AgNO₃ 一般是溶于水中加入，也有的将普通硅胶板采用均匀喷雾、浸泡或 AgNO₃ 水溶液展开，然后加热活化而成。银离子薄层板应于干燥器中避光存放，由于 AgNO₃ 的氧化性，应特别注意所用涂布器及操作。

6.2　脂肪酸分析

6.2.1　气相色谱

1. 样品前处理

GC测定油脂中
脂肪酸的组成

1）脂肪酸的甲酯化　　长碳链脂肪酸（12 个碳以上）一般不能用 GC 进行直接分析，原因为其沸点高，难以汽化，且高温下不稳定，易裂解。因此，在脂肪酸的 GC 分析前，应先将脂肪酸甲酯化处理。脂肪酸甲酯可由脂肪酸与甲醇发生酯化或酯交换（醇解）反应获得。甲酯化反应常用的催化剂有酸性催化剂、碱性催化剂和重氮甲烷等。

（1）酸催化甲酯化。常用的酸性催化剂有盐酸、硫酸和三氟化硼（BF_3）三种。盐酸一般为含 5% HCl 的甲醇溶液，硫酸一般为含 1%～2% H_2SO_4 的甲醇溶液，BF_3 一般为含 0.12～0.14 g/ml BF_3 的甲醇溶液。盐酸和硫酸的浓度不能太高，否则会造成脂肪酸的双键结构发生变化。酸性催化剂 BF_3 的货架期很短，即使是冰箱密封存放，使用放置时间较长的 BF_3 也可能会产生杂峰，甚至造成多不饱和脂肪酸损失，建议现配现用。对含有特殊脂肪酸（如环氧酸、环丙烯酸）的油脂不宜采用 BF_3 催化甲酯化。

（2）碱催化甲酯化。常用的碱性催化剂有 NaOH、KOH 和 CH_3ONa 等，其中 CH_3ONa 最为常用。所用的催化剂均配制成甲醇溶液，浓度为 0.5～2.0 mol/L，常用的油脂也不宜采用该法，因为此类催化剂易于与脂肪酸发生反应生成脂肪酸盐而失活。

（3）重氮甲烷甲酯化。重氮甲烷（CH_2N_2）活性很高，可催化甲醇与脂肪酸发生反应生成甲酯。重氮甲烷的醇溶液在低温下可放置一段时间，时间过长则容易聚合，影响分析结果。其中重氮甲烷一般用 N-甲基-N-亚硝基对甲苯磺酸胺与醇在碱性乙醚溶液中反应制得。此法甲酯化反应速率快，不发生副反应，尤其对于多不饱和脂肪酸反应速度很快。但重氮甲烷有毒，浓度高时还易燃易爆，操作时应特别注意。对于乳脂、椰子油等含短链脂肪酸较多和含易受酸性化学试剂破坏的特殊脂肪酸（如共轭酸、环丙烯脂肪酸、环丙烷脂肪酸等）的油脂，宜采用碱性催化剂或重氮甲烷法，操作过程中应避免进行回流、浓缩、水洗等，以减少甲酯化过程中脂肪酸的损失及特殊脂肪酸结构的变化。

2）脂肪酸的其他衍生化　　有时需要将脂肪酸转化为其他衍生物，而非甲酯化产物，如脂肪酸 HPLC 分析采用 UV 检测时，可将脂肪酸转化为芳香酯；脂肪酸 GC-MS 分析时，可采用吡咯烷衍生化、甲烷吡啶衍生化、4,4-二甲基二氢噁唑（DMOX）衍生化等氮杂环衍生化、硅烷化，常见的脂肪酸衍生化产物的结构如图 6-7 所示。

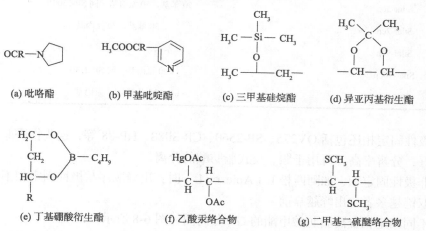

图 6-7　常见的脂肪酸衍生化产物的结构

GC-MS 中采用电子轰击电离，不饱和脂肪酸中的双键在分子内发生位移而无法确定其所在位置，采用脂肪酸的 4,4-二甲基二氢噁唑衍生物，使游离羧基嵌入一个含氮杂环，后者具有较低的电离能，在质谱条件下，电荷相对固定在氮原子上，通过连续的自由基引发 C—C 均裂反应产生系列碎片离子，抑制脂肪链中碳碳双键的迁移，所得的质谱显示含氮部分的系列离子，能识别脂肪链上的结构变化。该法已用于脂肪酸中双键、三键、环丙烷基和甲基侧链的测定。

DMOX衍生物的制备过程如下：脂肪酸和2-氨基-2-甲基丙醇以1∶2在N₂保护下于170℃加热2 h，缩合产物通过一装有500 mg的硅胶短柱，用25 mL乙酸乙酯洗脱，洗出液在45℃以下蒸脱溶剂即得DMOX衍生物。

2. 固定相及载气

脂肪酸组成分析，既可用非极性固定相，也可用极性固定相。固定相的性质往往决定脂肪酸甲酯的分离效果。

极性固定相根据极性大小可分为三类：①强极性固定相，如 EGS（乙二醇丁二酸聚酯）、DEGS（二乙二醇丁二酸聚酯）、EGSS-X（EGS 与甲基聚硅氧烷共聚物）等；②中极性固定相，如 PEGA（乙二醇己二酸聚酯）、BDS（丁二醇丁二酸聚酯）、EGSS-Y（EGS 与甲基聚硅氧烷的共聚物，甲基聚硅氧烷的含量高于 EGSS-X）等；③低极性固定相，如 NPGS（新戊二醇丁二酸酯）、EGSP-Z（EGS 与苯基聚硅氧烷的共聚物）等。交联聚乙二醇或键合聚乙二醇是广泛应用的固定相，称为 PEG-20M 或 Carbowax-20M，与之类似的固定相还有 DB-Wax、Supel-cowax10、SuperOX、HP-20M、CP Wax-52 等。该类固定相在鱼油脂肪酸等复杂组分的脂肪酸组分分离过程中效果良好。

极性更强的固定相相继出现，典型的如烷基硅氧烷聚合物并带有氰丙基等极性取代基。常见强极性固定相的组成如表 6-4 所示。

表 6-4 常见强极性固定相的组成

类别	固定相组成
Silar-5cp	50 苯基，50 氰丙基（同 SP-2300）
Silar-7cp	30 苯基，70 氰丙基
Silar-9cp	10 苯基，90 氰丙基（SP-2330）
Silar-10cp	100 氰丙基（同 SP-2340）
SP-2310	25 苯基，75 氰丙基

这类极性固定相还包括 OV275、SP-2560、CP-Sil88、HP-88 等，这些物质非常稳定，分析重现性好，分辨率高，可用于顺、反式脂肪酸的分离。

采用非极性固定相，如阿匹松 L（Apiezon L）时，出峰顺序与极性固定相不同，双键数不同时，双键越多者，出峰越靠前。

采用不同固定相分离脂肪酸甲酯的 GC 分离图如图 6-8 所示。

在 GC 中，氢气是最佳的载气，但氢气泄漏会威胁人身安全和引发安全事故；氦气不仅安全，而且具有很高的分离效率，但价格较高；高纯氮气（99.99%）是目前常用的载气。所有的载气都必须除氧和干燥，以保证良好的分离效率和延长色谱柱的使用寿命。

3. 脂肪酸定性分析

1）标样法 常用的脂肪酸定性方法是标样法，使用单一标准脂肪酸甲酯或定量配合在一起的标准脂肪酸甲酯混合物，可对未知峰进行有效定性，这是最为普遍的定性方法。但准备齐全的脂肪酸甲酯标样并不容易，在此情况下可利用已知组成的油脂进行 GC 分析，然后与未知谱图进行对照，特别是成分复杂的油脂，这种方法比较有效，目前已有几种鱼油的甲酯化产物作为标样进入市场，其组成已准确测定。

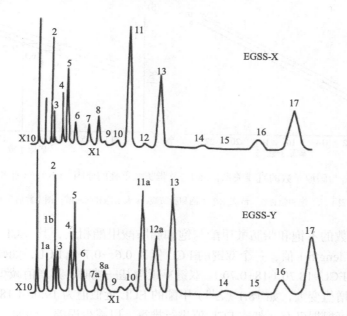

图 6-8　强极性和中极性固定相脂肪酸甲酯的 GC 分离图（汤逢，1985）

X 指未知峰。玻璃柱 2 m × 4 mm（ID），固定液含量 15%（质量分数），担体 Chromasorb W（100～120 目酸洗硅烷化），
载气 N$_2$（50 mL/min），柱温：178℃（EGSS-X），194℃（EGSS-Y）。
1（14:0+BHT），1a（BHT），1b（14:0），2（16:0），3（16:1），4（18:0），5（18:1），6（18:2），7（20:1 +18:3ω3），7a（18:3ω3），
8（18:4），8a（18:4+20:1），9（20:2），10（20:3），11（22:1 +20:4ω6），11a（20:4ω6），12（20:4ω3），12a（20:4ω3+22:1），
13（20:5），14（22:4ω6），15（22:5ω6），16（22:5ω3），17（22:6ω3）

2）相对保留时间法　　在色谱条件恒定的情况下，保留时间是不变的，但色谱条件很难完全恒定，因此绝对保留时间实际上不具有比较性，相对保留时间则避免了这一问题，与硬脂酸甲酯相比较，某一脂肪酸的相对保留时间按式（6-16）进行计算。

$$相对保留时间(R_{18:0})=\frac{某脂肪酸甲酯保留时间}{硬脂酸甲酯保留时间} \quad (6\text{-}16)$$

相对保留时间主要取决于固定相的种类，但不受柱温、载气流量等操作条件的影响。

3）等效链长（equivalent chain length，ELC）定性法　　一个未知脂肪酸甲酯的 ECL 值（ECL$_x$）可用式（6-17）进行计算。

$$ECL_x = 2\left[\left(\lg R_x - \lg R_n\right)/\left(\lg R_{n+2} - \lg R_n\right)+n\right] \quad (6\text{-}17)$$

式中，R_x、R_n、R_{n+2} 分别表示未知脂肪酸甲酯、碳原子数为 n 和 $n+2$ 的饱和脂肪酸甲酯的保留时间。

ELC 值也可由图解法求得，这种方法更有效。以直链饱和脂肪酸甲酯的保留时间对数为纵坐标，以碳原子数为横坐标作图成一条直线，如图 6-9 所示，查未知脂肪酸的保留时间对数对应的横坐标数值即 ECL 值。由图 6-9 可以看出，饱和脂肪酸、单不饱和酸、二不饱和脂

肪酸的直线呈近似平行关系，而且由图 6-9 可以看出，相同保留时间会产生重叠现象，这也是某些脂肪酸甲酯无法分开的原因。

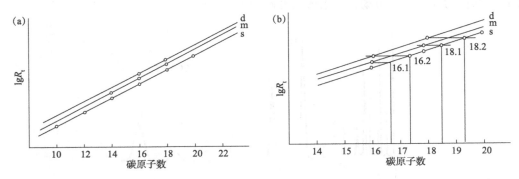

图 6-9　lgR_t 与碳原子数的直线关系［（a）］及脂肪酸重叠的原因［（b）］（张根旺，1999）

d 表示二不饱和脂肪酸，m 表示单不饱和脂肪酸，s 表示饱和脂肪酸；图中数值为 ECL

相同碳原子数的不饱和脂肪酸甲酯与饱和脂肪酸甲酯相比，其 ECL 增值又称为 FCL（fractional chain length）值，一个双键的 FCL 值为 0.6～0.7 个 ECL，如硬脂酸甲酯 ECL 为 18，则油酸甲酯 FCL=18.70（18+0.70）。双键靠近羧基一端时，其增值减少至 0.5，双键靠近甲基一端时，其增值变大，如 18:1（Δ^{16}）甲酯的 ECL 近似值为 19.00（18+1.00）。这种计算有较大的误差，可根据已有文献或 ECL 值进行推算，以减少误差。例如，20:4n-6 的 ECL 值为 22.43（20+2.43），那么可以推出 22:4n-6 的 ECL 值为 24.43（22+2.43）；20:4n-3 的 ECL 值为 23.00（20+3.00），则 22:4n-3 的 ECL 值可推出为 25.00（22+3.00）。

为了增加 ECL 的可比性，可用亚麻酸表示柱子的极性，通过亚麻酸的 ECL 值由式（6-18）可计算出任一脂肪酸甲酯的 ECL 值。

$$ECL_x = a_x \left(ECL_{18:3n-3}\right) + b_x \tag{6-18}$$

式中，a_x 和 b_x 分别表示未知脂肪酸甲酯的计算机迭代常数。

选择亚麻酸甲酯有三个原因：①容易得到高纯度标样，从而可测定准确的 ECL 值；②各种油脂（特别是成分复杂的油脂）中一般均含有亚麻酸；③不同极性的固定相，亚麻酸的 ECL 值变化不大。最终的定性还需依据波谱分析，如 MS、NMR、IR 和 UV 测定结果，得到更多有关结构的信息，GC-MS 为脂肪酸定性提供了一条便利的途径。

4. 应用现状及进展

根据基质和色谱柱分离特性的不同，得到了不同脂肪酸方法学参数。总的来说，这些方法采用了三类色谱柱，其中 SP-2560 和 HP-88 针对脂肪酸做了专门的优化，测定效果较好。此外，GC 测定脂肪酸的方法还包括美国分析化学家协会（AOAC）推荐测定脂肪酸的 AOAC 994.14、AOAC 994.15 和 AOAC 996.4，这也是官方测定脂肪酸的标准方法。国外关于 GC 测定脂肪酸的研究多对现有的 GC 测定方法进行了改进，或以 GC 测定方法为基准开发其他方法。GC 分析除短链以外的脂肪酸，均具有检测不确定度小、检测结果重现性好等优点。GC 设备成本低，维护简单，易于普及应用。但该方法样品前处理麻烦，需进行脂肪提取、甲酯化或乙酯化，然后才能上机测定。脂肪酸甲酯化过程中，容易导致不饱和脂肪酸发生氧化，使测定结果偏低。

随着现代分析仪器的普及，利用 GC-MS 进行脂肪酸测定的研究也越来越多。质谱技术具有强大的化学结构解析功能，不需要标准品即可通过特征离子比对质谱库进行准确定性，具有灵敏度高、稳定性好的优点。

6.2.2　高效液相色谱

GC 检测时，不饱和脂肪酸尤其是多不饱和脂肪酸在高温下分析时，其双键易发生异构化甚至碳链断裂，从而影响测定结果的准确性。高效液相色谱（HPLC）在常温和低温下就可实现物质的分离，对高温不稳定的多不饱和脂肪酸和沸点较低的短链脂肪酸分析效果更好。由于脂肪酸在可见光区和紫外区域没有吸收官能团，也不具有荧光性。因此，需要在 HPLC 分析前进行柱前衍生，使脂肪酸分子带上在紫外光、可见光或荧光下有吸收的基团，才能采用 HPLC 技术分析脂肪酸组分。

1. 脂肪酸的衍生化

衍生化反应主要以柱前衍生的方式为主。在衍生化反应过程中，水的存在会干扰反应过程，大多数反应均是在无水条件下进行的。常用的衍生化试剂有萘甲酰氯、邻苯二甲酸酐、二苯酐、2-磺基苯甲酸酐、2-硝基苯酰肼、4-溴甲基-6, 7-二甲氧基香豆素、9-蒽基重氮甲烷和4-氨基萤光素等。这些衍生试剂与待测物反应后的衍生物具有很高的灵敏度，其检出限可达到 nmol/L 级。

2-硝基苯肼盐酸盐（2-NPH·HCl）是一种较好的衍生试剂，在吡啶作催化剂、1-乙基-（3-二甲基氨基丙基）碳酰二亚胺盐酸盐（1-EDC·HCl）作偶联剂下的衍生反应可在温和条件（弱酸环境，60℃加热 15 min）且在水相体系中进行，衍生化后的脂肪酸衍生物在 400 nm 有较强吸收，为此可提高 HPLC 分析的灵敏度。如何使脂肪酸最大限度地衍生，是实现 HPLC 准确检测的关键和前提。许多学者在研究脂肪酸与 2-NPH·HCl 进行衍生反应的条件时，均以脂肪酸苯酰肼的液相色谱峰面积或峰高为依据进行筛选，峰面积越大或峰高越高，衍生化程度越高，衍生条件越好。但此类方法并不能了解真实的脂肪酸衍生率，判断衍生化程度最准确的指标是衍生率。而要获得高衍生率，必须有纯化的脂肪酸苯酰肼为对照品，以其在一定浓度下对应的色谱峰面积为理论值，脂肪酸在一定条件下衍生后经 HPLC 分析获得的峰面积为实际值，计算衍生率。例如，有研究选取正十四碳酸为代表，与 2-NPH·HCl 进行衍生反应，通过萃取、硅胶柱分离和重结晶进行纯化，获得了纯度较高的正十四碳酸苯酰肼对照品，将其用于衍生条件优化中衍生率的测定。此外，还有研究者利用 2-溴苯乙酮仅同游离脂肪酸作用的特点，建立了一种简单的 HPLC 分析脂肪酸的方法，该法可以对甘油三酯中脂肪酸的位置分布进行测定，但不能测定脂肪酸甲酯的含量，且 2-溴苯乙酮的使用比较烦琐，需要梯度洗脱。

2. 检测器

1）可变波长检测器和二极管阵列检测器　可变波长检测器（VWD）和二极管阵列检

测器（DAD）具有相同的检测原理，但有些方面存在差异。VWD 是常用的紫外检测器（UV），适用于已知样品中最大吸收波长的定量检测。DAD 是光学多通道检测器，可以用来同时检测几个吸收波长。VWD 可以产生二维色谱图，而 DAD 能够同时产生三维色谱图和光谱图，且 DAD 的灵敏度低于 VWD。由于未衍生化的脂肪酸没有合适的发色团，因此需要使用各种衍生化方法让脂肪酸衍生物具有紫外吸收能力。但衍生化过程延长了分析时间且使该法变得复杂。因此，HPLC 与 UV 联用技术很少用于脂肪酸检测。

2）蒸发光散射检测器　　蒸发光散射检测器（ELSD）的响应不依赖于样品的光学性质，样品不需要进行衍生化反应。与传统的脂肪酸分析技术相比，ELSD 具有许多优势。它具有广泛的溶剂和梯度兼容性，可以提高分析的分辨率和速度。因此，HPLC 与 ELSD 联用是用于脂肪酸精确定性和定量分析的替代方法。

3）质谱检测器　　HPLC 与质谱检测器联用（LC-MS）结合了液相色谱分离和质谱结构鉴定的两项功能。LC-MS 法提高了脂肪酸的分析速度，其无须样品前处理，最大限度地减少了样品量。有研究者通过 GC-FID 和 LC-MS 分析比较了拟南芥中的脂肪酸组分。用 GC-FID 的分析方法在叶子和种子中检测到 6 种脂肪酸，而用 LC-MS 的分析方法检测到 20 种脂肪酸。通过 LC-MS 检测到链长最长的脂肪酸有 26 个碳原子，而用 GC-FID 检测到的是亚麻酸。因此，LC-MS 具有高灵敏度和高选择性，可用于检测大分子质量的脂肪酸，但其检测成本较高。

利用荧光衍生试剂 1,2-苯并-3,4-二氢咔唑-9-乙基对甲苯磺酸酯（BDETS）作为脂肪酸柱前衍生化试剂，采用梯度洗脱在 Eclipse XDB-C8 色谱柱上对游离脂肪酸（FFA）（油酸、亚油酸、软脂酸和硬脂酸）衍生物进行分离。利用柱后在线的串联质谱以大气压化学电离（APCI）正离子源模式实现了各组分的质谱定性。

4）荧光检测器　　具有芳香结构或大共轭体系的化合物可以通过荧光检测器（FLD）直接检测。将脂肪酸的羧基与发色团或荧光团反应，通过荧光检测器检测，可实现脂肪酸的高灵敏度测定，且酰肼类荧光标记衍生条件温和，可用于羧酸类化合物的柱前荧光标记。

5）电化学离子检测器　　已经开发不同类型的气溶胶检测器以克服传统 HPLC 检测的局限性。ELSD 检测的是颗粒的散射光，而电化学离子检测器（CAD）可识别带电粒子信号电流。ELSD 和 CAD 是检测弱或非紫外吸收化合物的通用检测器。其响应值不依赖于化合物的化学结构，而是与其颗粒的质量有关。与 ELSD 相比，CAD 具有更宽的动态范围、更高的精度和良好的线性范围，CAD 是分析脂肪酸最有效和最通用的技术之一。

3. 应用现状及进展

国外关于 HPLC 测定脂肪酸的报道较少，主要集中于测定中采用新的提取技术或特殊的前处理方法，如超流体提取技术、离子排斥色谱等。这些研究的稳定性、精确性及回收率低于 GC 法。这也是 HPLC 测定脂肪酸研究越来越少的主要原因。但液相色谱测定短链脂肪酸，如乙酸、丙酸及丁酸等水溶性脂肪酸具有显著优势，而这几种脂肪酸采用 GC 通常难以测定。HPLC-MS 比单独采用 HPLC 灵敏度高，而且能够提供脂肪酰基离子、单酰基甘油离子及二酰基甘油离子的质谱特征，使其能够准确判断甘油酯类型、脂肪酸组成及其位置分布。近年来国内外研究报道较多，主要是开发同时测定多种脂肪酸的方法或利用质谱的高通量特点进行组学研究和分析。HPLC-MS 分析脂肪酸将高效的 HPLC 分离和高灵敏度的 MS 检测结合起来，成为分析脂肪酸的一种简捷手段。HPLC-MS 具有分离效果好、应用范围广、精密度高、分离速度快等特点，已越来越多地应用于各类食品分析中。总的来说，质谱法更适合高通量同时分析多种脂肪酸，尤其适用于脂质组学研究。

6.2.3　其他方法

1. 薄层色谱

TLC 法是最早应用于脂质分析的色谱方法，其能够将甘油三酯、甘油二酯、甘油单酯和游离脂肪酸有效地分离开。不同脂质由于极性不同而对硅胶的吸附能力不相同，从而在硅胶板上实现分离。脂质在 TLC 上展开后，通过显色剂（碘蒸气、Dittmer-Lester 钼蓝、Dragendorff 试剂、Vaskovsky 试剂和茚三酮等）显色，通过薄层色谱扫描仪扫描计算积分值定量或将斑点刮下测定其含量。利用 TLC 测定脂质应用较少，更多的是利用 TLC 作为色谱测定脂质的前处理，经过 TLC 初步分离后用 GC、HPLC、GC-MS 或 HPLC-MS 做进一步的分析。TLC 法具有直观、快捷的优点，能实现脂质的快速分离，且成本较低，可以用于油脂产品加工过程中的快速品质控制。TLC 法的缺点是需要样品量大，测定的灵敏度和分辨率均较低，而且存在分离的不饱和脂肪酸易氧化和显色反应受杂质干扰的问题。

2. 毛细管电泳

用毛细管电泳（CE）分析脂肪酸首先要考虑到背景电解质，如用有机溶剂避免脂肪酸之间形成胶束，pH 必须高于 7.0 以促进羧基的解离（脂肪酸的 pK_a 约为 5.0）。同时要使用发色物质使饱和脂肪酸能够被间接检测到，用中性表面活性剂或醇改善顺式同系物或顺式-反式异构体之间的选择性。CE 与激光诱导荧光（LIF）联用已被证明是 CE 中可用于脂肪酸检测最灵敏的方法之一。

油脂呈中性，脂肪酸不能电离，没有紫外吸收。在碱性条件下，脂肪酸的羧基可以电离，作为离子或者通过与其他合适的离子形成带有发色团的化合物用于 CE 的检测。毛细管区带电泳是最普通的分离模式，主要是基于样品荷质比的差异对样品分离，已经应用于食用油的检测。采用间接紫外法（270 nm），用 Tris（20 mmol/L）-p-anisate（10 mmol/L）（发色团，pH 为 8.2）作为缓冲溶液，再加入三甲基-β-环糊精，不到 10 min 就可以检测出 $C_{12} \sim C_{14}$ 的 13 种脂肪酸。在电解质溶液中再加入 60%甲醇，20 min 内检测出 $C_7 \sim C_{18}$（除去 C_{15}、C_{17}）的 10 种脂肪酸，并检测出椰子油（用 65 mg/mL 甲醇萃取）中 5 种（C_{10}、C_{12}、C_{14}、C_{16}、C_{18}）脂肪酸。

3. 近红外光谱技术

基于透反射原理的近红外光谱技术，再配合改进偏最小二乘算法可对食用植物油脂中的硬脂酸、棕榈酸、亚油酸、油酸、亚麻酸等进行检测分析，并建立油脂脂肪酸类型的定标模型。检测结果表明，可采用 GC 法检测上述各种油脂脂肪酸类型的近红外光谱预测值，并与其检测数据指标建立相对良好的线性关系。在检测过程中，有效规范其相对标准误差应该在 5.5%以内，食用植物油脂与近红外光谱预测值之间的标准误差要求小于 5%。

6.3　类脂物分析

6.3.1　磷脂分析

1. 高效液相色谱——正相色谱与反相色谱

1）正相色谱　　正相高效液相色谱（NP-HPLC）多用 Silical 硅胶柱，也有部分研究中用氰基柱、氨基柱和二醇基柱（DDL）。其分离磷脂的基础是磷脂各组分的极性差异。反相高效液相色谱（RP-HPLC）分离磷脂的基础则是各磷脂组分的疏水性差异，但一般分离度较差，峰重合严重，容易在质谱中导致离子抑制。

正相色谱分离磷脂常用的流动相有氯仿-甲醇-氨水、正己烷-异丙醇-水及乙腈-甲醇-水等。磷脂在不同类型柱子上的保留存在差异，各组分的流出顺序也不同。例如，乙腈-甲醇-磷酸为流动相时，在硅胶柱上各组分的流出顺序为 PS、PE、PC、SM（SP，鞘磷脂），而在氨基柱上的流出顺序为 PC-1、SP、PC-2、PG、PE、PI、PS。流动相也影响被测组分的流出顺序。在分析弱酸弱碱性磷脂时，会出现峰延展、拖尾等现象，通常会在流动相中添加一定量的离子抑制剂，如 85% 磷酸、乙酸铵、30% 氨水、乙酸等，可有效改善峰形，抑制色谱峰拖尾，而低 pH 可能会引起样品水解生成溶血磷脂。目前研究测定中应用的正相色谱方法归纳如表6-5 所示。

表 6-5　正相色谱方法归纳（崔莹，2007）

固定相	流动相	检测器	分离组分
Lichrophere Si60-10μm	A 氯仿-甲醇、B 甲醇-水-30%氨水梯度洗脱	ELSD	PC、PE、PI、PA
Lichrophere Si60-5μm	正己烷-异丙醇-磷酸水溶液等度洗脱	UV	PC、PE、PI
Spherisorb Si	乙腈-甲醇-85%磷酸（体积比 100∶10∶1.8）等度洗脱	UV	PC、PE、PI
Inertsil SIL-5μm	乙腈-甲醇-甲酸铵等度洗脱	MS	PG、PI、PE、PC、SM、LPC
Spherisorb Si60-10μm	氯仿-甲醇-氨水梯度洗脱	ELSD	PG、PE、PI、PS、PC、Sp

2）反相色谱　　利用 RP-HPLC 分离磷脂时，由于磷脂分子的异质性，一个组分会分成几个峰，给定量带来困难。有研究者在测定熊胆中磷脂类化合物时，发现在 PE-C_{18}柱上 PC、PG 都分出双峰，还出现拖尾、肩峰等问题。但反相色谱与质谱检测器组合，可以实现磷脂的分离和痕量检测，检出限达 mg/L。

2. 检测器

检测磷脂的检测器有 ELSD、RI 及 HPLC-MS。磷脂虽然缺乏强发色团，但其分子结构中的不饱和基团与官能团（如碳碳双键、羰基、磷酸基团、氨基）在 214 nm 下有强吸收，检测波长一般在 203 nm 或 205 nm。磷脂的紫外吸收强度与分子结构中有无发色团及发色团数目有关，如含氨基的 PC、PE、PS 紫外吸收强，缺乏发色团的 PI 紫外吸收弱，色谱图中信号的强度并不能代表绝对的磷脂浓度。将磷脂分子进行衍生化可增大磷脂的紫外吸收，降低检出限。通过化学反应将磷脂变成具有发色团的化合物，或直接在磷脂分子上连接发色团或荧光基团，再用 FLD 或 UV 进行检测。优质大豆的磷脂成分色谱分离图如图 6-10 所示。

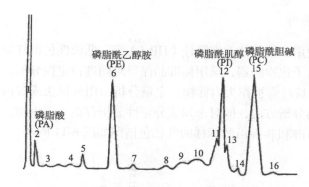

图 6-10　优质大豆的磷脂成分色谱分离图（梁歧等，2000）

所用色谱条件：Whatman Partisil M-9 色谱柱；紫外检测器，波长 206 nm；柱长 50 cm，直径 10 mm；流动相（体积比），正己烷：异丙醇：水，6：8：0.3；流速，3 mL/min，梯度洗脱时间，10 min。

由图 6-10 可以看出，高效液相色谱可以实现磷脂组分的有效分离，是一种高效快速的磷脂检测方法。

3. 应用现状

高效液相色谱分离磷脂可以避免磷脂分子结构的破坏，得到更准确的分子结构信息，利用制备型液相色谱，还可获得纯度较高的单个组分，具有方便、快速、高灵敏度和无损伤的特点。其困难在于磷脂分子的低挥发性、不耐高温、弱紫外吸收、易吸水、稳定性差。而且，不同来源的磷脂组分不同，分子中脂肪酸链长度、不饱和度也存在差别。在生物体中，磷脂一般与其他的脂类结合在一起，需要化学手段进行分离、纯化、浓缩，才能用于色谱分析。而且，随着科学研究的深入，更多的一些微量、痕量的生物活性磷脂被发现，此类磷脂的检测难度更大。

通过硅胶柱可以成功分离大豆磷脂酰胆碱，再用 C_{18} 柱对磷脂酰胆碱分子进行进一步的分离，便可得到 5 种 PC 分子类型。将固相萃取和液相色谱联用分离乳品中的磷脂成分，发现硅胶萃取柱的回收率高于 C_8 萃取柱。通过正相高效液相色谱和质谱联用，可成功分离出兔子组织中 PG、PI、PE、PC、SM、LPC 成分，其中 PC 的回收率达到 90%，含量较低的 PS 的回收率为 69%。高效液相色谱与质谱联用，用于磷脂分子种类定性和定量分析。

6.3.2　固醇分析

1. 前处理

固醇皂化后可得总游离态固醇，直接皂化法可以得到大部分游离态固醇，但该法无法水解甾醇糖苷。酸性水解法可以水解甾醇糖苷获得游离态固醇，但会造成部分固醇降解或异构化，造成所测含量偏低。

植物甾醇分子中含有极性羟基，挥发性差，在高温下容易失水或者分解，所以需要对样品进行衍生化处理，才能得到很好的分离。一般的衍生化方法为硅烷化、酯化和酰化。

2. 气相色谱条件

分离固醇一般使用非极性柱毛细管柱（HP-5）等，低极性色谱柱也可用于固醇衍生物分离。一般选用火焰离子化检测器，采用标准品保留时间进行定性分析，白桦脂醇、胆固醇、表粪甾烷醇、β-胆甾烷醇常被作为内标物，定量分析采用外标法或者内标法。气相色谱法是一种有效分离固醇的分析方法，但对未知成分定性分析存在一定困难。

菜油甾醇、豆甾醇和 β-谷甾醇标样的气相色谱图如图 6-11 所示。

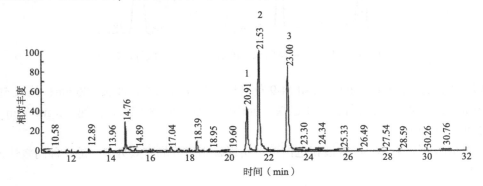

图 6-11　菜油甾醇、豆甾醇和 β-谷甾醇标样的气相色谱图（陈刘杨等，2010）

1. 菜油甾醇；2. 豆甾醇；3. β-谷甾醇

检测所用色谱柱条件：毛细管脂肪酸分析柱，FID，进样温度为 250℃，检测器温度为 300℃。由图 6-11 可知，菜油甾醇、豆甾醇和 β-谷甾醇标样的相对保留时间分别为 20.91min、21.53 min 和 23.00 min。

3. GC-MS

GC-MS 法测定油脂中的植物甾醇

有研究者将蜂王浆样品冻干、萃取得到蜂王浆脂类物质，再经过皂化、衍生后使用 HP-5-MS 柱进行分离，采用 GC-MS 对蜂王浆中的固醇类物质进行鉴定并用 GC-FID 内标法进行定量分析。而甾醇糖苷类化合物的极性较大，GC 法显然无法直接进行定性或定量测定，即使经过衍生化处理，由于分子质量大和沸点高的特点，其检测仍存在一定困难。某种植物甾醇酯经 GC-MS 结果如图 6-12 所示。

检测时的气相色谱-质谱条件：惠普 GC6890-MS5973 气质联用仪；DB-5HT（15 m×0.32 mm×0.10 μm）；氦气，流速为 2 mL/min；进样口温度为 320℃；接口温度为 300℃，EI 源，电子能量为 70 eV；离子源温度为 200℃；检测电压为 2350 mV；质量为 50～800 Da。

由图 6-12 可以看出，油酸 β-谷甾醇酯的沸点最低，最先出峰；β-谷甾醇酯的沸点最高，最后出峰；4 种游离植物甾醇酯和 3 种植物甾醇酯组能够分别出峰，且分离效果好，分析时间短，并且 4 种游离植物甾醇酯的保留时间为 11.7～12.7 min，3 种植物甾醇酯的保留时间为 13.4～14.3 min。

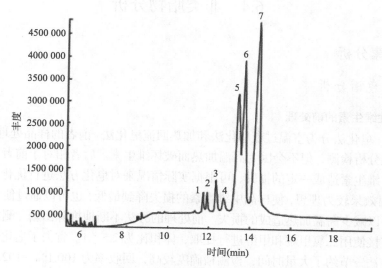

图 6-12　植物甾醇酯的总离子流色谱图（张泰然等，2012）

1. 油酸 β-谷甾醇酯；2. 乙酸豆甾醇酯；3. 乙酸 β-谷甾醇酯；4. 乙酸菜油甾醇酯；
5. 菜油甾醇酯；6. 豆甾醇酯；7. β-谷甾醇酯

4. 其他方法

1）可见光比色法　可见光比色法是以乙酸酐为溶剂，制备一系列固醇标准溶液，而后进行可见光扫描，测得最大吸收波长，并绘制出标准曲线。根据该曲线测定未知样品的吸光度以确定其浓度，从而计算出样品中的总固醇含量。

2）薄层层析法　该方法是将不皂化物从馏出物或皂脚中萃取出来，进行衍生处理点样分析，并结合光密度计分析扫描，最终得出标准扫描曲线，从而计算出固醇含量的方法。这种方法仍然属于较传统的分析方法，只能进行初步定量工作。

3）高速逆流色谱法　该法是 20 世纪 80 年代发展起来的一种连续高效的液-液分配色谱分离技术，它利用两相溶剂体系在高速旋转的螺旋管内建立起一种特殊的单向性流体动力学平衡，其中一相作为固定相，另一相作为流动相，在连续洗脱的过程中能保留大量固定相。由于不需要固体支撑体，物质的分离根据其在两相中分配系数的不同而实现，因而避免了因不可逆吸附而引起的样品损失、失活、变性等的发生，使样品能够全部回收，而回收的样品更能反映其本来的特性，特别适合于天然生物活性成分的分离。

4）临界流体萃取　该方法将传统的蒸馏和有机溶剂萃取结合为一体，利用超临界 CO_2 优良的溶剂力将基质与萃取物有效分离、提取和纯化。超临界 CO_2 具有类似气体的扩散系数、液体的溶解力，表面张力为零，能迅速渗透进固体物质之中提取其精华，具有高效、不易氧化、纯天然、无化学污染等特点。有研究者运用液相色谱-核磁共振联用技术测定了天然提取物中游离态固醇和结合态固醇的含量，该技术可准确测定固醇的含量，但灵敏度不高。

6.4 非类脂物分析

6.4.1 维生素分析

1. 气相色谱分析

1）脂溶性维生素的前处理

（1）皂化。皂化法分为室温过夜皂化法和加热回流皂化法。前者的样品处理时间相对较长，不适用于快速分析检测，但不会因为高温加热而破坏维生素。后者相对于前者，用时较短，但高温加热会对维生素造成一定的损失，可根据实际情况来对皂化方法进行优化。例如，将温度设定为55℃时效果较为理想，使样品中维生素的损失降到最低，也可以通过使用脂肪酶进行低温酶解皂化，以减少高温加热造成的损失。前处理的方法不断地推陈出新。测定维生素A酯类化合物时，直接使用二氯甲烷和甲醇进行提取，体积比为2.5∶1。省去了皂化这一步骤，大大简化了操作方法，节约了大量时间，检测精确度较高，回收率为100.1%～102.8%，效果较好。

（2）萃取。皂化之后要进行萃取操作，维生素的萃取方法主要有液相萃取法、固相萃取法、超临界萃取法。样品经过皂化后进行提取，对于测定不同种类的脂溶性维生素，所用到的试剂也不同，常用试剂有正己烷、石油醚、二氯甲烷、无水乙醚和三氯甲烷。在抗氧化剂的选择上，一般使用焦性没食子酸，但其毒性大。而采用抗坏血酸作为氧化剂，对目标维生素破坏少，并且在后处理过程中会溶于水，很容易被去掉，不会对目标维生素产生干扰，无毒无害，成本低廉，但效果不太理想。

2）检测条件　　气相色谱测定脂溶性维生素是在20世纪70年代被AOAC认可的方法。利用气相色谱测定维生素时，比较经典的方法是使用FID。在色谱柱的选择上，可使用填充柱或毛细管柱。填充柱具有容量大，且可以自行配制填料的特点。当样品为混合生育酚时，要进行衍生化才能测定。而毛细管柱的柱效和灵敏度较高，分析时间短，色谱峰干扰少，不需要进行衍生化就能直接测定。毛细管柱逐步取代了填充柱，利用毛细管柱进行脂溶性维生素的测定，可以提高检测的灵敏度，能更好地将维生素单体进行分离。维生素E的气相色谱分离情况如图6-13所示。

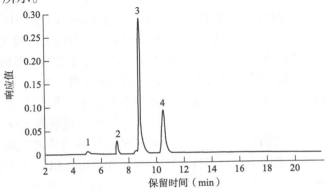

图6-13　维生素E的气相色谱分离图（邢朝宏等，2011）

1. α-生育酚；2. β-生育酚；3. γ-生育酚；4. δ-生育酚

从图 6-13 中可以看出，色谱图基线平稳，噪声低，色谱峰峰形好，分离度高，出峰时间在 10 min 以内，分析时间短。

检测时所用色谱条件：Lichrospher SI 硅胶柱（25 cm × 4.6 mm，5μm）；流动相，正己烷-异丙醇（98.5∶1.5，$V:V$）；体积流量为 1 mL/min；进样量为 20 μL；检测波长为 295 nm；柱温为 30℃。

用气相色谱与质谱联用测定样品中维生素 E 的含量快速简便。8 种维生素 E 的混合标准溶液分离情况如图 6-14 所示。

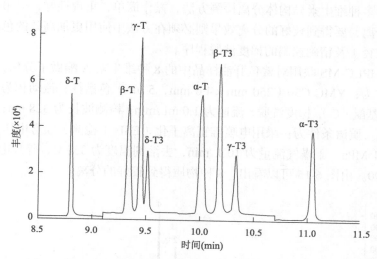

图 6-14   8 种维生素 E 混合标准溶液（1.0 mg/L）的总离子流色谱图（沈伟健等，2020）

T. 生育酚

所用色谱柱条件：DB-5 MS 石英毛细管色谱柱；进样口温度为 300℃；程序升温条件，初始温度为 60℃，以 40℃/min 的速率升温至 300℃，保持 8 min；载气为高纯氦气；柱流速为 1.0 mL/min；进样量为 1 μL；不分流进样。离子源，EI 源；离子源温度为 230℃；四极杆温度为 50℃；电子能量为 70 eV；溶剂延迟，6 min；数据采集方式为分时段选择离子监测（SIM）模式。

2. 液相色谱分析

1）样品前处理   传统的样品处理方法是用氯仿、乙腈、石油醚、乙醚等为萃取液经过样品与萃取液混合、pH 调节组分萃取液的回洗、pH 调节、溶剂分配完成萃取。该方法已被广泛用于维生素组分的分离、提取或纯化。色谱分析中使用较多的是油水不相溶的有机溶剂从水相中萃取有机物。但此法也存在着许多不足之处：①乳胶的形成造成脂溶性维生素的损失，使其回收率下降；②共萃取物的干扰限制了检测方法的选择，使分析过程复杂化；③萃取过程烦琐，不仅耗时，还会影响准确度和精密度。

2）色谱方法

（1）正相色谱法。生育酚和三烯生育酚都是由 13 个碳原子的长脂肪链和色满环组成的化学分子，只是在色满环上的取代基不同。在通过 RP-HPLC 进行分

HPLC 法测定油脂中的生育酚

离时（如 C_{18} 为填料），长脂肪链易于吸附在固定相上，洗脱溶剂对生育酚的作用效果差别不大，造成用反相色谱法很难分离。而使用正相色谱法，以硅胶为固定相，色满环上的酚羟基易于吸附在固定相表面。有研究者使用正相高效液相色谱对 7 种维生素 E 的异构体进行定量分析，回收率为 97.0%～102.1%，精密度高，数据稳定，重现性好。

（2）反相色谱法。RP-HPLC 在脂溶性维生素检测中的应用更加广泛。它包括短链烷基（如 C_8）反相系统和长链烷基（如 C_{18}）反相系统。其中 C_{18} 柱应用较为广泛。综合短链烷基键合和长链烷基键合的众多特征可得出使用 C_{18} 柱对脂溶性维生素分离是一种较好的方法。基于反相色谱建立的多种维生素异构体分离检测方法，操作简单，重现性好，但 β-生育酚、γ-生育酚很难得到分离，要得到较好的分离效果则必须在方法中使用更加高效的色谱柱（特殊填料或者较小的粒径）及精确控制的梯度洗脱程序。

图 6-15 为 HPLC-MS 联用对鲨鱼肝油样品中的 8 种维生素 A 酯做了分离，在此分离过程中液相色谱条件为：YMC C30（250 mm×4.6 mm，5 μm）色谱柱；流动相为甲醇（A）-水（B）-甲基叔丁基醚（C），梯度洗脱，流速为 1.0 mL/min；检测波长为 328 nm；柱温为 40℃；进样量为 20 μL。质谱条件为：采用电喷雾正离子化（ESI+）检测，喷雾电压为 4.0 kV，雾化气压力为 0.24 MPa，干燥气流量为 10 L/min，去溶剂温度为 350℃，碎片电压为 175 V。m/z 为 100～1000。由图 6-15 可以看出，8 种物质得到较好的分离。

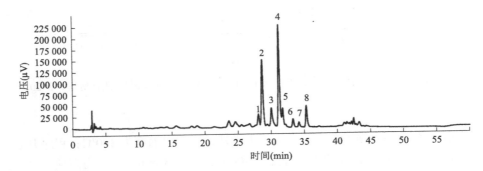

图 6-15　鲨鱼肝油的 8 种维生素 A 酯高效液相色谱分离色谱图（顾霄等，2019）

1. 全反式维生素 A 油酸酯氧化产物；2. 全反式维生素 A 油酸酯；3. 全反式维生素 A 棕榈酸酯氧化产物；
4. 全反式维生素 A 棕榈酸酯；5. 全反式维生素 A 花生烯酸酯；6. 全反式维生素 A 十七烷酸酯；
7. 全反式维生素 A 硬脂酸酯氧化产物；8. 全反式维生素 A 硬脂酸酯

3. 其他方法

除色谱法检测脂溶性维生素外，测定脂溶性维生素的方法还有很多种，如紫外分光光度法、薄层色谱法、比色法、超临界萃取法等。

对于维生素 A 还常用到三氯化锑比色法。其原理为：维生素 A 在三氯甲烷中与三氯化锑相互作用生成蓝色物质，其颜色深浅与溶液中所含维生素 A 的含量成正比。维生素 D 的检测方法除色谱法外，可通过电化学发光法及酶联免疫吸附试验进行测定。其中电化学发光仪精确度高，仪器也较为昂贵；而用酶标仪通过酶联免疫吸附试验进行测定时，准确度较差。检测维生素 E 也可通过以下两种方法进行：①铈量法，维生素 E 用硫酸加热回流，水解成生育酚，用硫酸铈定量地氧化为对-生育醌，过量的硫酸铈氧化二苯胺指示剂而指示滴定终点。

②UV，维生素 E 在碱性溶液中加热水解生成游离生育酚，并被三氯化铁氧化为对-生育醌，同时生成亚铁离子。后者与联吡啶生成血红色的配离子，再进行比色测定。维生素 K 除国家标准通过液相与荧光或者质谱联用的方法外，还有一些其他方法，如电化学发光猝灭法、甲基绿褪色分光光度法（甲萘醌）等。

6.4.2　角鲨烯分析

1. 气相色谱分析

1）样品前处理

（1）有机溶剂提取法：是提取动植物原料中角鲨烯的传统方法之一。由于角鲨烯是一种亲脂性的小分子物质，一般采用乙醚、石油醚和正己烷等有机溶剂进行提取。

（2）皂化法：由于角鲨烯是一种不皂化物，皂化法是提取动植物油脂中角鲨烯的主要前处理方法之一。试样通常先用氯仿-甲醇法或索氏抽提法提取油脂，再加入氢氧化钾溶液对油脂进行皂化反应，去除甘油三酯和磷脂等可皂化物，再用正己烷或二氯甲烷提取不皂化物。角鲨烯在提取过程中易发生乳化现象，造成回收率降低，加入氯化钠溶液可以抑制样品前处理过程中乳化现象的发生，提高角鲨烯的回收率。

（3）固相萃取法：采用选择性吸附、选择性脱附的方式对样品中的角鲨烯进行提取、分离、富集和净化，是近年来植物油中角鲨烯含量测定的新兴前处理方法。SPE 是提取橄榄油中角鲨烯的常用方法之一，通常先用正己烷或甲醇将固相萃取柱（Strata SI-1 柱和 Bond Elute LRC 氨丙基柱）活化，将样品溶解后加入固相萃取柱，再用少量弱极性有机溶剂将角鲨烯洗脱下来，经减压蒸发浓缩后进样分析。

（4）超临界 CO_2 萃取法：是目前萃取植物源角鲨烯的天然绿色新方法之一。有研究者选择超临界 CO_2 萃取法对苋菜籽中角鲨烯进行萃取，压力为 55 MPa，添加 5% 的乙醇作为助溶剂，结果得到不皂化物中角鲨烯含量为 0.289 g/100 g。与其他方法相比，超临界 CO_2 萃取法具有萃取条件温和、选择性好、提取效率高、无有毒有害溶剂残留、能较好地保持角鲨烯生物活性的优点，但也存在设备成本高、萃取釜不能连续萃取的缺点。

2）检测条件　　在检测食品中的角鲨烯时，色谱柱类型、柱温优化、载气流速和检测器均是主要影响因素。

（1）色谱柱的选择：是影响分离样品中角鲨烯的重要因素之一，包括色谱柱的固定相和规格（柱长、内径和膜厚）的选择。用于角鲨烯分析的色谱柱主要有极性和非极性毛细管色谱柱，其中以非极性毛细管色谱柱为主，固定相包括 100% 甲基聚硅氧烷和 5% 苯基-甲基聚硅氧烷等。角鲨烯是一种强非极性化合物，故选取非极性固定相较为合适；由于角鲨烯在正常大气压下的沸点为 285℃，为保证角鲨烯在汽化室中充分汽化，固定相需耐高温且低流失。

（2）柱温的选择：柱温主要有恒温和程序升温两种方式。当样品基质中的组分较为简单时可采用恒温方式。对于基质较为复杂且沸点范围较宽的样品，可采用程序升温方式，以实现角鲨烯与样品中其他组分完全分离。柱温的高低直接影响角鲨烯的分离效果和分离时间。降低柱温在一定程度上可以改善样品中角鲨烯与其他组分的分离度，但会增加分析时间。提高柱温可以增加角鲨烯的传质速度，缩短分析时间，柱温也不宜超过色谱柱的最高耐受温度，否则固定液易发生降解和流失，导致分离效率大大降低。

（3）检测器的选择：GC 常用的检测器有 FID、火焰光度检测器、电子捕获检测器和氮磷检测器。不同类型检测器对化合物的选择性和灵敏度不同，且具有不同的适用范围。其中 FID 检测器对碳氢化合物的检测有较高的灵敏度，而角鲨烯为碳和氢元素组成的碳氢化合物，FID 是目前研究中测定角鲨烯使用最为普遍的检测器。

（4）载气及其流速的优化：载气及其流速是影响角鲨烯分离的重要因素之一。载气的选择与检测器对载气的要求有关。角鲨烯测定应用较多的检测器为 FID，根据不同载气流速（1.0 mL/min、1.5 mL/min、2.0 mL/min）对角鲨烯分离的影响，载气流速为 2.0 mL/min 时，角鲨烯的峰形较好。合适的载气流速可以改善角鲨烯的峰形，减少色谱峰拖尾，提高分析效率。关于角鲨烯的气相色谱检测方法应用如表 6-6 所示。

表 6-6 角鲨烯的气相色谱检测方法应用（刘纯友等，2018）

基质	定量方法	载气	色谱柱	进样参数	灵敏度和线性范围
油茶籽油	外标法	N_2	HP-5 毛细管柱(30 m×0.25 mm，0.25 μm)	不分流进样，进样量 1 μL，进样口温度 300℃	最低检出限：1.3 mg/kg，线性范围 20~100 mg/L
功能食品	内标法，内标为角鲨烷	N_2	SPB-5 毛细管柱(30 m ×0.53 mm，0.5 μm)	分流进样 1 μL，分流比 10：1，进样口温度 300℃	最低检出限：0.62 ng，线性范围 0.002~0.2 μg/mL
橄榄油	外标法	H_2	毛细管柱(60 m × 0.32 mm，0.25 μm)	分流进样 1 μL，分流比为 60：1	
油茶籽油	外标法	N_2	HP-5 毛细管柱(30 m×0.25 mm，0.5 μm)	分流进样 1 μL，分流比 10：1，进样口温度 250℃	线性范围 10~80 μg/mL
茶油	外标法	N_2	DB1701 毛细管柱(30 m × 0.32 mm，0.25 μm)	分流进样 1 μL，分流比 10：1，进样口温度 270℃	最低检出限：10 μg/g

GC-MS 也是分析角鲨烯的主流检测技术之一，植物油中的角鲨烯 GC-MS 分离图如图 6-16 所示。

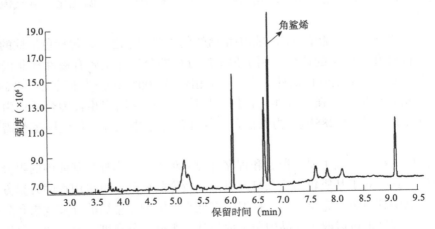

图 6-16 植物油中的角鲨烯 GC-MS 分离图（黎斌等，2020）

检测时色谱条件：HP-5MS 色谱柱（30 m×0.25 mm，0.25 μm）；载气，高纯氦气；碰撞气，高纯氩气，纯度≥99.999%。离子源，EI 源；测定方式，多反应监测模式。

2. 液相色谱分析

1）分离模式的选择　　基于固定相与流动相之间的极性差异，LC 检测食品中角鲨烯的分离模式主要包括正相色谱与反相色谱两种，其中以反相分离模式应用较多。反相分离模式使用的反相色谱柱主要包括 C_{30} 和 C_{18} 柱，其中以 C_{18} 柱占绝大多数。反相 C_{18} 柱的固定相是以硅胶为基质，表面键合极性相对较弱的十八碳正构烷烃。正相色谱柱的固定相以硅胶为基质，表面键合极性官能团，如氨基（NH_2）和氰基（CN）。正相色谱柱适合分离旋光异构体和反相色谱柱不能分离的极性较大的化合物。由于角鲨烯是弱极性化合物，故反相 C_{18} 柱比较适合食品中角鲨烯的分析测定，而正相色谱柱使用则相对较少。

2）流动相体系的选择　　流动相体系直接影响到样品中角鲨烯的分析效率。根据样品中目标化合物的极性差异，测定食品中角鲨烯使用的流动相体系主要有一元、二元和多元溶剂体系。当分析的样品组分较为简单时，采用一元溶剂体系较多，主要包括乙腈和甲醇等，而样品组分较为复杂时应用二元或三元溶剂体系进行梯度洗脱居多。二元溶剂体系主要有乙腈-水、丙酮-乙腈、正己烷-异丙醇、甲醇-水、乙腈-异丙醇和甲醇-乙腈。三元溶剂体系主要有乙腈-异丙醇-正己烷、乙腈-甲醇-异丙醇、乙腈-甲醇-二氯甲烷和甲醇-异丙醇-乙酸等。在洗脱模式方面，LC 检测食品中角鲨烯可分为等度洗脱和梯度洗脱两种。当样品组分较为简单时，采用等度洗脱模式；若样品组分较为复杂，则采用梯度洗脱模式。

3）检测器的选择　　LC 检测角鲨烯的检测器有紫外-可见检测器（UV-Vis）、光电二极管阵列检测器（PDA）和 ELSD 等，其中以 UV-Vis 和 PDA 占绝大多数，这可能与角鲨烯在紫外区有较强的吸收峰有密切联系。采用 PDA 在波长为 190～400 nm 对角鲨烯进行光谱扫描，发现角鲨烯在 195 nm 处有最大紫外吸收峰。关于食品中角鲨烯的液相色谱检测方法应用如表 6-7 所示。

表 6-7　角鲨烯的液相色谱检测方法应用（刘纯友等，2018）

基质	定量方法	色谱柱规格	流动相洗脱模式	检测器	灵敏度和线性范围
橄榄毛油	外标法	Nucleosil C_{18} 柱（125 mm×4.0 mm，5 μm）	等度洗脱，流动相为 100%乙腈，流速 1.2 mL/min	UV-Vis，$\lambda=208$ nm	LOD：0.62 mg/L；LOQ：0.78 mg/L
橄榄油	外标法	BETC$_{18}$柱（50 mm×2.1 mm，1.7 μm）	等度洗脱，流动相为乙腈-丙酮（体积比 40：60），流速 0.8 mL/min	PDA，$\lambda=217$ nm	线性范围 50～500 mg/L
橄榄油	内标法，内标为角鲨烷	Nucleosil C_{18}柱（250 mm×4.0 mm，5 μm）	等度洗脱，流动相为丙酮-乙腈（体积比 40：60），流速 1.0 mL/min	UV-Vis，$\lambda=208$ nm	LOD：23 mg/L，LOQ：79 mg/L
苋菜籽油	外标法	Nucleosil 100- C_{18} 柱（250 mm×4.0 mm，5 μm）	等度洗脱，流动相为甲醇-异丙醇-乙酸（体积比 91.95：8：0.05），流速 1.0 mL/min	PDA，$\lambda=214$ nm	线性范围 20～100 mg/L
开心果油	外标法	BET C_{18}柱（50 mm×2.1 mm，1.7 μm）	等度洗脱，流动相为乙腈-丙酮（体积比 60：40），流速 0.8 mL/min	PDA，$\lambda=217$ nm	LOD：0.3 mg/L；LOQ：1.0 mg/L
棕榈油酸馏出物	外标法	Lichrospher RP -18e 柱	等度洗脱，流动相为乙腈-异丙醇(体积比 40：60)，流速 1.0 mL/min	UV，$\lambda=208$ nm	

注：λ. 波长；LOD. 最低检出限；LOQ. 最低定量限

思　考　题

1. 请问油脂理化指标的检测方法除了国标法，还有哪些新型检测方法？

2. 请问傅里叶变换红外光谱最常用的红外光谱区域是哪个波段，傅里叶变换红外光谱是如何确定化合物的分子结构的？

3. 请问通过核磁共振的图谱分析可以得到哪些有用的信息？其中哪个信息对解析有机物结构最有帮助？

4. 运用气相色谱测定脂肪酸的过程中，为什么要将脂肪酸甲脂化后再进行分析？

5. 脂肪酸定性分析有几种方法？分别是什么？

6. 薄层色谱法的原理及优缺点是什么？

7. 测定磷脂时常用的检测器有哪些？其各自具有什么特点？

8. 高效液相色谱测脂溶性维生素时常配置的检测器有哪些？其各自具有什么特点？

9. 角鲨烯测定方法应如何选择？

主要参考文献

毕艳兰. 2005. 油脂化学. 北京: 化学工业出版社

陈刘杨, 刘玉兰, 张晓丽. 2010. 米糠油脱臭馏出物中甾醇的分析检测. 中国油脂, 35(4): 57-62

陈学兵, 史宣明, 赵抒娜, 等. 2013. 植物油中提取角鲨烯的研究进展. 中国油脂, 38(11): 72-75

崔莹. 2007. 高效液相色谱分析磷脂研究进展. 中国测试技术, (1): 60-61

冯华. 2006. 压榨制油与浸出制油. 黑龙江粮食, (4): 29-30

高瑀珑, 唐瑞丽, 袁先雯, 等. 2016. 植物甾醇在大豆油储藏过程中抗氧化作用的研究. 中国粮油学报, 31(11): 74-80

耿敬章, 梁加敏, 许璐璐, 等. 2015. 植物甾醇的生理功能及其开发前景. 饮料工业, 18(5): 70-73

谷克仁, 周丽凤. 2007. 磷脂的来源、结构和命名. 中国粮油学会油脂分会第十六届学术年会论文集. 天津: 中国粮油学会: 241-246

顾霄, 李煜, 赵明娟, 等. 2019. C_{30}-HPLC-PDA-TOF/MS 对鱼肝油中维生素 A 酯顺反异构体的分离与鉴定. 药物分析杂志, 39(12): 2228-2233

官波, 郑文诚. 2010. 角鲨烯提取、纯化及其应用. 粮食与油脂, (2): 44-46

郭咪咪, 王瑛瑶, 栾霞, 等. 2014. 植物甾醇的提取、生理功能及在食品中的应用综述. 食品安全质量检测学报, 5(9): 2771-2775

何东平. 2013. 油脂化学. 北京: 化学工业出版社: 104-105

何东平, 白满英, 王明星. 2014. 粮油食品. 北京: 中国轻工业出版社: 878

金俊, 张俊辉, 金青哲, 等. 2013. 植物油中甾醇含量、存在形式及其在掺伪检验中的作用. 中国粮油学报, 28(6): 118-122

金青哲. 2013. 功能性脂质. 北京: 中国轻工业出版社: 40-44, 142-147, 176

兰云军, 谷雪贤, 银德海, 等. 2003. 磷脂的化学改性方法. 西部皮革, (8): 31-36

黎斌, 刘小羽, 俞璐萍, 等. 2020. 气相色谱-串联质谱法测定植物油中角鲨烯的含量. 食品安全质量检测学报, 11(8): 2385-2392

李春焕, 王晓琴, 曾秋梅. 2016. 植物油脂氧化过程及机理、检测技术以及影响因素研究进展. 食品与发酵工业, 42(9): 277-284

李红. 2015. 食品化学. 北京: 中国纺织出版社: 489

李万林, 钟姣姣, 杨忆群, 等. 2013. 植物甾醇提取及分析检测方法研究进展. 饮料工业, 16(12): 39-42

李杨. 2018. 油脂加工与精炼工艺学. 北京: 科学出版社: 167-184

李杨, 张雅娜, 齐宝坤, 等. 2013. 水酶法提油工艺的预处理方法研究进展. 中国食物与营养, (12): 24-28

李玉山. 2012. 三类油脂的自动氧化机理及产物. 河南科学, 30(12): 42-46

梁歧, 张鸣镝, 陶红. 2000. 储存受损害大豆的磷脂成分变化的高效液相色谱分析. 中国油脂, (6): 141-142

刘纯友, 靳国锋, 马美湖, 等. 2018. 食品中角鲨烯样品前处理与检测方法研究进展. 分析测试学报, 37(4): 507-516

刘玉兰, 肖勘. 2020. 天然维生素 E 和合成维生素 E 在猪营养中的研究进展. 动物营养学报, 32(6): 2449-2453

刘元法. 2017. 食品专用油脂. 北京: 中国轻工业出版社: 236-253

罗淑年, 张理博, 邹汶蓉, 等. 2020. 基于近红外光谱的大豆油质量快速检测技术应用研究. 粮食与食品工业, 27(1): 68-72

潘丽, 谷克仁, 常振刚. 2007. 磷脂改性方法的研究进展(Ⅱ)——酶改性. 中国油脂, 32(4): 29-33

庞利苹, 徐雅琴. 2010. 植物甾醇提纯及单体分离工艺的研究进展. 中国粮油学报, 25(3): 124-128

彭茹洁, 汪佳丹, 韩伟. 2016. 植物多酚提取、分离纯化及其分析方法的研究进展. 机电信息, (14): 21-29

阮玉凤, 黄祖健, 朱晓莹, 等. 2013. 植物多酚提取方法的研究进展. 广东化工, 40(21): 89-90

沈伟健, 王红, 陆慧媛, 等, 2020. 气相色谱-质谱法测定植物油中 8 种维生素 E 及其在芝麻油真伪鉴别方面的
　　应用. 色谱, 38(5): 595-599

孙长颢. 2012. 营养与食品卫生学. 7 版. 北京: 人民卫生出版社: 553

汤逢. 1985. 油脂化学. 南昌: 江西科学技术出版社: 121, 162-166

王兴国, 金青哲. 2012. 油脂化学. 北京: 科学出版社: 221

王义永, 章城亮, 许新德. 2014. 天然维生素 E 提纯技术进展. 中国食品添加剂, (2): 203-207

王璋, 许时婴, 汤坚. 2016. 食品化学. 北京: 中国轻工业出版社: 260-263

吴时敏. 2001. 功能性油脂. 北京: 中国轻工业出版社: 137-139, 180-182, 314-316, 378-379

武文华, 曹玉平, 刘凯, 等. 2016. 天然维生素 E 提取工艺研究现状. 中国油脂, 41(8): 88-91

谢笔钧. 2011. 食品化学. 3 版. 北京: 科学出版社: 366-373

邢朝宏, 李进伟, 王兴国, 等. 2011. 利用色谱技术测定油茶籽油脂肪酸组成及维生素 E 质量浓度. 食品与生
　　物技术学报, 30(6): 838-842

闫媛媛, 张康逸, 黄健花, 等. 2012. 磷脂分离、纯化和检测方法的研究进展. 中国油脂, 37(5): 61-65

杨博, 王宏建. 2004. 经济环保的酶法脱胶技术. 中国油脂, (3): 21-23

仪凯, 彭元怀, 李建国. 2017. 我国食用油脂改性技术的应用与发展. 粮食与油脂, 30(2): 1-3

张根旺. 1999. 油脂化学. 2 版. 北京: 中国财政经济出版社: 179-185, 275

张泰然, 丁仕强, 朱波. 2012. 气质联用法分析植物甾醇酯. 广东化工, 39(4): 130-140

张琰. 2017. 基于核磁共振技术的食用植物油成分检测与品质鉴别研究. 厦门: 厦门大学硕士学位论文: 22-24

张振山, 康媛解, 刘玉兰. 2018. 植物油脂脱色技术研究进展. 河南工业大学学报(自然科学版), 39(1): 121-126

赵国华. 2014. 食品化学. 北京: 科学出版社: 175

Abdel-Lateef E E, Mahmoud F Y, Hammam O, et al. 2016. Bioactive chemical constituents of *Curcuma longa* L.
　　rhizomes extract inhibit the growth of human hepatoma cell line (HepG2). Acta Pharmaceutica, 66: 387-398

Akoh C C, Min D B. 2008. Food Lipids: Chemistry, Nutrition, and Biotechnology. 3rd ed. Boca Raton: CRC Press,
　　Taylor & Francis Group: 40-54, 110-112, 440, 459-464

Aladedunye F A. 2014. Natural antioxidants as stabilizers of frying oils. European Journal of Lipid Science and
　　Technology, 116(6): 688-706

Ang X, Chen H, Xiang J Q, et al. 2019. Preparation and functionality of lipase-catalysed structured phospholipid-A
　　review. Trends in Food Science & Technology, 88: 373-383

Chu Y H, Kung Y L. 1998. A study on vegetable oil blends. Food Chemistry, 62(2): 191-195

Collins B, Hoffman J, Martinez K, et al. 2016. A polyphenol-rich fraction obtained from table grapes decreases
　　adiposity, insulin resistance and markers of inflammation and impacts gut microbiota in high-fat-fed mice.
　　Journal of Nutritional Biochemistry, 31: 150-165

Das Undurti N. 2018. Arachidonic acid and other unsaturated fatty acids and some of their metabolites function as
　　endogenous antimicrobial molecules. Journal of Advanced Research, 11: 57-66

Dasgupta R, Miettinen M S, Fricke N, et al. 2018. The glycolipid GM1 reshapes asymmetric biomembranes and
　　giant vesicles by curvature generation. Proceedings of the National Academy of Sciences, 115(22): 5756-5761

Gracia A, Miranda J, Fernández-Quintela A, et al. 2016. Involvement of miR-539-5p in the inhibition of *de novo*
　　lipogenesis induced by resveratrol in white adipose tissue. Food & Function, 7(3): 1680-1688

Hung C Y, Yeh T S, Tsai C K, et al. 2019. Glycerophospholipids pathways and chromosomal instability in gastric
　　cancer: Global lipidomics analysis. World Journal of Gastrointestinal Oncology, 11(3): 181-194

Innes J K, Calder P C. 2018. The differential effects of eicosapentaenoic acid and docosahexaenoic acid on
　　cardiometabolic risk factors: A systematic review. International Journal of Molecular Sciences, 19(2): 532

Lou-Bonafonte J M, Martínez-Beamonte R, Teresa S, et al. 2018. Current insights into the biological action of
　　squalene. Molecular Nutrition & Food Research, 62(15): 1800173

Lu F S H, Nielsen N S, Baron C P, et al. 2017. Marine phospholipids: The current understanding of their oxidation mechanisms and potential uses for food fortification. Critical Reviews in Food Science and Nutrition, 57(10): 2057-2070

Messias M C F, Mecatti G C, Priolli D G, et al. 2018. Plasmalogen lipids: functional mechanism and their involvement in gastrointestinal cancer. Lipids in Health and Disease, 17: 41-53

Monaco A, Ferrandino I, Boscaino F, et al. 2018. Conjugated linoleic acid prevents age-dependent neurodegeneration in a mouse model of neuropsychiatric lupus via the activation of an adaptive response. Journal of Lipid Research, 59(1): 48-57

Namitha K K, Negi P S. 2010. Chemistry and biotechnology of carotenoids. Critical Reviews in Food Science and Nutrition, 50: 728-760

Nosratpour M, Farhoosh R, Sharif A. 2017. Quantitative indices of the oxidizability of fatty acid compositions. European Journal of Lipid Science and Technology, 119(12): 1700203

Parlee S D, Ernst M C, Muruganandan S, et al. 2010. Serum chemerin levels vary with time of day and are modified by obesity and tumor necrosis factor-α. Endocrinology, 151(6): 2590-2602

Ruhl C R, Pasko B L, Khan H S, et al. 2020. *Mycobacterium tuberculosis* sulfolipid-1 activates nociceptive neurons and induces cough. Cell, 181(2): 293-305

Sandesara P B, Virani S S, Fazio S, et al. 2018. The forgotten lipids: Triglycerides, remnant cholesterol, and atherosclerotic cardiovascular disease risk. Endocrine Reviews, 40(2): 537-557

Sikorski Z E, Kolakowska A. 2003. Chemical and Functional Properties of Food Lipids. Los Angeles: CRC Press LLC

Smith L L. 1987. Cholesterol autoxidation 1981—1986. Chemistry and Physics of Lipids, 44(2-4): 87-125

Spanova M, Daum G. 2011. Squalene-biochemistry, molecular biology, process biotechnology, and applications. European Journal of Lipid Science and Technology, 113: 1299-1320

Suzuki K, Nishioka A. 1993. Behavior of chlorophyll derivatives in canola oil processing. Journal of the American Oil Chemists' Society, 70(9): 837-841

Tanaka N, Irino Y, Shinohara M, et al. 2017. Eicosapentaenoic acid-enriched high-density lipoproteins exhibit anti-atherogenic properties. Circulation Journal, 82(2): 596-601

Turini M E, Crozier G L, Hughes A D, et al. 2001. Short-term fish oil supplementation improved innate immunity, but increased *ex vivo* oxidation of LDL in man—a pilot study. European Journal of Nutrition, 40(2): 56-65

Yan Y, Wang Z, Greenwald J, et al. 2017. BCFA suppresses LPS induced IL-8 mRNA expression in human intestinal epithelial cells. Prostaglandins Leukotrienes & Essential Fatty Acids, 116: 27-31

Youn K, Lee S, Jun M. 2018. Gamma-linolenic acid ameliorates Aβ-induced neuroinflammation through NF-κB and MAPK signalling pathways. Journal of Functional Foods, 42: 30-37

Zerbinati C, Iuliano L. 2017. Cholesterol and related sterols autoxidation. Free Radical Biology and Medicine, 111: 151-155

Zhang Q, Liu C, Sun Z, et al. 2012. Authentication of edible vegetable oils adulterated with used frying oil by Fourier transform infrared spectroscopy. Food Chemistry, 132(3): 1607-1613